权威·前沿·原创

皮书系列为
"十二五""十三五""十四五"时期国家重点出版物出版专项规划项目

BLUE BOOK

智库成果出版与传播平台

上海蓝皮书
BLUE BOOK OF SHANGHAI

上海资源环境发展报告
（2024）

ANNUAL REPORT ON RESOURCES AND ENVIRONMENT
OF SHANGHAI (2024)

建设人与自然和谐共生的美丽上海

主编／周冯琦 程进 胡静

社会科学文献出版社
SOCIAL SCIENCES ACADEMIC PRESS (CHINA)

图书在版编目（CIP）数据

上海资源环境发展报告．2024：建设人与自然和谐共生的美丽上海 / 周冯琦，程进，胡静主编．--北京：社会科学文献出版社，2024.2
（上海蓝皮书）
ISBN 978-7-5228-3142-8

Ⅰ.①上… Ⅱ.①周… ②程… ③胡… Ⅲ.①自然资源-研究报告-上海-2024②环境保护-研究报告-上海-2024 Ⅳ.①X372.51

中国国家版本馆 CIP 数据核字（2024）第 024630 号

上海蓝皮书
上海资源环境发展报告（2024）
——建设人与自然和谐共生的美丽上海

主　　编 / 周冯琦　程　进　胡　静

出 版 人 / 冀祥德
责任编辑 / 王　展
责任印制 / 王京美

出　　版 / 社会科学文献出版社·皮书出版分社（010）59367127
　　　　　　地址：北京市北三环中路甲 29 号院华龙大厦　邮编：100029
　　　　　　网址：www.ssap.com.cn

发　　行 / 社会科学文献出版社（010）59367028
印　　装 / 三河市东方印刷有限公司

规　　格 / 开　本：787mm×1092mm　1/16
　　　　　　印　张：25.25　字　数：378 千字
版　　次 / 2024 年 2 月第 1 版　2024 年 2 月第 1 次印刷
书　　号 / ISBN 978-7-5228-3142-8
定　　价 / 249.00 元

读者服务电话：4008918866

版权所有 翻印必究

上海蓝皮书编委会

总　编　权　衡　王德忠
副总编　姚建龙　王　振　干春晖　吴雪明
委　员　（按姓氏笔画排序）
　　　　阮　青　杜文俊　李　骏　李安方　杨　雄
　　　　沈开艳　张雪魁　邵　建　周冯琦　周海旺
　　　　郑崇选　屠启宇　惠志斌

主要编撰者简介

周冯琦 上海社会科学院生态与可持续发展研究所所长，研究员，博士研究生导师；上海社会科学院生态与可持续发展研究中心主任；上海市生态经济学会会长；中国生态经济学会副理事长。国家社会科学基金重大项目"我国环境绩效管理体系研究"首席专家。主要研究方向为绿色经济、区域绿色发展、环境保护政策等。相关研究成果获得上海市哲学社会科学优秀成果二等奖、上海市决策咨询二等奖及中国优秀皮书一等奖等奖项。

程 进 上海社会科学院生态与可持续发展研究所副所长。主要从事生态城市与区域生态绿色一体化发展等领域研究。担任国家社会科学基金重大项目"我国环境绩效管理体系研究"子课题负责人，先后主持国家社科基金青年项目、上海市人民政府决策咨询研究重点课题、上海市哲社规划专项课题、上海市"科技创新行动计划"软科学重点项目等相关课题。研究成果获皮书报告二等奖等奖项。

胡 静 上海市环境科学研究院低碳经济研究中心主任，高级工程师。主要从事低碳经济与环境政策研究。先后主持开展科技部、生态环境部、上海市科委、上海市生态环境局等相关课题和国际合作项目40余项，公开发表科技论文20余篇。

摘 要

上海在美丽中国建设新征程上担负着重要使命，美丽上海建设在改革开放和现代化建设全局中处于突出位置。建设美丽上海，需要深刻把握超大城市生态环境治理的规律和特征，打造"天蓝、地绿、水清"的城市生态环境风貌，不断提升居民生态环境获得感、幸福感、安全感，协同推进降碳、减污、扩绿、增长，促进经济社会发展全面绿色转型，建设人与自然和谐共生的美丽家园。本报告从美丽生态、美丽环境、美丽经济、美好生活四个维度构建美丽城市建设指数，在对直辖市和省会（首府）城市的比较分析中发现，上海美丽城市建设取得积极进展，美丽生态、美丽环境、美丽经济、美好生活四个维度的排名均较为靠前，但也存在着发展不平衡问题。

建设美丽上海，要努力实现更绿色的经济增长。上海经济发展的"含绿量"不断提高，"耗损量"不断降低。2021~2022年，上海单位GDP二氧化碳排放量和单位GDP能耗累计下降幅度均超过50%。展望未来，上海可以进一步推进循环经济发展，实现从"资源—产品—废弃物"的单向式直线过程向"资源—产品—废旧资源—废旧资源再利用"的反馈式循环过程转变。牢牢把握战略性新兴产业的重点发展方向，提升氢能产业融合集群发展水平。完善支持绿色增长的金融工具，更好发挥金融工具在促进生态产品价值实现中的重要作用。

建设美丽上海，要加快推进绿色低碳转型。上海大力推动能源结构优化转型，截至2023年8月，上海绿电占全社会用电比重上升至36%。为加快落实"双碳"行动实施方案，上海需制定并推广可再生能源技术标准和规

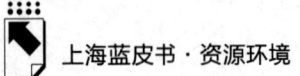

范，加强可再生能源产业化与建筑、交通、制造等产业的合作，形成新的产业增长点；加快推进分布式能源、储能、需求侧管理等技术创新，提升本地电力系统灵活性；积极推进电力市场机制、财政金融支持等机制创新，提升高比例可再生能源接入下的电力系统稳定性。大力发展转型金融，构建与国际高标准规则相衔接的制度体系，推进碳定价机制、碳核算规则、碳信息披露制度、碳抵消机制的国际互认，进一步完善碳标签制度，助力碳密集产业绿色低碳转型，有效应对国际绿色贸易壁垒压力。

建设美丽上海，要持续加强生态环境综合治理。上海打造令人向往的生态之城已取得较好成效，2023年上半年，上海$PM_{2.5}$月均浓度为$26\mu g/m^3$，$PM_{2.5}$浓度和空气质量优良天数比例在长三角地区排名前列，城市地表水无V类和劣V类断面。上海滨江临海，为进一步提升市民满意度和获得感，需要进一步贯彻落实"四水四定"原则，系统推进河湖健康评价与管理，加快污水处理行业碳中和进展。构建近岸海域塑料垃圾协同治理体系，统筹城乡塑料污染治理基础设施建设与运维，推进塑料循环使用。统筹城乡生态环境治理，协同推进"无废城市"建设和碳减排战略，推进乡村地区率先实现净零碳发展。

关键词： 美丽上海　人与自然和谐共生　绿色发展

目 录

Ⅰ 总报告

B.1 建设人与自然和谐共生的美丽上海的基本内涵与实现路径
　　…………………………………… 周冯琦　程　进　王帅中 / 001

Ⅱ 绿色增长篇

B.2 以循环经济体系支撑人与自然和谐共生的现代化……… 陈　宁 / 026
B.3 上海推动氢能产业融合集群发展路径研究……………… 尚勇敏 / 054
B.4 上海促进再制造产业发展的实施路径…………………… 杜　航 / 075
B.5 "双碳"目标下上海市城市矿产可持续管理对策研究
　　……………………………………………………… 庄沐凡 / 093
B.6 上海促进气候资源价值实现的金融创新研究…………… 罗理恒 / 119

Ⅲ 低碳转型篇

B.7 "双碳"目标下上海可再生能源发展路径研究…………… 周伟铎 / 139
B.8 创新驱动上海现代化能源电力体系发展………………… 孙可哿 / 161
B.9 上海转型金融发展路径与政策建议研究………………… 李海棠 / 180

001

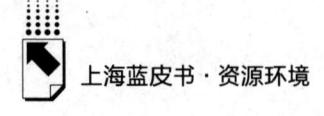

B.10 碳标签制度的国际经验及其对上海的启示 …………… 王琳琳 / 202

B.11 "双碳"战略背景下欧盟碳边境调节机制的挑战与应对
………………………… 胡　静　周晟吕　李宏博　戴　洁 / 222

B.12 国际贸易低碳规则的新趋势及上海应对策略 ………… 张文博 / 239

Ⅳ 生态治理篇

B.13 人水和谐发展是美丽上海建设的必由之路 …………… 吴　蒙 / 255

B.14 上海提升近岸海域海洋塑料垃圾治理绩效的对策建议
……………………………………………………… 曹莉萍 / 274

B.15 上海 MaaS 发展现状、挑战与对策 ………………… 刘新宇 / 299

B.16 上海乡村净零碳转型发展路径研究
——以崇明区为例 ……………………………… 张希栋 / 319

B.17 上海"无废城市"建设与碳减排协同推进策略研究
……… 齐　康　金　颖　孙　腾　胡　静　赵　敏　李宏博 / 345

附　录

上海市资源环境年度指标 …………………………………………… / 359

Abstract …………………………………………………………… / 368

Contents …………………………………………………………… / 371

总报告

B.1
建设人与自然和谐共生的美丽上海的基本内涵与实现路径

周冯琦 程进 王帅中*

摘　要： 美丽上海的外在表现是打造"天蓝、地绿、水清"的城市生态环境风貌，内在追求是建设人与自然和谐共生的现代化国际大都市，实现路径是促进经济社会发展全面绿色转型。本报告从美丽生态、美丽环境、美丽经济、美好生活四个维度构建美丽城市建设指数，在对直辖市和省会（首府）城市的比较分析中发现，上海美丽城市建设综合表现较好，美丽生态、美丽环境、美丽经济、美好生活四个维度的排名均较为靠前，但也存在发展不平衡问题，还需要继续破解超大城市生态环境难题。为克服在系统认识、持续改善生态环境质量、推进产业绿色低碳转型、深化城市精细化管理等领

---

* 周冯琦，上海社会科学院生态与可持续发展研究所所长、研究员，研究方向为低碳绿色经济、环境经济政策等；程进，上海社会科学院生态与可持续发展研究所副所长、副研究员，研究方向为生态城市与区域发展；王帅中，上海社会科学院生态与可持续发展研究所硕士研究生，研究方向为低碳绿色经济。

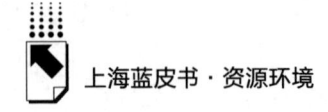

域面临的挑战，上海需要强化人与自然和谐共生的美丽城市顶层设计，加强美丽城市建设的法制保障和规划引领，推进城市精细化管理，实施分区分类管理，充分发挥绩效考核支撑作用，建设特色鲜明的美丽家园。

关键词： 美丽上海　人与自然和谐共生　绿色发展转型

美丽上海建设是美丽中国建设的重要探索和实践，上海作为全国改革开放排头兵、创新发展先行者，要在美丽中国建设的新征程上发挥重要作用。从田园城市到生态城市，城市发展的生态理念几经演变，并从发展理念逐渐演化为城市发展的实践和规律。从工业基地到全球城市，上海的城市中心功能定位不断调整和重塑，正加快打造人与自然和谐共生的社会主义现代化国际大都市。面对美丽中国建设要求、全球城市生态发展趋势和上海城市特色，需要深刻地把握超大城市生态环境治理的规律和特征，明确建设人与自然和谐共生的美丽上海的意义、内涵、挑战和对策，为美丽中国建设提供上海实践、上海素材和上海经验。

一　建设人与自然和谐共生的美丽上海的背景和意义

上海打造人与自然和谐共生的美丽城市，是响应全球生态绿色趋势、落实国家发展战略、对接推进区域一体化发展、满足城市居民美好生活需要的重要抓手。

（一）美丽上海建设是落实中央对上海发展定位的必然要求

建设具有世界影响力的社会主义现代化国际大都市，是习近平总书记对上海发展的明确定位，是上海的奋斗目标。从全国发展大局来看，上海要继续当好全国改革开放排头兵、创新发展先行者，积极发挥上海在改革开放、创新发展上的示范引领作用。建设美丽中国，是我国全面建设社会主义现代化国家的重要目标。"美丽中国"概念最早是党的十八大提出的,要求"努力建设美丽中国"。党的十九大将"美丽中国"纳入社会主义现代化强国建设"两步走"的目标。党的二十大进一步明确,到2035年,美丽中国目标基本实现。习近平总书记在2023年全国生态环境保护大会上强调,今后5年是美丽中国建设的重要时期。我国将着力打造美丽蓝天、美丽河湖、美丽海湾、美丽山川,加快建设美丽中国先行区、美丽省份、美丽城市、美丽乡村,因地制宜、梯次推进美丽中国建设全域覆盖[①]。上海要从建设具有世界影响力的社会主义现代化国际大都市的维度,深刻认识建设人与自然和谐共生的美丽上海的重要性,以排头兵的姿态和先行者的担当,探索超大城市建设人与自然和谐共生现代化的美丽城市的内涵和实践,为美丽中国建设提供上海实践、上海素材和上海经验。

(二)美丽上海建设是提升城市全球影响力的必然要求

1971年,联合国教科文组织首次提出"生态城市"这一城市发展理念,探索如何从生态学的角度规划建设城市。自此以后,全球城市开启了生态绿色导向的发展历程,田园城市、花园城市、森林城市、生态城市、绿色城市等城市发展模式相继被提出,全球城市也从不同维度开展了各具特色的生态建设实践,如新加坡被誉为"花园城市"、纽约被评为世界上最具弹性的城市、伦敦是全球第一座国家公园城市等,生态绿色已成为衡量城市全球影响力的重要标准之一。2021年联合国环境规划署与联合国人居署联合发布的《全球环境展望:城市版》(GEO for Cities)认为,当前世界上充满了鼓舞人心和富有创新的城市倡议,然而,还没有一个完美的实践案例或明确行之有效的可持续转型路线图,更没有可供每个城市遵循并取得有效成果的准则[②]。也正因为如此,该报告聚焦可持续和公平的绿色城市转型,致力于为

---

① 《国务院新闻办就"加强生态环境保护,全面推进美丽中国建设"举行发布会》,https://www.gov.cn/govweb/zhengce/202307/content_ 6895037.htm。

② UNEP, UN-Habita. GEO for Cities-Towards Green and Just Cities. 2021, https://unhabitat.org/sites/default/files/2021/11/geocities_ updated.pdf。

实现环境可持续的城市愿景提供路径选择。虽然全球范围内的城市都还在探索全方位可持续发展模式，但城市需要更好的生态环境质量、更多的绿色空间已经是共识。上海的目标是建设具有世界影响力的社会主义现代化国际大都市，推进美丽上海建设，既是提升城市软实力和国际竞争力的内在要求，也是为全球生态城市生态环境治理贡献上海方案的重要体现。

（三）美丽上海建设是落实人与自然和谐共生的现代化目标的必然要求

我国社会主要矛盾已经转化为人民日益增长的美好生活需要和不平衡不充分的发展之间的矛盾，需要提供更多优质生态产品以满足人民日益增长的优美生态环境需要。建设人与自然和谐共生的美丽中国，成为满足人民美好生活需要的具体体现。党的十九大将"坚持人与自然和谐共生"作为新时代坚持和发展中国特色社会主义的基本方略之一。党的二十大提出建设人与自然和谐共生的现代化，人与自然和谐共生是中国式现代化的重要特征之一，人与自然和谐共生充分阐明了人与自然相互依存、相互联系的辩证统一关系，深刻揭示出人类必须尊重自然、顺应自然、保护自然的道理。上海是习近平总书记"人民城市"重要理念的首次提出地，推进美丽上海建设，要深刻认识促进人与自然和谐共生在上海现代化建设中的重要性，把美丽上海建设摆在改革开放和现代化建设全局的突出位置，以"人与自然和谐共生"为主线，积极践行"两山""两城"重要理念，探索新发展阶段超大城市人与自然和谐共生的内在规律、本质要求和实现路径，协同推进降碳、减污、扩绿、增长，为实现人与自然和谐共生的现代化目标提供上海样板。

（四）美丽上海建设是共建长三角美丽中国先行示范区的必然要求

2023年是长三角区域一体化发展上升为国家战略五周年。五年来，长三角三省一市聚焦生态绿色一体化，把保护和修复生态环境摆在重要位置，推进生态环境整治，促进区域发展全面绿色转型，实现了在发展中保护、在保护中发展，长三角区域生态绿色一体化发展加速推进。2021年，长三角将原大气、水协作小组进行整合，成立长三角区域生态环境保护协作小组，构建了长三角全方位生态环境保护协作新机制，进一步加强跨领域、跨部门、跨省界的生态环保联防联治，推进生态环境保护与区域一体化发展的衔接和融合。2021年印发的《长江三角洲区域生态环境共同保护规划》提出，聚焦三省一市共同面临的系统性、区域性、跨界性突出生态环境问题，夯实长三角地区绿色发展基础，共同建设绿色美丽长三角，着力打造美丽中国建设的先行示范区。上海是引领长三角要素资源配置、产业分工合作、生态环境协同的龙头，美丽上海建设是长三角建设美丽中国先行示范区的重要组成部分，应通过建设人与自然和谐共生的美丽上海，克服长三角区域生态环境协同保护与高质量发展面临的挑战，巩固区域生态环境协同治理成效，充分发挥牵引带动作用，携手推动绿色美丽长三角建设走在全国前列。

二 建设人与自然和谐共生的美丽上海的基本内涵

美丽上海是美丽中国的重要组成部分，是建设美丽中国的具体体现。"美丽上海"的外在表现是打造"天蓝、地绿、水清"的城市生态环境风貌，内在追求是建设人与自然和谐共生的现代化国际大都市，实现路径是促进经济社会发展全面绿色转型。

（一）美丽中国

由于视角不同，学者们对美丽中国的内涵还有着不同的理解，提出了不同的观点，存在"两美说""三美说""四美说"等多样观点[1]，但总体上可以归纳为三个方面。一是从单一视角出发，认为建设美丽中国的首要前提是拥有优美的生态环境。该类观点认为美丽中国以建设优美的自然生态环境为前提，以生态文明的发展进步为衡量标准，强调生态环境的自然之美是美

---

[1] 徐海红：《美丽中国建设：目标愿景与实践路径》，《广西社会科学》2023年第4期。

丽中国的基本前提，人与自然的和谐之美是美丽中国的本质要求[1]。这一类观点从直观表现上理解美丽中国内涵。二是从综合性视角出发，认为美丽中国内涵包括生产、生活、生态等多个领域。该类观点认为对美丽中国的理解不能局限于自然环境，美丽中国是一个集合和动态的概念，是绿色经济、和谐社会、幸福生活、健康生态的总称，包括自然之美、人文之美、制度之美、社会之美等[2]。这一类观点揭示了美丽中国与绿色发展的内在关联。三是从分层的视角出发，认为美丽中国内涵由几个相互关联的层次组成。美丽中国由外而内可以分为标志美、内核美、支撑美三个层次，其中，标志美体现为自然美、环境美、城乡美，内核美包括发展理念问题、生产方式问题、生活方式问题，支撑美包括现代化治理体系的问题、制度层面的问题[3]。根据人、自然、经济社会的关系，美丽中国也可以理解为三个层次的内容，其中第一层次是自然环境之美、人工之美和格局之美，第二层次是科技与文化之美、制度之美、人的心灵与行为之美，第三层次是人与自然、环境与经济、人与社会的和谐之美[4]。这一类观点从美丽中国建设的逻辑关系去理解其内涵。

美丽中国是我国提出的一项战略部署，因此对美丽中国内涵的认识，还需要从国家的战略要求中追本溯源。党的十八大报告第一次提出"美丽中国"的概念，强调必须树立尊重自然、顺应自然、保护自然的生态文明理念，把生态文明建设放在突出地位。党的十九大报告第一次把"美丽"纳入社会主义现代化强国建设的内容，明确提出到2035年，生态环境根本好转，美丽中国目标基本实现。把美丽中国建设的内容归结为推进绿色发展、着力解决突出的环境问题、加大生态环境保护和修复力度、改革和完善党领导的生态环境监管体系四点内容。党的二十大报告提出，到2035年，广泛

---

[1] 秦书生、胡楠:《美丽中国建设的内涵分析与实践要求——关于习近平美丽中国建设重要论述的思辨》，《环境保护》2018年第10期。

[2] 胡宗义、赵丽可、刘亦文:《"美丽中国"评价指标体系的构建与实证》，《统计与决策》2014年第9期。

[3] 王金南:《基本现代化与美丽中国：2035年展望》，《中国科学院中国现代化研究中心——2019年科学与现代化论文集（上）》，2019。

[4] 陈华洲、徐杨巧:《美丽中国三个层次的美》，《人民日报》2013年5月7日。

形成绿色生产生活方式，碳排放达峰后稳中有降，生态环境根本好转，美丽中国目标基本实现。对于如何推进美丽中国建设，党的二十大报告也有明确表述，"坚持山水林田湖草沙一体化保护和系统治理，统筹产业结构调整、污染治理、生态保护、应对气候变化，协同推进降碳、减污、扩绿、增长，推进生态优先、节约集约、绿色低碳发展"。2023年7月17日至18日，习近平总书记在全国生态环境保护大会上发表重要讲话，强调全面推进美丽中国建设，加快推进人与自然和谐共生的现代化。

综上分析，人与自然和谐共生是建设美丽中国的本质意蕴，生态理念、制度保障与全球治理是建设美丽中国的重要举措[1]。首先，美丽中国的目标是生态环境根本好转，优美的自然环境是美丽中国的基本前提，"天蓝、地绿、水净"是对美丽中国的基本诉求，要提供更多优质生态产品以满足人民日益增长的优美生态环境需要。其次，建设美丽中国的路径随着经济社会的发展而不断发生变化，但总的思路是要促进经济社会发展全面绿色转型，具体集中在产业结构调整、污染治理、生态保护、应对气候变化等领域。美丽中国的概念为理解美丽上海的内涵提供了理论依据和指导遵循。

（二）美丽上海的内涵阐释

美丽上海是美丽中国的有机组成部分，需要在"美丽中国"概念的基础上，结合上海城市特征对美丽上海内涵加以解读。从系统论的视角来看，上海是一个由自然生态系统、社会经济系统组成的复杂的生态经济系统。城市自然生态系统包括城市的大气、地貌、气候、水文、土壤、生物群落等要素，是维持城市居民赖以生存的生命支持系统。城市社会经济系统包括社会、经济、教育、制度、科学技术等要素，涉及城市居民活动的各个方面。生态经济学认为，社会经济系统是自然生态系统的子系统[2]，城市社会经济系统同样是城市自然生态系统中的一个子系统，两者之间存在复杂的反馈关

---

[1] 王宇：《习近平建设美丽中国重要论述的内涵阐析》，《中国人口·资源与环境》2022年第3期。

[2] 沈满洪：《生态经济学的定义、范畴与规律》，《生态经济》2009年第1期。

系。首先，城市自然生态系统为城市居民提供优质生态产品、优美居住环境，良性循环的城市自然生态系统既是建设美丽上海的直接目标，也是建设美丽上海的基本前提和基础。其次，有序运行的城市社会经济系统是美丽上海建设的支撑和保障，城市社会经济系统通过与城市自然生态系统进行物质、能量、信息交换，改变城市自然生态系统各要素量的比例关系，干预并调控城市自然生态系统的发展走向。最后，城市社会经济活动的规模和水平，必须以城市自然生态系统的承载力为约束，只有当城市社会经济系统在城市自然生态系统承载能力范围内，并通过技术创新、制度创新，尽可能地减少对自然生态系统的负面影响，才能综合实现美丽上海的建设目标。此外，系统的开放性也决定了美丽上海的建设需要加强与外界的沟通与合作，不仅要处理好城市生态经济系统内部问题，还要处理城市与外部的关系，加强与周边地区的协调发展，积极参与推进长三角生态绿色一体化发展和长江经济带建设。

作为一个复杂的城市生态经济系统，美丽上海的内涵可以从外在表现、内在追求和实现路径三个方面加以理解。

首先，美丽上海的外在表现是打造"天蓝、地绿、水清"的城市生态环境风貌，推动生态环境质量实现根本好转。作为一个人口高度集中的超大城市，推动城市人居环境明显改善是建设美丽上海的前提与基础，要持续加强河道污染防治、改善空气环境质量、扩大生态空间等，由污染物减排转向环境质量的改善和生态服务功能的提升。美丽上海建设就是要以高品质生态环境支撑高质量发展，提供更多优质生态产品以满足城市居民日益增长的优美生态环境需要。

其次，美丽上海的内在追求是建设人与自然和谐共生的现代化国际大都市。人与自然和谐共生是美丽上海的终极追求，是社会和谐与自然和谐的统一，是推进发展方式绿色转型、改善生态环境质量的最终落脚点，为城市居民提供满意的服务。美丽上海建设要积极探索"绿水青山就是金山银山"与"人民城市"两大重要理念的深度融合与实践，推动城市居民的生态环境获得感、幸福感、安全感不断提升，使城市获得永续发展的动力。

最后，美丽上海的实现路径是促进经济社会发展全面绿色转型。坚持尊重自然、顺应自然、保护自然，大力推进产业结构调整、污染治理、生态保护、应对气候变化，协同推进降碳、减污、扩绿、增长，从促进生态环保政策同经济发展政策协同融合、推进重点领域节能降碳、培育绿色发展新动能、推动形成绿色生活方式等方面，探索美丽上海的具体实现方式，促进生态环境保护与经济发展有机协同，为建设天蓝、地绿、水清的美丽上海提供保障和支撑。

（三）美丽上海建设的探索与经验

自党的十八大报告提出建设美丽中国目标以来，上海围绕建设美丽中国上海篇进行了大量实践，探索超大城市美丽建设的路径与方式。

1. 推进美丽上海建设的顶层设计

上海从加强顶层设计入手，将美丽上海建设实践纳入社会经济发展全局。

一是完善美丽上海建设的组织推进机制和制度保障。2020年，上海市成立生态文明建设领导小组，全面加强对生态文明建设的统筹领导。上海先后修订出台大气、水资源、土壤、垃圾分类、野生动物保护等地方性法规，为美丽上海建设提供坚实的制度保障。

二是明确美丽上海建设的重点任务。《上海市生态环境保护"十四五"规划》提出"开启建设美丽上海的新征程"，早日建成令人向往的生态之城和天蓝、地绿、水清的美丽上海。2022年，上海市第十二次党代会提出"扎实推进生态文明建设，加快建设人与自然和谐共生的美丽家园"，明确了促进经济社会发展全面绿色转型、持续巩固和提升生态环境质量、更加自觉主动地推进生态惠民工程等重点任务。2023年，上海市召开生态环境保护大会，提出高标准谋划、高水平推进美丽上海建设，加快打造人与自然和谐共生的社会主义现代化国际大都市。

三是形成指导美丽上海建设实践的纲领性文件。2022年，上海编制出台《关于深入打好污染防治攻坚战迈向建设美丽上海新征程的实施意见》，明确了总体要求和目标，要以更高标准打好蓝天、碧水、净土保卫战，把上海建设成为人与人、人与自然和谐共生的美丽家园。2023年，上海在《关于全面推进美丽上海建设打造人与自然和谐共生现代化国际大都市的实施意见（征求意见稿）》中，提出打造独具"海派特色"、拥有"国际风范"、体现"秀外慧中"的美丽上海的任务，并制定了美丽上海总体建成和全面建成的时间表。

2. 加强美丽上海建设的统筹协调

美丽上海建设是一项涉及领域多、覆盖范围广的系统工程，各个领域各美其美、美美与共，统筹协调发展，致力于实现全面的和谐美丽。

一是不断改善城市生态环境质量，展现自然之美。2023年上半年，上海$PM_{2.5}$月均浓度为26μg/m³，$PM_{2.5}$浓度和空气质量优良天数比例在长三角地区排名前列。上海市地表水环境质量持续向好，无Ⅴ类和劣Ⅴ类断面。截至2022年底，上海的人均公园绿地面积达到8.8平方米，公园数量增加至670个，累计建成口袋公园390个。"一江一河"公共空间建设和功能品质提升不断加速，绿色正成为上海城市发展最动人的底色。

二是不断推进经济高质量发展，尽显发展之美。上海已基本建成四个中心，并形成科技创新中心基本框架，上海经济发展的"含绿量"不断提高，"耗损量"不断降低。2022年，上海的GDP达到4.47万亿元，稳居全国中心城市首位。上海的产业结构加快升级，经济新动能加快成长，工业战略性新兴产业产值占规模以上工业总产值的比重已超过40%，全社会研发经费支出占GDP比重提高到4.2%。2021~2022年，上海单位GDP二氧化碳排放量和单位GDP能耗累计下降幅度均超过50%。

三是不断推进民生福祉的改善，彰显人文之美。上海秉持"人民城市人民建，人民城市为人民"的核心理念，连续实施两轮民心工程，市民在教育、卫生、养老、文体方面的基本需求和发展需要得到有效满足。2022年，上海居民人均可支配收入为79610元，位居全国第一。

2023年发布的《关于全面推进美丽上海建设打造人与自然和谐共生现代化国际大都市的实施意见（征求意见稿）》，明确提出要统筹空间协同、低碳发展、环境优美、人居舒适、生态和谐、健康安全、文化传承、科技引领、区域合作、制度创新"十美"共建,进一步扩大了美丽上海建设的内涵。

3. 推进美丽上海建设的全民参与

上海坚持全社会共同参与、共同建设、共同享有,动员、引导全社会践行人与自然和谐共生理念,推动形成人人参与的绿色低碳生产方式和生活方式。

一是认真践行人民城市理念。作为人民城市重要理念的首提地和实践地,上海提出要努力打造一个"人人参与建设、人人参与治理、人人参与享受"的社会主义现代化国际大都市。2017年底,上海贯通开放黄浦江核心段45公里岸线;2020年底,苏州河中心城区42公里岸线实现基本贯通。上海不断扩大城市公共空间,配套设施建设贴近百姓、服务人民,并引入社会、企业等共同参与设施建设和日常维护,让城市居民有更多获得感。

二是拓宽社会公众参与生态环境保护渠道。上海不断拓宽参与渠道,鼓励和支持全社会共同参与生态环境保护。2018年,上海"一网通办"总门户正式上线,通过有效推进生态环境领域"一网通办"建设,不断提高接入的生态环境事项数量,赋权公众参与生态环境监督。2021年,上海市制定了《上海市环境影响评价公众参与办法》,优化项目环评和规划环评的公众参与方式,依法保障公众的知情权和参与权。

三是培育社会公众绿色低碳生活时尚。上海积极推进旧衣回收、"光盘"行动、垃圾分类、碳普惠体系建设,让全社会践行绿色低碳生活方式成为自觉行动。2011年5月,上海开始试点旧衣物回收,将"废旧服装回收利用项目"列为上海循环经济和清洁生产专项项目。2019年,上海成为我国首个全面进行生活垃圾分类的城市,2023年1~6月,上海市生活垃圾分类实效持续巩固,各区实效综合考评平均得分为95.3分,生活垃圾分类习惯普遍养成。2023年10月,上海市制定《上海市碳普惠管理办法(试行)》,通过商业激励、政策支持、市场交易等方式,推动全社会建立绿色低碳生产生活方式。

4. 强化美丽上海建设的区域合作

上海坚持美美与共、协同发展，坚决贯彻长江大保护国家战略，携手三省一市共建绿色美丽长三角。

一是加强跨区域清洁能源合作。上海加强与西南省份的水电合作，与宁夏、甘肃等省份开展光伏合作，积极开展跨省绿电交易。2023年1~9月，上海绿电市场交易规模突破20亿千瓦时。上海注重引导氢能企业将先进制氢技术、装备、服务在西部省份城市推广，打造"西氢东用，东链西用"的跨区域合作新模式。

二是在共抓长江大保护上持续用力。上海把加强入河排污口排查整治作为贯彻落实长江大保护国家战略的一项重要抓手，已全面完成1467个长江入河排污口排查溯源任务，并完成90%以上的整治工作。不断提升经济社会发展与资源环境承载能力的协调水平，推进美丽上海建设与长江大保护相融共生。

三是完善长三角区域生态环境联保共治机制。上海不断建立健全长三角区域生态环境保护协作机制，在原区域大气、水协作机制的基础上，牵头成立全方位的长三角区域生态环境保护协作小组，深入推进水、气、土环境污染协同治理，破除行政壁垒，探索推动区域生态环境保护标准、监测、执法"三统一"制度创新，实现区域生态环境质量明显改善。

三 建设人与自然和谐共生的美丽上海的评价

从美丽生态、美丽环境、美丽经济、美好生活四个维度构建美丽城市建设指数，并对直辖市和省会（首府）城市进行实证评价，在比较分析中探寻上海美丽城市建设的特征。

（一）美丽城市评价指标构建

自美丽中国提出以来，如何开展相关评估工作，并发挥评估的引导推动作用，成为管理部门和学界关注的热点。2020年，国家发展改革委制定了《美丽中国建设评估指标体系及实施方案》，聚焦生态环境良好、人居环境整洁等方面，构建的评估指标体系包括空气清新、水体洁净、土壤安全、生态良好、人居整洁5类指标①。以"美丽"为主题、以"城市"为对象的相关评价实践也得到广泛开展，2020年，浙江省印发《浙江省美丽城镇建设评价办法》，评价指标涵盖功能便民环境美、共享乐民生活美、兴业富民产业美、魅力亲民人文美、善治为民治理美等领域，设置共性指标、个性指标及满意度评价指标。中国城市竞争力研究会自主研发了《GN中国美丽城市评价指标体系》，该评价指标体系包括城市规划设计美、城市基础设施美、城市建筑风貌美、城市文明美、城市自然环境美和城市公众口碑美等6类指标。这些美丽城市范畴的评价实践各有侧重，对开展美丽城市建设评价具有重要的启示作用。

本报告通过梳理已有文献与智库报告，结合目前有关省份与城市开展美丽中国建设的指标体系构建模式与具体指标，按照突出重点、社会关切、数据可得的原则，综合考量城市生态保护与经济发展的关系，从美丽生态、美丽环境、美好生活、美丽经济四个评价领域选取27个具体指标构建美丽城市建设指数。第一，美丽生态领域主要反映城市生态系统稳定性与功能情况，评价城市生态空间建设和生态系统保护综合成效情况，评价城市"地绿"建设进展，有效维护城市生态安全和满足居民生态需要等要求。第二，美丽环境领域主要反映城市环境污染治理成效，评价城市"天蓝""水清"建设进展，以生态环境质量改善为目标，切实让城市居民感受到经济发展带来的实实在在的环境效益，并全面管控城市环境风险。第三，美好生活领域主要体现城市宜居家园建设情况，贯彻落实"人民城市人民建，人民城市为人民"重要理念，评价城市打造高品质人居环境情况，使城市更宜居，为人民群众提供高品质生活空间。第四，美丽经济领域主要反映城市经济社会发展全面绿色转型情况，统筹推进产业结构、能源结构、生产方式的绿色低碳变革，推动建立清洁低碳的能源体系和创新发展的经济体系，从源头为美丽上海建设提供保障和支撑。

根据本研究需要，最终构建的指标体系见表1。

---

① 国家发展改革委：《关于印发〈美丽中国建设评估指标体系及实施方案〉的通知》，2020。

表1 "美丽城市"建设评价指标体系

评价主题	评价领域	具体指标	单位
美丽城市建设指数	美丽生态	建成区绿化覆盖率	%
		森林覆盖率	%
		生态质量指数	—
		城市土地开发强度	%
		公园绿地密度	个/公里^2
		人均公园绿地面积	平方米
	美丽环境	城市臭氧浓度	微克/米^3
		城市细颗粒物（PM$_{2.5}$）浓度	微克/米^3
		城市空气质量优良天数比例	%
		地表水水质达到或好于Ⅲ类比例	%
		人均日污水处理能力	立方米
		一般工业固体废物综合利用率	%
	美好生活	每万人拥有轨道交通里程	公里
		城市排水管道密度	千米/公里^2
		人均生活用水量	立方米
		人均生活用电量	千瓦时
		每万人拥有医院床位数量	张
		城镇居民人均可支配收入	万元
		人均预期寿命	岁
		每万人拥有中小学教师数量	人
	美丽经济	万元GDP能耗	吨标准煤
		万元GDP水耗	立方米
		非化石能源占一次能源比重	%
		第三产业增加值占GDP比重	%
		人均GDP	元
		万人拥有的高新技术企业数	家
		万人拥有发明专利数	个

本次评价使用数据主要来源于国家统计局、中经网、各市统计年鉴、各市国民经济和社会发展统计公报、中国城市统计年鉴、Wind数据库、CEADs数据库、Choice数据库、国泰安数据库。本研究样本对象为各省（自治区）省会（首府）与直辖市①，为使分析结果更加具有可靠性，采用

---

① 因数据统计口径原因，本报告的分析对象不包括港澳台地区，由于拉萨市指标数据缺失过多，因此未对其进行评价。

数据为最新可得的三年数据的平均值。

本研究构建的美丽城市建设指数包含了4个评价维度的27个具体评价指标，各个指标对美丽城市建设与发展程度的影响存在一定差异，因此需要对相关指标权重进行赋权。为排除人为赋权造成的主观偏误，本研究采用熵权法对相关指标权重进行计算，首先对研究数据进行预处理，采用插值法填补缺失值，为了消除量纲差异带来的影响，分别对正向指标和负向指标进行标准化处理，对完成预处理的数据进行熵权法分析，得到各项指标所占权重。具体指标方面，权重结果前五位为公园绿地密度、万人拥有的高新技术企业数、城镇居民人均可支配收入、人均GDP和非化石能源占一次能源比重，权重分别为10.53%、10.05%、8.04%、6.00%、5.42%。由此可以看出注重城市生态环境水平高质量发展，提升城市整体生态宜居性，推动高新技术企业发展与产业升级转型是建设美丽城市的关键所在。对评价领域的权重结果依次排序，美丽经济、美好生活、美丽生态、美丽环境权重分别为30.16%、29.72%、22.74%、17.38%，从评价领域权重结果可以看出，美丽经济、美好生活、美丽生态、美丽环境均为美丽城市建设的重要方面，因此需要协同推进美丽经济、美好生活、美丽生态、美丽环境的进一步建设，对于上海来说，推动城市生态环境水平高质量发展、企业创新与产业升级转型是建设美丽城市的重点所在。

TOPSIS法是常用的综合评价方法，能充分利用原始数据信息精确反映各评价方案之间的差距，其基本过程为基于归一化后的原始数据矩阵，采用余弦法找出有限方案中的最优方案和最劣方案，然后分别计算各评价对象与最优方案和最劣方案间的距离，获得各评价对象与最优方案的相对接近程度，以此作为评价优劣的依据。但基本的TOPSIS法是采取各个指标的权重值进行计算，而各个指标的权重值难以直接估量。因此本研究采用熵权TOPSIS法，使用熵权法计算各个指标权重得到权重矩阵，再采用TOPSIS法进行计算，得到各个省会（首府）与直辖市的得分与排名，用于进一步的分析评价。

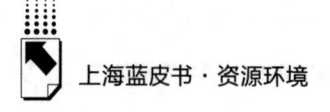

（二）评价结果

上海美丽城市建设综合表现较好，美丽生态、美丽环境、美丽经济、美好生活四个维度的排名在直辖市和省会（首府）城市中均较为靠前，但也存在着美丽城市建设不平衡问题，还需要继续破解超大城市生态环境难题。

1. 上海美丽城市建设综合水平表现较好

从综合得分情况来看，上海美丽城市建设得分仅次于北京，综合表现较好。排名前五的城市分别为北京、上海、广州、杭州、南京，五座城市综合得分均大于0.5，代表全国美丽城市建设最高水平。此外，福州、昆明、武汉等城市的得分处于0.4~0.5区间，其美丽城市建设也取得了一定成效。这些得分较高的城市往往具有以下特征：一是城市生态建设水平较高，具有优良的绿色生态基底，城市建成区绿化覆盖率、城市公园建设水平居于前列；二是城市生活质量与幸福程度较高，城市医疗、教育、交通等基础设施完备，可以较好满足人民美好生活需要；三是城市注重创新与能源产业结构升级，城市经济活力与绿色转型水平较高，非化石能源使用占比与创新水平居于前列。全国美丽城市建设得分呈现东部高、西部低的特点，反映了美丽城市建设的不平衡问题，前五名城市中有三城位于长三角地区，说明长三角地区美丽城市建设走在全国前列。

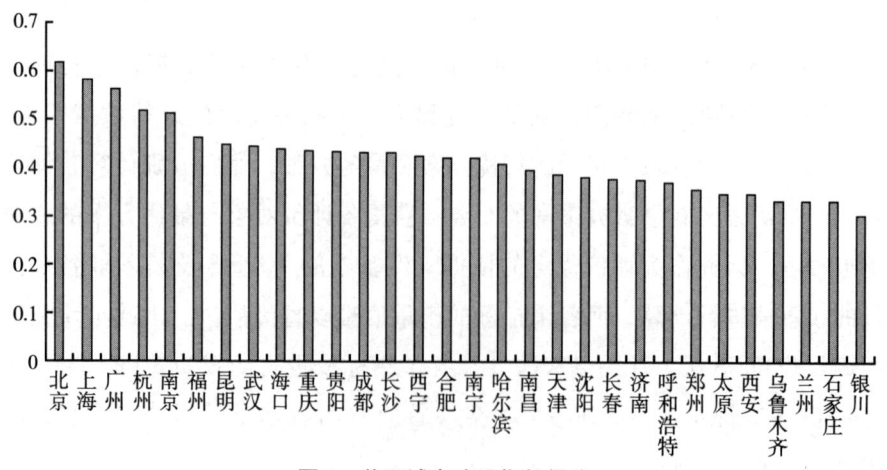

图1　美丽城市建设指数得分

2. 上海美丽城市建设细分领域存在差异

从不同评价领域的得分情况来看，上海在美丽生态、美丽环境、美丽经济、美好生活四个维度的排名分别为第三、第九、第二、第一，说明虽然上海整体的美丽城市建设水平较高，但也存在着美丽城市建设不平衡、不充分的问题。

（1）美丽生态领域

从美丽生态领域看，排名前三的城市得分都在0.5以上，分别为广州、北京、上海。其中，广州得分高达0.69，主要得益于广州是典型的山水城市，具有较好的自然生态条件。上海以0.58的得分位列第三，在美丽生态建设领域取得较好的成效。近年来，上海努力建设长江河口生态之城，不断夯实生态基底，以"千园工程"为抓手提升生态环境品质和城市空间形态，以新发展理念推动绿色空间开放、共享、融合，全面推动了上海的美丽生态建设。

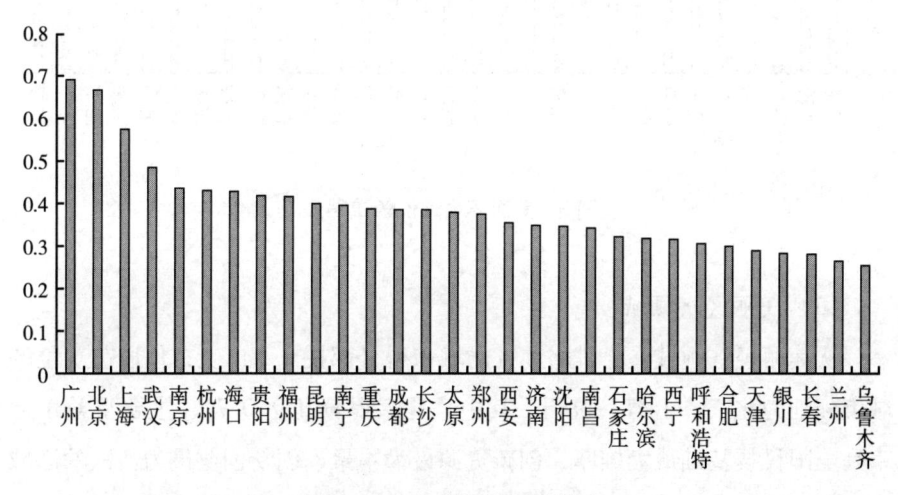

图2 美丽生态评价领域得分

（2）美丽环境领域

从美丽环境领域看，排名前四的城市得分都在0.7以上，分别为贵阳、海口、福州、南宁。其中，贵阳得分高达0.82，主要得益于贵阳坚持以

"生态立市"为抓手，奋力打造美丽中国建设城市样板，努力把优良生态环境转变为城市最大的发展优势和竞争优势。上海以0.62的得分位列第九，与其他几个维度相比，上海在美丽环境建设领域仍有提升空间，由于上海人口稠密、经济发达，能源消费和污染物排放在空间上高度集中，城市环境污染防治压力始终处于高位。推进美丽上海建设，还需要进一步结合上海市能源结构、产业结构、环境质量状况等因素，优化创新美丽环境领域建设措施，推动美丽环境领域建设取得新进展。

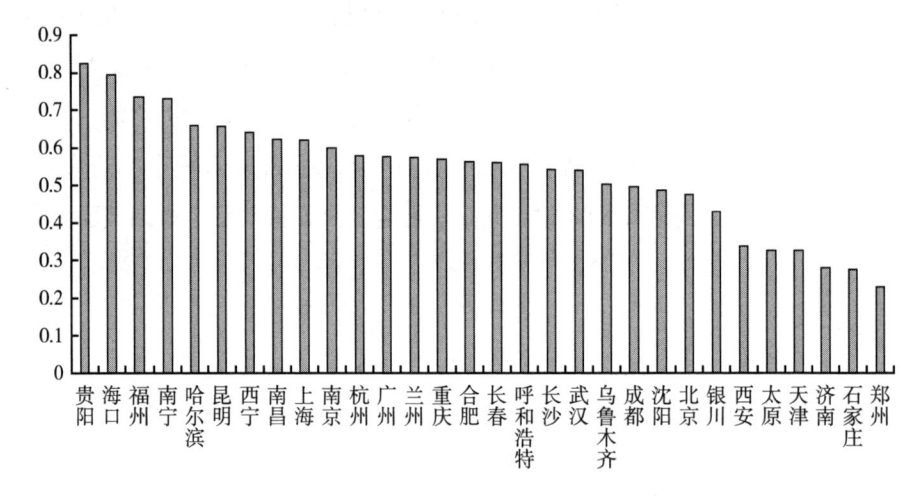

图3 美丽环境评价领域得分

（3）美丽经济领域

从美丽经济领域看，排名前五的城市得分都在0.5以上，位居前三位的城市分别为北京、上海、杭州。其中，北京得分高达0.72，主要得益于北京是全国科技基础最为雄厚、创新资源最为集聚、创新创业最为活跃的区域之一，北京的高新产业在国际和国内都具有很强的竞争力。上海以0.58的得分位列第二，上海一直以来都是我国科技创新的前沿城市之一，近年来重大原创科技成果不断涌现，高层次人才吸引力持续提升，同时连续多年高居全国城市GDP榜首，统筹推进产业结构升级与节能增效，有力支撑了上海在美丽经济领域整体建设水平。

建设人与自然和谐共生的美丽上海的基本内涵与实现路径

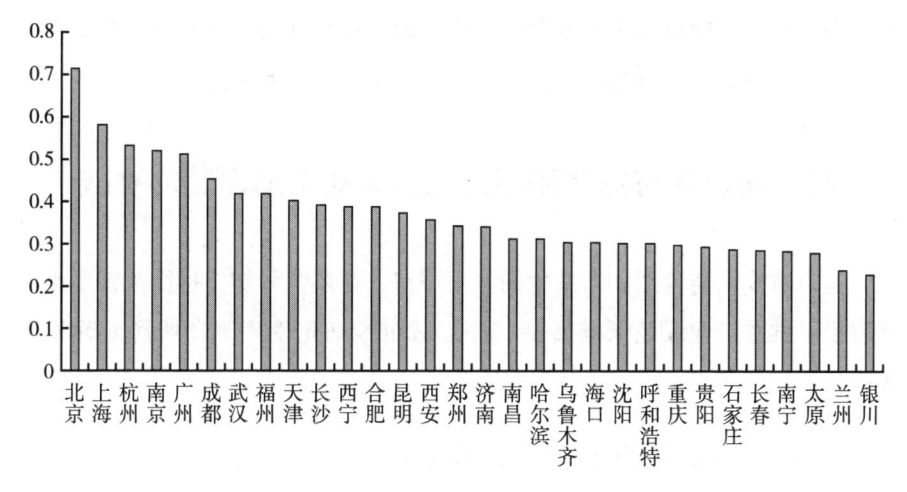

图4　美丽经济评价领域得分

（4）美好生活领域

从美好生活领域看，所有城市得分都在0.3以上，城市间差异相对其他领域较小。排名前三的城市得分都在0.5以上，分别为上海、北京、杭州。上海以0.58的得分位列第一，上海将美好生活融合在美丽城市的建设中，在美好生活建设领域成效明显。上海始终践行"人民城市人民建，人民城市为人民"的重要理念，以城市高质量发展来满足人民对美好生活的向往，

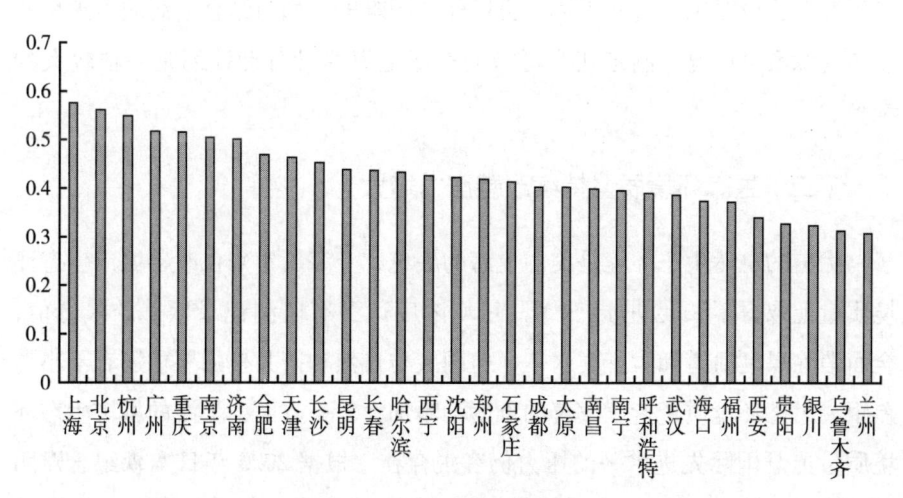

图5　美好生活评价领域得分

019

不断提升城市基础设施供给水平，医疗、教育等公共服务质量处于全国领先水平，上海也拥有世界范围内线路最长的城市轨道交通系统。

四 建设人与自然和谐共生的美丽上海面临的挑战

上海建设人与自然和谐共生的美丽城市，在系统认知、持续改善生态环境质量、推进产业绿色低碳转型、深化城市精细化管理等领域还面临相关挑战。

（一）系统认知美丽上海仍需要深化

建设人与自然和谐共生的美丽上海是一个系统工程，不仅要追求"天蓝、地绿、水清"的自然之美，实现高质量绿色低碳转型的发展之美，更要关注人与自然、人与社会、人与人和谐的人文之美。其一，对美丽上海与上海建设生态之城、人文之城、创新之城之间的关系，以及美丽上海与上海建设人民城市、全球城市之间的关系还缺少深入分析，城市不同类型愿景目标叠加情况下美丽上海建设的历史方位和行动路线还有待明确。其二，美丽上海建设需要成体系推进，需要统筹协调的领域复杂繁多，增加了细化落实美丽上海建设要求、责任主体、目标任务的难度，如何结合上海城市地域特点和资源禀赋情况，制定切实可行的美丽上海建设行动计划是一项较大的考验。

（二）生态环境质量持续改善压力增大

优美的自然生态环境是美丽上海的底色，上海近年来在改善城市生态环境质量上取得了长足进步，$PM_{2.5}$年均浓度达到有监测记录以来的最低值，全面消除黑臭河道和劣五类水体，但同人与自然和谐共生的要求还有不小的差距，生态环境质量持续改善的难度不断加大。一方面，上海的城市生态环境质量追赶国际先进水平的压力仍客观存在。根据2023年日本森纪念财团发布的《全球城市实力指数（2022）》报告，上海的城市综合实力在全球城市中排在第10位，而在"环境"类中排名为第34位，虽然该指数排名具有一定的局限性，但也反映了上海城市生态环境质量与国际先进水平仍有一定差距。另一方面，生态环境质量进一步大幅提升的难度增加。臭氧和$PM_{2.5}$成为城市大气主要污染物，臭氧形成机理复杂、缺乏成熟治理经验借鉴。生态环境部门监管的新企业、新污染物不断增多，2023年版上海市重点管控新污染物清单共列入16种重点管控新污染物，新型环境污染治理问题不容忽视。长江口近岸海域水质长期较差，仍存劣四类水质，依靠上海自身努力改善近岸海域水质的难度较大。

（三）产业绿色低碳转型的难度较大

产业绿色低碳转型是建设人与自然和谐共生的美丽上海的前提和基础，上海目前还面临着清洁能源供给和价值链低碳转型支持不足等难题。其一，上海本地可再生能源规模化发展的潜力有限。上海不具备规模化发展风电、光伏的自然资源条件，城市空间开发利用率高，发展分布式光伏面临场址资源紧缺、开发成本较高等难题，难以为产业绿色低碳转型提供坚实的清洁能源支撑。其二，产业绿色低碳转型的成本较高。产业绿色低碳转型意味着对原有技术、设备、生产方式的升级，需要有大量的投入，一定程度上会增加企业的运营成本。因此，产业绿色低碳转型更需要绿色金融支持，而目前绿色金融培育不足，难以为产业绿色低碳转型提供资金支持。

（四）城市精细化管理面临更高要求

在城市规模不断扩大、城市空间结构发生变化、极端天气频发等因素影响下，美丽上海建设也面临越来越多的挑战，城市转向集约精细化管理的需求日益迫切。其一，上海的常住人口数量稳定增长，人口空间分布呈现由中心城区向郊区疏解的趋势。人口老龄化程度不断加深，不同社区和不同年龄的居民，对美丽上海的偏好有所区别，城市居民的优美生态环境需要更加多元化、个性化、品质化，对城市服务和管理精准化提出更高的要求。其二，美丽上海建设对城市基础设施的精准供给、精细管理、精心服务提出较高要求。上海拥有规模较大的存量基础设施，在城市空间资源日渐紧缺的情况下，还需要通过精确的数据分析和细致的管理手段，进一步加强城市存量基础设施对美丽上海建设动态需求的及时响应和精准匹配，提高管理效率。

五 建设人与自然和谐共生的美丽上海的实现路径

上海需要强化人与自然和谐共生的美丽城市顶层设计，加强美丽城市建设的法制保障和规划引领，推进城市精细化管理，实施分区分类、以点带面的建设模式，充分发挥绩效考核支撑作用，建设特色鲜明的美丽家园。

（一）强化顶层设计引领，具体化美丽上海建设目标任务

美丽上海建设是一项新战略任务，也是一项长期任务，需要强化顶层设计引领，发挥政策、法规、规划的引领和保障作用。

一是开展美丽上海建设顶层设计研究。组织科研力量开展美丽上海建设前瞻性研究，深入探索建设人与自然和谐共生的美丽上海的目标愿景、指标体系、路线图、评估考核与行动体系等课题内容，为美丽上海科学决策提供支撑。定期组织开展美丽上海建设跟踪研究，总结经验、分析问题、研判对策，及时调整美丽上海建设策略。

二是加强美丽上海建设的法制保障。积极构建美丽上海建设的法规、制度、标准体系，加快推进美丽上海建设领域地方性法规立法进程，制定实施"人与自然和谐共生的美丽上海建设促进条例"，明确美丽上海建设应坚持的原则，划分政府、企业、社会公众的责任、权利、义务，规范美丽上海相关规划、建设、管理等全生命周期管理统筹工作，用法治力量引领和保障人与自然和谐共生的美丽上海建设。

三是加强美丽上海建设的规划引领。深入贯彻美丽中国理念，结合上海城市发展实际，研究编制"人与自然和谐共生的美丽上海建设规划纲要"和"人与自然和谐共生的美丽上海建设三年行动计划"，细化建设人与自然

和谐共生的美丽上海的工作重点、具体目标任务及实施项目,协调城市生态、生产、生活关系,统筹中心城区与郊区美丽建设联系,增强上海与周边地区美丽建设的联系,系统推进美丽上海建设。

(二)推进城市精细管理,提升美丽上海建设功能品质

上海的城市快速扩张发展阶段已基本告一段落,需要进一步深化推进城市精细化管理,打造一流的城市人居环境,提升美丽上海建设的品质内涵。

一是完善城市精细化管理标准规范。梳理现有城市基础设施运行维护、生态环境治理、河道管理、园林绿化等领域的工作标准,对标国际一流,健全城市精细化管理标准体系,详细规定各领域精细化管理工作涉及的内容、职责、流程和责任等,使美丽上海建设各领域精细化管理有章可循。

二是提升美丽上海建设智能化管理水平。在数据的流转共享和无缝对接下,改造和优化部门协同流程,基于"一网通办""一网统管"等数字化平台,建设城市管理基础数据库,并定期完善和更新。通过对美丽上海建设相关的政务服务和监管工具的数字化集成、整合,实现跨业务、跨部门的协同合作,在决策协同、管理协同、服务协同等领域实现美丽上海建设协同形式的创新,打造整体型的服务模式。

三是推进美丽上海建设的多元共治。优化第三方服务环境,制定管理办法,推进生态环境等领域社会化第三方服务机构规范化管理,促进美丽上海建设领域第三方服务市场健康发展。搭建社会组织参与美丽上海建设平台,鼓励企业参与美丽上海建设,建立激励机制,给予参与美丽上海建设工作突出的企业相关优惠政策。

(三)实施分区分类管理,凸显美丽上海建设空间魅力

坚持分区分类施策,明确不同功能空间的建设重点和方向,加强美丽上海建设的区域合作,形成"各美其美、美美与共"的美丽上海建设格局。

一是因地制宜分区推进美丽上海建设。针对中心城区、近郊区、远郊区在产业基础、生态环境质量、社会公共服务供给等领域的发展特点,以

"一区一策"因地制宜推进美丽上海建设，以区为单位制定美丽上海建设实施细则，打造高品质、有特色的美丽上海建设示范点，实现城乡一体、联动发展。

二是开展城市"美丽细胞"创建工作。精心组织开展美丽街区、美丽乡村、美丽园区、美丽企业、美丽河湖等一系列"美丽细胞"创建工作，鼓励企业和社会公众积极参与，打造一批特色鲜明、亮点突出的美丽上海建设"基层样板"，形成以点带面辐射带动的美丽上海建设格局。

三是开展跨区域美丽建设合作。与周边城市推进美丽建设规划同修、绿色同建、污染同治、发展模式同转，努力实现资源共享、优势互补，共建美丽上海都市圈。携手苏浙皖三省推进区域生态环境共保联治，打造区域清洁能源生态圈，推动区域绿色智慧基础设施和生态科技基础设施共建共享，在将长三角打造为美丽中国建设先行区的进程中，实现人与自然和谐共生的美丽上海建设目标。

（四）发挥绩效考核作用，创新美丽上海建设激励机制

为了确保美丽上海建设能够顺利实施并达到预期目标，需要定期开展建设绩效评估工作，以便及时掌握美丽上海建设实施情况，发现影响美丽上海建设绩效的问题并加以改进，保证美丽上海建设在科学规划的指引下有序推进。

一是完善美丽上海建设绩效考核指标。以人与自然和谐共生为导向，落实人与自然和谐共生的美丽上海建设具体指标，在原有的侧重于规模类、效益类指标的基础上，增加满足城市居民需求的指标，体现超大城市生态环境治理特点，充分考虑老年人、青少年等细分人群优美生态环境需要的差异性，促进人与自然、人与社会的和谐发展。

二是健全绩效考核评估机制。将美丽城市建设纳入市区两级目标绩效考核体系，制定"人与自然和谐共生的美丽上海建设工作考核办法"，成立美丽上海建设督查工作组，围绕美丽上海建设重要工作开展专项考核，考核内容包括但不限于组织制度、政策保障、长效管理、工作推进等，把长效管理

作为重中之重，并确保绩效考核工作落到实处，充分调动各部门工作积极性、主动性、创造性，巩固美丽上海建设成果。

参考文献

徐海红：《美丽中国建设：目标愿景与实践路径》，《广西社会科学》2023年第4期。

秦书生、胡楠：《美丽中国建设的内涵分析与实践要求——关于习近平美丽中国建设重要论述的思辨》，《环境保护》2018年第10期。

胡宗义、赵丽可、刘亦文：《"美丽中国"评价指标体系的构建与实证》，《统计与决策》2014年第9期。

王金南：《基本现代化与美丽中国：2035年展望》，《中国科学院中国现代化研究中心——2019年科学与现代化论文集（上）》，2019。

王宇：《习近平建设美丽中国重要论述的内涵阐析》，《中国人口·资源与环境》2022年第3期。

李海东、马伟波、张龙江：《美丽城市生态环境协同治理：基于生态韧性与协同增效的考察》，《生态与农村环境学报》2023年第8期。

甘露、蔡尚伟、程励：《"美丽中国"视野下的中国城市建设水平评价——基于省会和副省级城市的比较研究》，《思想战线》2013年第4期。

秦昌波、苏洁琼、肖旸：《美丽中国建设评估指标库设计与指标体系构建研究》，《中国环境管理》2022年第6期。

绿色增长篇

B.2
以循环经济体系支撑人与自然和谐共生的现代化

陈 宁[*]

摘 要： 要实现人与自然和谐共生的现代化，必须从根本上改变材料、燃料等产品开采和加工的线性经济模式。循环经济是对"大量生产、大量消耗、大量废弃"的传统生产方式、生活方式和消费模式的根本变革，通过改进设计和服务延长产品寿命，缩小、减缓、闭合资源循环。发展循环经济是转变增长方式、实现绿色低碳发展的必然选择，也是人与自然和谐共生现代化经济体系的支撑。对照人与自然和谐共生的现代化对循环经济的要求以及领先的循环经济发展国家的发展水平，上海循环经济业务体系还存在短板，尚未形成循环产品体系，循环设计业务发展较为滞后，"产品即服务"模式尚未全面展开；推动循环经济的政策环境还不完善，相关行业界定较为

---

[*] 陈宁，经济学博士，上海社会科学院生态与可持续发展研究所助理研究员，研究方向为循环经济、产业绿色发展、环境政策与管理。

混乱，主管部门较为分散，推进政策集中于资源回收利用环节。未来上海要进一步推进循环经济发展，应完善顶层设计，明确循环经济的边界和监管框架；加大政策供给力度，弥补循环经济关键业务环节缺陷和关键链条的不足。

关键词： 循环经济　绿色低碳　上海

　　人与自然和谐共生的中国式现代化，是绿色低碳可持续发展的现代化。习近平总书记指出，建立健全绿色低碳循环发展经济体系、促进经济社会发展全面绿色转型是解决我国生态环境问题的基础之策。循环经济是对"大量生产、大量消耗、大量废弃"的传统生产方式、生活方式和消费模式的根本变革，通过改进设计和服务延长产品使用寿命，缩小、减缓、闭合资源循环。发展循环经济是转变增长方式、实现绿色低碳发展的必然选择，也是实现人与自然和谐共生现代化经济体系的支撑。

一　人与自然和谐共生的现代化对循环经济提出的实质要求

　　近年来，在能源和材料消耗量快速增长的背景下，循环经济越来越受到全球关注。国际资源小组（IRP）估计，过去五十年里，资源使用量增加了两倍多，并且在未来几十年里必将再增加一倍。其中，材料、燃料和食品的开采和加工造成了全球一半以上的碳排放和90%的生物多样性丧失。要实现人与自然和谐共生的现代化，必须从根本上改变材料、燃料等产品开采和加工的线性经济模式。

（一）循环产品

　　产品是经济体的基本单位，产品的设计和生产过程会影响整个产品生命周期中的资源使用和废物产生。符合循环经济原则的设计可以使产品更耐用，更容易维修、升级或再制造，也可以帮助回收商拆卸产品，以回收有价值的材料和组件。基于循环经济的生产系统获得的产品体系被认为比传统的生产系统更具可持续性，因为可在服务品质不下降的同时，实现更少的资源使用、更少的浪费，增加更多的维修和回收行业就业机会以及节省资金。欧盟环境署认为"尽可能长时间地保存产品价值发挥着核心作用，应将产品置于循环经济转型过程的中心位置。"

综合众多学者的研究，循环产品的设计和生产必须基于全生命周期的综合方法，并遵循如下规则：减少产品在整个使用寿命期间的材料和能源消耗，减少整个产品生命周期的排放、扩散和毒素形成，增加可回收材料的数量，利用可再生资源进行生产，延长产品的使用寿命，以服务替代产品，提高产品在使用阶段的性能，采用环境污染少的材料，限制稀有材料的使用，生产过程选用清洁材料，避免产生危险和有毒物质，使用低能耗材料。

（二）产品即服务（PSS）

PSS 理念的理论核心是绩效经济理论，其中商品通过租赁、共享等模式作为服务出售，而制造商保留产品的所有权。从产品到服务的演变有不同的维度，从提供售后维护服务到提供产品性能而非产品所有权本身。产品服务系统在 B2B 环境中比较常见，在 B2C 领域相对较新且不成熟。在 B2C 环境中，驱动产品销售的主要因素通常是更低的价格，时尚仍然胜过功能。产品服务系统出现的相关驱动因素是与客户建立更牢固的关系以及适应市场差异化并应对不断变化的消费者行为。如果产品所有权仍属于生产者，那么使用基于服务的商业模式是增加产品循环次数的有效方法。在这种情况下，最大限度地降低产品的总生命周期成本是一种经济激励，可以鼓励设计具有更长使用寿命、可重复使用、易于维修或再制造的产品。此外，产品服务系统中的产品比私有环境中的相同产品具有更高的利用率，会最大限度地延长产品的使用寿命。

（三）逆向物流

电子商务的兴起对产品的分销方式产生了深远的影响，导致货物在大型仓库中更加集中存储，并通过更精细的运输网络运送给消费者。由于电子商务的发展，分销市场和系统正在迅速变化，企业和公共部门都试图满足不断增长的上门分销需求。然而，当网上订购产品的送货上门配送作为分销渠道成熟时，可重复使用的包装对于食品等定期配送的物品可能变得更加重要。

零售业更加分散的分销系统的发展可以帮助建立逆向物流系统，使消费者退换商品而无须产生交通需求，更有利于实现产品的再利用、维修和再制造。在许多生产者延伸责任（EPR）计划中，新白色家电的卖方有义务收回旧家电。一些送货服务已经在尝试回收废物和可重复使用的物品，作为交付新产品时提供的服务的一部分。

在公共部门，值得注意的是，城市越来越多地寻求解决交通相关问题的方案，例如通过建立当地城市仓库并结合使用环保方式进行产品的当地分销。

（四）协作消费

协作消费，即消费者对产品的共享使用，无论是点对点还是通过公司中介，正日益成为消费者行为的一个重要方面。梳理不同的协作消费业务，可以识别出两种具有根本不同特征的主要模式：企业模式和基于社区的模式。企业模式的例子包括一些在线平台；基于社区的模式大量来自草根组织的地方性小规模倡议，在世界各地相互独立运作，涵盖各个领域，例如城市园艺和共享玩具、工具或衣服。协作消费被普遍视为循环经济的贡献者，因为产品的共享使用会提高现有产品的利用率，从而降低对新产品的需求。

二 欧盟推进循环经济发展的历程与主要领域

从欧盟2015年推出《循环经济行动计划》到2020年修订出台《新循环经济行动计划》，循环经济对于《欧盟绿色新政》及可持续发展的作用不断被强化。

（一）欧盟循环经济行动计划出台历程

2014年7月，欧盟委员会通过了《循环经济一揽子计划》。该计划由时任欧盟环境委员雅奈兹·波托奇尼克（Janez Potočnik）在《欧洲资源效率路线图》的基础上提出，包含废弃物法律法规修订、可持续建筑倡议、绿色创业行动计划、绿色就业政策文件以及进度汇报等一系列倡议。彼时Janez Potočnik委员还起草了关于建立可持续食物体系的提案，但由于面临阻力，该提案未能被纳入一揽子计划。同年，容克就任欧盟委员会主席并设定了任期内的政治优先事项。由于长期以来循环经济被误认为纯属环境政策，人们对当时欧盟委员会能否将循环经济作为政治优先事项持保留态度。最终，该循环经济战略被搁置，欧盟委员会于2014年12月撤回了有关废弃物的立法提案[1]。

而后，欧盟成员国、非政府组织、欧洲议会议员和重点行业普遍表示支持循环经济，对循环经济有很大的兴趣。米其林、飞利浦、苏伊士和联合利华更是向当时新一届委员会致公开信表示："循环经济是一项经济增长议程。"委员会逐渐认识到循环经济战略可帮助创造经济机会，并将其作为促进就业、增长和投资的一种方式。欧盟委员会副主席弗兰斯·蒂默曼斯（Frans Timmermans）统筹制定有关行动计划的新提案，他在欧洲议会对新任委员的确认听证会后被赋予与可持续性议题相关的职责。

---

[1] EMF, The EU's Circular Economy Action Plan, Setting the World's Largest Single Market on a Transition Towards a Circular Economy, London：EMF, 2020.

2015年5~8月，欧盟委员会环境总司通过公开征求意见收集了来自私营部门、民间社会组织和公共部门1500名利益相关方的意见，以确定优先在哪些行业实施该项行动计划。2015年6月，欧盟委员会举办"闭环循环经济"会议，邀请利益相关方参与政策制定过程。2015年12月2日，欧盟委员会发布《循环经济行动计划》，其中包含有关废弃物的四个立法提案。该行动计划在欧盟级别被采纳和实施，其中某些措施鼓励在欧洲各个国家和地区层面制定循环经济战略。例如，废弃物立法为欧盟成员国设定了具有法律约束力的目标。

欧盟《循环经济行动计划》试图覆盖从生产到消费、维修和再制造，再到废弃物管理和二级原材料的整个经济周期。其中涵盖的物质流有塑料、食物、关键原材料、建筑材料以及生物质和生物基材料。此外，还配套了一系列跨部门跨领域的创新和投资措施来支持这一系统性变革。

到2019年3月，该行动计划中的54项行动均已完成或落实。在此基础上，2019年12月，新一届欧盟委员会发布《欧洲绿色新政》，以2050年实现碳中和为核心战略目标，构建经济增长与资源消耗脱钩、富有竞争力的现代经济体系。作为支撑欧盟绿色新政的一个重要支柱，2020年3月11日欧盟发布了《新循环经济行动计划》（CEAP），核心内容是将循环经济理念贯穿产品设计、生产、消费、维修、回收处理、二次资源利用的全生命周期，将循环经济覆盖面由领军国家拓展到欧盟内主要经济体，加快改变线性经济发展方式，减少资源消耗和碳足迹，提高可循环材料使用率，引领全球循环经济发展。欧盟委员会希望新的循环经济行动计划将与产业战略一起，帮助欧盟提升经济竞争力，并从全球循环经济的机遇中获益。

（二）欧盟《循环经济行动计划》的主要政策领域

《循环经济行动计划》为欧洲循环经济发展奠定了基础，促进了《欧洲绿色新政》和《新循环经济行动计划》等政策的实施。欧盟不仅逐步提高了其目标水平，还在当下将循环经济视作实现欧盟气候承诺以及公正、可持续和社会公平转型的一种手段。在发布新战略之时，《欧洲绿色新政》执行副

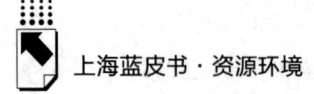

主席弗兰斯·蒂默曼斯表示，"要在2050年前实现气候中和、保护自然环境并增强经济竞争力，全面实现循环经济至关重要"。

为鼓励采用更着眼全局的设计方法，《生态设计工作计划（2016~2019）》将生态设计要求在能效基础上扩展到了产品和材料的整个生命周期。工作计划中包含针对若干产品的材料效率要求，关注提高消费品的可修复性、可升级性、耐用性和可循环再生性。欧洲标准化组织负责制定有关产品循环性和关键原材料含量的衡量指标。该类新指标将应用在现有标准和新制定的标准中。为克服由于产品中存在某些化学物质而形成的循环利用技术障碍，欧盟委员会力求提高化学物质、产品和废弃物法规之间的一致性。欧盟委员会也阐述了将采取何种行动来消除阻碍循环利用和再生材料使用的法律障碍。上述行动为2020年末出台的《化学品可持续发展战略》奠定了基础。

为促进废弃物回收和循环利用，欧盟委员会对废弃物立法进行了修订，将生物废弃物和废旧纺织品等纳入了废弃物分类回收义务，也设定了到2030年，所有包装材料的总循环利用率达到70%的目标。委员会还针对不同材料种类设定了循环利用率目标。例如，纸张和纸板包装的循环利用率应达到85%，塑料包装为55%，木材包装为30%。为更好地衡量循环利用率，仅已被有效循环利用的材料被纳入考虑范畴。生产者责任延伸的费用被规定为基于实际的报废成本。此外，欧盟委员会还提出了到2035年将垃圾填埋率控制在10%以下的目标。

为解决塑料污染和鼓励创新，欧盟委员会在2018年1月通过了《欧洲塑料战略》，旨在改进塑料的设计、生产、使用和回收利用方式，并在2030年前实现所有的塑料包装可循环。欧盟委员会还同期引入了针对众多塑料制品的生产者责任延伸制度（EPR）以及针对部分一次性产品的禁令，也正努力将再生成分纳入绿色公共采购标准。

为促进全欧洲向循环经济转型，欧盟委员会鼓励各级决策者实施循环经济战略。自2016年以来，至少有14个成员国、8个地区和11个城市提出了循环经济战略。部分国家（如法国）和地区（如加泰罗尼亚和法兰德斯）

采用了长期的循环战略，而其他国家和地区（如比利时和德国联邦政府）则更多地选择了短期循环倡议。一些领先国家还引入了超越欧盟要求的法规。例如，荷兰的目标是到2030年，使五大经济领域的原始资源使用量减少50%；法国于2020年初通过了一项旨在发展循环经济的"反废弃法"，禁止销毁未售出的商品，鼓励捐赠和培育二级市场。

表1 欧盟循环经济政策体系一览

政策级别	政策文件	关键行动	政策类型
核心政策	欧盟新循环经济行动计划（2020）	欧盟新循环经济行动计划（2020）	战略
	可持续产品倡议（2022）	可持续产品政策倡议立法提案（2022）	监管
		部门立法中的强制性绿色公共采购（GPP）标准和目标以及逐步实施GPP的强制性报告	监管
		跟踪和尽量减少回收材料及其制品中存在的关注物质的方法（2021）	监管
	商品的可持续消费——促进维修和再利用（2022）	在立法和非立法措施中明确新的"维修权"（2021）	监管
	欧盟电池法规提案（2020）	新电池监管框架提案（2020）	监管
	协调成员国有关无线电设备市场供应的法律的指令修订指令2014/53/EU的提案（2021）	循环电子倡议、通用充电器解决方案和返还旧设备的奖励系统（2020/2021）	监管
	CircLean倡议（2021）	启动行业主导的工业共生报告和认证系统（2022）	自愿
	可持续建筑环境战略（2023）	可持续建筑环境战略（2021）	战略
	包装和包装废物指令（2022）	审查以加强包装的基本要求并减少（过度）包装和包装浪费（2022）	监管
	欧盟可持续和循环纺织品战略（2022）	欧盟可持续和循环纺织品战略（2022）	战略
	生物基、可生物降解和可堆肥塑料政策框架（2022）	生物基塑料和可生物降解或可堆肥塑料的政策框架（2022）	—
	关于报废车辆的指令2000/53/EC修订版（2022）	报废车辆规则（2022）	监管
	欧盟范围内塑料和纺织品废物和副产品判定标准（2024）	确定欧盟范围内进一步的废物和副产品标准的范围（2021）	监管

续表

政策级别	政策文件	关键行动	政策类型
核心政策	欧盟废物框架指令修订（2023）	特定河流的废物减少目标和其他废物预防措施（2022）	监管
		欧盟范围内废物单独收集和标签统一模型，以促进单独收集（2022）	监管
		废油妥善处理规则审查（2022）	监管
	限制在电子产品中使用有害物质（2022）	审查关于限制在电气和电子设备中使用某些有害物质的指令以及澄清该指令与REACH和生态设计要求的联系的指导文件（2021）	监管
	全球循环经济和资源效率联盟（GACERE）（2021）	提议成立全球循环经济联盟并启动讨论自然资源管理国际协议（2021年起）	自愿
	循环经济监测框架修订（2022）	更新循环经济监测框架，以反映新的政策优先事项并制定进一步的资源使用指标，包括消耗和材料足迹（2022）	战略
支持政策	工业排放指令（IED）修订提案（2022）	审查工业排放指令，包括将循环经济实践纳入即将发布的最佳可用技术参考文件（2022）	监管
	微塑料法规提案（2022）	有意添加微塑料的限制和减少微塑料无意释放的措施（2022）	监管
	废物运输修订条例（2021）	修订废物运输规则（2021）	监管
	持久性有机污染物法规修订（2021）	关于更新废物中持久性有机污染物规则的提案（2021）	监管
	关于国家气候、环境保护和能源援助的新指南（CEEAG）（2022）	修订《环境与能源领域国家补助指导意见》（2021年）体现循环经济目标	自愿
补充政策	欧盟产业战略（2020）	支持欧盟产业双重转型（2020）	战略
	建筑产品法规修订提案（2022）	修订建筑产品的监管要求（2022）	监管
	化学品可持续发展战略（2020）	制定化学品可持续发展战略（2020）	战略

资料来源：IEEP，*European Circular Economy Policy Landscape Overview*，Brussels：IEEP，2022。

三 上海循环经济发展的进展与差距

参考《欧盟循环经济业务活动分类系统（2020）》，从企业视角分析上海循环经济现状，上海在耐用、可修复、可循环产品方面存在显著的短板。

（一）上海循环经济业务体系进展

本部分以企业视角对上海循环经济业务进展进行排摸和梳理。同时，鉴于循环经济创新创业涉及领域繁杂，本研究参考欧盟循环经济业务活动分类系统（2020），将上海循环经济创新创业的业务活动粗略分为五大类，即回收业务、重用业务、再制造业务、维修业务、设计业务。

1. 回收业务

本研究利用"天眼查"平台，检索关键词"回收""再生"，检索范围为"企业名称""经营范围""商标""产品服务"，企业状态为"存续＆开业"，企业注册地为"上海市"，截至2023年2月28日，共检索到企业数量15191家。

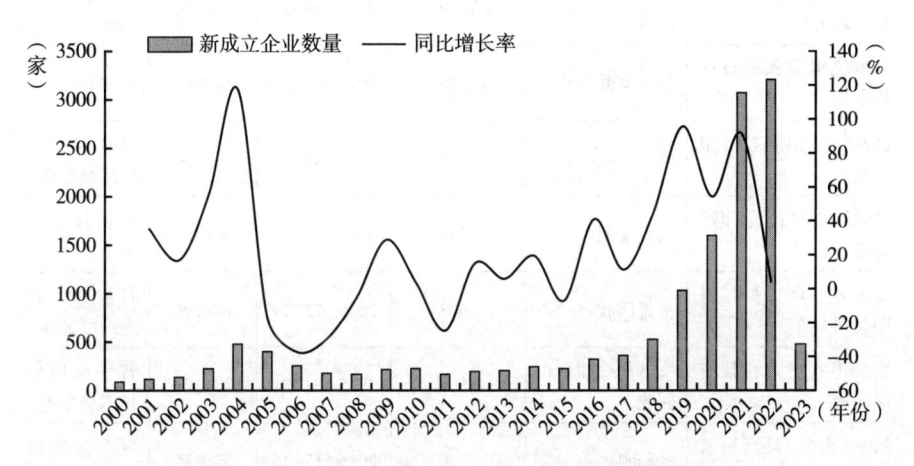

图1 2000~2023年上海新成立的经营回收业务企业数量

注：2023年数据截至2月28日。
资料来源：根据"天眼查"平台数据整理。

从企业类型来看，全市经营回收业务的企业以有限责任公司为主体，其次为个体工商户。国有企业主要是上海市物资回收利用公司，上海市各区县的物资回收公司、再生资源发展有限公司及物资回收公司的交投站系统。

由于企业数量众多,本文进一步缩小检索范围,选取其中比较有代表性的企业进行深入分析。在上海经营回收业务的企业中,获得高新技术企业称号的企业有144家;已注册商标信息中含有"回收"字样的企业为98家;在产品服务项目中含有"回收"字样的企业有25家。

表2 上海从事回收业务的高新技术企业的著名商标一览

单位:万元

公司名称	项目及商标	注册资本	成立日期	所属区县	所属行业
上海万物新生环保科技集团有限公司	爱回收	5000	2010-05-21	杨浦区	软件和信息技术服务业
上海西弗瑞环境科技有限公司	小宝回收	5000	2007-12-26	宝山区	专业技术服务业
小松鼠(上海)环保科技有限公司	小松鼠智能回收	2400	2018-10-22	宝山区	专业技术服务业
上海悦鲲环保科技有限公司	爱分类爱回收	1354	2019-05-28	杨浦区	批发业
仙易(上海)科技有限公司	垃圾回收	1010	2011-04-26	长宁区	科技推广和应用服务业
翠微网络科技(上海)有限公司	淘废宝回收	857	2015-09-24	宝山区	专业技术服务业
上海鑫冬环保科技有限公司	冬哥回收	608	2019-12-12	闵行区	科技推广和应用服务业
上海善衣网络科技有限公司	飞蚂蚁旧衣回收	500	2015-01-28	浦东新区	软件和信息技术服务业
唐宁(上海)环保科技有限公司	e马回收	500	2016-12-15	宝山区	专业技术服务业
上海会麦信息科技有限公司	会麦奢侈品回收平台	300	2015-04-28	浦东新区	科技推广和应用服务业
上海金桥再生资源市场经营管理有限公司	金桥回收宝	200	2008-03-25	浦东新区	商务服务业
上海一六八网络有限公司	Hi维修手机上门维修回收	105	2013-12-04	静安区	软件和信息技术服务业

续表

公司名称	项目及商标	注册资本	成立日期	所属区县	所属行业
上海冠甲电子有限公司	小黄鸭回收	100	2006-08-31	崇明区	计算机、通信和其他电子设备制造业

注：注册资本以美元、欧元出资的均按本年度汇率折算为人民币。
资料来源：根据"天眼查"数据整理。

随着数字经济的快速发展，互联网企业逐渐进入循环经济发展领域。在数据检索过程中也发现在回收、重用、维修、租赁等业务领域，一批互联网企业在快速发展，并被授予"高新技术企业"称号。其中典型代表是上海万物新生环保科技集团有限公司，该公司是上市公司、高新技术企业，旗下有四大业务线，即爱回收、拍机堂、拍拍、海外业务AHS Device。该公司依托互联网平台打通二手电子消费品市场的回收、重用、维修业务，将消费者和终端处理商联系起来。

2. 重用业务

与回收业务研究方法类似，本研究利用"天眼查"平台，检索关键词"二手""闲置"（不含"闲置资本"），检索范围为"企业名称""经营范围""商标""产品服务"，企业状态为"存续＆开业"，企业注册地为"上海市"，截至2023年2月28日，共检索企业数量20632家（含摊位）。从企业规模来看，从事重用业务的企业规模普遍较小，注册资本大于1000万元的企业仅占15%。从成立时间来看，2020年以来，重用业务领域的新成立企业数量迅猛增长，年均新成立企业超过3000家。2023年仅2个月就新成立955家，全年有望突破5000家。从融资情况来看，与回收企业相似，全市从事二手或闲置物品重用业务的企业中获得过各种类型融资的企业仅为82家，IPO挂牌企业仅有3家。

在上海从事二手或闲置物品重用业务的企业中，获得"高新技术企业"称号的企业有71家；已注册商标信息中含有"二手"或"闲置"字样的企业为68家；在产品服务项目中含有"二手"或"闲置"字样的企业有87家。

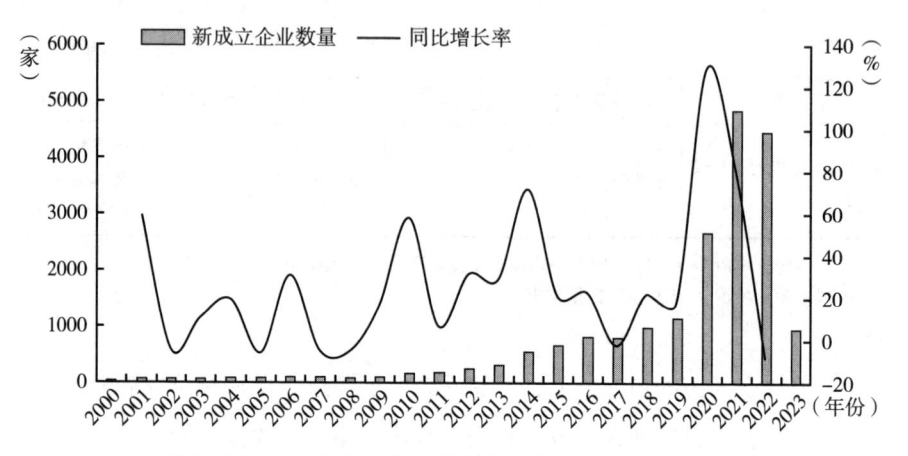

图 2　2000~2023 年上海新成立的经营重用业务企业数量

注：2023 年数据截至 2 月 28 日。
资料来源：根据"天眼查"平台数据整理。

表 3　上海从事重用业务的高新技术企业的著名商标一览

单位：万元

公司名称	产品/商标	注册资本	成立日期	所属区县	所属行业
盛世大联在线保险代理股份有限公司	汽车服务联盟	12788	2007-12-05	静安区	保险业
上海万物新生环保科技集团有限公司	爱回收	5000	2010-05-21	杨浦区	软件和信息技术服务业
上海德易车信息科技有限公司	德易二手车	5000	2018-05-02	闵行区	科技推广和应用服务业
车轮互联科技（上海）股份有限公司	换车宝典	4500	2012-09-25	浦东新区	软件和信息技术服务业
上海优咔网络科技有限公司	透明度二手车	1500	2020-11-16	徐汇区	批发业
上海妃鱼网络科技有限公司	妃鱼闲置	1251	2016-08-19	宝山区	软件和信息技术服务业
上海众调信息科技有限公司	安吉二手车	1147	2015-05-25	杨浦区	专业技术服务业
上海晨骏网络科技有限公司	二手通	1000	2014-09-05	杨浦区	零售业

续表

公司名称	产品/商标	注册资本	成立日期	所属区县	所属行业
智壳信息技术（上海）有限公司	车车二手车	1000	2012-11-15	宝山区	专业技术服务业
上海开新汽车服务有限公司	开新二手车	575	2008-07-11	闵行区	租赁业
上海领友数据科技有限公司	精品二手车	500	2013-06-03	青浦区	科技推广和应用服务业
上海车赢信息技术有限公司	车赢云平台	470	2014-09-28	杨浦区	批发业
丰车（上海）信息技术有限公司	上海二手车	188	2015-01-03	宝山区	专业技术服务业

注：注册资本以美元、欧元出资的均按本年度汇率折算为人民币。
资料来源：根据"天眼查"数据整理。

3. 再制造业务

在"天眼查"平台，检索关键词"再制造"，检索范围为"企业名称""经营范围""商标""产品服务"，企业状态为"存续＆开业"，企业注册地为"上海市"，并手动剔除模糊匹配条目，截至2023年2月28日，共检索再制造企业83家。从企业规模看，再制造企业多数为小微企业，按参保人数计，再制造行业的大企业仅有3家，分别是上海锦持汽车零部件再制造有限公司、上海大众联合发展有限公司、卡特彼勒再制造工业（上海）有限公司。从制造领域来看，以汽车及其零部件的再制造为主，其余为通用装备、办公设备、电子产品等。从行业分类来看，所属行业涉及制造业、科技研究和试验发展业、科学研究和技术服务业、专业技术服务业、商务服务业、批发零售业、租赁业、科技推广和应用服务业、修理业等近10个行业及细分行业。从成立时间来看，再制造企业均为2020年之前成立，其中56%的企业成立于2015~2019年。特别是2023年仅过去2个月，就成立了11家初创企业，多属于科技服务和科技推广应用等行业。

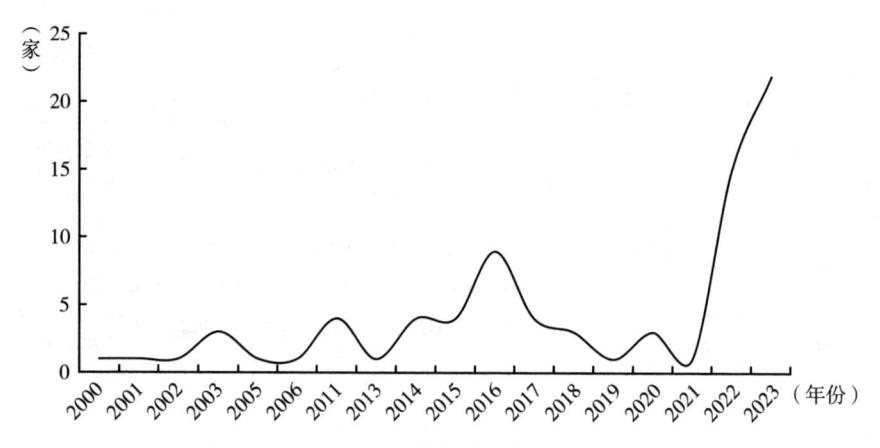

图 3　2000~2023 年上海新成立的再制造企业数量

注：2023 年数据截至 2 月 28 日。
资料来源：根据"天眼查"平台数据整理。

4. 维修业务

在"天眼查"平台，检索关键词"维修"，检索范围为"企业名称""经营范围""商标""产品服务"，企业状态为"存续＆开业"，企业注册地为"上海市"，截止时间为 2023 年 2 月 28 日，共检索维修企业 10 万家以

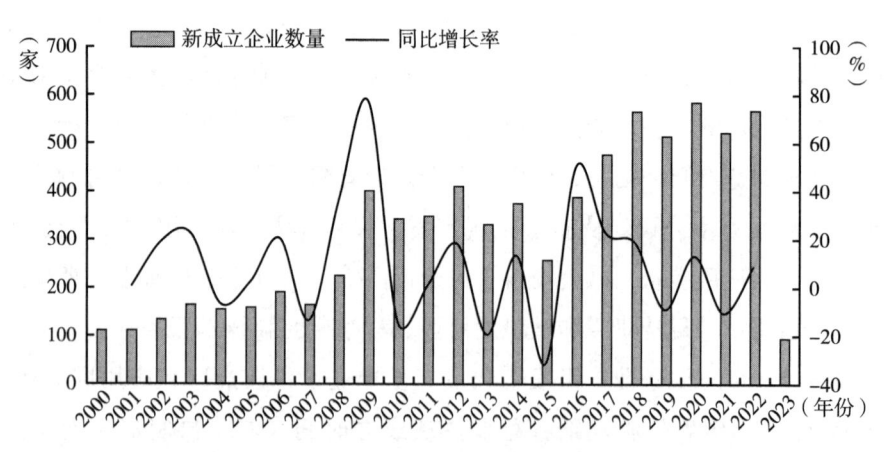

图 4　2000~2023 年上海新成立的经营维修业务企业数量

注：2023 年数据截至 2 月 28 日。
资料来源：根据"天眼查"平台数据整理。

上（含摊位）。由于命中企业数量过多，且包含大量制造业企业及维修摊位，故针对维修业务企业进一步收紧检索条件，检索范围剔除"经营范围"，即在"企业名称""商标""产品服务"中包含"维修"关键词的企业共有 8341 家。从企业规模来看，维修企业多数为小微企业，注册资本 1000 万元以上的企业仅有 175 家，占比约为 2%。

从行业分类看，所属行业涉及制造业、软件和信息技术服务业、机动车电子产品和日用产品修理业、研究和试验发展业、批发零售业、专业技术服务业、科技推广和应用服务业等。

表4 上海从事维修业务的高新技术企业的著名商标一览

单位：万元

公司名称	产品/商标	注册资本	成立日期	所属区县	所属行业
上海万物新生环保科技集团有限公司	爱维修	5000	2010-05-21	杨浦区	软件和信息技术服务业
上海新孚美变速箱技术服务有限公司	新孚美变速箱维修连锁	1545	2011-12-08	闵行区	汽车制造业
上海盛世大联汽车服务股份有限公司	汽车服务联盟	6090	2013-06-08	静安区	机动车、电子产品和日用产品修理业
中航空管系统装备有限公司	适航维修与航材管理系统	33974	2018-09-29	闵行区	研究和试验发展
上海玖道信息科技股份有限公司	点维修	6208	2006-08-17	嘉定区	软件和信息技术服务业
上海西泰克供应链管理股份有限公司	e维修	6000	2002-04-30	浦东新区	批发业
上海啸佳建筑科技有限公司	小马维修	1250	2011-11-24	宝山区	专业技术服务业
上海东方怡动信息技术有限公司	憶家报修	1190	2003-11-17	普陀区	软件和信息技术服务业
上海一六八网络有限公司	Hi维修手机上门维修回收	105	2013-12-04	静安区	软件和信息技术服务业
上海人脉信息技术股份有限公司	道达尔油站维修管理正式系统	1117	2004-02-19	杨浦区	专业技术服务业
上海擎测机电工程技术有限公司	维修元宇宙	500	2016-05-16	虹口区	建筑安装业

续表

公司名称	产品/商标	注册资本	成立日期	所属区县	所属行业
上海锦子昌电子科技有限公司	锦昌电子维修服务中心	50	2005-10-19	浦东新区	科技推广和应用服务业

资料来源：根据"天眼查"平台数据整理。

5. 设计业务

总体来看，上海在循环设计领域创新创业进展较慢。上海真正意义上专业从事循环设计的企业非常少，往往都是在制造企业中的设计部门涉及一些生态设计业务。本研究通过全国范围内横向比较观察上海生态循环设计业务的进展。

2014年，工业和信息化部印发了《工业和信息化部关于组织开展工业产品生态设计示范企业创建工作的通知》，此后经过多年培育，从2019年开始，每年发布"工业产品绿色设计示范企业名单"，至今已发布4批次。上海历年来入围工信部"工业产品绿色设计示范企业名单"的企业数量非常有限，从第一批到第四批，上海入围企业的数量占全国的比重分别为3.28%、1.49%、0.85%、5.05%，所在行业主要为机械装备、轻工、化工、汽车及配件等（见表5）。

表5 上海历年来入围工信部工业产品绿色设计示范企业名单的企业

批次	序号	企业名称	行业	产品
第一批	1	上海家化联合股份有限公司	轻工	化妆品
	2	安硕文教用品（上海）股份有限公司	轻工	文体用品
第二批	1	立邦涂料（中国）有限公司	化工	涂料
第三批	1	上海昂丰矿机科技有限公司	机械装备	环保装备
第四批	1	上海三菱电梯有限公司	机械装备	电梯
	2	日立电梯（上海）有限公司	机械装备	电梯
	3	上海冠龙阀门节能设备股份有限公司	机械装备	阀门
	4	上海蔚来汽车有限公司	汽车及配件	新能源汽车
	5	上海乔治费歇尔亚大塑料管件制品有限公司	轻工	塑料制品

资料来源：根据工信部工业产品绿色设计示范企业名单（第一批）（第二批）（第三批）（第四批）整理。

2016年，工业和信息化部办公厅发布《关于开展绿色制造体系建设的通知》，并从2017年开始发布绿色制造示范名单，共发布7批次。绿色制造示范名单中包含四种类型的绿色制造类别，分别是绿色工厂、绿色设计产品、绿色园区、绿色供应链管理示范企业。本研究主要对绿色设计产品名单进行分解，以考察上海绿色设计业务的进展。上海具备较强竞争优势的绿色设计产品为水性建筑涂料，入围了3个批次的绿色设计产品名单，以立邦涂料和紫荆花涂料为代表。其次是交流电动机产品，在2021年度有6个产品入围。此外在电气设备、传统能源车、纺织、化工等领域也偶有产品入围（见表6）。根据《绿色设计产品评价技术规范》及绿色设计产品名单的绿色设计亮点可知，电气设备（交流电动机、空气调节器、电流保护器等）、交通运输设备（传统能源汽车及其零部件、新能源汽车及其零部件等）、部分纺织产品（羊毛面料等）的绿色设计亮点中包含了对产品回收利用率或可再生利用率的要求，部分产品甚至达到可再生利用率不低于90%的水平。

表6 上海历年来入围工信部绿色制造名单中绿色设计产品的企业产品

批次	企业名称	产品
第一批	无入围	
第二批	上海爱启环境技术工程有限公司	空气净化器
第三批	立邦涂料(中国)有限公司(9个产品)	水性建筑涂料
第四批	上海三菱电机	房间空气调节器
第五批	上海嘉麟杰纺织科技有限公司	毛精纺产品
	上海嘉麟杰纺织科技有限公司	针织印染布
	上汽通用汽车有限公司	汽车产品M1类传统能源车
	上汽大众汽车有限公司	汽车产品M1类传统能源车
	上海良信电器股份有限公司(8个产品)	家用及类似场所用过电流保护器
	上海良信电器股份有限公司(2个产品)	塑料外壳式断路器
2021年度	上海嘉乐股份有限公司(2个产品)	针织印染布
	上海德福伦化纤有限公司	再生涤纶
	上海大速科技有限公司(2个产品)	交流电动机
	上海熊猫机械(集团)有限公司	交流电动机

续表

批次	企业名称	产品
2021年度	ABB高压电机有限公司	交流电动机
	上海电气集团上海电机厂有限公司(2个产品)	交流电动机
	紫荆花涂料(上海)有限公司(8个产品)	水性建筑涂料
	上海巴德士化工新材料有限公司(3个产品)	水性建筑涂料
	上海氯碱化工股份有限公司(4个产品)	聚氯乙烯树脂
	上海巴德士化工新材料有限公司	水性木器涂料
	紫荆花涂料(上海)有限公司	水性木器涂料
	上海赛科石油化工有限责任公司(2个产品)	聚苯乙烯树脂
2022年度	上海西门子线路保护系统有限公司(2个产品)	家用及类似场所用过电流保护断路器
	上海大觉包装制品有限公司	可降解塑料
	上海东方雨虹防水技术有限责任公司	水性建筑涂料
	上海奇想青晨新材料科技股份有限公司(6个产品)	水基包装胶粘剂

资料来源：根据工信部绿色制造名单（第一批）（第二批）（第三批）（第四批）（第五批）（2021年度）（2022年度）整理。

（二）上海循环经济政策进展

近年来，上海不断深化对循环经济战略地位的认识，围绕"五个中心"和生态之城建设目标，将资源节约和循环经济发展作为推动城市高质量发展，实现碳达峰、碳中和目标的重要抓手。

1.基本明确循环经济发展目标

上海通过《上海市碳达峰实施方案》《上海市"无废城市"建设工作方案》《上海市资源节约和循环经济发展"十四五"规划》等战略、规划文件明确了循环经济主要发展目标（见图5）。综合来看，在各份文件中能够得到相互印证的目标是"主要废弃物循环利用率达到92%左右，努力实现全市固体废弃物近零填埋"。与发达国家或城市的循环经济目标横向比较，上海的循环经济目标是比较激进的，特别是固体废弃物近零填埋，如果能够如期实现，将处于全球领先地位。相类似的是欧盟零废计划（Zero Waste

Program for Europe）提出到 2025 年，禁止所有可回收废物的填埋，会员国应努力在 2030 年前基本消除垃圾填埋场。

《上海市碳达峰实施方案》
（六）循环经济助力降碳行动
*目标：2025年，主要废弃物循环利用率达到92%左右，努力实现全市固体废弃物近零填埋。
*主要任务：打造循环型产业体系，建设循环型社会，推进建设领域循环发展，发展绿色低碳循环型农业，强化行业、区域协同处置利用。

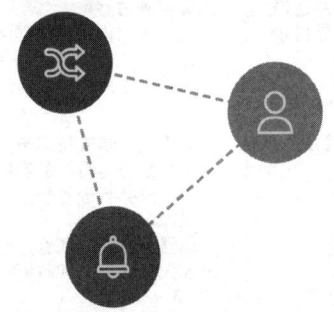

《上海市"无废城市"建设工作方案》
*目标：2025年，全市实现原生生活垃圾、城镇污水厂污泥零填埋；2030年，实现固废近零填埋。
*主要任务：提升生活垃圾分类实效，强化工业固废源头减量和高效利用，推动建筑垃圾全量利用，强化危废医废处置能力，推动农业废弃物循环利用和市政污泥规范处置，实现固废监管协同高效，建设利用处置能力体系，统筹推动"无废细胞"建设。

《上海市资源节约和循环经济发展"十四五"规划》
*目标："十四五"时期，全社会主要资源产出率提高20%左右；到2025年，主要废弃物循环利用率达到92%左右。
*主要任务：持续推进结构优化，推进能源资源节约，打造循环型产业体系，构建循环型社会体系，推进建设领域循环发展，发展循环型农业。

图 5　近年来上海市循环经济相关战略规划及主要目标

资料来源：笔者收集整理。

2. 基本构建以资源循环利用为主体的政策体系

近年来，上海市政府及主要职能部门陆续发布一系列促进资源循环利用发展的政策文件，从政策对象来看可分为两大类。一是促进回收体系建设，如《上海市生活垃圾管理条例》提出完善可回收物回收体系建设、发布可回收物回收指导目录等工作；《上海市再生资源回收管理办法》围绕健全回收体系、规范回收经营行为和加强回收保障等方面，建立长效常态化管理机制；《上海市废旧物资循环利用体系建设实施方案》在完善废旧物资回收网络、提升再生资源加工利用水平之外，对二手市场在废旧物资循环利用体系中的地位予以肯定，并提出规范二手市场的要求；《上海市可回收物回收体系建设导则（2020版）》明确对可回收物服务点、中转站建设的补贴。另一类是促进资源回收利用行业发展，如《关于进一步支持本市资源循环利用行业稳定发展的实施意见》《上海市循环经济发展和资源综合利用专项扶持办法（2021版）》等，旨在进一步加强资源循环利用行业规划、用地保障和配套资金等支持。

《上海市生活垃圾管理条例》
·完善可回收物回收体系建设
·发布可回收物回收指导目录

《上海市废旧物资循环利用体系建设实施方案》
·完善废旧物资回收网络
·提升再生资源加工利用水平
·推动二手商品交易有序发展

《上海市再生资源回收管理办法》
·健全回收体系建设
·规范回收经营行为
·加强回收保障措施

《关于进一步支持本市资源循环利用行业稳定发展的实施意见》
·建立分类管理和规划用地综合保障机制
·加强行业规范和有序监管
·加大资金支持和政策综合施策力度

《上海市可回收物回收体系建设导则（2020版）》
·补贴可回收物服务点
·补贴中转站建设

《上海市循环经济发展和资源综合利用专项扶持办法（2021版）》
·支持工业、城建、农林和生活等领域废弃物资源综合利用
·支持废旧汽车零部件、工程机械、机电产品再制造

图6　近年来上海市循环经济相关政策文件及主要内容

资料来源：笔者收集整理。

（三）与实现人与自然和谐共生的现代化目标存在的差距

对照人与自然和谐共生的现代化对循环经济的要求以及循环经济发展领先国家的发展水平，上海循环经济业务体系还存在短板，推动循环经济的政策环境还存在缺失。

1. 循环经济业务体系存在短板

一是尚未形成循环产品体系。上海具备较强竞争优势的绿色设计产品集中于水性建筑涂料产品、交流电动机产品，比较零散。横向比较上海入围绿色设计产品名单的企业和产品都较为有限，在工信部发布的前七批绿色制造名单中，上海入围产品数占全国的比重分别是 0%、1.89%、1.88%、0.27%、1.30%、2.83%、1.56%。此外，需要强调的是，从对《绿色设计产品评价技术规范》及绿色设计产品名单的绿色设计亮点的分析可以看出，当前我国产品绿色设计标准中，涉及循环经济相关的内容往往局限于回收利用率或可再生利用率要求，相比欧盟新版生态设计法令的要求而言，还比较单一，更侧重于末端回收。也就是说即使是上海零散入围的绿色设计产品，也并不是真正意义上的循环产品。

二是循环设计业务发展较为滞后。自 2020 年以来，上海循环经济领域创业活跃度达到了前所未有的高度，但不同业务领域之间的创业活跃度是不均衡的。细分来看，回收业务的年度新成立企业达到 3000 家量级，从事重用业务的年度新成立企业达到 4000~5000 家量级，收紧检索范围的维修业务年度新成立企业也有五六百家。但是从事循环设计业务的新成立企业数量非常少，再制造业务领域的年度创业企业也较少。循环设计业务是处于废弃物等级管理最高优先级的业务类型，对于产品整个生命周期的资源节约和环境友好具有重要意义，而上海循环设计环节创业企业非常少，同时，原有制造企业的循环设计业务发展也比较缓慢，上海入围工信部"工业产品绿色设计示范企业名单"的企业数量非常有限，从第一批到第四批，上海入围企业的数量占全国的比重分别为 3.28%、1.49%、0.85%、5.05%，远低于上海工业规模和能级在全国的地位。循环设计业务领域加强创新创业布局，是重要的也是必要的。

三是"产品即服务"模式尚未全面展开。前文所述"产品即服务"模式，即 PSS，被普遍认为是能够满足消费者需求，且对环境影响较小的产品运营模式。PSS 将企业的经营重点从仅设计和销售实体产品转移到包括维修和维护、更新/升级、服务、培训、咨询以及回收、处理等一系列适销对路的产品、服务、支持网络和基础设施上。然而，由于该理念较为先进，尚未在企业名称或经营范围中有足够体现，取而代之的是与 PSS 相关的"租赁"模式。通过在"天眼查"平台检索发现，上海从事"租赁"业务的企业达到 10 万家以上，仅在企业名称、企业商标中体现"租赁"业务的企业也多达1.9万家,表明上海在一定程度上具备PSS系统的实施条件。

2. 循环经济政策环境存在不足

一是相关行业界定较为混乱。梳理上海现有与循环经济有关的政策条文,涉及的政策主题词众多,包括再生资源回收、可回收物回收、废旧物资循环利用体系、资源循环利用行业等。这些主题词之间既有很大的相似性又存在一定的区别,在政策行文中也缺乏对主题词的明确界定,仅凭对文字字面的理解难以准确把握行业范围。同时,从行业供应链情况来看,资源循环利用行业实质上应该包含再生资源回收(可回收物回收)及其体系建设。以行业管理经验或者惯用名词为主题词出台政策,容易造成政策之间的重复或矛盾。反观欧盟,2020年,欧盟委员会为了对循环经济提供金融支持,牵头制定了一个通用的循环经济业务活动分类系统,明确了为循环经济做出重大贡献的4个大类14个业务活动的类别和具体标准,其中四大类包括循环设计和生产、循环使用、循环价值回收和循环支持。这些业务活动类别有助于直接或间接地提高整个价值链的资源效率并减少环境影响。

二是相关主管部门较为分散。上海循环经济发展存在显著的多头管理特征。根据《上海市再生资源回收管理办法》,"市商务部门是再生资源回收的行业主管部门,市发展改革部门负责促进再生资源发展的政策制定,市绿化市容部门负责可回收物回收管理工作的组织、协调、指导和监督"。《关于进一步支持本市资源循环利用行业稳定发展的实施意见》指出"市发展改革委负责统筹协调推进本市资源循环利用行业发展"。由于主管部门的不同,《关于进一步支持本市资源循环利用行业稳定发展的实施意见》对上海市资源循环利用企业,按照城市保障类和产业发展类进行分类管理。此外,需要指出的是,这还仅仅是末端资源回收管理环节就涉及3个主管部门和众多协调管理部门,如果将全部意义上的循环经济全链条纳入规范管理,主管部门更为庞杂。

三是推进政策集中于资源回收利用环节。对欧盟《循环经济行动计划》及相关一揽子配套政策进行梳理发现,欧盟对循环经济链条中的每个环节,包括从生产到消费、修复和再制造、废物管理以及反馈,再到经济中的二次原材料都做出了政策安排。同时，欧盟也针对循环经济中重要的材料及产品制定了可持续发展的要求，循环经济是其中重要的内容，包括建筑物、纺织品、电池、包装、生物材料等。可以说欧盟形成了横向涵盖全链条，纵向触达关键材料和产品的庞大循环经济政策体系。相比之下，上海乃至全国范围内的循环经济推进政策相对更关注资源回收利用环节，忽视前端的可持续产品环节。上海市政府2023年10月发布的《上海市废旧物资循环利用体系建设实施方案》，"将废旧物资循环和高端再制造作为推动城市高质量发展，实现碳达峰、碳中和目标的重要抓手"。《上海市循环经济发展和资源综合利用专项扶持办法（2021）》中，也将资金扶持方向重点放在废弃物资源综合利用和再制造领域。在已出台的产品绿色设计相关标准上也同样侧重于回收材料和回收利用率。

表7 中国（上海）与欧盟循环经济政策对比

政策领域	欧盟相关政策文件	中国及上海相关政策文件
循环经济战略	• 欧盟新循环经济行动计划（2020） • 欧盟循环经济分类系统（2020）	• 循环经济促进法 • 上海市资源节约和循环经济发展"十四五"规划
产品政策	• 可持续产品法案（2022） • 生态设计指令修订（2022） • 限制在电子产品中使用有害物质（2022）	• 生态设计产品评价通则 • 绿色设计产品评价技术规范
消费政策	• 商品的可持续消费——促进维修和再利用（2022）	
重要领域	• 欧盟电池法规法令（2020） • 可持续建筑环境战略（2023） • 包装和包装废物指令（2022） • 微塑料法规提案（2022） • 欧盟可持续和循环纺织品战略（2022） • 生物基、可生物降解和可堆肥塑料政策框架（2022） • 协调成员国有关无线电设备市场供应的法律的指令修订指令2014/53/EU的提案（2021）	• 包装资源回收利用暂行管理办法 • 上海绿色建筑管理办法 • 上海市生活垃圾管理条例 • 上海市再生资源回收管理办法 • 上海市可回收物回收体系建设导则（2020版）

续表

政策领域	欧盟相关政策文件	中国及上海相关政策文件
废弃物监管	• 欧盟废物框架指令修订(2023) • 关于报废车辆的指令 2000/53/EC 修订版(2022) • 废物运输修订条例(2021) • 欧盟范围内塑料和纺织品废物和副产品判定标准(2024) • 持久性有机污染物法规修订(2021)	• 固体废弃物污染防治法 • 废弃电器电子产品回收处理管理条例 • 报废机动车回收管理办法
进展监测	• 循环经济监测框架修订(2022)	
自愿参与	• CircLean 倡议(2021) • 全球循环经济和资源效率联盟(GACERE)(2021) • 关于国家气候、环境保护和能源援助的新指南(CEEAG)(2022)	

四 上海进一步推进循环经济发展的政策建议

针对上海循环经济中业务体系的短板、政策体系的不足，应完善顶层设计，明确循环经济的边界和监管框架，加大政策供给力度，弥补循环经济关键业务环节缺陷和关键链条的不足。

（一）通过顶层设计明确循环经济的边界和监管框架

英国、欧盟等国家和地区及伦敦、纽约、巴黎等全球城市的净零排放路线图，均包括符合循环经济原则的减排雄心和目标。建议由上海市发改委作为全市协同推进"双碳"目标与发展循环经济的牵头部门，联合相关职能部门研究制定"循环经济业务分类指南"，研究制定"协同推进碳达峰碳中和及循环经济实施方案"，将循环经济纳入本市强化碳达峰碳中和支撑体系中。明确循环经济是实现"双碳"目标的必要条件，将垃圾填埋量下降率、垃圾焚烧量下降率、循环利用率等循环经济目标纳入方案中，明确协同推进二者的目标、重点领域和举措。通常，将废弃物越来越多地转移到高层次结构中的废弃物政策将产生更大的环境和气候效益。废弃物等级管理作为一个概念框架对于实现循环经济创新创业的目标非常重要。对于政府主管部门而言，废弃物等级管理是一种有效的理念和工具。

（二）通过产品政策弥补循环经济关键业务环节缺陷

向循环经济的转型有望带来显著的环境、经济和社会效益，但需要重新思考经济的基本单位——产品。

1. 研究制定循环设计标准

借鉴欧盟"可持续产品生态设计法规提案"，建议上海突破现有的将绿色设计仅作为试点示范的要求，逐渐将绿色设计作为强制性的法规法令。先期可考虑从传统产业入手，设定最低设计和强化信息公开的要求，研究制定"上海市绿色设计标准""上海市生态设计标签试点工作方案"，为产品的循环性和整体减少材料足迹与气候足迹设定标准。绿色标准体系应涵盖广泛的可持续性要求，从耐用性和可重复使用性到可回收成分、预期废物产生和产品环境足迹，并在产品的整个生命周期中进行跟踪。特别是要特别关注可能对材料的再利用和回收产生负面影响的化合物。

2. 深化生产者责任延伸制度

生产者责任延伸制度是解决不可持续设计问题的关键工具之一。EPR必须反映废物层次结构，其中预防、再利用和回收是优先选择。欧盟的经验是通过以下方式全力实施：涵盖所有投放市场的不易腐烂的产品；在EPR内促进再利用和为再利用做准备，例如设置重用的最低要求和目标；让个体生产者承担废物收集、处理、管理和清理（乱扔垃圾）的全部净成本。上海近期可考虑引入塑料等包装产品的销售押金制度（DRS）和EPR。DRS用于回收产品包装、饮料容器或报废产品，尤其是那些在一般废物流中具有危险或有毒的产品。产品销售时收取押金，使用后退还商品或其容器时退还押金，这可明显刺激消费者回收废物。EPR促使生产者单独或集体承担回收报废产品的义务。发达国家大多由行业内的公司共同组建"生产者责任组织"（PRO），由这些组织代表他们来回收产品和进行再利用[①]。

3. 探索循环产品环境标签政策

产品环境标签政策是一项通过在包装上展示产品的环保性能来激发消费者亲环境意识和行为的举措。该项公共政策同时针对生产者和消费者，政策手段包括"环境标签""生产者的自愿协议"等，以提高消费者对产品环境性能的认识，帮助消费者做出更可持续的消费选择。建议上海研究《生态设计产品评价通则》等国家层面的生态产品评价标准，出台上海市生态设计产品评价标准。由于缺乏关于产品数量、质量和环境影响的统计数据或研究，上海可以借鉴欧盟"产品护照"方案，夯实产品的信息基础。鼓励企业采用产品环境足迹（PEF）或Ⅰ类生态标签（如 ISO 14024 中定义）方法发表产品环境声明，要求通过第三方审核或验证，并在网站上公开发布。指导企业，尤其是中小型企业发布其产品的环境影响和循环质量报告。

（三）通过财税政策加强对循环经济关键链条的支持

循环经济税收政策主要用于引导消费者和企业的偏好以及内部化外部成本。从理论上看，完善的循环经济税收框架应针对产品生命周期的每个阶段。在生产阶段通过初级原材料资源税，调节初始原材料的真实市场价格；在使用阶段，通过再利用环节业务增值税减免，调节服务价格；在生命周期结束阶段，通过所谓的"垃圾等级税"，对处于废弃物等级管理末端的业务环节施加较高税赋。

1. 大力推进循环经济公共采购

伦敦循环经济路线图利用循环经济原则更新了大伦敦当局的公共采购政策，表明城市政府完全可以通过自身采购力量在促进循环经济发展方面发挥重要作用。将循环经济标准纳入公共采购政策和实践可以促进商品的循环设

---

① OECD. Creating Incentives for Greener Products［R］. Nairobi：UNEP，2015.

计、供应、管理和服务。建议将循环经济标准纳入上海市公共采购政策以及商品和服务招标，在产品的公共采购中使用循环经济标准，在城市自有和自营建筑及基础设施的改造和维护中使用循环经济公共采购标准，在公共采购中鼓励使用循环商业模式。

2. 加大资金扶持力度

参考国外支持循环经济发展的资金政策，建议上海可拓展资金扶持政策的范围和形式。绿色发展专项资金扶持范围向循环设计、循环产品开发倾斜；在助企纾困政策中纳入循环经济业务企业；消费激励政策如新一轮"爱购上海"消费券可突破购买商品范围，覆盖生活维修服务、共享产品服务等服务环节。

参考文献

IEEP, *European Circular Economy policy Landscape Overview*, Brussels：IEEP, 2022.

CEPS & CICEORNE, *An Innovation Policy to Meet the EU's Green Deal Circular Economy Goals*, Brussels：CEPS, 2020.

Circle Economy, *Unlocking the Potential of International Financial Institutions in the Circular Economy Transition：A High-Level Roadmap*, Amsterdam：Circle Economy, 2022.

European Environment Agency, *Circular Economy Policy Innovation and Good Practice in Member States*, Brussels：EEA, 2022.

A. Ms, A. Mese, B. Hgd, *Repair of Electronic Products：Consumer Practices and Institutional Initiatives*, Sustainable Production and Consumption, 2022.

H. Rogers, P. Deutz, T. B. Ramos, *Repairing the Circular Economy：Public per-ception and Participant Profile of the Repair Economy in Hull*, UK. Resour. Con-serv. Recycl, 2021.

B.3
上海推动氢能产业融合集群发展路径研究

尚勇敏[*]

摘　要： 氢能产业是全球绿色经济与绿色技术竞争的制高点，也是上海推动绿色低碳转型的关键抓手。氢能复杂的创新链与产业链以及高度依赖多链融合与集群布局的特点，使得上海加快推动氢能融合集群发展成为现实之举。近年来，上海市积极推进全产业链条布局促进产业融合发展，多领域推进氢能创新水平持续提升，多尺度打造产业融合集群，全方位提供产业发展政策资金支持，氢能产业融合集群发展取得了显著成效。然而，上海在关键技术上与国际先进水平仍有差距，且缺乏竞争力强的龙头企业，跨区域产业与创新协同不足，氢能产业应用仍然相对薄弱。围绕氢能产业融合集群发展需求，上海应强化融合发展、牵头推进氢能产业发展多维度融合；培育领军企业，增强氢能产业创新力和竞争力；加强区域协同，联合推动氢能产业科技创新与产业化应用。

关键词： 氢能产业　融合发展　集群发展　上海

推动绿色低碳发展是国际潮流所向、大势所趋，绿色经济已经成为全球产业竞争制高点。氢能产业作为一种重要的战略性新兴产业，是全球绿色低碳科技竞争的关键领域。近年来，日本、德国、美国等世界主要国家都将发

---

[*] 尚勇敏，区域经济学博士、产业经济学博士后，上海社会科学院生态与可持续发展研究所副研究员，主要研究方向为区域创新与区域可持续发展。

展氢能产业作为提升国家竞争力和全球影响力、领导力的重要契机,并加快布局氢能产业创新。氢能产业发展对于推动我国能源体系转型、"双碳"战略目标实现也发挥着举足轻重的作用。氢能产业链、创新链十分复杂,高度依赖产业链与创新链融合,以及城市间、产业创新主体间的协同布局与集群发展。上海作为我国氢能科技创新与产业创新高地,在氢能产业科技创新、产业融合集群发展上具有独特优势。但长期以来,关键核心技术缺乏、跨区域产业分工协作缺乏、产业国际竞争力不强等问题依然明显。为此,有必要发挥自身优势,推动上海市内氢能产业融合集群发展,并联动长三角周边城市,共同打造跨区域氢能产业融合发展集群,加快构建形成具有全球竞争力的氢能产业体系,以更好完成抢占绿色经济全球产业竞争制高点的重要使命。

一 氢能产业内涵及上海推动氢能产业融合集群发展的意义

氢能产业是重要的战略性新兴产业,当今全球范围正兴起"氢能经济"和"氢能社会"的发展热潮,氢能产业成为各国绿色经济与绿色技术竞争的制高点。加快发展氢能产业也是确保未来能源供应清洁安全稳定、实现能源转型与碳中和目标的有效途径,上海推动氢能产业融合集群发展既顺应了全球产业发展规律,也是抢占全球产业竞争制高点和推动绿色低碳转型的关键抓手,更是推动自身产业发展的现实选择。

(一)氢能产业的内涵特征

氢能是一种清洁零碳的二次能源,被称为"21世纪的终极能源"。与传统能源相比,氢能具有来源广泛、清洁高效、能源转换效率高、利用形式多样、可作为储能介质及安全性好以及适合大规模、长距离和长周期储存等特征,是一种理想的能源载体。根据氢气生产工艺,氢能又分为"灰氢"、"蓝氢"和"绿氢"。其中,灰氢是指以化石燃料为原料,通过蒸汽重整生产等工艺制备的；蓝氢是指通过天然气或水蒸气重整制成，但通过碳封存实现二氧化碳排放降低甚至零排放的；绿氢是指用可再生能源制氢，生产过程中没有产生碳排放的。

从氢能技术与产业链的特征看，氢能产业链长而复杂，主要包括上游氢气制备、中游氢能储运和下游氢能应用等（见图1）。其中，上游氢能制备包括电解水制氢、化石能源制氢、工业副产制氢、可再生能源制氢等，中游氢能储运包括液氢储运、高压储运、固态储运、有机液态储运以及氢加注等环节，下游氢能应用包括交通、建筑、工业、电力等领域，以及氢燃料、氢化工、氢发电等重要场景。氢能产业链的多元化也使得氢能技术具有多元化特征，不同环节涉及多种技术领域，如制氢环节包括电解水制氢、可再生能源制氢等十余种制氢技术。不同技术的适用性和经济性又存在很大差异，如煤制氢、天然气制氢等已较为成熟，煤制氢与CCS集成技术仍在示范论证阶段，而核能制氢、光催化制氢仍处在基础研究阶段。这种技术成熟度差异在储运氢、氢应用方面也存在，如高压气态储氢已成熟商业化，而有机溶液储氢仍在研发阶段。

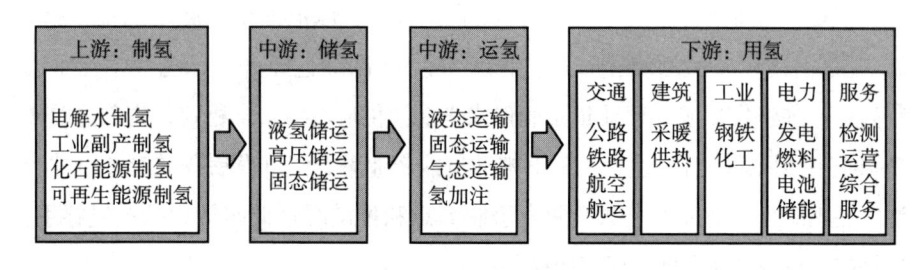

图1 氢能产业链

（二）上海推动氢能产业融合集群发展的现实要求

1. 全球加快氢能产业布局和融合集群发展

氢能是能源转型的重要载体，具有广阔发展前景。据国际氢能源委员会预测，到2050年，全球清洁氢的需求可能达到约6.6亿吨，占全球最终能源需求的22%，减少每年70亿吨二氧化碳排放（见图2）。在全球能源向清洁化、低碳化、智能化发展的趋势下，发展氢能产业成为全球主要国家和地区的重要战略。国际氢能理事会数据显示，美国、欧盟、日本等超过30个国家和地区制定氢能发展战略或路线图，并积极推进氢能产业技术攻关与产业创新发展。自2017年日本发布全球首个氢能战略《氢能源基本战略》以来，全球已有超过40个国家或地区发布氢能战略，包括欧盟的《气候中性的欧洲氢能战略》《欧洲氢能战略》、美国的《美国向氢经济过渡的2030年及远景展望》《国家氢能发展路线图》《氢计划发展指南》、德国的《国家氢能发展战略》等。由于氢能产业高度依赖产业链、创新链等的深度融合，以及集群式布局与发展，国外主要经济体十分注重推动氢能产业融合集群发展，如日本提出以东京、中京、关西、北九州四大都市圈的区域合作模式建立氢能产业创新集群，德国提出建设"氢能区域"，美国提出建设链接中西部各州的"替代燃料运输走廊"。同时，美国、日本、德国等十分注重为氢能产业融合集群发展提供政策、资金支持，出台一系列支持政策，设立研发项目、产业促进计划等。

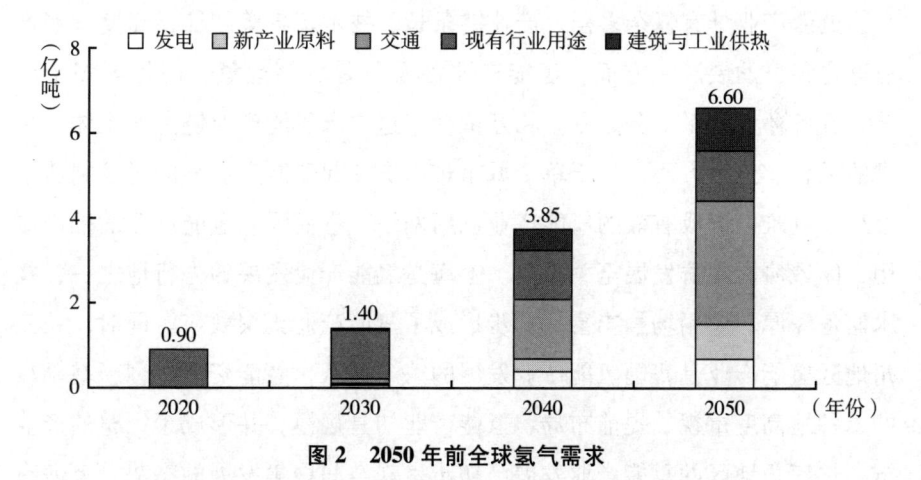

图2 2050年前全球氢气需求

资料来源：*Hydrogen for Net-Zero: A critical cost-competitive energy vector*。

2. 氢能产业是上海抢占全球产业竞争制高点和推动绿色低碳转型的关键抓手

未来产业、战略性新兴产业是新一轮技术变革和产业变革的新方向，也是全球产业竞争的制高点。氢能作为一种高效、清洁和可再生能源，具有广阔的应用场景以及庞大的产业链价值，在未来能源体系与产业体系中具有重要地位，是全球产业竞争的关键领域。据国际氢能源委员会预测，到2050年，全球氢能产业链产值将超过2.5万亿美元。作为氢能产业发展的先行者，上海在氢能产业技术上取得了重要进步，并在工业、交通、能源等领域开展了广泛的前瞻性布局，发布了《上海打造未来产业创新高地发展壮大未来产业集群行动方案》等一系列政策文件。上海肩负着参与全球氢能产业竞争制高点的重要责任与使命。在2023年9月11日召开的上海市生态环境保护大会上，上海市委书记陈吉宁指出，要坚定不移推动发展方式绿色低碳转型，加快推动新型储能产业发展，构建清洁低碳安全高效的能源体系，加快培育绿色发展新动能，支持新能源汽车、节能环保等新兴产业发展，这为上海发展氢能产业进一步提供了新的契机。而氢能产业是实现发展方式绿色低碳转型的关键抓手。

3.融合集群发展是上海氢能产业发展的现实要求

氢能产业具有复杂多样、产业链条长、技术密集等特征，高度依赖产业融合集群发展。一方面，氢能产业涉及制氢、储运氢、用氢等多个环节，且各环节联系十分紧密、相互依存，这要求氢能产业链上各主体、要素的融合。另一方面，由于单个城市难以支撑起氢能产业链的研发制造全过程，且难以形成有效的氢能产业创新网络，进而限制氢能产业的推广应用，区域协同集群发展至关重要。上海是氢能产业发展的先行地之一，技术储备深厚、应用场景丰富，初步形成了氢能产业集聚效应。同时，长三角地区氢能产业是我国氢能产业发展的第一梯队，氢能资源、创新基础良好，各地高度重视、提前布局，氢能产业初具规模，并形成了完整的产业链，长三角地区的氢能产业发展已初步呈现空间聚集发展的态势。上海有必要依托其氢制取、储运、燃料电池等技术优势，以及应用场景优势，联动长三角周边地区，打通产业发展堵点、补齐产业发展短板，贯通生产、分配、流通、消费各环节，实现氢能融合集群发展。

二 上海推动氢能产业融合集群发展的成效与问题

上海市依托良好的氢能产业基础优势，积极从全产业链布局、技术创新、集群打造、全过程支持等方面推进氢能产业融合集群发展，然而，上海氢能产业融合集群发展在关键技术、龙头企业、跨区域协同、氢能应用等方面也面临诸多问题。

（一）上海推动氢能产业融合集群发展的现状与成效

1. 全产业链条布局促进产业融合发展

上海是我国氢能产业的先行者，氢能产业基础优越，经过多年的不断发展，聚集了一大批氢能产业企业。根据氢能产业大数据平台数据，截至2023年9月，上海市拥有氢能企业148家（见图3），位居全国各省区市的第四、各城市之首。同时，上海拥有制氢企业6家、加氢企业7家、用氢企业4家、氢能技术装备企业42家、氢能公共服务企业24家，形成了较为完整的氢能产业链。

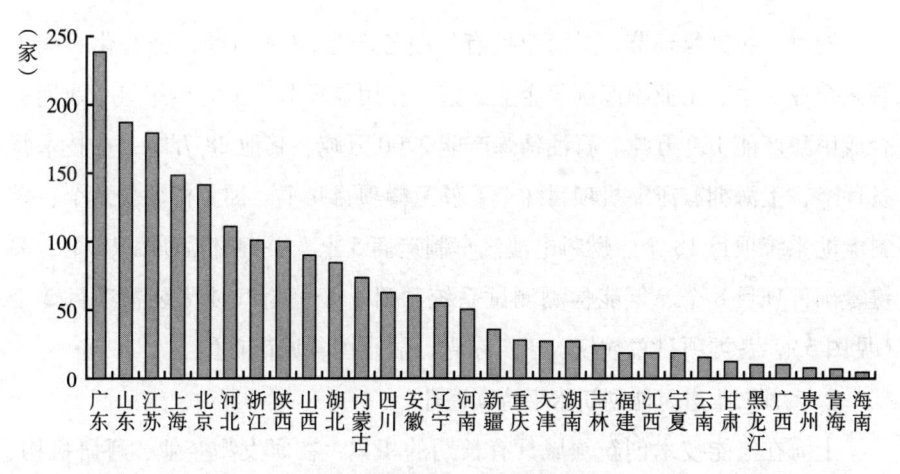

图3 全国氢能企业数量分布

资料来源：根据氢能产业大数据平台检索所得（检索时间2023年9月14日）。

截至2023年9月，上海市已运营加氢站为13座，已规划和在建加氢站分别为63座和7座，总数居全国各省份第三位、各城市首位；氢燃料电池汽车保有量达1370辆，仅次于广东省，但位居全国各城市首位（见图4）。

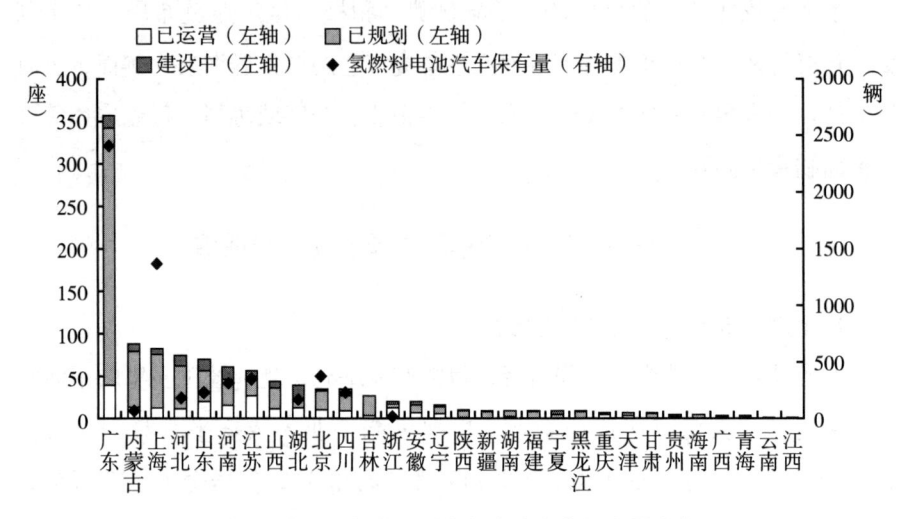

图4　全国加氢站及氢燃料电池汽车保有量分布

资料来源：根据氢能产业大数据平台检索所得（检索时间2023年9月14日）。

注：部分省区市尚无氢燃料电池汽车，故数据为零。

同时，在制氢环节，上海市拥有氢制备产能58.4万吨，拥有化石能源制氢企业3家、工业副产制氢企业2家；在用氢环节，上海市用氢企业拥有合成甲醇产能100万吨、石油精炼产能2700万吨、其他28万吨；在技术装备环节，上海拥有压缩机项目3个、储氢罐项目4个、加氢机项目6个、燃料电池系统项目18个、燃料电池汽车制造商5家、关键材料项目18个、关键零部件项目8个、氢能检测测试系统项目1个、氢气纯化装置项目2个（见图5），各类项目总数仅次于广东省，居全国各城市首位。

2. 多领域推进氢能创新水平持续提升

上海在氢能技术创新领域具有长期的积累，在研发型企业、科研机构、研究人员、公共平台等方面具有较为深厚的基础。经过多年积累，上海氢能核心技术与关键产品不断突破，如复旦大学建成中国第一条具有自主知识产

图 5　全国氢技术装备分布

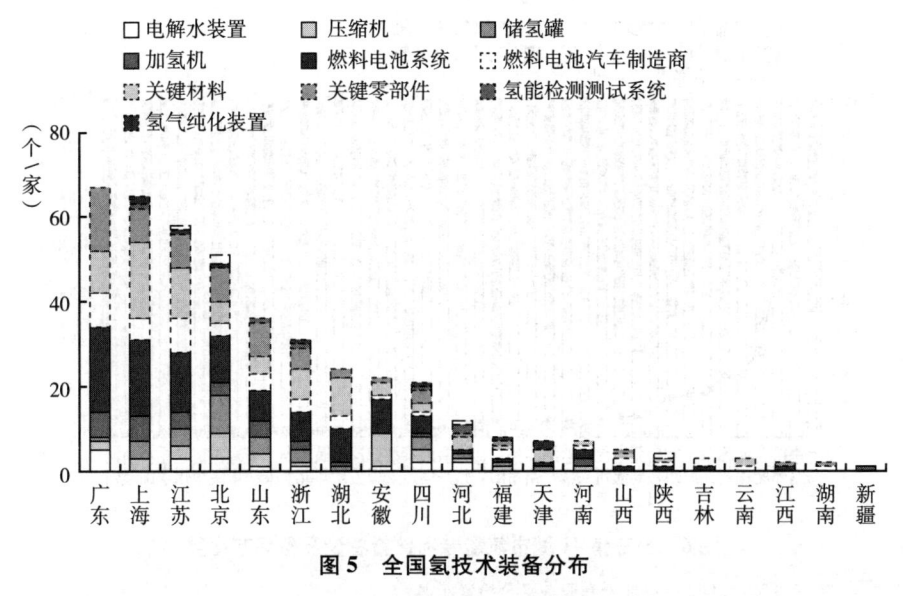

资料来源：根据氢能产业大数据平台检索所得（检索时间2023年9月14日）。

权的水系离子电池生产线，上海氢晨研制成功全球最大功率的燃料电池电堆，上海电气在迪拜承担建设全球最大的光热电站。上海已基本掌握氢制取、储运、加注、燃料电池系统集成等重要技术与工艺，燃料电池汽车技术水平保持国内领先，大功率电堆等达到国际先进水平，并在交通、工业、能源等氢能应用领域开展前瞻性布局研究。2021年，上海市成立氢能利用工程技术研究中心，致力于打造氢能技术、产业、应用联动的专业性公共服务平台。上海在氢能技术创新产出上也处于领先地位，笔者结合国家知识产权局"氢能产业技术分类（IPC）""绿色低碳技术专利分类体系"，以及OECD的"环境技术（ENV-TECH）专利分类对照"，在incoPat专利数据库进行检索发现，2000~2021年，上海获得氢能专利授权超过6300件，远多于南京、杭州、合肥、无锡等城市。同时，上海在制氢、储氢、运氢加氢、用氢四个环节的专利数量均在长三角41个城市中位居首位，技术创新引领优势明显（见图6）。与其他城市相比，上海氢能各环节专利占比较为均衡，四个环节占比分别为37.06%、21.23%、7.61%、34.11%，反映出上海氢能产业全链条创新的综合优势。

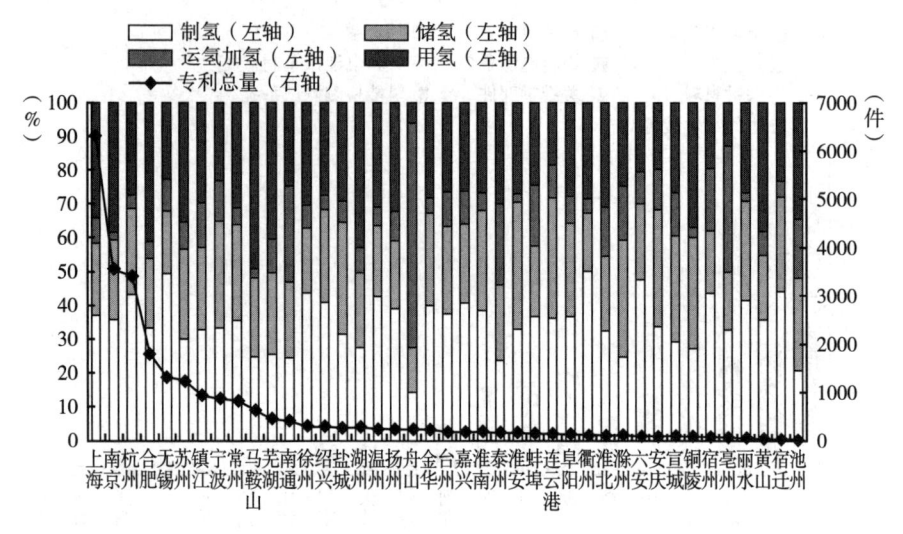

图6　长三角41城市氢能专利数量总量及各环节比重

资料来源：根据incoPat专利服务平台检索所得。

3. 多尺度打造产业融合集群发展效应

上海氢能产业资源、创新资源丰富，集聚了一大批国内知名的氢能企业、科研院所，以及大量金融机构、服务机构等。围绕氢能产业融合发展需求，上海市依托氢能产业全产业链优势，以及科技创新、金融、人才等优势，推进氢能创新、产业、资金、人才等多链条深度融合。上海市还积极推进氢能产业制造+服务融合，布局了一大批氢能产业公共服务企业。根据氢能产业大数据平台检索发现，上海市共拥有氢能产业公共服务企业32家，企业数量仅次于广东省和江苏省（见图7）。

上海市氢能产业公共服务链条健全，涉及工程建设、检测与认证、科研机构、咨询服务及其他相关服务领域，有助于为上海市氢能产业提供全链条服务。此外，上海市围绕氢能产业各环节形成了多个特色氢能产业集聚区，《上海市氢能产业发展中长期规划（2022~2035年）》提出打造"南北两基地、东西三高地"的氢能产业空间布局。其中，"两基地"为金山和宝山两个氢气制备和供应保障基地，"三高地"为临港、嘉定和青浦三个产业集聚发展高地（见图8）。

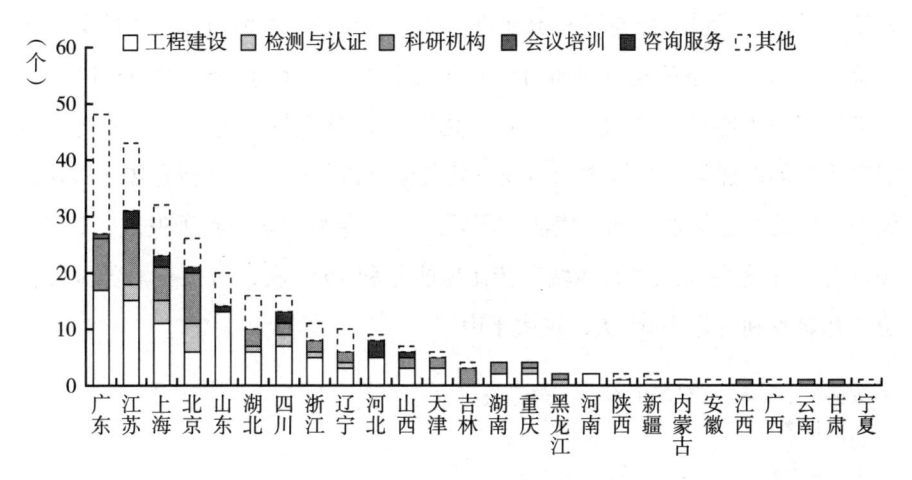

图7 全国氢能产业公共服务企业分布

资料来源：根据氢能产业大数据平台检索所得（检索时间2023年9月14日）。

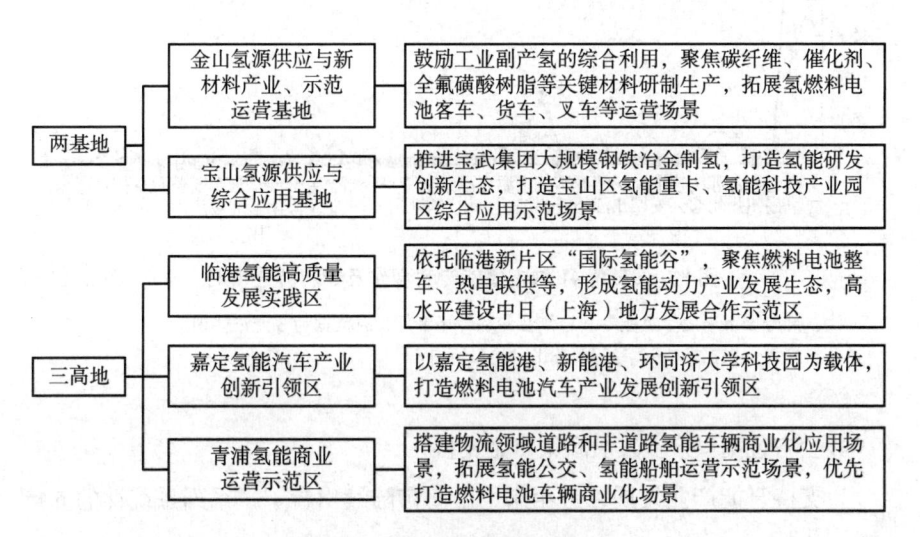

图8 上海氢能产业空间布局

两基地：
- 金山氢源供应与新材料产业、示范运营基地：鼓励工业副产氢的综合利用，聚焦碳纤维、催化剂、全氟磺酸树脂等关键材料研制生产，拓展氢燃料电池客车、货车、叉车等运营场景
- 宝山氢源供应与综合应用基地：推进宝武集团大规模钢铁冶金制氢，打造氢能研发创新生态，打造宝山区氢能重卡、氢能科技产业园区综合应用示范场景

三高地：
- 临港氢能高质量发展实践区：依托临港新片区"国际氢能谷"，聚焦燃料电池整车、热电联供等，形成氢动力产业发展生态，高水平建设中日（上海）地方发展合作示范区
- 嘉定氢能汽车产业创新引领区：以嘉定氢能港、新能港、环同济大学科技园为载体，打造燃料电池汽车产业发展创新引领区
- 青浦氢能商业运营示范区：搭建物流领域道路和非道路氢能车辆商业化应用场景，拓展氢能公交、氢能船舶运营示范场景，优先打造燃料电池车辆商业化场景

资料来源：《上海市氢能产业发展中长期规划（2022~2035年）》。

上海在推动市内氢能产业特色集聚的同时，还积极与长三角其他城市联动打造长三角氢能产业集群。早在2019年，长三角三省一市就联合发布《长三角氢走廊建设发展规划》，着力布局长三角城市群城际带状及网状加氢基础设施，建设氢能与燃料电池汽车产业经济带。上海石化、申能集团等30余家企业、金融机构及科研机构共同成立长三角氢能基础设施产业联盟，推进长三角氢能产业"气—车—站—用"一体化发展。上海还依托自身氢能产业与创新优势，积极推动与长三角其他城市氢能技术创新合作，构建区域一体化的产业集群、创新集群。课题组经过专利检索与整理发现，2000~2021年，上海向长三角其他城市转让氢能专利1964次，居长三角各城市首位；开展专利合作1663次，仅次于南京。

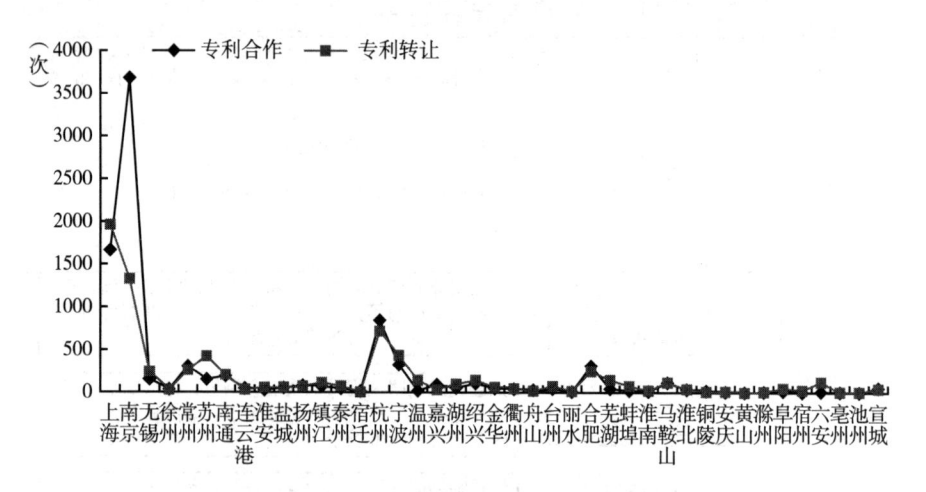

图9　长三角41城市氢能专利合作及专利转让情况

注：部分城市未发生氢能专利合作及专利转让事件，故数据为零或未体现。
资料来源：根据incoPat专利服务平台检索所得。

4. 全方位提供产业发展政策资金支持

为支持氢能产业发展，近年来，上海市陆续出台了一系列系统性的支持政策。截至2023年9月，上海市已出台23项氢能产业相关支持政策，政策数量位居全国第5，仅次于广东、山东、江苏、北京（见图10）。在实施意见方面，包括《上海市燃料电池汽车产业创新发展实施计划》等2项；在财税政策方面，包括《上海市燃料电池汽车推广应用财政补助方案》等3项；在氢能规划方面，包括《上海市氢能产业发展中长期规划（2022~2035年）》等8项。此外，上海还出台了多项指导意见、管理办法、政策措施等，这为上海推动氢能产业发展提供了重要保障。氢能产业发展高度依赖多元资本的支持，为推动氢能产业创新发展，上海积极强化对氢能产业融合集群发展的财政与金融支持。一方面，上海通过现有财税政策加强对氢能产业发展的财政资金支持，设立各类财政专项资金，发挥财政资金支持的引导作用。另一方面，上海积极发挥社会金融资本对氢能产业发展的作用，通过天使投资引导基金、创业投资引导基金、"浦江之光"行动等，为氢能产业企业投融资、科创板上市提供保障。

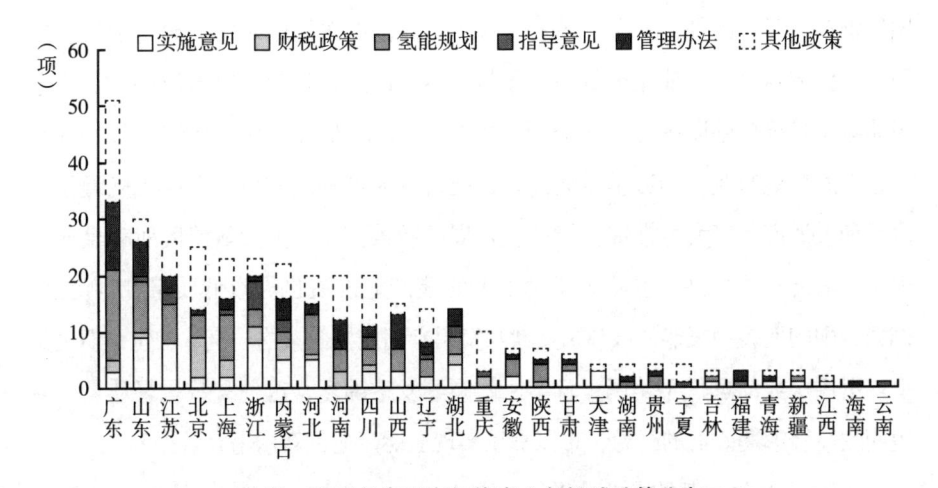

图 10 中国各省区市氢能产业各领域政策分布

资料来源：根据氢能产业大数据平台检索所得（检索时间 2023 年 9 月 14 日）。

（二）上海推动氢能产业融合集群发展面临的问题

1. 关键技术与国际先进水平仍有差距

上海作为长三角乃至我国氢能产业创新中心，在氢能产业创新发展上具有较强的引领作用。然而，氢能产业作为一种高度依赖技术驱动的产业类型，关键技术瓶颈突破是推动氢能产业创新发展的重点所在。只有取得关键技术突破、实现技术成本逐步下降，才能更好实现氢能技术创新与推广应用。然而，上海在氢能领域的关键技术国内优势不明显，与国际领先水平有差距。以 2020 年国家科学技术进步奖获奖项目为例①，在 157 项特等奖及一、二等奖中，有两项来自氢能领域，共有 14 家单位参与完成，但上海无一参与。在氢能领域专利产出中，上海氢能领域专利总数为 6312 项，多于南京的 3533 项和杭州的 3410 项，但考虑到上海经济体量远大于南京、杭州，按单位 GDP 贡献的氢能专利数量看，上海远少于南京、杭州。从关键技术看，国外高压气氢压力普遍达到 70MPa 以上，液氢储运技术成熟，尽管上海已初步突破 70MPa 技术瓶颈，但液氢技术、液氢工厂及相关产业化发展仍然相对落后，加氢站技术与国外仍有差距。此外，上海在质子交换膜、高强度缠绕碳纤维、聚合物气瓶内胆、气氢密封材料、催化剂等关键原料领域，以及加氢机、氢气压缩机、膜电极喷涂设备等关键设备与核心零部件领域与国际先进水平仍有较大差距。同时，尽管上海氢能产业专利数量位居前列，但量多质低的问题依然明显。受近年来国家和上海市政府大力推进氢能产业发展的政策支持，大量科研院所和企业积极投入氢能产业发展，但政策激励下的氢能产业发展也导致低质量专利泛滥，例如，中国发表的氢能领域 SCI 文献和发明专利授权数量均居全球首位，但论文平均引用次数却远低于美国、日本、德国等发达国家，这种重数量轻质量、重短期效益轻远期效益的行为，难以真正实现氢能产业创新水平有效提升。

2. 缺乏竞争力强的龙头企业

产业融合集群发展需要具有行业影响力的龙头企业，从产业组织角度来看，产业融合集群发展实质上是大型龙头企业通过纵向一体化，集聚一批企业，形成彼此关联较强的产业集群。龙头企业通常是氢能产业链的链主，并对产业链上其他企业发挥着示范引领带动作用，利用产业链生态位优势，形成对氢能产业链资源的有效整合。上海推动氢能产业融合集群发展，也需要具有行业影响力，乃至世界影响力的龙头企业，尤其是对行业格局具有影响力和控制力的企业。目前，上海在氢能产业领域已产生了一批具有影响力的龙头企业。2022 年 11 月，第二届氢能国际主题峰会发布 2022 全球氢能企

---

① 国家科学技术奖励工作办公室最新公布的"国家科学技术进步奖获奖项目目录（通用项目）"，截至 2020 年。

业TOP100榜单，分别评选出国外TOP50企业和国内TOP 50企业，在入选的国内50家氢能企业中，上海共有7家企业入围，数量领先于北京（6家）、成都（3家）、嘉兴（3家）、苏州（3家）等（见图11）。然而，上海的氢能企业规模相对偏小，有部分为初创企业。如上海重塑、上海舜华、上海治臻等最新公开发布的营业收入分别为7.66亿元（2019年）、1.04亿元（2019年）、2.23亿元（2021年），远低于德国林德集团的221.51亿欧元（2020年）、美国空气化工的89亿美元（2020年）。具有行业影响力和世界影响力的龙头企业的缺失，限制了上海氢能产业链资源整合，也不利于实现产业链与创新链共融，以及产业链价值链耦合发展。

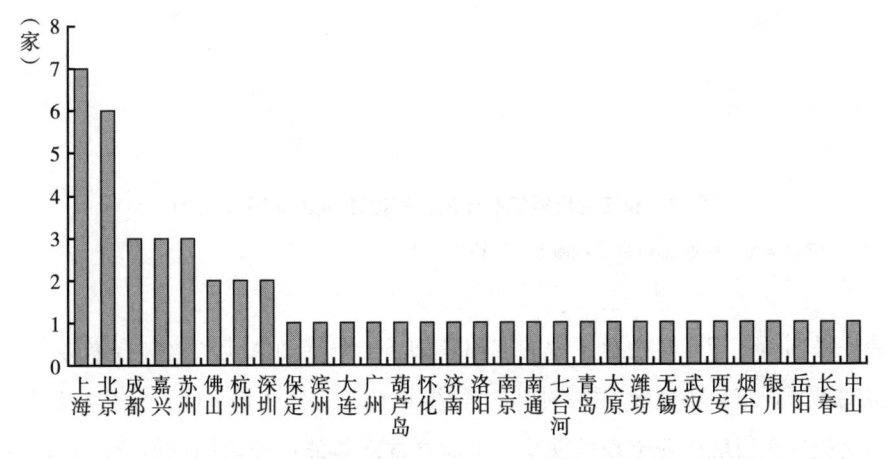

图11 2022年全球氢能企业TOP100（国内50家）各城市数量

从氢能专利创新主体来看，长三角氢能专利授权数量前20名主体几乎全部为高校（见图12），仅上海纳米技术及应用国家工程研究中心有限公司一家公司位列前20，仅宝武钢铁、阳光电源、浙江天蓝环保技术、国电南瑞科技四家公司位列前50，反映出上海乃至长三角龙头企业在氢能产业创新中水平相对不足。而入围全球氢能企业国内TOP50的龙头企业无一入围长三角氢能专利授权量前50名，这也限制了龙头企业牵头推动氢能产业融合集群发展。

3. 跨区域产业与创新协同不足

氢能产业链长，必须依赖跨区域协同创新，从而为氢能产业融合集群发

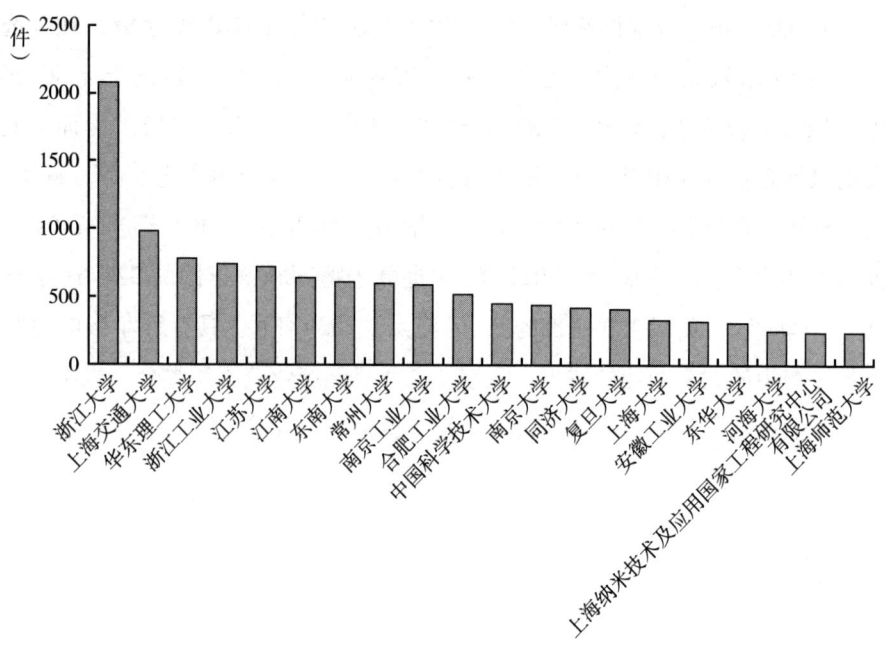

图 12　长三角获得氢能专利授权数量存量前 20 位机构

资料来源：根据 incoPat 专利服务平台检索所得。

展提供创新链产业链融合发展的空间基础。上海推动氢能产业融合集群发展也离不开长三角各地的支持与协同，需要依托长三角各地氢能产业协同创新。作为长三角氢能产业创新的龙头，上海在推动氢能产业协同创新上具有较好的基础。上海积极整合长三角地区氢能资源，构建区域协同的供氢网络，并积极推动氢能运输网络化，积极拓展区域一体化下的氢能产业应用场景。然而，上海在长三角氢能产业协同创新中的关键核心作用并不突出，在专利合作网络中，上海专利合作联系的网络中心度仅次于南京；在专利技术转让网络中，上海的网络中心度居首位。其中，上海在制氢、储氢、运氢加氢、用氢四个环节的专利合作网络中心度分别为 174、94、24、187，而南京分别为124、81、22、351；上海在四个环节的专利转让网络中心度分别为 203、172、33、160，而南京分别为 191、108、23、174。可见，上海在长三角氢能产业协同创新网络中的中心度并不占据绝对优势。同时，从氢能产业专利合作与专利

上海推动氢能产业融合集群发展路径研究

转让的空间尺度看，上海氢能产业专利合作主要集中在城市内部（见图13）；其中，城市内部氢能产业专利合作占87.9%，城市内部技术转让占56.3%，均远高于长三角平均水平70.9%和46.0%。这反映出上海推动氢能产业产学研合作仍然主要局限在城市内部，应加快联动长三角其他城市，构建区域一体化下的氢能产业协同创新网络，以更好支持上海氢能产业融合集群发展。

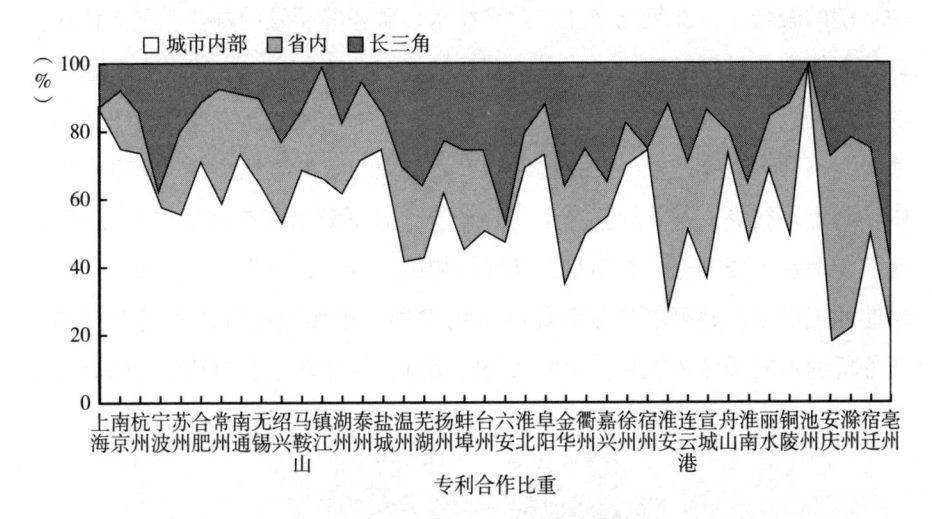

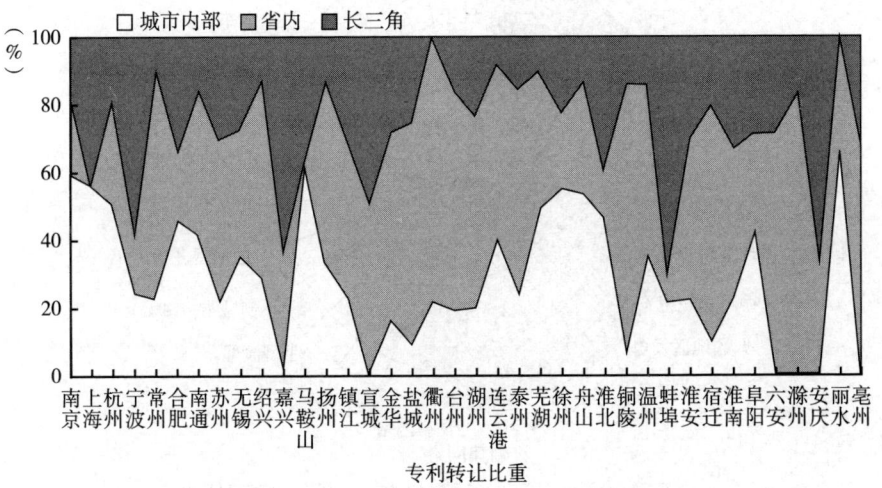

图13 长三角不同空间尺度的氢能专利合作及专利转让占比

注：部分城市未发生氢能专利合作及专利转让事件，故数据为零或未体现。

4. 氢能产业应用仍然相对薄弱

氢能产业高度依赖应用场景，并在交通、发电、储能等领域具有广泛的应用场景。只有通过大规模推广应用，氢能产业技术创新才能有效服务于社会经济发展和绿色低碳发展需求；且只有依托丰富的应用场景，才能有效提高技术成熟度，降低技术成本。氢能产业融合集群发展也必须依托产业链上中下游的融合，以及氢能产业与数字技术、服务等领域的融合。上海依托良好的氢能产业发展基础，形成了良好的氢能产业应用生态，以及丰富而广泛的应用场景，形成了全产业链布局。然而，当前上海氢能产业应用仍然相对薄弱，不利于氢能产业融合集群发展。一方面，上海氢能产业发展重点仍集中在制氢、储氢、运氢加氢等中上游环节，对下游氢能应用发展仍然不够，对氢能消费市场开拓仍然不足，导致氢能用户少，难以为氢能产业发展提供足够的正反馈，并可能抑制氢能技术的发展。正如国际氢能委员会（HC）所分析的不同领域氢能具备竞争力的时间点，氢能在工业领域已总体具有竞

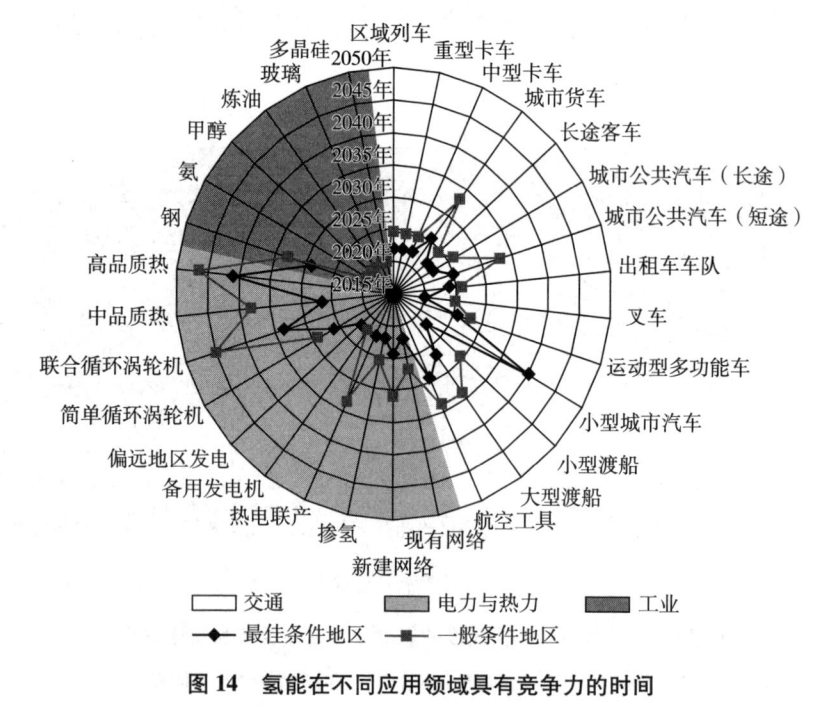

图14　氢能在不同应用领域具有竞争力的时间

资料来源：*Path to Hydrogen Competitiveness：a Cost Perspective*。

争力，但在交通、电力与热力领域仍然要到2030年后才初步具备竞争力，尤其是高品质热力、联合循环涡轮机、小型汽车等要到2040年以后才具备较强竞争力。当前，上海在储能、发电等领域氢能应用仍然比较薄弱，这也不利于为经济发展提供更好的支撑。另一方面，上海氢能基础设施建设仍然相对滞后，难以满足丰富氢能应用场景的需求，制氢、储运氢、加氢环节成本仍然居高不下，影响着氢能大规模商业化。

三 上海推动氢能产业融合集群发展的路径

上海结合自身基础优势与问题短板，需积极把握产业发展战略机遇，深刻理解氢能产业发展特征，准确把握融合和集群两大特点，以多链条及多领域融合发展、培育领军企业和打造集群、加强区域协同与产业化应用为关键实施路径，持续提升氢能产业融合集群发展水平，积极抢占全球氢能产业竞争制高点。

（一）强化融合发展，牵头推进氢能产业发展多维度融合

一是加快推进创新链产业链资金链人才链"四链"深度融合，围绕氢能产业链部署创新链，聚焦提升氢能产业基础创新水平以及产业链现代化水平，着力打造多个氢能产业融合集群发展基地，构建上海市各基地成体系、多板块的氢能产业融合集群发展生态圈。大力提升氢能产业科技创新能力，加强氢能短板补链、优势领域延链、前沿领域构链。同时，围绕氢能创新链与产业链的资金需求，加大对氢能产业发展的财政补助资金支持力度，大力支持氢能产业融资，鼓励各类金融机构为氢能产业提供支持，强化天使基金、创业基金对氢能创新企业投资。此外，应围绕氢能产业链与创新链人才需求，鼓励高校设置相关专业，加快氢能人才培养，拓宽人才引进通道，培育高素质氢能领域专业技术人才。二是加快推进产业链上中下游融合发展，从氢能综合利用角度，围绕制氢、储氢、运氢加氢、用氢等各环节，推动上海实现全产业链布局发展；同时，依托长三角的氢能产业链基础，从长三角

层面构建全产业链布局体系。三是加快推动信息化与产业化融合发展，推动数字技术与氢能产业深度融合，推行全产业链数字化进程。积极引入氢元宇宙理念，通过构建全产业链场景数字孪生平台，破解氢能产业各场景的生产管理、运营协同难题，通过氢能产业数字化强化氢能产业管理，促进氢能产业技术迭代。四是加快推动氢能产业服务的深度融合，围绕氢能产业链各环节需求，积极完善氢能制备、检测认证、中试、示范运营等氢能服务体系，进一步提升上海氢能产业融合发展水平。

（二）培育领军企业，增强氢能产业创新力和竞争力

一是加快培育壮大行业领军企业。积极推动上海石化、宝山钢铁等现有大型能源相关领域龙头企业向氢能生产企业转型，发挥上海化工区工业副产氢、老港垃圾填埋场生物质天然气制氢等优势。推动大型制造企业向氢能装备制造转型，开展氢能替代工艺技术装备、氢冶金、分布式氢燃料电池等设备研发制造，推动氢能关键装备研发。二是围绕氢能产业发展要求，培育一批专精特新企业，围绕燃料电池集成、模块化碱性电解槽、加氢站等关键环节，开展核心技术攻关，激发氢能产业创新创业活力。三是鼓励上海氢能领军企业参与全球产业分工。积极推动上海领军企业实施强强联合、跨区域兼并重组、境外并购投资等，培育具有国内乃至国际影响力的氢能产业企业集团，积极开拓氢能产业国际市场，加快融入全球氢能产业链；同时，积极引进氢能领域国际巨头与研发机构在上海设立研发中心或区域总部，完善上海氢能产业融合集群发展体系。

（三）加强区域协同，联合推动氢能产业科技创新与产业化应用

一是加快氢能产业区域协同布局。建议由上海市经信委牵头，联合相关部门编制"长三角氢能产业地图"，合理布局长三角氢能产业链与创新链，避免"一哄而上"的无序发展及其导致的资源分散、重复建设和低端竞争。围绕氢能产业地图，积极布局打造一批氢能产业创新中心，增强其在长三角地区乃至全国氢能产业融合集群发展中的组织引领功能、纽带功能和溢出功

能。二是开展一批氢能关键技术联合攻关，发挥上海市氢能领域相关创新型企业、科研院所的优势，鼓励由领军型企业牵头，联合上海市以及长三角地区科研院所、高校、工程技术中心等，围绕氢能产业关键环节、短板环节，构建产学研协同、上下游衔接的氢能产业创新联合体，开展联合技术攻关，缩小上海以及长三角地区在氢能高端装备制造、燃料电池等领域与国际先进水平的差距，并积极推动技术成果转化。三是构建区域一体化的氢能产业应用场景。充分发挥上海市以及长三角各地氢能产业技术优势、氢能全产业链优势、丰富多元的应用场景优势，不断研发和拓展氢能应用领域，加大氢能开发利用力度。依托长三角加氢设施、工业副产制氢优势，积极打造以上海为龙头的长三角氢运输高速示范线路；大力推进氢燃料电池在客车、货车、叉车、渣土车、环卫车、大型乘用车以及船舶、航空等的应用，不断拓展氢能在交通领域应用场景；大力推进氢能储能、氢能热电联供、氢混燃气轮机等的试点示范，开展氢储能在可再生能源消纳、电网调峰、绿色数据中心等场景的应用；大力推进氢能在冶金、化工等领域的替代应用；积极打造氢能示范机场、示范港口、示范社区、氢能产业园等一批具有世界影响力的应用场景。

参考文献

Ashari P A. "Knowledge and Technology Transfer Via Publications, Patents, Standards". *Technological Forecasting and Social Change*, 2023, Vol. 187 (2).

Hirschberg J. G, "*Hydrogen: The Ultimate Energy Source. In: Veziroğlu*", T. N. (eds) *Hydrogen Energy*, Springer, Boston, MA, 1975.

Hydrogen Council, *Path to Hydrogen Competitiveness: A Cost Perspective*, Brussels: Hydrogen Council, 2020.

Yadav T. P, "Hydrogen: The Ultimate Clean Energy Source", *Energy*, 2022, No. (2).

傅翠晓、庄珺：《打造"氢能走廊"为长三角区域一体化发展提供新动能》，《新材料产业》2019年第9期。

李丹枫：《中国与发达国家绿色制氢产业专利质量对比研究》，《科技和产业》2022

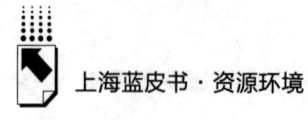

年第 22 卷第 7 期。

宁翔：《我国工业制氢技术路线研究及展望》，《能源研究与利用》2020 年第 1 期。

田江南、蒋晶、罗扬等：《绿色氢能技术发展现状与趋势》，《分布式能源》2021 年第 2 期。

徐硕、余碧莹：《中国氢能技术发展现状与未来展望》，《北京理工大学学报》（社会科学版）2021 年第 6 期。

姚若军、高啸天：《氢能产业链及氢能发电利用技术现状及展望》，《南方能源建设》2021 年第 4 期。

邹才能、李建明、张茜等：《氢能工业现状、技术进展、挑战及前景》，《天然气工业》2022 年第 4 期。

B.4 上海促进再制造产业发展的实施路径

杜 航*

摘 要： 再制造是循环经济的核心支柱，是支撑循环经济发展的战略性新兴产业。通过专门的工艺和技术以旧的机器设备为毛坯进行重新制造的再制造产品，无论是质量还是性能都不亚于新产品，且对环境影响最小，具有经济性、实用性、节约性、绿色性等优势。上海促进再制造产业发展在突破产业关键技术瓶颈、落实碳达峰与碳中和政策、构建国内国际双循环体系以及实现产业高质量发展方面均有积极影响。但再制造产业由于自身特征，面临一系列制度和监管问题。作为制度改革创新"领头雁"，上海率先探索再制造产业新制度，并在自由贸易区试点推行，有望形成可复制推广的经验，助力美丽上海的建设。

关键词： 再制造产业 "双碳"政策 双循环 绿色发展

循环经济的核心是资源的高效循环利用，秉持"减量化、再利用、资源化"三大原则，呈现低消耗、低排放、高效率"两低一高"的基本特征。循环经济通过不断提高资源利用效率，以尽可能少的资源消耗和环境代价满足人们不断增长的物质文化需求，是符合可持续发展理念的经济发展模式。发展循环经济，要求实现从"资源—产品—废弃物"的单向式直线过程向"资源—产品—废弃物—再生资源"的反馈式循环过程转变，要求从高投入、高消耗、高排放、低效率"三高一低"的粗放型增长转变为低投入、

---

* 杜航，管理学博士，上海社会科学院生态与可持续发展研究所助理研究员，主要研究方向为再制造管理、可持续发展。

低消耗、低排放、高效率"三低一高"的集约型增长，要求对"大量生产、大量消费、大量废弃"的传统发展模式实行根本变革。

再制造产业打通了"资源—产品—废旧资源—再利用"的产业循环链条，提供了绿色工业可持续发展新模式，实现了产品线性制造向多寿命循环制造的转变，是实现高端智能制造的重要途径。发展再制造产业有利于上海在转型升级中形成中高端制造优势，确立在产业分工中的主导权。2022年4月5日，上海市人民政府办公厅根据《上海市国民经济和社会发展第十四个五年规划和二○三五年远景目标纲要》印发了《上海市资源节约和循环经济发展"十四五"规划》。规划提出了上海再制造产业、汽车和废旧电器电子产品拆解利用等规模进一步扩大的要求，明确打造循环型产业体系要推进再制造产业发展，扩大汽车零部件、机电产品等领域再制造规模，开展核心技术研发和产业化示范，推进再制造产品的检测认定，构建汽车产品等领域的生产者责任延伸制度，完善旧件回收体系。

一 上海促进再制造产业发展的背景与意义

2013年，工信部正式批复同意上海临港产业区建设国家机电产品再制造产业示范园。临港产业区将按照总体规划、分步实施、"两头在外"的原则，加快推进集中拆解、再制造、公共研发中心、综合服务四大功能区和逆向物流与旧件回收、拆解加工再制造、公共服务保障三大再制造示范体系建设，吸引高端再制造企业集聚发展，为我国再制造产业高质量发展积累经验，以实现美丽上海的建设，促进人与自然和谐共生的现代化。

（一）上海再制造产业现状与产业布局

我国再制造产业近年来呈现快速蓬勃发展态势，国家先后出台120余项扶持政策法规、标准规范等，培育了上千家再制造企业，年产值突破1000亿元。上海市经济和信息化委员会发布的《2022上海市循环经济和资源综合利用产业发展报告》显示，上海市再制造产业发展规模创历史新高，全市实现再制造产值约45亿元，同比增长7%。其中，再制造航空发动机133台、汽车发动机1.2万台、变速箱2.6万个、小型工程设备10万余个、大型工程机械零部件1.2万余个、服务器及存储设备2万余台。再制造产业在上海迸发出新动能。

上海市经信委等七部门印发的《临港新片区创新型产业规划》针对产业发展重点，在"循环价值引领的绿色再制造产业"部分中强调，要实施绿色制造，推动绿色发展，以高技术含量、高可靠性、高附加值为核心特性，建设国家级绿色再制造和面向"一带一路"的高端智能再制造创新示范区。图1为上海市环保产业布局。

打造高端再制造产业需要从技术、应用场景和模式三方面寻求突破：一是加强绿色再制造技术创新，二是聚焦重点领域高端化应用，三是探索绿色再制造新模式。首先，发展绿色再制造设计，能够从源头节能减碳。建设高端智能再制造技术研发中心，加快增材、特种材料、智能加工、无损检测与评估等再制造关键技术创新，提升再制造产品综合性能。

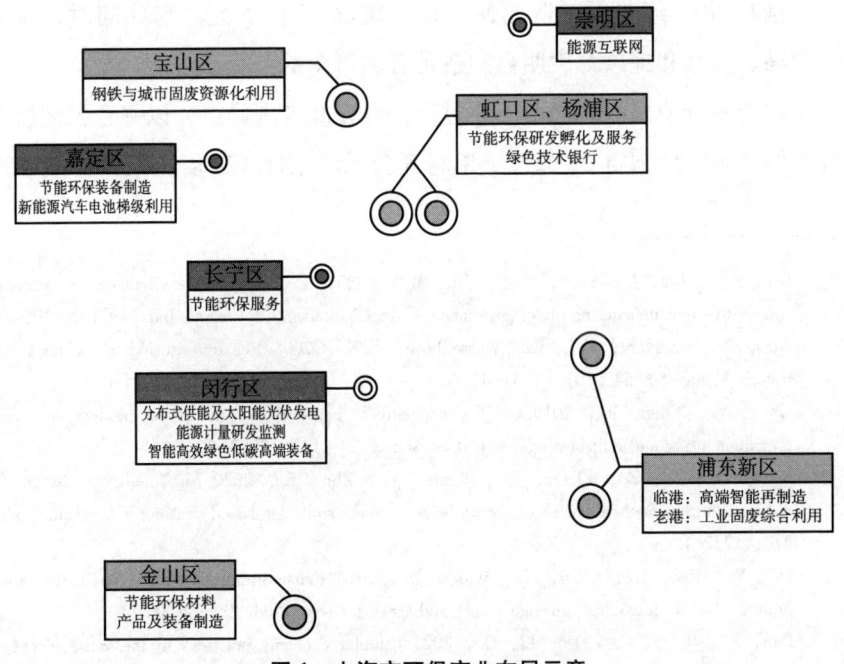

图1 上海市环保产业布局示意

资料来源：中商产业研究院。

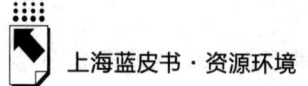

其次，支持在特殊综合保税区开展数控机床、工程设备等产品全球维修和再制造。培育汽车零部件、港口机械等高附加值关键工艺再制造项目，推进航空发动机与燃气轮机、工业机器人、高端医疗设备等高端再制造技术创新应用。

最后，建设再制造产品检测认证、智能损伤检测与寿命评估等专业化服务平台，强化绿色认证评级体系，发展在役再制造等新模式，培育再制造高技术服务业，支持企业"走出去"，服务"一带一路"沿线国家制造业绿色发展。

（二）上海促进再制造产业发展的积极意义

再制造在增加产业收益方面发挥了重要作用[1]。Atasu 等根据 2005 年进行的调查估计，1997 年美国已存在 7.3 万家再制造企业，且再制造产业的年总销售额达到 530 亿美元。卡特彼勒全球销售的零件中有 20%是再制造零件，并且其 2012 年的再制造业务年收入超过 40 亿美元。与此同时，康明斯、宝马、大众和施乐都表明再制造是有利可图的[2]。

再制造是价值回收的必要工业过程，可以减少碳排放。以一台再制造发动机为例，可节约钢材 59 公斤、铝材 8 公斤、电能 170 度，减少排放二氧

---

[1] Nie, J. J., Liu, J., Yuan, H. P., Jin, M. Y., 2021. Economic and environmental impacts of competitive remanufacturing under government financial intervention. Comput. Ind. Eng. 159, 107473.
Atasu, A., Sarvary, M., Van Wassenhove, L. N., 2008. Remanufacturing as a marketing trategy. Manag. Sci. 54 (10), 1731-1746.

[2] Chen, Y., Chen, F., 2019. On the competition between two modes of product recovery: remanufacturing and refurbishing. Prod. Oper. Manag. 28 (12), 2983-3001.
Ke, C., Jiang, Z., Zhang, H., Wang, Y., Zhu, S., 2020. An intelligent design for remanufacturing method based on vector space model and case-based reasoning. J. Clean. Prod. 277, 123269.
Du, Y., Cao, H., Chen, X., Wang, B., 2013. Reuse-oriented redesign method of used products based on axiomatic design theory and QFD. J. Clean. Prod. 39, 79-86.
Pan, X., Wong, C. W. Y., Li, C., 2022. Circular economy practices in the waste electrical and electronic equipment (WEEE) industry: a systematic review and future research agendas. J. Clean. Prod. 365, 1-14.

化碳 56 公斤、一氧化碳 6 公斤、氮氧化物 1 公斤、硫化物 4 公斤、固体废弃物 290 公斤。以往研究尚未考虑再制造方案设计参数对碳排放的影响。一些研究认为，虽然再制造是实现资源循环利用和促进节能减排的有效途径，但再制造成本、再制造质量和客户对再制造产品的接受度均需要加以考虑。再制造方案设计是对作为空白的废旧产品的结构、性能、功能进行修复升级的创新设计过程，包括客户需求分析、设计方案制定、再制造工艺设计。其中，相对标准偏差参数直接决定了再制造过程参数的结果，是影响再制造碳排放的直接因素，适当的再制造流程解决方案将显著减少再制造碳排放。因此，相对标准偏差是减少再制造碳排放、促进绿色制造可持续发展的关键因素。

值得注意的是，再制造方案设计和再制造碳排放没有直接联系，这使得制定合理的再制造方案以减少碳排放具有挑战性。挑战之处在于建立再制造工艺参数与碳排放之间以及相对标准偏差与再制造工艺参数之间的映射模型。基于这两个映射模型，可以得到相对标准偏差参数与碳排放之间的关联。

为了获得最优的再制造方案，有必要建立以再制造碳排放量为目标的优化模型。以再制造方案设计参数为优化变量，以再制造成本、设计参数范围和设计独立性为约束条件，利用智能算法求解最优再制造方案设计参数。最优再制造方案是一个多约束单目标优化问题，需要用智能算法来解决。为智能生成满足最小碳排放要求的再制造方案，提出一种废旧产品再制造方案集成设计方法，建立再制造方案设计参数与碳排放的映射关系，快速生成降低碳排放的最优再制造方案设计参数。该方法主要包括三个部分：再制造方案设计模型的建立、碳排放图谱模型的建立、再制造方案设计优化模型的建立和求解。图 2 为机械产品再制造流程图。

再制造是提升关键技术水平，填补国内相关产业空白的有效途径。2016 年，国家明确了"在条件成熟的地区试点开展高技术含量、高附加值项目境内外检测维修和再制造业务。" 2019 年，国务院发布《关于促进综合保税

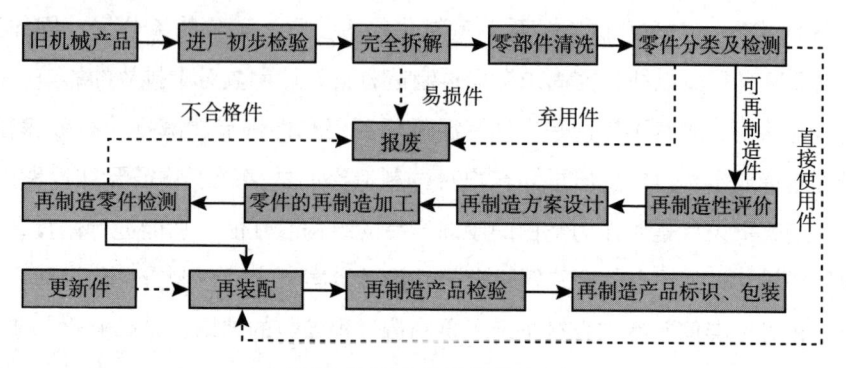

图 2　机械产品再制造流程

资料来源：GB/T 28618-2012《机械产品再制造通用技术要求》。

区高水平开放高质量发展的若干意见》，其中的第 15 条明确："进一步推动再制造业的发展，针对附加值较高的产业，如数控机床、航天机械等综合保税区要做好支撑。"通过自贸区进口再制造产品吸收国外成熟技术，推进尚未掌握关键技术的重点行业产品领域（例如发动机、自动变速箱）技术升级，突破国际势力的技术封锁。与此同时，构建国内国外再制造体系，对内引导市场消费再制造品，完善逆向物流回收，形成产业闭环流通内循环；对外进口旧件再制造并出口，发展国际贸易，参加国际再制造体系大循环。自贸区试点进口再制造，进口旧发动机、变速箱等汽车"五大总成"和其他机电产品，能够打通再制造原材料堵点，扩大企业生产能力及产品规模。

再制造产业属于高技术劳动密集型产业，能够增加就业。对废旧产品进行再制造时需要吸纳最新的技术与科技成果。同时，依赖大量劳动力的投入。与同类制造业比，再制造产业的就业人数是其 2~3 倍，主要集中在拆解过程中。此外，再制造产品在价格、质量与环境保护方面均有明显优势，能够显著降低企业与个人的设备购置成本，质量上不亚于甚至超过新产品，环境保护上节能 60%、减排 70%、降碳 80%。综上，再制造产业具有多元优势，能够有效助力上海实现产业向高端转型的高质量绿色发展目标。

二 上海再制造产业发展模式与面临的挑战

上海临港依托国家再制造产业示范基地，联合中船集团、中国商用飞机、中航工业集团、上海电气、上海汽车、卡特彼勒、戴姆勒奔驰等龙头企业建设再制造产品与旧件检测认证平台、技术研发中心、人才实训基地等公共服务平台。通过调研走访可知，现行的再制造模式主要有两种。一是"两头在外"模式。上海自贸区内有20多家再制造企业，多数是海外知名跨国企业，享受着自贸试验区的优惠政策，采取"旧件回收在外、再制造品销售在外"的再制造模式。二是"一头在外、一头在内"模式。具体体现为从国外采购旧件、再制造品在国内市场销售与在国内回收旧件、在国外市场销售的再制造模式，多数不在自贸试验区的内资企业采取此种模式开展再制造业务。

"两头在外"再制造模式是我国加工贸易发展初期的现象，是加工贸易的历史性标志符号。在加工贸易中，进口的保税料件来自境外，生产的制成品须复出口至境外，这就是俗称"两头在外"的贸易方式，两头指的就是原料、成品。这个政策为外贸企业提供了一定的优惠。

但只有加工环节的"两头在外"再制造模式，具有物流成本高、缺乏高附加值产品且不利于当地废旧产品回收的劣势。采用"两头在外"再制造模式的企业选择落户在自贸区内的主要原因是享受自贸区内政策上的税收优惠，但加工环节仍存在能源浪费和环境污染的现象。在上海自贸区发展再制造产业的初期，许多有意落户上海自由贸易试验区的再制造企业都对在区内实现由"两头在外"到"内外相通"的突破表示期待。

"一头在外、一头在内"再制造模式：一方面是进口旧件在国外采购，再制造品销售市场在国内。这种模式的优势是能够填补国内产业的空白，进而掌握产业关键技术，在产品更新换代和技术更新方面紧跟行业领先水平，进而创造自身竞争优势。缺点是进口国外旧件的范围和尺度难以把控，我国现行的相关政策要求为避免洋垃圾进口，对废旧机电产品以及再制造产品的进口仍有诸多限制。另一方面是旧件国内回收，销售市场在国外。这种模式的优势是能够充分利用资源，同时有效处理国内大量废旧的工程机械、发动机以及机电产品等，将城市垃圾转化为城市矿山，进而通过"一带一路"的贸易出口到东盟、非洲等国家。

结合上海市经信委等七部门联合印发的《临港新片区创新型产业规划》对再制造产业的三方面要求，上海发展再制造产业仍面临以下三点挑战。

（一）绿色再制造技术创新仍需强化

我国再制造产业通过试点示范，已经初步形成了"以尺寸恢复和提升性能"为特征的中国特色再制造产业和技术模式。在这一过程中，再制造技术方法、工程理论和技术体系不断发展。其中，在智能再制造、柔性再制造、在役再制造、增材再制造等新兴再制造技术方面仍需积极研发产业化落地实施方案。

（1）需加快再制造重点技术研发与应用。加强再制造产品设计技术和产品剩余寿命评估、拆解清洗经济环保、激光熔覆、无损检测等技术的应用，开展旧件性能评价、再制造产品安全检测等方面的技术攻关，鼓励再制造设计。

（2）需加强再制造技术研发能力建设。以建立再制造国家工程研究（技术）中心和再制造产品质量检验检测中心为引领，鼓励高校、科研企事业单位联合攻关和产业化示范。做好国外先进技术与国内成熟适用技术的衔接，形成再制造关键设备生产研发体系。

（二）再制造产业高端化应用仍不聚焦

2023年6月1日，国务院印发《关于在有条件的自由贸易试验区和自由贸易港试点对接国际高标准推进制度型开放的若干措施》，其中第一条就是"支持试点地区开展重点行业再制造品进口试点"，适用范围为上海、广东、天津、福建、北京自由贸易试验区和海南自由贸易港。国家支持上海自贸区以制度创新为驱动，开展再制造产业高端化应用。

上海自贸区 2014 年开始在区内探索并不断推动开展全球维修再制造业务，区内外已有 24 家企业通过入境维修/再制造业务能力评估。这意味着上海在再制造技术和规模上均处于全国领先地位。2015 年上海再制造产业年产值占全国市场份额的十分之一，已初步形成专业化回收、拆解、清洗、再制造等再制造产业链，在汽车零部件、机电产品、工程机械、打印耗材等领域具备了较强的技术优势和形成了较大的产业规模，为探索基于自贸区的再制造模式奠定了基础。

其中，全球维修再制造业务成为国家支持和鼓励发展的重要方向。全球维修再制造是指具有入境维修/再制造业务资质的企业（多数位于自贸试验区内）对来自境内外的部件损坏、部分功能损失或者出现缺陷的货物进行检测、维修的经营活动。维修再制造业务符合"高技术含量、高附加值、无污染"的原则。全球维修再制造是一种新型的贸易业态，能有力推动制造企业从加工贸易转型到技术含量高、利润更为丰厚的服务型贸易。全球维修再制造业务的开展能提升产业链附加值，将产业链由原来的加工制造环节延伸至后期检测维修服务，形成以生产订单带动维修订单、以维修订单促进生产订单的良性循环，同时扩大服务范围，有效提升企业的全球市场占有率。

（三）绿色再制造产业监管模式仍需探索

上海自贸区进口再制造业务起步较早但增速较缓，总体仍处于探索阶段。其中，再制造产业涉及的监管部门较多，主要包括国家发展改革委、工业和信息化部、商务部、海关总署、国家质检总局、生态环境部、财政部、国家税务总局和国家工商总局等，业务发展在监管制度法规和体制机制方面存在一些限制。下面以监管部门为主体梳理再制造产业面临的三点监管问题。

（1）再制造产业原料与成品进出口政策限制。商务部是再制造产业货物进出口政策制定部门，涉及旧件进口、再制造品进出口等。但 2008 年商务部、海关总署、国家质检总局制定的《机电产品进口管理办法》，明确强调了废旧机电类产品（包括再制造品）不能进口，导致大部分企业（海外跨国公司）难以构建国际旧件逆向物流体系，无法直接从国外进口旧件再制造。

（2）再制造产业海关保税监管模式尚不清晰。海关总署于2018年组建包括检验检疫部门的新海关，增加了再制造的管理范围内容。目前，我国实施的传统加工贸易是将国外新零部件、元器件和附件等加工为新产品，生产过程单耗稳定，加工贸易手册核销方便。但也存在三点问题。首先，再制造主要对象为回收拆解的废旧产品，生产过程中有随机生成的废件，单耗不稳定，且国家印发的《关于推进再制造产业发展的意见》中未将再制造成品明确定义为新产品，也没有单列再制造目录，导致再制造产品进口受阻。

其次，部分制造和加工贸易企业销往国外的产品，因产品核心零部件受禁止进口旧机电产品目录限制，无法入境再制造（包括废旧汽车零部件和机电产品），导致再制造产业无法规模化。将"两头在外"模式下的再制造品作为禁止进口旧机电产品目录内的产品进行监管，阻断了国内企业销售到境外的渠道，抬高了自贸区再制造产业的进入门槛。

最后，现行监管制度规定，原则上应复运出境，确实无法复运出境的，可参照《海关总署环境保护部商务部质检总局关于出口加工区边角料、废品、残次品出区处理问题的通知》办理运至境内（区域外）的相关手续。但随着世界各国对环保的重视，维修坏件和维修边角料复运出境的难度加大，以往对确实无法复运出境的维修坏件和维修边角料可委托境内有资质的废弃物处置第三方进行处置，但政策收紧为必须出境，影响再制造产业发展。综上所述，海关对"两头在外"再制造模式的保税监管应归入传统加工贸易监管还是采用保税维修模式，或是制定新的监管模式，急需落实。

（3）再制造产业的工商税务业务定位不明确。国家市场监管总局是再制造企业登记部门，但由于再制造并不属于工商行业目录，相关企业在办理工商注册时难以在公司名称和经营范围内加入"再制造"这一表述，导致企业定位模糊不清。

财政部是政策支持部门，再制造产业发展存在的问题是企业在购买废旧产品和设备时，卖方企业不能开具正规发票；但在再制造品销售过程中，需要为买方开具发票，造成抵扣难，即旧件原料缺乏进项发票，增值税难以实现抵扣，大幅提高了再制造企业成本。再制造企业和产品缺乏明确的产业和税收优惠政策，制约了再制造产业快速发展。

三 上海发展再制造产业的路径

2018年，上海制定了"上海扩大开放100条"行动方案，明确提出要"创新发展高端绿色进口再制造和全球维修业务"。上海已具备发展高端再制造的良好基础，需要通过扩大开放，放宽再制造产业的市场准入，带动先进制造业与城市经济高质量发展。再制造产业发展受到原件来料数量与质量的双重限制：一方面，国内再制造原件来料质量差，存在可再制造率低的现象；另一方面，国外再制造原件来料的废旧产品属性使其受到相关进出口政策的制约。因此，建议上海在自贸试验区进行再制造产业制度性创新试点，具体有以下四点措施建议。

（一）建立再制造正面清单

2017年，国务院印发的《全面深化中国（上海）自由贸易试验区改革开放方案》提出"研究制定再制造旧机电设备允许进口目录，在风险可控的前提下，试点数控机床、工程设备、通信设备等进口再制造"。随后，"上海扩大开放100条"明确提出"支持航空产业对外合作开放，吸引航空发动机总装、机载系统和关键零部件外资项目落地，支持外资来沪发展飞机整机维修和部附件维修业务"。

结合再制造业务"高技术含量、高附加值、无污染"的特点，可先在自贸试验区建立全球维修与进口再制造业务正面清单。明确再制造产业的战略发展定位，以正面清单进行鼓励提倡。通过严格的性能检测将再制造产品明确为新产品，对再制造产品进行进口试点，发展航空、汽车、船舶发动机和零部件，以及通信设备、工程机械、高级医疗仪器、机电设备再制造等领域，努力建设亚太高端设备再制造基地。

（二）优化再制造通关监管流程

2015年，海关总署发布的《关于开展加工贸易工单式核销有关事项的公告》，明确了以生产工单数据来核算保税物料的管理办法。以对再制造品的旧件按工单式核销的方式，通过对维修中消耗的保税料件、替换维修坏件的数据比对实现监管，对确实无法退运境外的料件严格按核销的规格数量交由指定的第三方处置平台处置，并建立信息化跟踪平台，通过网络实时抽查维修坏件的流向，做到全流程闭环监管。

在制度上，建议海关总署加快出台进口旧机电产品入境维修法律层面规定，针对维修产品风险评估、企业能力评估、入境前核准、境外预检验、口岸查验、到货检验、监督管理等环节制定具体、明晰、可操作性强的实施细则，进一步规范和指导进口再制造快速有序发展。从源头上制定修改将再制造产业作为新兴业态的政策法规和监管政策。

（三）明确再制造行业属性减轻税负

2018年，再制造产业作为战略性新兴产业被列入国家统计局印发的《战略性新兴产业分类（2018）》，但战略性新兴产业在工商税务目录中如何体现尚未明确。现有的再制造产业主要集中在汽车零部件、机电产品、工程机械、打印耗材行业，这些原始行业已有可参考的工商行业目录。因此，需明确各细分行业对应的工商行业要求并对再制造品进行认定。

税务方面可以《再制造产品名录》中认证的企业及产品作为对象，制定相应的税收优惠政策，降低再制造行业税负。由于再制造企业需购买使用过的固定资产作为原材料，废旧设备中的附加值将一次性转移到新品中，重新加入商品流通链条，因此可允许再制造企业根据交易中取得的发票所注明的税额抵扣增值税。同时区分原材料获取渠道，设定适当比率，对再制造企业销售再制造品所应缴纳的增值税实行先征后退。

（四）创新再制造业务监管制度

基于上海对环保产业的总体布局，在自贸区发展再制造产业的政策优势越发明显。2013年，国家质检总局发布了《关于支持中国（上海）自由贸易试验区建设的意见》，支持试验区内入境再利用和再制造等产业发展，对获得入境再制造和维修企业资质的企业实施"简易核准+入境核销+周期监管"的入境再利用产业检验监管模式，首次明确提出支持自贸区再制造产业发展。2015年，国务院发布的《进一步深化中国（上海）自由贸易试验区改革开放方案》提出，推进外商投资和境外投资管理制度改革，对境外投资项目和境外投资开办的企业实行以备案制为主的管理方式，建立完善境外投资服务促进平台，为外资在自贸区开展再制造业务提供政策支持。

为加强自贸区内再制造用途机电产品的检验监管，2014年，上海出入境检验检疫局出台了《上海检验检疫局中国（上海）自由贸易试验区再制造用途机电产品检验监管工作规定》，对自贸区内再制造企业资质评估、入境再制造用途机电产品备案管理及再制造企业监督管理等做出了规定。建议试点探索进口再制造评定程序和监管措施，例如：严格把控进口的再制造产品符合国家新产品质量标准和安全环保要求，沿用国际再制造产品认定标签或是检测后在产品显著位置加贴我国再制造产品通用标签，明确进口废旧机电产品的产品属性等。

参考文献

Nie, J. J., Liu, J., Yuan, H. P., Jin, M. Y., "Economic and Environmental Impacts of Competitive Remanufacturing under Government Financial Intervention," *Comput. Ind. Eng*, 2021. 159, 107473.

Atasu, A., Sarvary, M., Van Wassenhove, L. N., "Remanufacturing as a Marketing Trategy," *Manag. Sci*, 2008. 54 (10), 1731–1746.

Chen, Y., Chen, F., On the Competition Between Two Modes of Product Recovery:

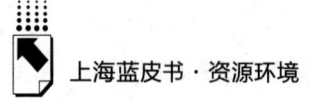

Remanufacturing and Refurbishing," *Prod. Oper. Manag.* 2019. 28（12），2983-3001.

Ke, C., Jiang, Z., Zhang, H., Wang, Y., Zhu, S., "An Intelligent Design for Remanufacturing Method Based on Vector Space Model and Case-based Reasoning," *J. Clean. Prod.* 2020，277，123269.

Du, Y., Cao, H., Chen, X., Wang, B., "Reuse-oriented Redesign Method of Used Products Based on Axiomatic Design Theory and QFD," *J. Clean. Prod.* 2013，39，79-86.

Pan, X., Wong, C.W.Y., Li, C., "Circular Economy Practices in the Waste Electrical and Electronic Equipment（WEEE）Industry：a Systematic Review and Future Research Agendas. *J. Clean. Prod*，2022. 365，1-14.

附表1 我国再制造产业相关政策一览

序号	时间	名称	单位	内容
1	首次颁布：2008.8.29 修改时间：2018.10.2	《中华人民共和国循环经济促进法》	中华人民共和国主席令第4号 中华人民共和国主席令第16号	第四十条 国家支持企业开展机动车零部件、工程机械、机床等产品的再制造和轮胎翻新。销售的再制造产品和翻新产品的质量必须符合国家规定的标准，并在显著位置标识为再制造产品或者翻新产品
2	2010.5.13	《关于推进再制造产业发展的意见》	国家发展改革委 科技部 工业和信息化部 公安部 财政部 环境保护部 商务部 国家海关总署 国家税务总局 国家工商总局 国家质检总局	包括推进再制造产业发展的重大意义、现状、指导思想和基本原则、重点领域、技术创新、支撑体系建设、保障措施和组织领导8个方面。其中，推进再制造产业发展的重点领域包括：（一）深化汽车零部件再制造试点。以推进汽车发动机、变速箱、发电机等零部件再制造为重点，加大资金投入，消除制度瓶颈，完善回收体系，规范流通市场，努力做大做强。在此基础上，将试点范围扩大到传动轴、压缩机、机油泵、水泵等部件。同时，继续推进大型旧轮胎翻新

续表

序号	时间	名称	单位	内容
2	2010.5.13	《关于推进再制造产业发展的意见》	国家发展改革委 科技部 工业和信息化部 公安部 财政部 环境保护部 商务部 国家海关总署 国家税务总局 国家工商总局 国家质检总局	(二)推动工程机械、机床等再制造。组织开展工程机械、工业机电设备、机床、矿采机械、铁路机车装备、船舶及办公信息设备等的再制造,提高再制造水平,加快推广应用
3	2010.06.29	关于印发《再制造产品认定管理暂行办法》的通知	工业和信息化部	为推动再制造产业健康有序发展,规范再制造产品生产,引导再制造产品消费,《再制造产品认定管理暂行办法》主要包括总则、认定申请、认定评价、结果发布与标志管理和附则五个部分
4	2011.7.25~ 2019.10.11	《再制造产品目录》第1~8批	工业和信息化部	共11类: 工程机械及其零部件(8次) 电动机及其零部件(8次) 汽车产品及其零部件(5次) 办公设备及其零部件(5次) 机床产品及其零部件(2次,第三、五批) 内燃机及其零部件(2次,第三、八批) 矿山机械零部件(1次,第一批) 石油机械零部件(1次,第一批) 轨道车辆零部件(1次,第一批) 冶金机械零部件(1次,第二批) 其他专用机械设备及其零件(1次,第六批)

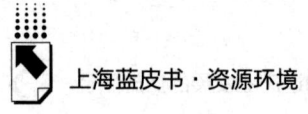

续表

序号	时间	名称	单位	内容
5	2013.01.23	《国务院关于印发循环经济发展战略及近期行动计划的通知》	国务院	在"发展再制造"提出，规范建立专业化再制造旧件回收企业和区域性再制造旧件回收物流集散中心。开展消费者交回旧件并以置换价购买再制造产品（以旧换再）的工作，扩大再制造旧件回收规模。抓好重点产品再制造。推动再制造产业化发展
6	2015.05.19	《中国制造2025》	国务院	大力发展再制造产业，实施高端再制造、智能再制造、在役再制造，推进产品认定，促进再制造产业持续健康发展。开展重大节能环保、资源综合利用、再制造、低碳技术产业化示范
7	2017.10.31	《高端智能再制造行动计划（2018-2020年）》	工业和信息化部	加快发展高端再制造、智能再制造，进一步提升机电产品再制造技术管理水平和产业发展质量
8	2021.03.11	《中华人民共和国国民经济和社会发展第十四个五年规划和2035年远景目标纲要》	国务院组织编制全国人大审查批准	在"构建资源循环利用体系"中提出，要"加强大宗固体废弃物综合利用，规范发展再制造产业"
9	2021.04.14	《汽车零部件再制造规范管理暂行办法》	国家发展改革委，工业和信息化部，生态环境部，交通运输部，商务部，海关总署，市场监管总局，银保监会	有效地规范了汽车零部件再制造行为和市场秩序，保障了再制造产品质量，推动了再制造产业规范化发展

续表

序号	时间	名称	单位	内容
10	2021.06.21	《汽车产品生产者责任延伸试点实施方案》	工信部 科技部 财政部 商务部	以回收利用为重点,提升资源利用效率。引导汽车生产企业建设报废汽车逆向回收利用体系,扩大再制造产品使用,提高汽车资源综合利用效率,探索建立汽车产品生产者责任延伸管理制度
11	2021.7.1	《"十四五"循环经济发展规划》	国家发展改革委	在重点任务"构建废旧物资循环利用体系,建设资源循环型社会"中提出,促进再制造产业高质量发展 在"循环经济关键技术与装备创新工程"的重点工程与行动提出,深入实施高端装备再制造领域的关键技术与装备重点专项在"再制造产业高质量发展行动"中提出。扩大再制造应用范围。支持企业广泛使用再制造产品和服务。进一步提高再制造产品在售后市场的使用比例。壮大再制造产业规模
12	2021.10.24	《2030年前碳达峰行动方案》	国务院	在"健全资源循环利用体系"中提出,促进汽车零部件、工程机械、文办设备等再制造产业高质量发展。加强资源再生产品和再制造产品推广应用
13	2021.12.16	《资源综合利用企业所得税优惠目录(2021年版)》	财政部 国家税务总局 国家发展改革委 生态环境部	综合利用的资源:废旧汽车、废旧办公设备、废旧工业装备、废旧机电设备。生产的产品:通过再制造方式生产的发动机、变速箱、转向器、起动机、发电机、电动机等汽车零部件、办公设备、工业装备、机电设备零部件等

续表

序号	时间	名称	单位	内容
14	2022.01.17	《关于加快废旧物资循环利用体系建设的指导意见》	国家发展改革委 商务部 工业和信息化部 财政部 自然资源部 生态环境部 住房和城乡建设部	（十二）推进再制造产业高质量发展。提升汽车零部件、工程机械、机床、文办设备等再制造水平，推动盾构机、航空发动机、工业机器人等新兴领域再制造产业发展，推广应用无损检测、增材制造、柔性加工等再制造共性关键技术。结合工业智能化改造和数字化转型，大力推广工业装备再制造。支持隧道掘进、煤炭采掘、石油开采等领域企业广泛使用再制造产品和服务。在售后维修、保险、租赁等领域推广再制造汽车零部件、再制造文办设备等。（国家发展改革委、工业和信息化部、商务部、国家市场监管总局按职责分工负责）
15	2022.01.27	《关于加快推动工业资源综合利用的实施方案》	工业和信息化部 国家发改委 科学技术部 财政部 自然资源部 生态环境部 商务部 国家税务总局	在"提升再生资源利用价值"中，提出有序推进高端智能装备再制造

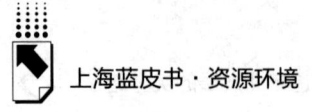

B.5 "双碳"目标下上海市城市矿产可持续管理对策研究

庄沐凡[*]

摘　要： 城市矿产的可持续管理对缓解资源压力、保障"双碳"目标实现具有重要意义。上海市在快速城镇化进程中蓄积了大量城市矿产，如何合理开发城市矿产、推进经济循环低碳发展成为上海市亟待解决的难题。当前上海市在城市矿产管理的顶层设计、企业创新和开发利用水平等方面取得了显著成效，但仍面临法律体系系统性待加强、现有家底待摸清、信息透明度待提高、低碳化统筹待完善等挑战。针对上述问题，本研究认为应通过完善立法体系，把握重点部门、种类和地区精准施策，建立动态追踪机制，利用大数据手段推进公众监督、交流合作、信息共享和交易平台建设，加快研发低碳绿色回收利用技术，促进上海市实现城市矿产的可持续管理，助力"双碳"目标的实现和美丽上海的建设。

关键词： 城市矿产　双碳　矿产管理　上海市

上海的快速城市化实现了经济高速增长和人民生活水平大幅提升，但也消耗了大量资源以支撑城市内部复杂体系的运转。上海原生资源相对匮乏，因而资源压力日益严峻。在城市建设发展过程中，大规模的金属、塑料、玻璃、橡胶等资源蓄积在各类基础设施、建筑、电子设备等

---

[*] 庄沐凡，博士，上海社会科学院生态与可持续发展研究所助理研究员，研究方向为循环经济。

产品中，如其具备可循环性，则被称为"城市矿产"①。与天然矿产相比，城市矿产存量大且品位高②，资源组成较为固定且理化特征容易识别③，其开发利用成为缓解资源压力、推动循环经济发展的关键。国家层面上，国家发改委和财政部于 2010 年起组织开展了一系列"城市矿产"示范基地建设，以加快资源节约型、环境友好型社会建设，培育新的经济增长点④；第一届城市矿产博览会于 2012 年拉开序幕，为不同地区不同企业提供交流平台，向公众宣传发掘城市矿产的重要意义；国务院于 2016 年将城市矿产开发列为"十三五"期间国家战略性新兴产业之一⑤。在大力推进碳达峰碳中和的背景下，城市矿产将继续发挥重要作用。一方面，城市矿产的循环利用有助于减少碳排放；另一方面，新能源技术发展和配套设施建设将使部分关键矿产资源出现供应短缺，开发城市矿产有助于拓宽资源供给渠道。国家发改委于 2022 年指出，城市矿产循环利用是应对气候变化、实现"双碳"目标的重要支撑，且预计到 2060 年，社会资源供给主要由城市矿产提供的格局将初步形成⑥。上海作为践行"双碳"愿景的先行者，实现城市矿产的可持续管理对于实现碳达峰碳中和、建设美丽上海意义重大。

---

① 2010 年 5 月 2 日，国家发改委和财政部联合发布《关于开展城市矿产示范基地建设的通知》，其中对"城市矿产"的概念进行了明确规定：工业化和城镇化过程产生和蕴藏在废旧机电设备、电线电缆、通信工具、汽车、家电、电子产品、金属和塑料包装物以及废料中，可循环利用的钢铁、有色金属、稀贵金属、塑料、橡胶等资源，其利用量相当于原生矿产资源。参见国家发改委网站：https://www.ndrc.gov.cn/xxgk/zcfb/tz/201005/t20100527_964644.html。

② 郝敏、宋璐璐、代敏等：《福建省铜、铁、铝城市矿产蓄积量研究》，《资源与产业》2020 年第 6 期。

③ 曾现来、李金惠：《城市矿山开发及其资源调控：特征、可持续性和开发机理》，《中国科学：地球科学》2018 年第 3 期。

④ 国家发改委、财政部：《关于开展城市矿产示范基地建设的通知》，2010。

⑤ 国务院：《"十三五"国家战略性新兴产业发展规划》，2016。

⑥ 2022 年 1 月 17 日，国家发改委出台《关于加快废旧物资循环利用体系建设的指导意见》，随后 2022 年 1 月 25 日，国家发改委就该指导意见做出《加快建设废旧物资循环利用体系助力实现碳达峰碳中和目标》专题解读。参见国家发改委网站，https://www.ndrc.gov.cn/xxgk/jd/jd/202201/t20220125_1313163.html。

一 城市矿产开发利用成效

上海将城市矿产开发利用作为发展绿色循环经济的重要内容之一，以"双碳"目标为导向，积极采取行动推动高效可持续的经济社会体系形成。本节对上海市在城市矿产开发利用方面所采取的行动和取得的成效进行了梳理，从顶层设计、企业创新驱动和利用水平三方面进行分析。

（一）顶层设计逐步完善

近年来，上海市对循环经济和资源综合利用高度重视，制定出台了一系列政策全方位支持城市矿产开发利用。虽然大部分政策中并未单独出现"城市矿产"的字眼，但其是循环经济的重要组成部分，相关规定大多散落于以"循环经济"为关键词的文件中。上海市地方环境保护立法体系中的基础性法规《上海市环境保护条例》在多次修订或修正中对资源循环的规定进一步细化，保障有关措施落地。2012年，《上海市再生资源回收管理办法》出台，取代了2005年发布的《上海市废旧金属收购管理规定》。2017年，《上海市建筑垃圾处理管理规定》对建筑废弃物的循环资源化利用进行了规定，提出实行建筑垃圾资源化利用产品的强制使用制度。2019年，《上海市生活垃圾管理条例》对生活垃圾分类回收做出规定。2020年，《上海市绿色发展行动指南（2020版）》将资源循环利用产业列为鼓励性行业，提出积极开展示范创建，提供财税和金融支持政策。2021年，《上海市2021~2023年生态环境保护和建设三年行动计划》对循环经济的推动实施方式做出指示，《上海市关于加快建立健全绿色低碳循环发展经济体系的实施方案》对不同单位负责的内容做出说明。同年，上海市发改委联合多部门先后发布《关于进一步支持本市资源循环利用行业稳定发展的实施意见》和《上海市循环经济发展和资源综合利用专项扶持办法》，提出到2025年，资源产出率和废弃物循环利用率进一步提高，为实现碳达峰和碳中和目标提供有力支撑，并进一步加大资金支持力度。2022年，《上海市资源节约和循环

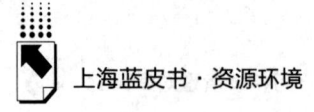

经济发展"十四五"规划》提出，全社会主要资源产出率"十四五"时期提高20%左右，主要废弃物循环利用率达到92%左右。同年，《上海市瞄准新赛道促进绿色低碳产业发展行动方案》出台，提出提升再生资源利用水平，加大城市废弃物协同处置力度，同时《上海市报废机动车回收管理实施办法》出台，对报废机动车拆解回收加以规范化管理。

表1 上海市城市矿产相关政策

政策名称	发布部门	年份
《上海市报废机动车回收管理实施办法》	上海市商务委员会、上海市发展和改革委员会、上海市经济和信息化委员会、上海市公安局、上海市生态环境局、上海市交通委员会、上海市市场监督管理局	2022
《上海市瞄准新赛道促进绿色低碳产业发展行动方案》	上海市人民政府办公厅	2022
《上海市资源节约和循环经济发展"十四五"规划》	上海市人民政府办公厅	2022
《上海市循环经济发展和资源综合利用专项扶持办法》	上海市发展和改革委员会、上海市财政局	2021
《关于进一步支持本市资源循环利用行业稳定发展的实施意见》	上海市发展和改革委员会、上海市规划和资源管理局、上海市绿化和市容管理局、上海市生态环境局、上海市经济和信息化委员会、上海市住房和城乡建设管理委员会	2021
《上海市关于加快建立健全绿色低碳循环发展经济体系的实施方案》	上海市人民政府	2021
《上海市2021~2023年生态环境保护和建设三年行动计划》	上海市人民政府	2021
《上海市绿色发展行动指南》	上海市发展和改革委员会	2020
《上海市生活垃圾管理条例》	上海市人民代表大会	2019
《上海市建筑垃圾处理管理规定》	上海市人民政府	2017
《上海市再生资源回收管理办法》	上海市人民政府	2012

（二）企业创新驱动发展

上海市积极促进示范试点基地建设，引领企业创新发展、提质发展。2011年，上海燕龙基再生资源利用示范基地获批第二批国家城市矿产示范基地，构建了完善的废玻璃综合利用网络体系，持续推进技术升级和绿色低碳生产，首创废玻璃"干洗"技术，实现废水零排放。上海市为保障上海燕龙基再生资源利用示范基地的顺利建设，出台了《上海市"城市矿产"示范基地建设中央补助资金拨付管理办法》。

在政策的大力支持下，骨干企业加快城市矿产综合利用技术的研发进度，呈现规模化、集成化、系统化发展趋势。例如，上海宝钢的转底炉系统解决方案支持多源固危废协同处理，依托科技化、智慧化和工程化实现资源循环利用；中冶环工持续加强技术研发，在钢渣多元化梯级利用方面，已形成80余项专利技术；新孚美致力于汽车自动变速箱维修和再制造，实行过程质量标准和过程检测确保再制造产品零缺陷。宝武环科、良延环保、国惠环境三家企业于2021年获批大宗固体废弃物综合利用骨干企业[1]，全市资源综合利用企业户均持有专利10项[2]。此外，上海市积极推动跨地区的产业合作、项目对接、交流平台建设等，实现资源综合利用的协同管理。

（三）开发利用水平提升

在政策和技术共同发力下，上海市城市矿产利用水平得到了显著提升，资源综合利用卓有成效（见图1）。2022年，上海市主要工业固体废弃物冶炼废渣、粉煤灰、炉渣、脱硫石膏产生量分别为765.9万吨、433.9万吨、256.0万吨、123.7万吨，综合利用量分别为765.8万吨、433.9万吨、245.2万吨、123.7万吨，综合利用率达到99.3%。全市共申报处理建筑垃圾8606.2万吨，其中申报的工程渣土和工程泥浆均进入已备案的消纳卸点

---

[1] 国家发改委：《关于开展大宗固体废弃物综合利用示范的通知》，2021。
[2] 参见上海市人民政府网站，https://www.shanghai.gov.cn/nw31406/20220914/78b6df87fde24b09821cebff8ba06702.html。

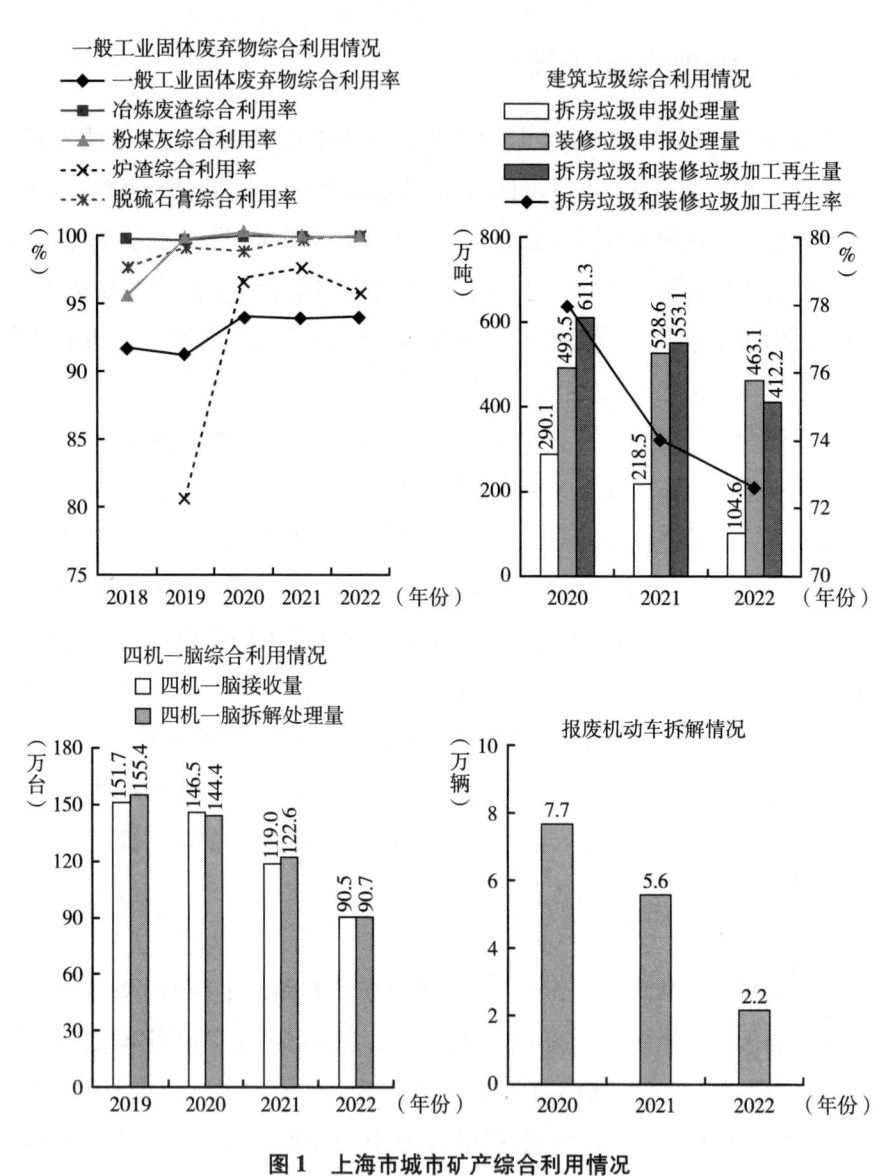

图1 上海市城市矿产综合利用情况

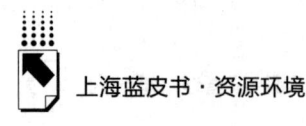

资料来源：2018年~2022年《上海市固体废物污染环境防治信息公告》，上海市生态环境局。

消纳，拆房垃圾和装修垃圾经过加工再利用的占72.6%，建设工程废弃混凝土基本全部进入混凝土搅拌站、砂浆厂和水稳厂等资源化利用渠道；共接收电视机、电冰箱、空调、洗衣机、电脑（四机一脑）90.5万台，拆解处理 90.7 万台，共完成 89.2 万台废弃电器电子产品的处理审核工作；共回收铅蓄电池 43130 吨，拆解机动车 2.2 万辆[①]。2022 年，上海市回收利用废钢铁 427.5 万吨、有色金属 56.9 万吨、废玻璃 76.8 万吨、废塑料 68.9 万吨，实现再制造产值约 42 亿元[②]。

在配套设施建设方面上海也不断完善，提高了城市矿产综合利用能力（见图 2）。截至 2022 年，上海市建成拆房垃圾和装修垃圾资源化利用设施 27 座，合计资源化利用能力 1121 万吨，废弃混凝土规模化处置能力达到 900 万吨每年；共 5 家企业持有废弃电器电子产品处理资格许可，年处理电视机、电冰箱、空调、洗衣机、电脑能力为 425.1 万台；共 4 家企业持有废铅蓄电池收集许可证；共有 8 家报废机动车回收拆解企业，共建 28 个回收网点，年回收拆解车辆能力为 30.1 万辆[③]。

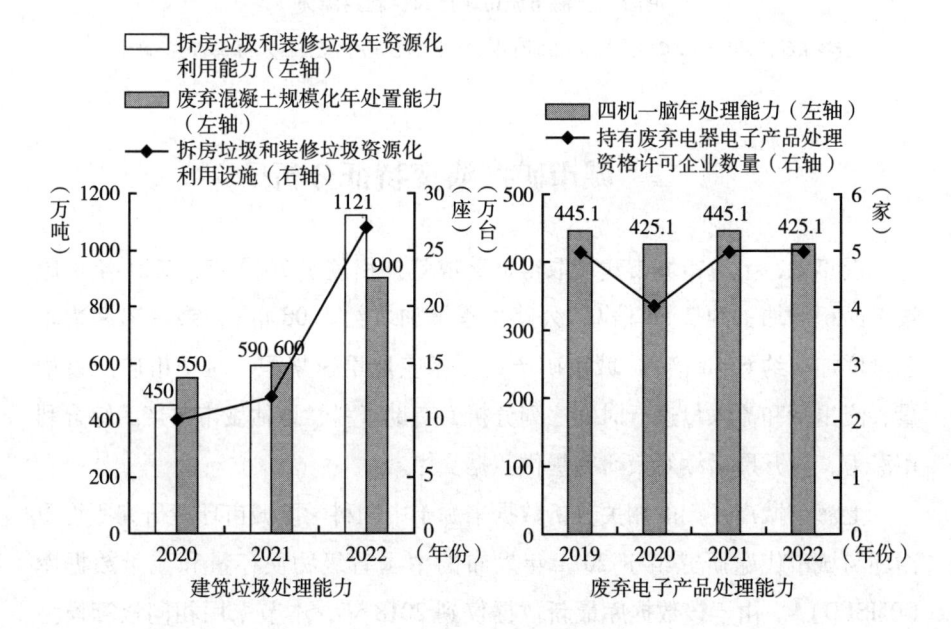

建筑垃圾处理能力　　　　　　　　废弃电子产品处理能力

---

① 上海市生态环境局：《二〇二二年上海市固体废物污染环境防治信息公告》，2023。
② 参见上海市循环经济协会网站，https://www.shace.org.cn/hewsinfo/6350701.html。
③ 上海市生态环境局：《二〇二二年上海市固体废物污染环境防治信息公告》，2023。

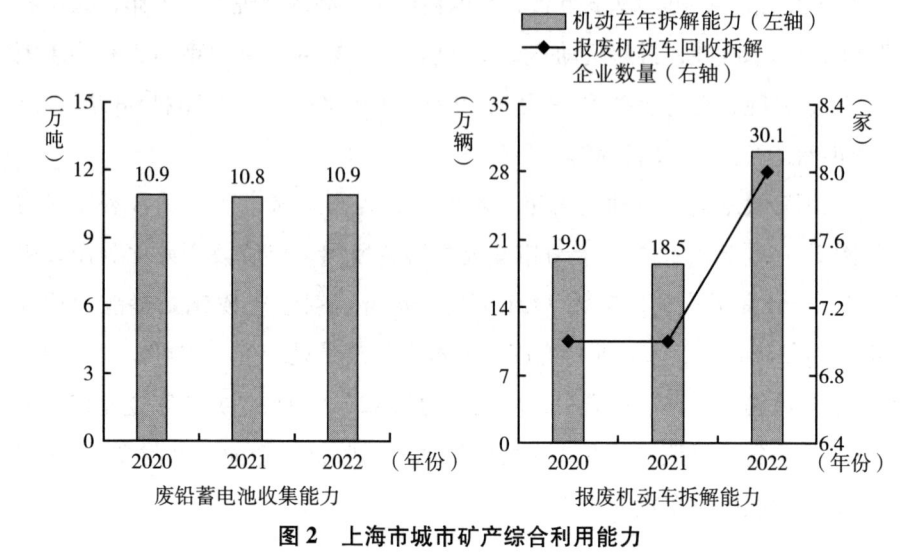

图 2　上海市城市矿产综合利用能力

资料来源：2018年~2022年《上海市固体废物污染环境防治信息公告》，上海市生态环境局。

二　城市矿产演变特征分析

近年来，上海市城市建设取得显著成就。相较于2002年，2021年房屋竣工面积增加了约2.56倍①，公路里程增加了约1.08倍②，乘用车和货车总量增加了约6.43倍③，城市矿产也在相应地迅速累积。对城市矿产蓄积量、流出量和流入量进行时间序列分析，有助于科学评估城市矿产的综合利用潜力，为开展后续对策研究提供数据支撑。

上海市城市矿产的相关分析数据来源于中国科学院城市环境研究所物质循环与城市代谢研究组于2021年发布的中国省级物质存量和流量数据库（PMSFD）④。由于该数据库最新数据仅到2018年，本节采用相同核算模型

---

① 上海市统计局：《上海统计年鉴2022》。
② 国家统计局：《中国统计年鉴2022》。
③ 参见国家统计局网站：https：//data.stats.gov.cn/easyquery.htm？cn=E0103。
④ Song, L., Han, J., Li, N., Huang, Y., Hao, M., Dai, M., Chen, W. China material stocks and flows account for 1978−2018. Scientific Data. 2021.

将数据更新至2021年。原始数据来源于各类年鉴和官方数据，缺失的原始数据由外推得到，数据核算采用软件 Matlab_ R2023a。该模型识别了铜、铁、铝、玻璃、石灰、沥青、沙子、砂砾、砖块、水泥、塑料、橡胶、木材共13种城市矿产的五个主要最终使用部门，包括建筑、基础设施、交通设备、机械设备、家用设备。

（一）蓄积量

自改革开放以来，上海市13种城市矿产蓄积总量由3.88亿吨增至48.95亿吨，增长了约11.6倍。2007年由于建筑业的巨大变化，城市矿产蓄积总量明显跃升，增长了37.34%。从矿产资源种类来看，由于建筑业是国民经济的支柱产业，其主要原材料沙子、砂砾、水泥和砖块的占比最大，1978~2021年平均占比分别为37.45%、31.75%、12.52%、12.13%。由于建筑结构的转变，沙子和砖块占比呈下降趋势，砂砾和水泥呈上升趋势。塑料和橡胶尽管占比较低，但由于交通设备数量的大规模增长，塑料和橡胶是蓄积量增速最快的城市矿产，分别由0.20万吨和0.02万吨增至111.11万吨和2.62万吨。铜、铁、铝三种金属矿产中，铁占比最大，铜占比最小，三者分别由1978年的21.10万吨、929.23万吨、38.64万吨增长至2021年的235.31万吨、18621.83万吨、760.58万吨。其余城市矿产，包括玻璃、石灰、沥青和木材蓄积量均同样呈现快速增长趋势，分别由1978年的34.39万吨、671.56万吨、35.37万吨、517.46万吨增至2021年的434.71万吨、6220.50万吨、418.05万吨、5506.20万吨。

从最终使用部门来看，建筑部门的城市矿产蓄积量占比最大，1978~2021年平均占比约为94.44%。由于20世纪90年代国家确立了房地产在经济中的支柱地位并实行了住房制度改革，上海建筑业在21世纪初呈现快速发展态势，也带来了城市矿产的迅速累积。基础设施是城市矿产蓄积量占比第二大的部门，其中沙子、铁和水泥为主要成分。随着20世纪90年代上海市道路和桥梁的大力建设，以及电力事业的大力发展，基础设施部门的城市矿产蓄积量增速加快。随着交通业的发展和汽车的普及，上海市交通设备部

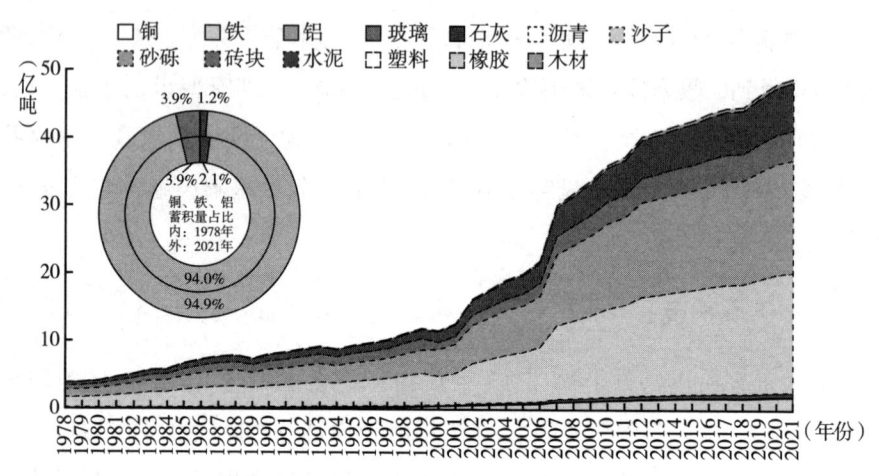

图3 1978年~2021年分类别城市矿产蓄积量

门的城市矿产蓄积量在1978~2021年增加了近300倍，其中铁为主要成分。而随着汽车轻量化发展，塑料的占比逐渐提高。机械设备部门的城市矿产蓄积量在20世纪末21世纪初达到峰值，随着上海市产业结构调整，农业占比不断降低，农用机械设备也有所减少，导致机械设备城市矿产蓄积量下降。随着人民生活水平的提高，上海市家用设备城市矿产蓄积量在1978~2021年增加了约120倍，其中铁为主要成分。

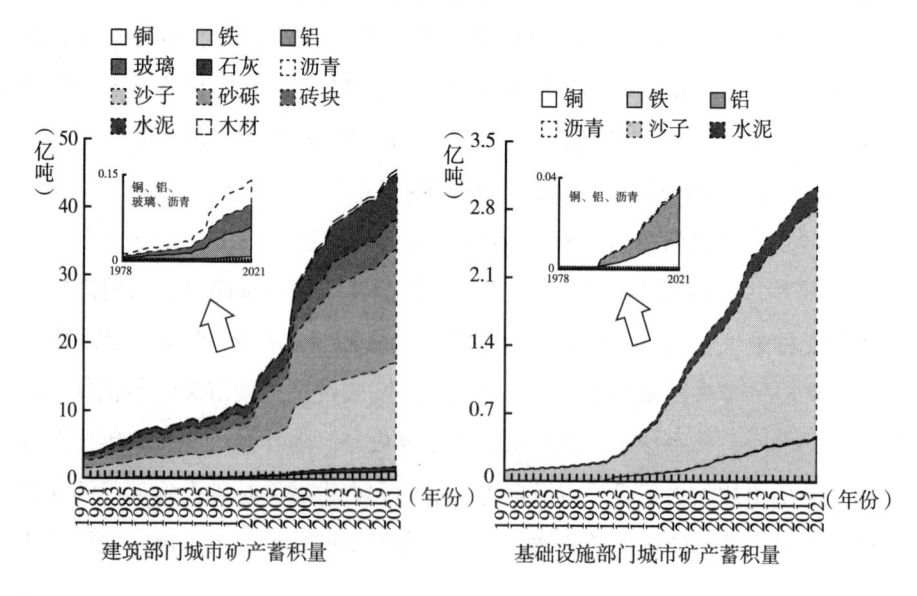

建筑部门城市矿产蓄积量　　　基础设施部门城市矿产蓄积量

"双碳"目标下上海市城市矿产可持续管理对策研究

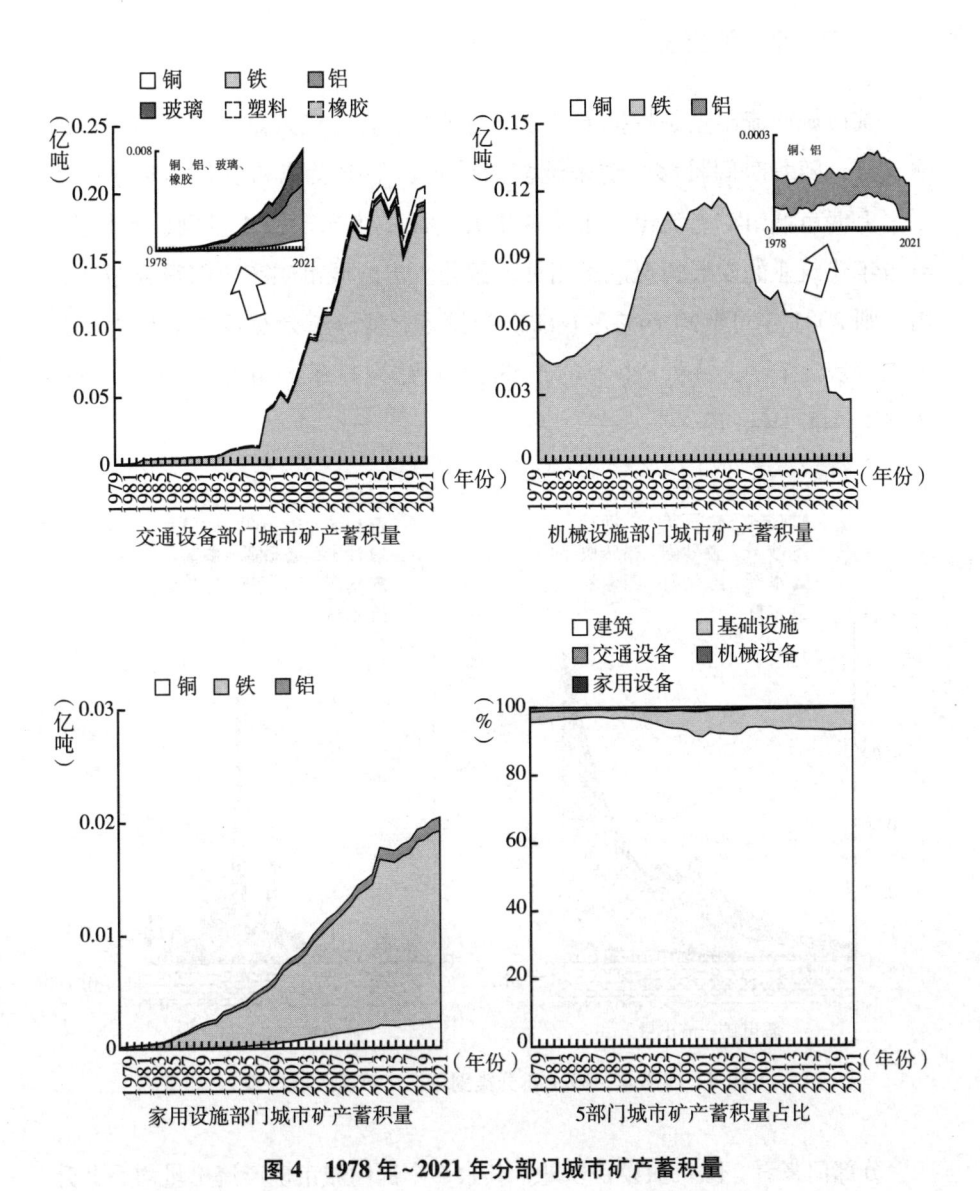

图4 1978年~2021年分部门城市矿产蓄积量

（二）流入流出量

城市矿产流出量是指报废产品中的矿产总量，流入量是指在用库存的输入量。随着时间推移，越来越多的建筑、基础设施和设备达到报废年限，上海市城市矿产流出量也快速上升。而城市矿产流入量则波动较大，与当年建筑业的发展情况息息相关。假若流出的城市矿产全部得到循环利用，则2021年可节约16%左右的矿产投入，能够有效缓解资源压力。其中，砖块、石灰、铜、沙子的节约效应更为显著，分别可达20.2%、19.8%、18.1%、17.8%。

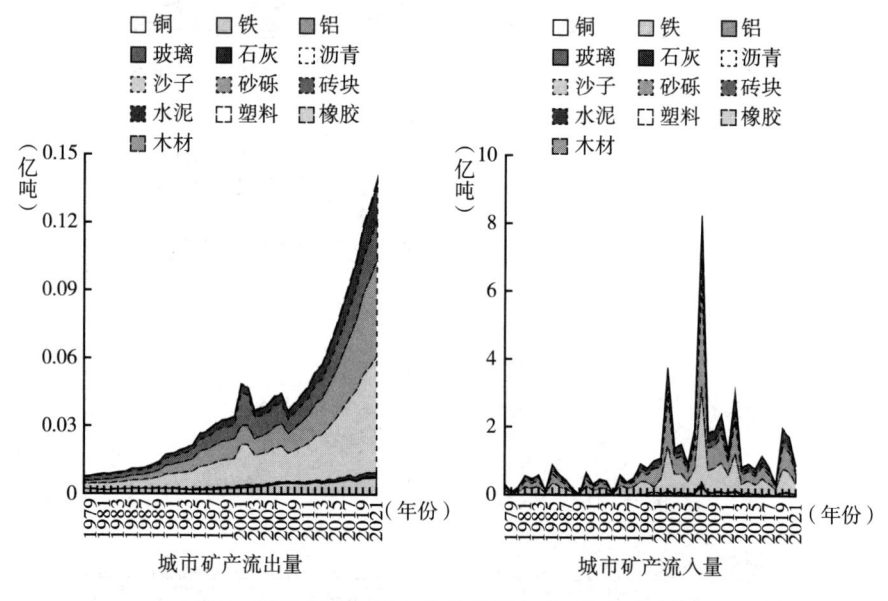

图5 1978年~2021年分类别城市矿产流入流出量

分部门来看，除机械设备以外，其余4个部门城市矿产流出量均呈上升趋势，而所有部门流入量均存在显著波动。家用设备和交通设备由于服务年限较短，达到报废年限的产品比例较高，若得到100%的循环利用，则2021年可分别节约83.1%和58.5%的矿产投入。

建筑部门城市矿产

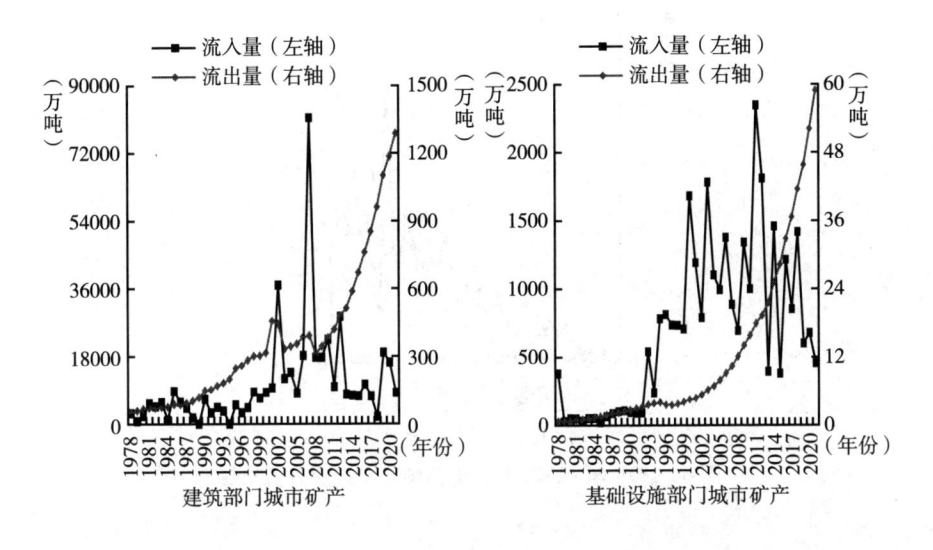

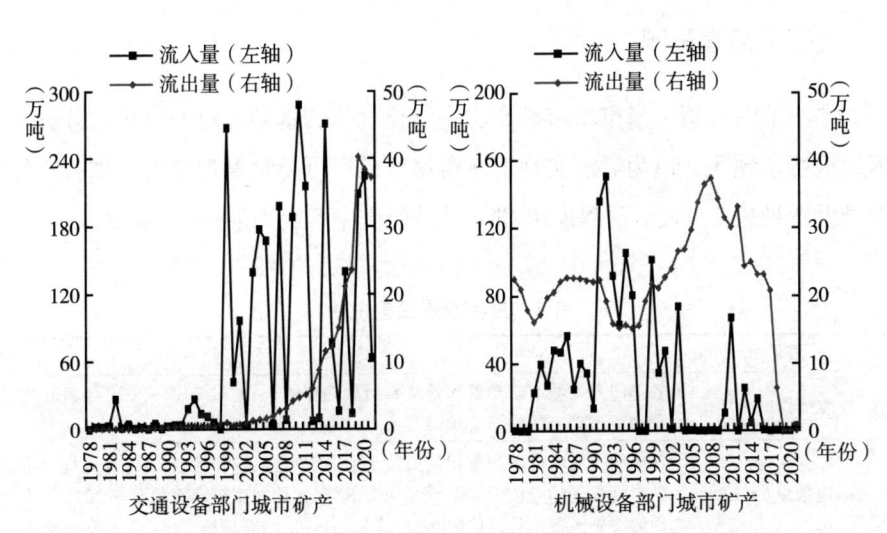

基础设施部门城市矿产

交通设备部门城市矿产

机械设备部门城市矿产

家用设备部门城市矿产

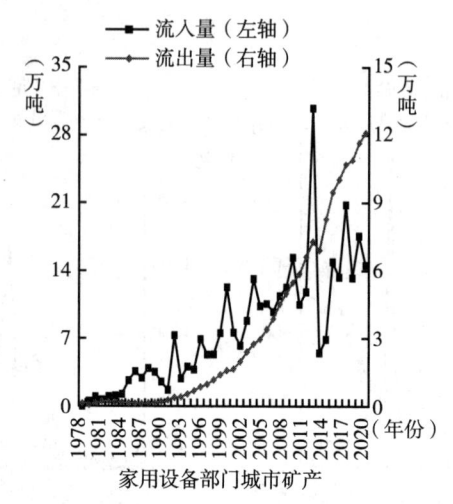

图6　1978年~2021年分部门城市矿产流入流出量

（三）情景预测

本小节在分析上海市城市矿产历史演化规律的基础上对城市矿产分三种情景进行了预测，以为后续实现上海市城市矿产可持续管理提供支撑。三种情景设置见表2，人口预测采用Chen等①研究中SSP2情景下的数据。

表2　三种情景设置说明

情景	说明
基准情景(BaU)	各部门人均城市矿产蓄积量按照历史趋势增长,通过2012~2021年各部门人均城市矿产线性拟合预测
中速情景(Sc1)	各部门人均城市矿产蓄积量按照S形曲线增长,饱和度与2021年人均城市矿产蓄积量的差值为BaU情景下2060年人均城市矿产蓄积量与2021年人均城市矿产蓄积量差值的60%,通过Logistic拟合预测
低速情景(Sc2)	各部门人均城市矿产蓄积量按照S形曲线增长,饱和度与2021年人均城市矿产蓄积量的差值为BaU情景下2060年人均城市矿产蓄积量与2021年人均城市矿产蓄积量差值的20%,通过Logistic拟合预测

---

① Chen, Y., Guo, F., Wang, J., Cai, W., Wang, C., Wang, K. Provincial and gridded population projection for China under shared socioeconomic pathways from 2010 to 2100. Scientific Data. 2020.

BaU情景下2060年上海市城市矿产蓄积量较2021年增加了18.81%，而在Sc1和Sc2情景下则分别降低了2.07%和18.48%，其中建筑和基础设施部门仍为最主要的两个最终使用部门，变化幅度分别为-18.93%～16.48%和-10.75%～56.30%。家用设备部门变化幅度为-15.48%～31.58%，机械设备和交通设备部门在三种情景下城市矿产蓄积量均下降，降幅分别为-85.43%～-27.16%和-24.73%～-15.00%。

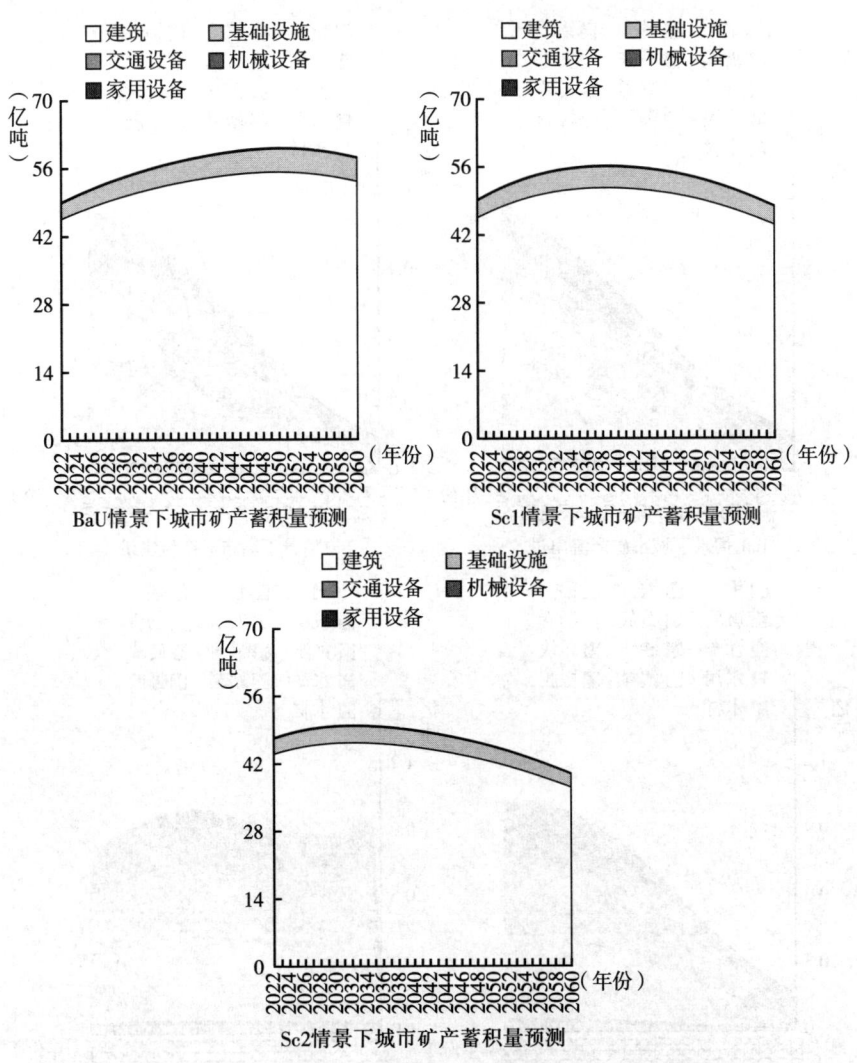

图7　2022年~2060年三种情景下分部门城市矿产蓄积量预测

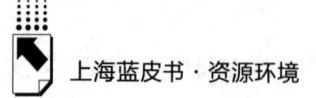

从流入流出量来看，BaU情景下，城市矿产流出量自21世纪30年代前后增速有所加快，即大量产品达到报废年限需要科学处理，Sc1和Sc2情景下自50年代前后开始增速放缓。流入量在2023~2060年间出现激增，随后呈波动状态，其中Sc1和Sc2情景下呈波动下降趋势。三种情景下城市矿产流出量分别从2051年、2039年和2033年起超过流入量，即理想状态下可实现社会资源供给全部由城市矿产提供。

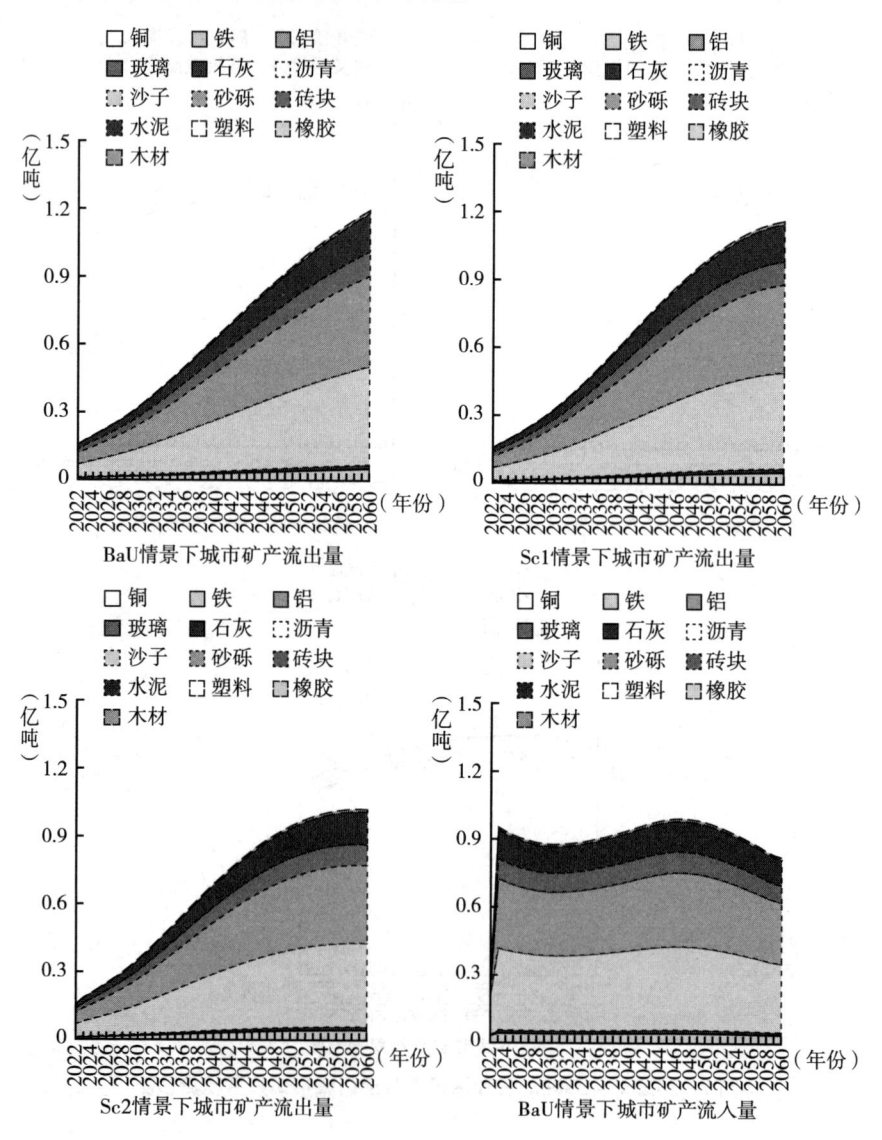

BaU情景下城市矿产流出量

Sc1情景下城市矿产流出量

Sc2情景下城市矿产流出量

BaU情景下城市矿产流入量

"双碳"目标下上海市城市矿产可持续管理对策研究

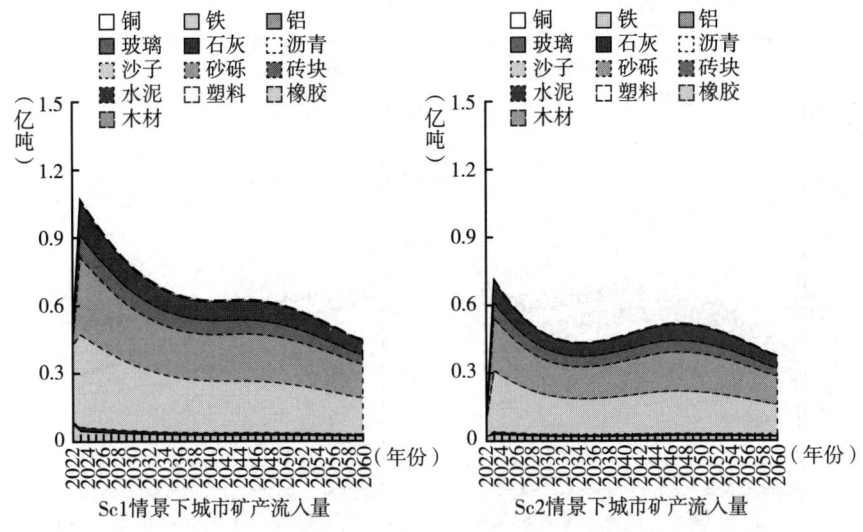

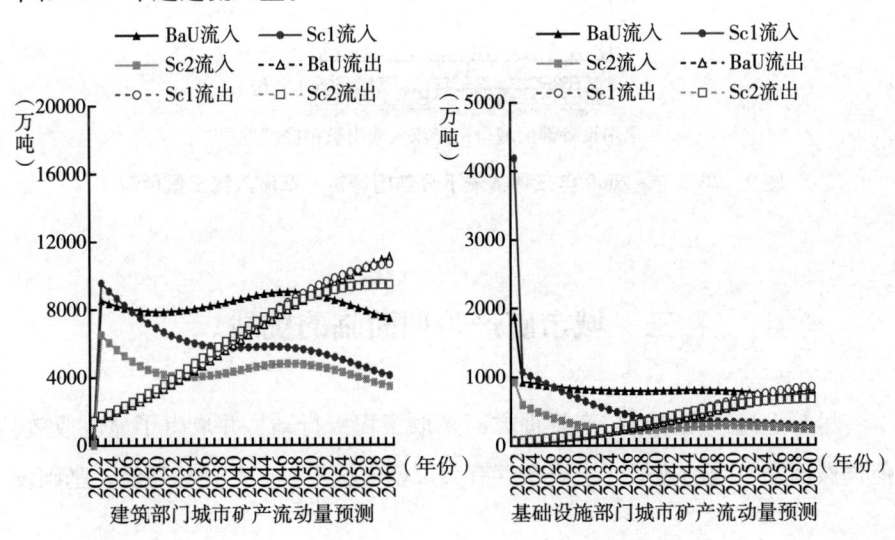

图8 2022年~2060年三种情景下分类别城市矿流入流出量预测

分部门来看,建筑部门城市矿产流出量在三种情景下分别于2051年、2039年和2033年超过流入量;基础设施部门城市矿产流出量分别于2056年、2041年和2034年超过流入量;交通设备部门城市矿产流出量超过流入量的时间较早,分别为2031年、2028年和2027年;机械部门城市矿产流出量始终大于流入量;家用设备部门城市矿产流出量分别于2054年、2036年和2031年超过流入量。

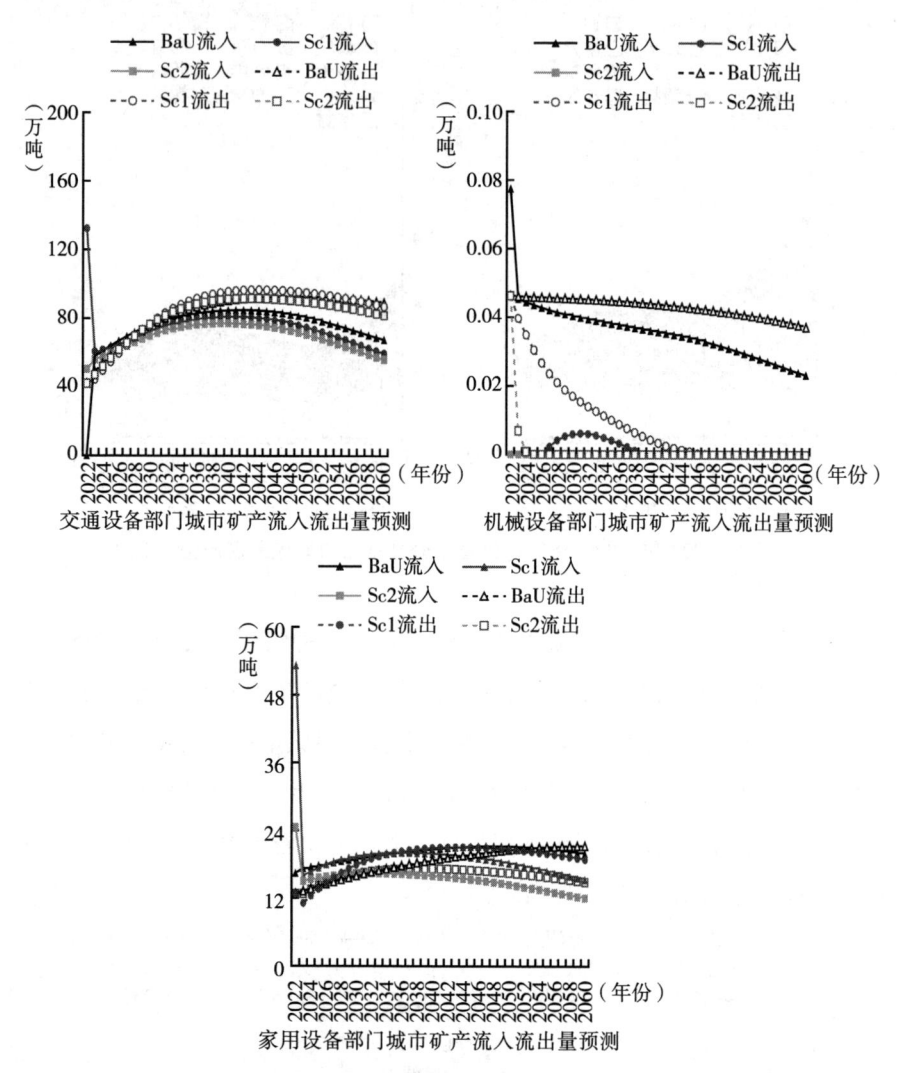

图 9　2022 年~2060 年三种情景下分部门城市矿产流入流出量预测

三　城市矿产管理面临的挑战

尽管上海市在城市矿产管理方面采取了积极行动，并取得了显著成效，但仍然面临一定的挑战。上海市存有大规模的城市矿产，并且建筑、基础设施等服务年限较长的产品报废后，城市矿产将进一步累积。此外，在推进"双碳"目标落实的进程中，经济社会形势将发生全方位变革，实现城市矿产综合利用与低碳化协同推进是必然要求。

（一）法律体系亟待健全

2008年《中华人民共和国循环经济促进法》正式出台，并于2018年进行修正。该法律是国家层面上推进循环经济建设的基本法律。但在上海市地方层面，并未专门出台适应地方特色的循环经济相关法律，仅在《上海市环境保护条例》中做出相关规定。上海市于2012年出台了《上海市再生资源回收管理办法》，对资源循环利用具有指导性作用。尽管也有较多其他政策文件出台，但大多为"办法""规定"等，法律效力较低，约束力不强。

此外，尽管国家于2010年就开始城市矿产示范基地的建设，并且先后多批次组织建设、评估和验收，但上海市相关政策文件中极少出现"城市矿产"的字眼，致使上海市对城市矿产管理较为零散，管理体系缺乏系统性和完整性，且公众对该概念接受度较低。针对不同最终使用部门的城市矿产，上海市仅针对建筑垃圾和报废机动车出台了专门的管理办法或规定，而针对其他部门城市矿产的规定仍散见于单行的环境保护或资源循环的法律法规中，规定内容较为泛化，可操作性不强。

（二）现有家底尚未摸清

上海市在快速发展的过程中累积了大量的城市矿产，但城市中现存城市矿产、每年流出量和流入量的确切数据仍然是未知数。尽管已有学者建立了中国省级物质存量和流量数据库，但该数据库仅包含了5个主要的最终使用部门和13种城市矿产，而摸清不同种类的城市矿产至关重要。尤其是在"双碳"目标背景下，锂、钴、稀土元素等资源尽管相较大宗矿产数量较少，但其在电动汽车、新能源、储能等领域不可或缺，因此亟须开展不同种类城市矿产的核算和代谢分析。中国矿产资源保有量加速衰减，部分资源对外依存度较高，面临"卡脖子"的难题。上海市作为经济最为发达的地区

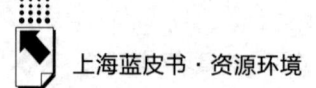

之一，其城市矿产资源也最为丰富，若得到合理利用，则可有效缓解上海市乃至全国的资源危机，同时也有助于实现"双碳"目标。

上海市自身矿产资源极为有限，城市矿产成为可供开采的重要矿产资源来源。目前国家层面对不同种类城市矿产已有较多研究，但细分至地方层面的数据库建设仍待加强。上海市具备经济实力和科研实力支撑城市矿产精准核算的开展。摸清现有家底，并根据不同产品的使用寿命绘制报废路径，完善数据库建设，是实现城市矿产综合利用合理规划和可持续管理的必要手段。

（三）信息透明度仍较低

尽管上海市已建立再生资源回收公共信息服务平台[①]，但该平台共享信息有限，更多为行业资讯而非资源回收信息。同时，部分界面显示空白或用户不友好，亟待加强共享平台的建设。实现信息公开透明化有助于长效追踪产品流向，发挥公众监督作用。目前，仍然缺乏相应的网站对回收的资源实行实时备案机制，例如居民将淘汰的家电交到回收网点后，无法知道后续产品处理处置方式和最终综合利用结果，无法确保产品真正实现了回收并得到资源化利用。虽已有针对建筑垃圾的上海市建筑垃圾综合服务监管平台[②]，但针对其他部门城市矿产的监管平台仍未构建。此外，仍然缺少实时监控不同种类的城市矿产流动的大数据平台。在摸清家底的基础上完善动态数据库，并实现部门间共享，有助于推动部门协同，共同制定城市矿产管理政策。透明化的交易平台建设仍待开展，需进一步加强企业间信息共享和交流合作，减少中间环节，推进废旧产品回收、拆解、综合利用一体化，畅通废旧产品的交易渠道。

（四）低碳化统筹不到位

当前，上海市对资源循环和低碳化统筹规划仍不到位。现有企业的部分

[①] 参见上海市再生资源回收公共信息服务平台网站：https://recycling.sww.sh.gov.cn/index1.jhtml。

[②] 参见上海市建筑垃圾综合服务监管平台网站：http://ztfwjg.lhsr.sh.gov.cn/SHCityEnvCW/CWS/index.html。

城市矿产分离回收技术能耗较高[①]，与实现"双碳"目标的要求不相匹配，与国际一流工艺仍存在一定差距。此外，城市矿产回收再利用能力严重过剩。例如，2022年上海市拆房垃圾和装修垃圾资源化利用能力、四机一脑拆解处置能力、机动车拆解能力分别为1121万吨、425.1万台、30.1万辆，但实际处理量则分别为567.7万吨、90.7万台、2.2万辆，实际利用率分别仅为50.7%、21.3%、7.3%。闲置产能不仅无法发挥作用，还额外需要人员、能源、金钱维护，造成了资源浪费，也增加了碳排放。大部分回收企业规模较小，回收再造产品质量不高、缺乏竞争力。

四 双碳目标下城市矿产可持续管理对策研究

面对城市矿产管理中的短板和挑战，上海市需要进一步完善城市矿产相关法律法规体系，针对重点部门、重点类别和重点地区实施精准施策，尽快摸清家底以建立动态追踪机制，借助大数据手段打造综合管理平台，推进研发创新进度，实现城市矿产的低碳化可持续管理。

（一）完善立法体系

在上海市地方层面，建议在充分调研、评估的基础上，综合考虑各利益相关者的意见，尽快出台循环经济领域法律效力较高的相关条例，增强对资源循环的推动作用和约束作用。在相关法律条文中建议对城市矿产管理做出系统说明，完善城市矿产的管理体系。针对不同种类的城市矿产，建议出台专项法律，根据各种城市矿产的特点，从回收、运输、拆解、再利用的各个环节予以明确规定，增强法律的可操作性。完善城市矿产综合利用的监管机制，实现事前、事中和事后的全链条规范管理。

参照日本、欧盟等国家/地区，建议将"生产者责任延伸"制度纳入立

[①] Song, L., Ewijk, S., Masanet, Eric., Watari, T., Meng, F., Cullen, J., Cao, Z., Chen, W. China's bulk materialloops can be closed but deep decarbonization requires demand reduction. Nature Climate Change. 2023.

法体系，即要求制造商在产品设计阶段就应考虑产品的易拆解性和可回收性，并负责产品废弃阶段的收集和处理，且承担提供关于产品可重复使用和可回收程度的公开信息的义务①。此机制能够有效降低企业的回收成本，提高回收利用率。目前，国家层面尽管已出台《生产者责任延伸制度推行方案》，并在汽车产品、铅酸蓄电池、饮料纸基复合包装、家电等领域试点推广，但相关法律法规仍待完善。上海作为循环经济的引领者，可率先探索生产者责任延伸的立法实践，积累经验以为后续推广奠定基础。

在法律文件中需进一步明确对城市矿产综合利用的相关标准。例如，欧盟在《废弃物管理指令》（2008/98/EC）中对废弃物的综合利用层次结构做出规定，并指出再利用排在回收之前，最后才是废弃物处理。明晰综合利用层级关系对于城市矿产的综合利用具有重要规范作用。此外，建议在相关法律文件中对生产商的回收再生率做出规定，例如日本在《家电回收利用法》中规定再利用率为55%~82%②。建议在各城市矿产的指导方法中对实施标准进行细致规定，例如针对不同含量的城市矿产采用何种综合利用方式等，以提高相关政策的可操作性。

（二）把握重点精准施策

在政策制定过程中，建议把握重点部门、重点城市矿产和重点地区，以精准施策。相关研究结果表明，家用设备和交通设备使用寿命较短，因此上海市目前这两个部门的城市矿产流出量与流入量之比较高，即若该部分城市矿产得到充分利用，则能够较大程度地减少天然矿产的需求，节约天然矿产。同时，家用设备和交通设备的回收较易施行。建议政府加强对消费者的引导，同时加大对"以旧换新"的资金支持力度和建立积分兑换制度。此外，可参考日本引入"家电类废弃物回收处理券"制度，以保证消费者切

---

① 参见日本环境省网站：https://www.env.go.jp/recycle/circul/kihonho/law.html；参见欧盟官方网站：https://eur-lex.europa.eu/legal-content/EN/ALL/?uri=CELEX%3A32008L0098。

② 参见日本环境省网站：https://www.env.go.jp/recycle/kaden/gaiyo.html。

实将报废的家用设备和交通设备交还给零售商，零售商再转交给回收拆解从业者①。建筑部门是城市矿产的主要最终使用部门，由于其服务年限长达50年，自1978年以来上海市建筑业飞速发展，因此即将面临大规模建筑产品报废的情况，建议尽快规划布局，合理开发城市矿产。

从上海市城市矿产种类来看，沙子和沙砾占比较大，但这两者通常被忽略。事实上，沙子短缺是全球面临的挑战。目前沙子和沙砾的开采速度已经超过了自然再生的速度，沙子和沙砾面临枯竭。因此，部分国家已经采取行动限制沙子出口，例如印度尼西亚、柬埔寨等。中国一年需要沙子约200亿吨②，而上海在城市化进程中对沙子需求不容小觑，因此建议采取行动对建筑中的沙子和沙砾进行再生利用。城市矿产的金属元素中，铁占比最大。目前中国钢铁对外依存度保持在80%左右③，受政治因素影响面临着供应不稳定的风险。而城市矿产可以作为国内钢铁的重要来源，以降低对外依存度。除钢铁以外，城市矿产中其余金属，尤其是战略性金属资源④的回收利用也需高度关注。

上海市由于不同地区发展水平和产业结构不同，城市矿产代谢规律也不同。城市中心区域是城市矿产的主要分布区域，每年产生大规模的建筑废弃物。距城市中心越远，城市矿产分布越稀疏，城市中心区域70千米以外则基本没有大量聚集的城市矿产。而近年来，城市矿产呈现由城市中心区域向周边郊县地区转移的趋势⑤。因此，城市中心区域是城市矿产综合利用的重点区域，而该部分地区人口密度大，需要合理规划，有计划地对建筑和基础

---

① 参见日本环境省网站：https://www.env.go.jp/recycle/kaden/gaiyo.html。Song, L., Han, J., Li, N., Huang, Y., Hao, M., Dai, M., Chen, W., "China Material Stocks and Flows Account for 1978-2018," *Scientific Data*, 2021。
② 参见澎湃新闻网站：https://www.thepaper.cn/newsDetail_forward_11639937。
③ 参见新华网：http://www.news.cn/fortune/2023-01/11/c_1129272148.htm。
④ 2016年国土资源部将24种矿产确定为战略性矿产资源，其中金属矿产14种，包括铁、铬、铜、铝、金、镍、钨、锡、钼、锑、钴、锂、稀土、锆。参见国务院网站：https://www.gov.cn/xinwen/2016-11/30/content_5140509.htm。
⑤ 周燕：《城市基础设施物质代谢及城市矿产研究——以上海市为例》，华东师范大学硕士学位论文，2018。

设施实施分批次报废。针对周边郊县地区，需保持高度关注，虽目前城市矿产仍处于蓄积阶段，尚未有大规模城市矿产流出，但建议从建筑设计阶段即考虑报废后的拆除和循环问题。

（三）建立动态追踪机制

目前针对上海市城市矿产的蓄积量、流入流出量的核算方式仍较不完善，所涵盖的最终使用部门和城市矿产种类仍不全面，而科学的核算是实现城市矿产可持续管理的关键基础。上海市应积极推动研究机构和相关企业开展城市矿产定量化核算研究，在摸清现有存量的基础上，根据不同产品的使用寿命预测未来可利用的城市矿产量。除了核算总量以外，建议同时建立评估机制，对城市矿产的品位、可循环潜力进行测评，对处于不同可回收级别的城市矿产实施分级管理。针对易于回收、品位较高的城市矿产努力实现100%的回收再生；针对难以回收、品位较低的城市矿产应积极推动相关技术的研发，进一步提高城市矿产的回收率。在此基础上，构建城市矿产的全品类、全链条、分级别动态追踪机制，明晰城市矿产流动阶段、所属企业，有助于责任划分和信息透明化，有效发挥公众监督作用。同时，该机制能够摸清城市矿产的时空演化规律，实现科学的规划管理，如识别城市矿产的主要蓄积地区，精准预测未来城市矿产的可开采量，开展有计划的开采和综合利用。

（四）大数据手段促管理

完善再生资源回收公共信息服务平台，及时更新相关资讯，健全物品回收服务和交易服务机制。针对居民和企业回收，提供回收企业信息、回收产品目录、回收手续等详细规定，方便居民和企业开展物资和产品的报废回收。此外，建议负责回收的企业为回收后的产品提供详细说明，及时通报回收产品的处理手段和处理流程，便于用户了解自己发起的产品回收真正得到落实，也便于公众对回收工作进行实时监督。尽管上海市已有企业利用"互联网+"完善废旧家电回收体系，但相关平台均只在回收端发力，仅关注提高用户交投的便捷性，而缺少后续拆解、循环和再生的信息发布与交互。针对企业交易，建议提供双方企业信息、经营范围、交易产品目录等信息，减少中间手续流程，支持双方企业直接对接，降低企业交易成本，加强企业间的交流合作。企业应自觉上报产品回收处理信息，例如循环比例、处置比例、处理手段等，便于消费者和经营者选择合适的回收企业。同时，统一平台管理也有助于掌握城市矿产流动信息，加快数据库建设和规划管理。针对上海市暂无能力处置的城市矿产，加快与周边地区的合作，利用大数据平台实现地区城市矿产资源回收利用信息共享，促进高效合作。

（五）加快研发助力降碳

在"双碳"目标背景下，城市矿产管理需实现循环与降碳统筹发力。尽管利用可再生资源通常情况下较原生资源碳减排效应更显著，但部分回收技术由于工艺复杂仍然存在能耗大、二次污染的问题。因此建议上海市充分调动研究机构和企业的积极性，通过"产学研"结合加快研发进度以实现低碳循环。针对城市矿产不同的回收再生工艺流程进行碳排放评估，筛选一批碳排放强度低、循环再生效率高的技术加以推广。建议加紧出台针对回收再制造企业碳排放强度和总量的标准，对低碳企业给予奖励，对高碳企业予以警告。

除此之外，落实"双碳"目标带来的能源结构转型将会对部分矿产资源产生较高需求，继而造成供需缺口。然而，城市矿产中部分"双碳"战略需求量高的金属资源难以回收。例如，我国回收利用的稀土氧化物大部分来源于钕铁硼企业的生产废料，而非电子产品[①]。因此建议增强自主研发能力，提高城市矿产中关键金属的产出率。上海市可给予资金扶持、政策优惠，搭建研究人员的交流平台，支撑回收技术研发。

---

① 张惠、康博文、田春秋：《全球稀土二次资源回收利用进展》，《矿产综合利用》2022年第3期。

参考文献

郝敏、宋璐璐、代敏等：《福建省铜、铁、铝城市矿产蓄积量研究》，《资源与产业》2020年第6期。

曾现来、李金惠：《城市矿山开发及其资源调控：特征、可持续性和开发机理》，《中国科学：地球科学》2018年第3期。

Song, L., Han, J., Li, N., Huang, Y., Hao, M., Dai, M., Chen, W., "China Material Stocks and Flows Account for 1978-2018", *Scientific Data*, 2021.

Chen, Y., Guo, F., Wang, J., Cai, W., Wang, C., Wang, K., "Provincial and Gridded Population Projection for China under Shared Socioeconomic Pathways from 2010 to 2100", *Scientific Data*, 2020.

Song, L., Ewijk, S., Masanet, Eric., Watari, T., Meng, F., Cullen, J., Cao, Z., Chen, W., "China's Bulk Material Loops Can be Closed but Deep Decarbonization Requires Demand Reduction", *Nature Climate Change*, 2023.

周燕：《城市基础设施物质代谢及城市矿产研究——以上海市为例》，华东师范大学硕士学位论文，2018。

B.6 上海促进气候资源价值实现的金融创新研究

罗理恒*

摘　要： 本研究系统梳理了近十年上海气候生态农业以及风电光伏产业发展现状，从气候资源价值相关制度供给和气候金融产品开发应用两个维度归纳总结金融支持上海气候资源价值实现的实践成效。研究发现，上海气候资源在农业领域的价值实现乏力，风能、太阳能等气候资源的利用效率还有较大上升空间，气候金融难以发挥作用。这源于上海气候资源的稀缺性和利用效率不足，尚缺乏气候资源价值核算及气候金融地方标准体系，支持气候资源价值实现的气候金融创新及其配套奖补激励不足。结合国内外实践经验，本研究提出以下对策建议：一是建立健全上海气候资源价值核算及气候金融地方标准体系；二是打造上海气候投融资特色服务平台；三是加强上海各产业领域气候资源价值实现的金融产品创新应用；四是完善上海金融支持气候资源价值实现的奖补激励机制。

关键词： 上海　气候资源价值　气候金融　人与自然和谐共生

当前人类正遭受气候变暖、极端天气事件频发等严峻气候考验，舒适宜人的气候环境已然成为稀缺资源。气候资源是战略性资源、重要的生态产品，促进气候资源价值实现是将"绿水青山"转化为"金山银山"的关键路径。

---

* 罗理恒，上海社会科学院生态与可持续发展研究所助理研究员，研究方向为环境政策与经济增长。

2021年，中共中央办公厅、国务院办公厅联合印发《关于建立健全生态产品价值实现机制的意见》，明确指出"建立健全生态产品价值实现机制，将生态优势转化为经济优势；绿色金融是生态产品价值实现的重要保障机制"。党的二十大报告进一步指出要"积极参与应对气候变化全球治理；完善支持绿色发展的财税、金融、投资、价格政策和标准体系；建立生态产品价值实现机制"。2022年，上海浦东新区成为全国首批气候投融资试点地区，这为全面促进上海气候资源价值实现提供了重要战略契机。因此，建立健全上海气候资源价值实现机制，更好发挥金融工具在促进气候资源价值实现中的重要作用，对于助力上海实现碳达峰碳中和战略目标、释放生态红利、推进经济社会全面绿色转型、率先实现人与自然和谐共生的现代化具有重大意义。

一 上海气候资源依赖型产业发展现状及气候金融实践成效

上海地处长三角洲冲积平原，气候温和湿润、日照充足、降水量充沛，为气候生态农业、气候生态旅游、气候生态康养、可再生能源等产业的发展提供了有利条件。

（一）上海气候资源概貌

根据中国气象局的定义，气候资源是指能被人类生产和生活所利用的太阳光照、热量、云水、风、大气成分等自然物质和能量，具体可分为热量资源、风能资源、光能资源、云水资源等①。上海位于北纬31.14°、东经121.29°，地处太平洋西岸，位于长三角洲冲积平原，属于典型的北亚热带季风性气候，太阳光照充足，雨量充沛，气候温和湿润，具有典型的河口海洋生态系统和江南水乡湿地肌理特征。2004~2021年，全市年均气温的均值

---

① 资料来源：《什么是气候资源？如何开发利用气候资源？》，https：//www.cma.gov.cn/2011xzt/2012zhuant/20120302/2012030205/201203020501/201103/t20110314_3096059.html。

为17.51℃，最高气温均值为38.24℃，最低气温均值为-4.68℃，相对湿度均值为71.72%，年日照均值为1711.51℃，年降水量均值为1285.69毫米①。降水量、光照、气温等适宜的气候条件为上海孕育出丰富的生态资源，截至2021年末，上海水资源总量为53.9亿立方米，人均水资源量为216.6立方米，林业用地面积为10.19万公顷，森林面积为8.9万公顷，森林覆盖率达14%，国家级自然保护区为2个，保护区面积为6.5万公顷，城市绿地面积为17.12万公顷，公园434个，人均公园绿地面积为9平方米，建成区绿化覆盖率为37.7%②。

（二）上海气候资源依赖型产业发展现状

气候资源价值实现是以低碳产业（如气候生态农业、气候生态旅游、气候生态康养、可再生能源）为载体，将太阳光照、热量、云水、风、大气成分等有利的气候或气象条件转化成生态产品，并通过市场交易或政府补偿等途径实现其价值，是践行"两山"理念、将生态优势转化为经济优势的重要途径。上海适宜性气候资源构成农业、能源、旅游、康养、低碳等产业领域发展的基础条件。

农林牧渔业的发展与气温、湿度、日照、降水等气候条件息息相关。截至2022年末，上海农林牧渔业总产值273.53亿元，其中农业总产值149.26亿元，林业总产值8.32亿元，牧业总产值46.36亿元，渔业总产值51.21亿元，农林业占农林牧渔业总产值的比重达到57.61%③。图1显示，近十年上海农林牧渔业总产值呈持续下降趋势，2013年农林牧渔业总产值342.29亿元，至2022年实际值下降了76.32亿元，下降率达到22.3%。这表明近十年以来，与适宜气候资源高度相关的农林牧渔业产业规模可能正在缩小，农业领域的气候资源价值实现不足。

---

① 资料来源：历年《中国环境统计年鉴》。
② 资料来源：国家统计局，https://data.stats.gov.cn/easyquery.htm?cn=E0103。
③ 资料来源：国家统计局，https://data.stats.gov.cn/easyquery.htm?cn=E0103。农林牧渔业总产值包括农林牧渔服务业产值。

图1　2013~2022年上海农林牧渔业总产值变化趋势

资料来源：国家统计局，https://data.stats.gov.cn/easyquery.htm?cn=E0103。为便于比较，图中数值是以2013年为基期折算得到的实际值。

气候环境条件与生态农产品的产量直接挂钩，代表性农产品产量的变化能够更直观反映上海农业领域的气候资源价值实现情况。图2显示，2013~2022年，上海粮食产量由2013年的128.65万吨下降至2022年的95.57万吨，下降幅度达到25.71%，水果产量由2013年的69.98万吨下降至2022年的31.92万吨，下降幅度更是高达54.39%。从单位面积产量来看，2013~2021年，粮食单位面积产量在2019年达到最大值8169.89公斤/公顷，此后呈小幅下降趋势，而水果单位面积产量呈现出明显的下降趋势，由2013年的38053.29公斤/公顷下降至2021年的25909.45公斤/公顷，下降幅度达到31.91%[①]。这进一步说明，近十年以来，上海气候资源在农业领域的价值实现乏力，体现为总产值、总产量及单位面积产量的持续下降。

风电、光伏产业高度依赖风能、太阳能等气候资源的稳定性。从发电量数据来看（见图3），2013~2021年上海风力发电量由3.38亿千瓦时增加至18.34亿千瓦时，增加了4.43倍，2015~2021年上海太阳能发电量由0.35亿

---

① 资料来源：国家统计局，https://data.stats.gov.cn/easyquery.htm?cn=E0103。

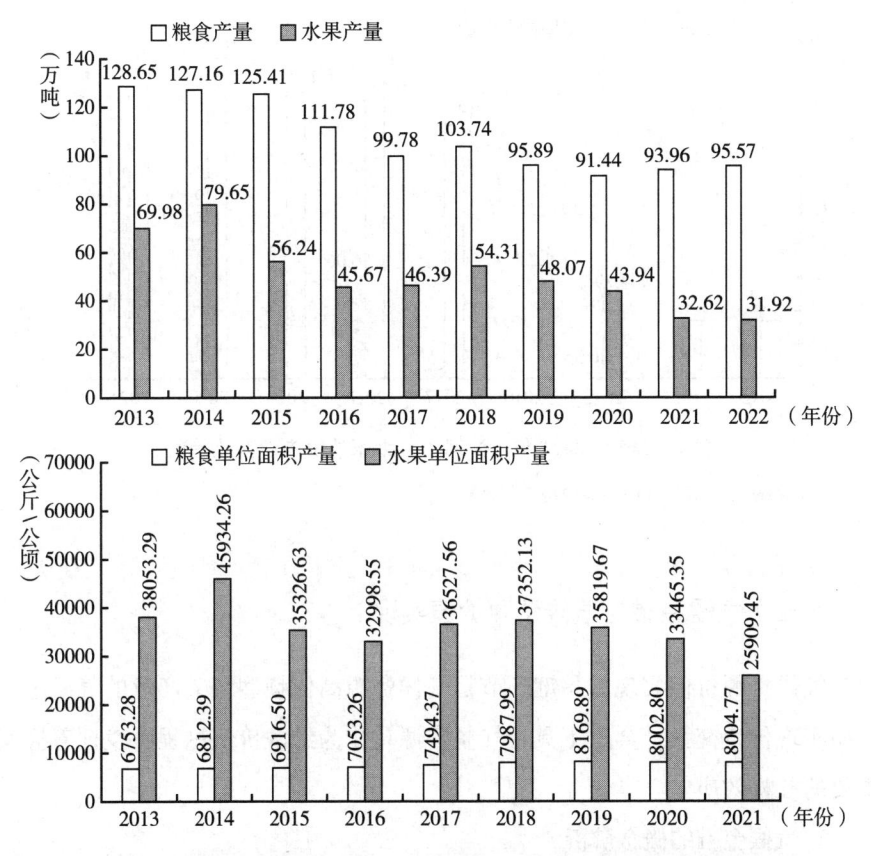

图 2　近 10 年上海代表性农产品产量和单位面积产量的变化趋势

资料来源：国家统计局，https://data.stats.gov.cn/easyquery.htm?cn=E0103。

千瓦时增加至 15.35 亿千瓦时，增加了 42.86 倍①。由此可知，近年来，上海风电、光伏发电产业蓬勃发展，促进了风能、太阳能等气候资源的高效利用。但值得注意的是，2021 年，上海总发电量为 1003 亿千瓦时，风力发电量与太阳能发电量之和仅占总发电量的 3.36%，这与《上海市能源发展"十四五"规划》提到的"到 2025 年，本地可再生能源占全社会用电量比重达到 8%"的目标还存在不小差距，风能、太阳能等气候资源的利用效率还有较大上升空间。

---

① 资料来源：历年《中国能源统计年鉴》。

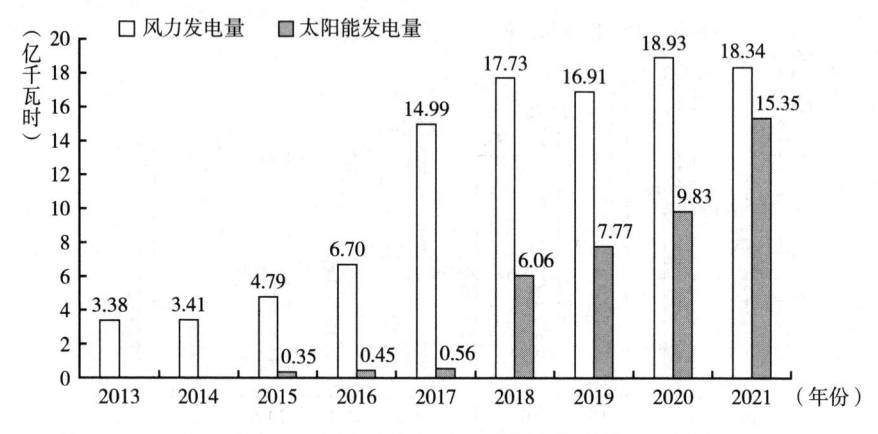

图3　2013~2021年上海风力、太阳能发电量变化趋势

资料来源：历年《中国能源统计年鉴》。

（三）气候金融与气候资源价值实现

气候资源价值实现的关键环节是气候资源高依赖型相关产业的气候生态产品实现价值交换，金融工具在气候资源转化为经济价值过程中发挥着极其重要的杠杆效应。

1. 气候金融的概念辨析

根据联合国气候变化框架公约（UNFCCC）的定义，气候金融是以公共、私人和其他融资方式为资金来源，旨在支持减缓和适应气候变化行动的地方、国家和跨国融资①。这一定义受到世界银行（The World Bank）、气候金融领导倡议（CFLI）等国内外机构和学者的普遍认可。2020年，生态环境部等多部门联合发布《关于促进应对气候变化投融资的指导意见》，明确气候投融资是为实现国家自主贡献目标和低碳发展目标，引导和促进更多资金投向应对气候变化领域的投资和融资活动，是绿色金融的重要组成部分，支持范围包括减缓和适应两个方面。根据生态环境部印发的《气候投融资试点地方气候投融资项目入库参考标准》和中国技术经济学会印发的《气

---

① 资料来源：https://unfccc.int/topics/introduction-to-climate-finance。

候投融资项目分类指南》，低碳产业体系类项目（如气候生态农业）、增加碳汇类项目（如气候生态农业）、强化经济社会系统适应气候变化能力类项目（如气候生态旅游、气候生态康养）均属于气候投融资项目范畴。

2.气候金融助力气候资源价值实现的内在机理

气候资源价值实现以气候生态农业、气候生态旅游、气候生态康养、可再生能源（风电、光伏）等气候资源高依赖型低碳产业为核心载体，将有利的气象条件转化为生态产品并实现其价值。气候金融产品及服务的核心是解决气候资源价值实现中气候资源高依赖型低碳产业的投融资问题。例如，目前我国各地依托自身气候资源特点，纷纷推出了一系列集中于气候资源在农业、林业等领域价值实现的金融产品，如福建省"福林贷""福茶贷""福田贷"、贵州省"林票""碳票"、浙江省"两山贷""GEP贷"、江西省"林农快贷"、重庆市"碳惠通""气象指数保险"等，同时建立了气候金融服务机制，如福建省建立林业金融风险综合防控机制、江西省建立"信用+"经营权贷款机制，气候金融产品通过市场交易、质押、兑现等方式盘活气候生态资产，即气候金融工具——支持高度依赖气候资源条件的低碳产业或项目（如气候生态农业、气候生态旅游、气候生态康养）——最终助力气候资源价值实现。

（四）金融支持上海气候资源价值实现的实践成效

近年来，依托国际金融中心平台、金融要素集聚及气候条件优势，上海积极推进气候资源价值实现的金融创新实践，取得显著成效。

1.加强气候资源价值实现的相关战略规划和制度保障

可再生能源产业、气候生态农业、气候生态旅游业等绿色低碳产业发展是促进气候资源价值实现的有形载体。近年来，上海出台一系列助力气候资源相关产业发展的政策文件，为气候资源价值实现提供了有力支撑（见表1）。例如，可再生能源产业发展方面，上海规定到2025年本地可再生能源占全社会用电量比重力争达到8%左右；气候生态农业方面，将横沙新洲农业产业园打造成为世界级现代都市生态绿色农业示范区；气候生态旅游康养业方面，促进崇明区"中国天然氧吧"品牌行业融合发展，形成品牌赋能地方经济绿色发展的崇明方案，将崇明世界级生态岛打造成绿色生态"桥头堡"、绿色生产"先行区"、绿色生活"示范地"。同时，加强绿色金融制度供给，为推动金融工具与气候资源价值有机融合衔接提供制度保障。例如，制定《上海市碳普惠体系建设工作方案》，出台上海国际绿色金融枢纽战略规划，明确上海银行业保险业推动绿色金融发展的工作定位，制定上海市浦东新区气候投融资试点工作方案，明确到2026年将上海建成具有国际影响力的气候投融资合作平台。

表1　金融支持上海气候资源价值实现的相关政策文件

领域	政策文件名称	相关目标
气候资源价值相关政策文件	《上海市能源发展"十四五"规划》	到2025年，可再生能源和本地可再生能源占全社会用电量比重分别力争达到36%左右和8%左右
	《关于加快推进本市气象高质量发展的意见（2023~2035年）》	到2025年，以智慧气象为特征的气象业务体系基本建成。到2035年，形成以政府为主导、气象部门为主体、多部门合作、社会参与、市场赋能的气象协同发展机制
	《上海现代农业产业园（横沙新洲）发展战略规划（2023~2035年）》	打造成为世界级现代都市生态绿色农业示范区，新时代中国式上海现代化农业园区发展新标杆
	《崇明区"中国天然氧吧"发展规划暨三年（2024~2026年）实施方案》	到2026年，崇明氧吧品牌行业应用和产业融合机制不断完善，形成品牌赋能地方经济绿色发展的崇明方案，助力打造"两山理论"上海范本
	《崇明世界级生态岛发展规划纲要（2021~2035年）》	到2035年，将崇明世界级生态岛打造成绿色生态"桥头堡"、绿色生产"先行区"、绿色生活"示范地"
	《嘉定区旅游业高质量发展行动方案》	到2025年，全面带动乡村休闲体验旅游产业链发展，打造休闲农业和乡村旅游功能集聚区，实现农业旅游、绿色旅游、生态旅游的多方位融合

续表

领域	政策文件名称	相关目标
气候金融相关政策文件	《上海市碳普惠体系建设工作方案》	到2025年,形成碳普惠体系顶层设计,搭建碳普惠平台,衔接上海碳市场,探索建立区域性个人碳账户,打造上海碳普惠"样板间"
	《上海加快打造国际绿色金融枢纽服务碳达峰碳中和目标的实施意见》	到2025年,上海绿色金融市场能级显著提升,基本建成具有国际影响力的碳交易、定价、创新中心,基本确立国际绿色金融枢纽地位
	《上海银行业保险业"十四五"期间推动绿色金融发展 服务碳达峰碳中和战略的行动方案》	到2025年,上海银行业保险业基本建成与碳达峰相适应的绿色金融生态服务体系,形成一批绿色金融行业标杆
	《关于进一步完善金融服务优化上海营商环境和支持经济高质量发展的通知》	至2025年末实现辖内绿色融资余额突破1.5万亿元,力争2023年绿色融资余额突破1.2万亿元
	《上海市浦东新区绿色金融发展若干规定》	确立绿色标准,推动金融创新,完善上海绿色金融体系,推动上海成为国际绿色金融中心
	《上海市浦东新区气候投融资试点工作方案》	力争到2024年,气候投融资地方政策、标准、市场的协同机制基本建立;到2026年,形成政策、投资、金融、产业、能源和环境一体化的气候投融资体系,建成具有国际影响力的气候投融资合作平台

2. 持续推进气候金融创新实践

2021年,生态环境部等九部门联合印发《气候投融资试点工作方案》,正式启动我国气候投融资地方试点的申报工作。2022年,《关于公布气候投融资试点名单的通知》正式确定包括上海市浦东新区在内的12个市、4个区、7个国家级新区成为首批气候投融资试点城市。上海积极推动浦东新区气候投融资发展,努力打造国际绿色金融枢纽核心承载区,通过金融创新助力发挥碳资产价值,引导资金向气候变化领域倾斜,开发气候金融产品,构建绿色投资评估体系。2023年4月,上海揭牌成立浦东新区气候投融资促进中心,积极探索气候投融资的新模式。数据显示，截至2022年末，上海辖内银行业绿色信贷余额达到1.03万亿元，较年初增长50.24%[1]；上海绿色贴标债券发行规模为528.5亿元，同比增长352.48%[2]；全国碳市场碳排放配额（CEA）累计成交量2.3亿吨，累计成交额104.75亿元[3]，上海气候投融资规模正在持续扩大。同时，上海积极推出气候金融创新产品，例如，上海环境能源交易所积极推出碳金融创新产品，完成22笔上海碳配额（SHEA）质押业务，落地全国首单草原碳汇遥感指数保险和温室气体控排企业碳配额质押贷款保证保险，与上海证券交易所、中证指数公司联合发布"中证上海环交所碳中和指数"，与上海期货交易所、上海长三角氢能科技研究院联合发布中国氢价指数体系首批"长三角氢价格指数"；浦东新区金融局联合中证指数公司编制发布中证浦东新区绿色50ESG指数、中证浦东新区绿色主题信用债指数，引导更多资金流向绿色低碳领域；中海信托成立全国首单以国家核证自愿减排量为基础资产的碳中和服务信托"中海蔚蓝CCER碳中和服务信托"；中国银行上海市分行推出"宝山中银碳惠贷"专项产品，为企业绿色低碳转型提供差异化投融资服务；工商银行上海市分行与联盟企业签订《绿色金融战略合作协议》，为联盟企业绿色投融资提供不低于2000亿元的专项资金。

二 金融支持上海气候资源价值实现所面临的瓶颈问题

气候资源是具有公共物品属性、带有数字特征、变率较大的一种自然资源，可以为人类社会生产生活提供必需的物质和能源，具有重要的经济价值。但目前上海气候资源价值实现面临气候资源相对稀缺、气候资源价值核

---

[1] 上海银保监局：《2022年上海银行业保险业支持实体经济发展报告》，http：//www.cbirc.gov.cn/branch/shanghai/view/pages/common/ItemDetail.html? docId=1112254&itemId= 995&generaltype=0。
[2] 中央财经大学绿色金融国际研究院：《上海银行业保险业"十四五"期间推动绿色金融发展 服务碳达峰碳中和战略的行动方案》亮点解读，https：//iigf.cufe.edu.cn/info/1012/6269.htm。
[3] 上海环境能源交易所：《全国碳市场每年成交数据20220104-20221230》，https：//www.cneeex.com/c/2022-12-30/493617.shtml。

算及气候金融地方标准体系不健全、支持气候资源价值实现的气候金融创新及激励不足等难题。

（一）上海气候资源特殊性和稀缺性导致金融工具难以发挥作用

气候资源本质上是一种自然资源，普遍存在且具有典型的公共物品属性。如优美的生态环境、清新的空气、清洁的水源、适宜的气候环境等均难以核算度量、难以界定产权归属及难以价值评定，大大增加了金融市场机制有效配置气候资源的难度。气候资源带有明显数字特征，如农业生产对日照、温度、降水有一定的数值要求，商品贮存、工业产品的质量保证需要满足适宜的温度、湿度条件，光伏、风电等可再生能源开发利用需要以充足的太阳能资源、风力资源为基础，旅游、康养领域的产业发展取决于当地气候特征。因此，气候资源的数字特征差异，导致不同产业所依赖的气候资源价值实现路径各不相同，这对气候金融产品及服务的适用性提出极高要求。此外，气候资源具有较大变率，光、热、降水等都有周期性和非周期性的变化，跟季节、地带、纬度等因素密切相关，从而增加了金融工具使用的不确定性。就气候资源禀赋而言，上海雨水充沛、日照充足、气候温和湿润，但相较于国内其他省市气候资源优势并不突出。数据显示，2021年，上海市森林覆盖率为14%，低于全国森林覆盖率平均水平9个百分点；农林牧渔业增加值仅占全国的0.12%，仅占全市地区生产总值的0.25%[①]；而在可再生能源发电方面，上海没有本地水电，2021年上海风力发电量和太阳能发电量占总发电量的比重仅为3.35%[②]。因此，上海气候资源的稀缺性和利用效率不足进一步加大了气候金融工具发挥作用的难度。

（二）上海尚缺乏气候资源价值核算及气候金融地方标准体系

2020年，生态环境部出台《陆地生态系统生产总值核算技术指南》，从生态系统物质产品价值、调节服务价值和文化服务价值三个维度详细提出了

---

① 资料来源：2022年《中国统计年鉴》。
② 资料来源：2022年《中国能源统计年鉴》。

陆地生态系统生产总值核算方法。2021年，中国气象局发布《气候资源评价通用指标》，明确给出农业气候资源评价、旅游气候资源评价、宜居气候资源评价、气候生态环境评价的通用指标。2023年，中国气象服务协会发布《生态系统生产总值气象价值核算技术指南》。在特定气候或气象条件下转化的生态产品是气候资源价值实现的载体，而气候生态产品价值精准核算是气候资源价值实现的前提基础，但相较于其他省市（如浙江省丽水市），首先，上海尚缺乏生态产品价值核算地方技术指南，尤其缺乏上海气候资源价值核算地方标准，导致无法摸清上海气候资源价值家底。其次，目前上海金融支持的气候资源产品范围不明确，气候投融资缺乏统一的规范性认定标准和标识体系，金融机构难以有效辨识气候资源产品和非气候资源产品，难以准确甄别气候资源资产，从而对气候资源价值实现的支持范围有限。最后，目前上海气候金融产品及服务对气候资源在农业、能源、旅游、康养、低碳等产业领域价值实现的实践探索多数集中在较大型企业或项目，如中证浦东新区绿色50ESG指数、中证浦东新区绿色主题信用债指数、崇明区"中国天然氧吧"、氢能源项目，而对中小微企业、家庭及个人气候资源产品生产主体的支持明显不足，如乡镇集体经营的生态旅游项目、家庭经营的生态农家乐及生态旅店等，极大制约了上海气候资源价值实现总体效率的提升。

（三）上海支持气候资源价值实现的金融产品及服务种类单一及创新不足

依托国际金融中心平台、金融要素集聚优势、全国首批气候投融资试点城市以及国际绿色金融枢纽战略定位，近年来上海积极推动气候金融发展，推出各类绿色发展指数（如中证上海环交所碳中和指数）、绿色信贷（如宝山中银碳惠贷）等金融产品，但上述金融产品及服务大多以"绿色信贷"产品为主要载体，金融产品种类单一，绿色信贷额远超其他种类绿色融资规模，融资形式仍以间接融资为主，支持范围十分受限，林票、碳票等股权融资产品尚未被纳入上海碳普惠体系，推广难度较大，对绿色保险、绿色基金、绿色信托、绿色资管、绿色租赁等多类型的气候金融产品及服务的大范围创新应用明显不足。而且，当前上海市气候金融相关政策、气候金融产品及气候金融服务尚停留在复制其他绿色金融改革创新试验区实践的做法阶段，甚至在一些领域滞后于其他省市（如重庆市、深圳市、丽水市），缺乏原创性、突破性和引领性，与打造国际绿色金融枢纽的战略定位不相符。

（四）上海支持气候资源价值实现的金融配套奖补激励不足

气候资源具有公共物品属性，数字化特征明显，且变率较大，因此，气候投融资项目受外部性较强、前期投入成本高、收益见效慢、风险较大等因素制约，气候投融资项目的本身特殊性导致金融机构缺乏内在投资动力。最为关键的是，目前上海尚缺乏激励气候金融助力气候资源价值实现的制度供给，从现行政策来看，近年来上海陆续出台《上海银行业保险业"十四五"期间推动绿色金融发展 服务碳达峰碳中和战略的行动方案》《上海市浦东新区绿色金融发展若干规定》《上海市浦东新区气候投融资试点工作方案》《上海市碳普惠管理办法（试行）》等一系列相关政策文件，内容涉及安排绿色金融专项激励费用补贴、完善绿色投融资金安排联动机制、增大对开展绿色项目融资的中小微企业支持力度、鼓励建立碳普惠专项基金等激励机制，但尚未涉及对气候金融业务的财政贴息、风险补偿、增信担保等奖补激励措施，也未明确规定奖补激励的具体细则，尤其缺乏针对气候投融资激励的上位法和规范性文件，相较于福建、贵州、海南等国家生态文明试验区省份明显滞后。

三 金融支持气候资源价值实现的国内外经验

金融工具是推动气候资源价值实现的重要路径。绿色信贷、绿色债券、绿色基金、绿色保险、绿色租赁等金融产品及服务在推动生态农业、生态旅游、生态康养等领域的气候生态产品开发及价值实现方面发挥着重要作用，目前国内外已有丰富的实践案例。

（一）创建专项性气候生态银行

与传统意义的银行不同，生态银行（Eco-bank）本质上是借鉴商业银行模式搭建的生态权属交易平台，将分散的生态资源进行规模化集约化收储，实现生态资源价值交易变现，它是促进气候资源价值实现的重要金融手段。福建省南平市顺昌县依托丰富的森林资源，按照"政府主导、农户参与、市场运作、企业主体"的原则，建立"森林生态银行"，以入股、托管、租赁、赎买四种流转方式整合分散的森林资源，林木生产量比原来提升25%，成功交易福建省第一笔林业碳汇项目，首期15.55万吨碳汇量成交金额288.3万元，推动森林资源价值不断变现[①]。福建省南平市光泽县雨水充沛，水资源十分丰富，积极发展"水美经济"，建立"水生态银行"运营平台，对水资源资产进行系统性运营和开发，以市场化运作方式供应养殖业用水、加工山泉水，开发垂钓、越野赛事、生态旅游等活动，形成茶叶、中药材、白酒等气候生态产业集群[②]。美国建立"湿地缓解银行"作为一种有效的市场化生态补偿机制，通过湿地信用的售卖，实现对湿地生态功能的动态保护，并将湿地的生态价值转化为经济价值[③]。

（二）建立气候生态指标及产权交易机制

一些地区通过地票、林票、碳票、碳排放权等市场化交易活动，将更多资源和资本引导流入气候生态领域，有效盘活气候生态资产，助力气候资源价值实现。重庆市将农村闲置、废弃的建设用地复垦为耕地等农用地，腾出的建设用地指标经公开交易后形成地票，对复垦为耕地和林地的地票实行无差异化交易，激励"退建还耕还林还草"，增加气候生态产品供给；同时，构建基于森林覆盖率指标的交易平台，允许未达到森林覆盖率目标值的区县向森林覆盖率已超过目标值的区县购买森林面积指标，激励森林资产变现，

---

① 资料来源：自然资源部（第一批）生态产品价值实现典型案例。
② 资料来源：自然资源部（第二批）生态产品价值实现典型案例。
③ 资料来源：自然资源部（第一批）生态产品价值实现典型案例。

打通了气候资源价值转化渠道[①]。广东省广州市花都区开展梯面林场碳普惠项目，产生良好的示范效应，截至2020年8月，广州碳排放权交易所林业碳普惠项目成交总量超过300万吨，总成交额超过2000万元[②]。福建省三明市独特的气候特征为林木生长提供了有利条件，森林覆盖率高达78.73%。三明市依托森林资源优势，推进集体林权制度改革，探索形成出让经营、委托经营、合资造林、林地入股四种林票模式，并探索林业碳票，开发以林业碳汇收益权质押的"碳汇贷"等气候金融产品，全市林权交易金额达到18.3亿元，林业碳汇交易金额1912万元，累计发放各类林业信贷172.25亿元、贷款余额27.6亿元[③]。

（三）创新气候生态信用产品及服务

国内外积极创新探索气候生态信用产品及服务，通过湿地信用、水质信用、碳信用等气候金融产品，推动气候资源资产化、气候资产资本化。浙江省丽水市建立生态信用行为正负面清单，对企业开展生态信用评级，根据生态信用评级和积分提供差别化气候金融服务，推出"两山兑""两山贷""生态贷"等气候金融产品，推动气候资源价值转化[④]。江西省建立"信用+"经营权贷款机制，推出"林农快贷"等纯信用贷款产品。澳大利亚针对牧场、耕地推出土壤碳汇项目，通过牧场、耕地（如种植作物、水果或蔬菜）的土壤改良管理，将碳存储在土壤中，经核算后确认碳信用额度，并参与市场交易，实现气候生态农业的经济价值转化，截至2020年6月，农业碳信用额度达到27.56吨二氧化碳。美国马里兰州马福德农场积极开展湿地信用和水质信用交易，共产生10英亩的湿地信用，每年可减少1800磅氮和100磅磷的排放，实现玉米、小麦和大豆等气候生态农产品的价值变

[①] 资料来源：自然资源部（第一批）生态产品价值实现典型案例。
[②] 资料来源：自然资源部（第二批）生态产品价值实现典型案例。
[③] 资料来源：自然资源部（第三批）生态产品价值实现典型案例。
[④] 资料来源：《浙江丽水深化"生态信用"体系建设 创新推动生态保护信用智治》，https://credit.zj.gov.cn/art/2022/6/22/art_ 1229659632_ 2430.html。

现，有利的气候生态条件为水禽、野火鸡和其他野生动物提供了栖息地，推动了当地观景、狩猎等气候生态旅游服务业的发展①。

（四）完善金融支持气候资源价值实现的配套机制

一些地区通过气候资源价值核算、创建气候生态产品公用品牌、建立气候生态产业融合发展机制等方面不断完善气候资源价值实现的配套支持机制，有助于更好发挥气候金融的杠杆效应。气候资源价值核算是气候金融助力气候资源价值实现的基础，湖北省鄂州市拥有湖泊133个、水域面积65万亩，是著名的"百湖之市"。当地采用当量因子法对生态价值进行系统核算，将植被丰茂度、降水量、各区水质、环境与生态质量等因素纳入单位面积生态服务价值当量表，充分考虑水域湿地、水田等8类自然生态系统及气体调节、气候调节、净化环境、水文调节等11类生态系统服务，最终核算出生态系统总价值量②。创建气候生态产品公用品牌是将气候金融产品的应用场景推广到中小微企业、实现气候金融普惠的必然途径。河南省南阳市淅川县构建以"淅有山川"为典型代表的生态产品公用品牌体系，建立"淅有山川"公用品牌与县域品牌、企业品牌、中国地理标志产品、地理标志农产品等品牌加盟基地，有效缓解中小微企业气候融资难融资贵的难题③。建立气候生态产业融合发展机制，极大拓宽了当地气候生态产业的投融资渠道。新疆维吾尔自治区伊犁哈萨克自治州伊宁县启动天山花海一二三产业融合项目，依托当地独特自然禀赋和气候条件，将花、田、山、草、居等多种生态资源集成整合，实现气候生态农作物种植、气候生态旅游、气候生态休闲康养等产业融合发展，打造形成气候投融资综合型项目④。

---

① 资料来源：自然资源部（第三批）生态产品价值实现典型案例。
② 资料来源：自然资源部（第一批）生态产品价值实现典型案例。
③ 资料来源：自然资源部（第二批）生态产品价值实现典型案例。
④ 资料来源：自然资源部（第四批）生态产品价值实现典型案例。

四 金融创新促进上海气候资源价值实现的对策建议

上海致力于打造国际绿色金融枢纽，已经在气候金融创新及相关制度供给等方面做出重要实践探索，取得明显成效。但在气候资源价值核算及气候金融标准体系建设、气候金融产品及服务创新、支持气候资源价值实现的气候金融激励机制等方面存在较大改进空间，甚至已经滞后于其他省区市。因此，本研究结合上海气候资源价值实现及气候金融发展现状，以及国内外实践经验，提出以下对策建议。

(一) 建立健全上海气候资源价值核算及气候金融地方标准体系

科学制定气候金融标准和精确评估气候资源价值是气候金融助力气候资源价值实现的两个基础性条件，因此，亟须建立二者融合联动机制。一是健全上海气候资源价值核算方法体系，形成地方核算技术指南，可参照中国气象服务协会2023年最新发布的《生态系统生产总值气象价值核算技术指南》，进一步细化标准、确定评价单元、出台政府规范性文件，经济、环境、气象部门也要进一步公开气候资源价值核算所需的相关数据，摸清生态气候家底，开展生态气候资源评价。二是建立上海气候投融资项目认定地方标准体系，打造地方气候金融项目库，同时建立健全以环境信息披露为导向的地方ESG评价标准体系，可定期抽取部分企业开展信息数据核查，保障信息披露质量，严防漂绿风险，以此提高金融机构对气候投融资项目的识别精准度，明确金融支持气候生态产品的范围。三是建立气候投融资协同机制，探索建立环境、财政、金融监管、人民银行等多部门对话机制。

(二) 打造上海气候投融资特色服务平台

鼓励金融机构基于气候资源价值核算在信贷、期货、保险、碳金融等多个领域开展气候金融产品服务创新，促进气候金融服务多元化和普及化。例如，参照重庆市"碳惠通"模式构建上海气候资源价值实现平台，提供以森林碳汇、农业碳汇核算为基础的气候生态资产抵质押信贷服务；构建气候生态权属交易平台，以上海"一江一河"水资源、崇明世界级生态岛森林资源以及国家湿地公园（如西沙湿地公园、吴淞炮台湾湿地森林公园）为基础，尝试建立"森林生态银行""水生态银行""湿地缓解银行"，用金融手段将分散的气候资源进行规模化集约化收储，大幅提升上海气候资源价值实现的总体效率；同时，探索建立上海林业碳票交易机制。创新上海气候金融服务平台管理，将区块链、云计算、人工智能、大数据等技术应用到气候金融数据监测管理系统，全面升级平台对气候投融资项目信息归集共享、气候资源评价、环境风险识别等关键领域的服务。例如，建立地方气候金融大数据云平台，实时更新数据，对相关企业气候生态信用进行动态监测跟踪，形成从区域到基层、从市区到郊区全覆盖的气候生态信用评价机制，编制地方气候生态信用行为正负面清单，优化企业气候投融资环境。

（三）加强上海各产业领域气候资源价值实现的金融产品创新应用

创新探索上海气候生态信用产品及服务，以湿地信用、水质信用、碳信用等气候金融产品为载体工具，推动气候资源资产化、气候资产资本化，可参照浙江省丽水市，对气候资源依赖型企业进行气候生态信用评级，按气候生态信用等级和信用积分为企业提供差别化气候金融服务，打通气候资源价值变现渠道。创新分行业分区域的特色气候金融产品，根据上海各区气候资源价值核算结果，因地制宜推动气候信贷、气候债券、气候保险、气候基金、碳中和债券、碳中和基金等金融工具在各区气候生态农业、气候生态旅游、气候生态康养产业领域开发应用，同时将气候金融产品的应用场景推广到中小微企业、个体经营户及家庭服务，积极创建气候生态产品公用品牌。例如，可参照重庆市，研发上海气象指数保险，开发具有地域特征"气象+价格"收益的综合保险产品，形成对上海气候生态农产品的减损保收机制，以有效应对气象及价格波动带来的风险，同时打造上海气候生态产品联合公用品牌，如打造马陆葡萄、南汇水蜜桃、仓桥水晶梨、金山卫蜜梨等特色水果产品上海品牌，将分散的气候生态产品整合，形成富有上海地域特色的气候生态产品品牌效应。

（四）完善上海金融支持气候资源价值实现的奖补激励机制

应持续加大上海气候金融奖补激励力度，增加金融支持气候资源价值实现的制度供给，参照福建省三明市和南平市、贵州省贵安新区、海南省三亚市等，明确出台加快气候金融发展的奖补若干措施的政策文件，积极推行针对上海气候金融业务的财政贴息、风险补偿、增信担保等奖补激励措施落地，采用分层级差异化奖补模式最大限度激发企业气候投融资潜能，根据气候投融资项目评估认定的层级档次，对参与企业进行分阶浮动信贷贴息或风险补偿，对具有代表性和可推广性的气候金融产品及服务创新予以奖励，最大限度惠及中小微企业及个体农户，整合盘活分散的气候生态资产。例如，设立上海地方气候金融资金池，对各区气候投融资增量按不同比例进行差异化奖励，比例大小直接与增量规模挂钩，降低企业气候投融资成本，激励林农、茶农、果农等实现规模化生产；再如，设立气候金融风控基金，增强中小微企业抵御气候风险能力。此外，还可探索建立上海气候生态产品购买补贴金融服务机制，激励公众消费。

参考文献

UNFCCC：*Definition and Reporting System of Climate Finance：for Second Meeting of Experts on Long-term Finance*，2021.

陈国进、郭珺莹、赵向琴：《气候金融研究进展》，《经济学动态》2021年第8期。

程翠云、李雅婷、董战峰：《打通"两山"转化通道的绿色金融机制创新研究》，《环境保护》2020年第12期。

王遥、任玉洁、吴倩茜：《中国地方绿色金融发展进展及展望》，《甘肃金融》2023年第6期。

赵晓宇、李超：《"生态银行"的国际经验与启示》，《国土资源情报》2020年第4期。

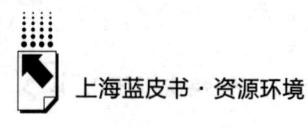

朱晓勤：《建立健全生态银行融资机制》，《中国社会科学报》2022年10月19日，第4版。

中国技术经济协会：《气候投融资项目分类指南》，2021。

中国气象服务协会：《生态系统生产总值气象价值核算技术指南》，2023。

低碳转型篇

B.7 "双碳"目标下上海可再生能源发展路径研究

周伟铎*

摘 要: 当前,协同推进"降碳、减污、扩绿、增长"成为实现人与自然和谐共生的现代化的新要求。针对碳中和路径的研究,由于基础假设和模型方法的不同,路径呈现多样性和复杂性。"双碳"目标下,如何识别并优化上海可再生能源发展路径,是亟须研究的课题。研究发现,上海发展可再生能源方面存在的瓶颈问题包括:土地资源有限、可再生能源技术的成本仍较高、可再生能源的不稳定性。此外,上海市的能源消费结构仍以传统能源为主,工业部门仍是能源消费的重要部门。本项目通过设置五种不同情景,模拟产业升级、能效提升、能源结构优化、加大科技投入及生态修复等政策对可再生能源发展路径的影响。本项目通过分析不同情景下的可再生能源发展路径,提出上海实现"双碳"目标的协同路径与保障措施,以期为实现推动上海高质量发展提供指导和借鉴。

---

* 周伟铎,上海社会科学院生态与可持续发展研究所助理研究员,研究方向为气候变化经济学。

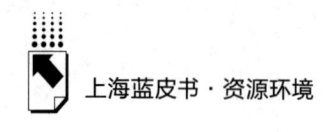

关键词： "双碳"目标　能源转型　可再生能源　上海

一　研究背景和意义

（一）可再生能源在城市碳减排中的意义重大

随着全球气候变化的加剧以及对化石燃料依赖性认识的不断增强，人们对可再生能源的需求也越来越迫切。作为一种对环境友好且可持续的能源形式，可再生能源在全球范围内得到了广泛关注和支持。可再生能源在碳减排中扮演着重要的角色，具有重要的意义。首先，可再生能源的利用可以减少对传统化石燃料的依赖，从而减少温室气体的排放。与化石燃料相比，可再生能源的利用过程中产生的二氧化碳排放量较低，对环境的影响更小。其次，可再生能源的发展也能促进经济的可持续发展。可再生能源技术的不断创新和应用推动了相关产业的发展，创造了就业机会，并为经济增长提供了新的动力。因此，可再生能源的推广和利用对于实现碳减排目标具有重要的意义。

在这个背景下，上海市作为中国最大的经济中心和人口聚集地，其能源消耗和碳排放现状备受关注。上海市的能源消耗和碳排放量一直居高不下，给环境带来了巨大的压力和挑战。因此，探索以"降碳、减污、扩绿、增长"为导向的可再生能源发展模式对于上海市的可持续发展至关重要。

（二）可再生能源技术在城市的发展及应用前景广阔

可再生能源技术的发展和应用前景也值得关注。随着科技的不断进步，可再生能源技术得到了显著的提升和改进。太阳能、风能、水能等可再生能源的利用效率不断提高、成本不断降低，逐渐成为一种可行的替代能源。同时，可再生能源的应用前景也非常广阔。随着全球对环境保护的重视程度不断提高，各国纷纷加大对可再生能源的投资和研发力度。预计在未来几十年内，可再生能源将逐渐取代传统能源成为主要能源供应来源。

可再生能源的发展对于上海市具有重要意义。首先，可再生能源的广泛使用可以有效降低上海市的碳排放量，减少对化石燃料的依赖，从而减少环境污染和气候变化的风险。其次，可再生能源的发展可以促进上海市经济和就业机会的增长。投资和发展可再生能源产业可以带动相关产业链的发展，创造更多的就业机会，并推动经济的可持续发展。此外，可再生能源的发展还可以提高上海市的能源安全性，减少对进口能源的依赖，提升能源供应的稳定性和可靠性。

二 上海市可再生能源发展的现状和问题

（一）"双碳"目标下的上海市可再生能源发展潜力和目标设定

在"双碳"目标下，上海市作为中国经济发展的重要城市，可再生能源的发展潜力巨大。2022年7月6日，中共上海市委、上海市人民政府发布了《关于完整准确全面贯彻新发展理念做好碳达峰碳中和工作的实施意见》，意见提出到2060年，绿色低碳循环发展的经济体系和清洁低碳安全高效的能源体系全面建立，能源利用效率达到国际领先水平，非化石能源占能源消费总量的比重达到80%以上，经济社会发展全面脱碳，碳中和目标顺利实现。上海市人民政府2022年7月8日印发《上海市碳达峰实施方案》，提出到2030年，非化石能源占能源消费总量的比重力争达到25%，单位生产总值二氧化碳排放量比2005年下降70%，确保2030年前实现碳达峰。上海市已经制定了可再生能源发展的目标和计划，旨在实现能源结构的转型和碳减排目标。上海市将加大对可再生能源技术的研发和应用力度，提高可再生能源利用率，减少能源消耗和碳排放。同时，上海市还将加强与其他地区和国际组织的合作，共同推动可再生能源的发展和利用。通过这些措施，上海市有望成为中国可再生能源发展的先行者和示范区，为其他地区提供经验和借鉴。

（二）上海市的可再生能源发展现状和政策措施

上海市作为中国的经济中心和国际大都市，其可再生能源发展现状和政策措施备受关注。上海市政府一直以来都高度重视可再生能源的发展，通过一系列政策和措施推动可再生能源的利用和应用。例如，上海市制定了可再生能源发展规划，设立了专门的基金用于支持可再生能源项目的建设和发展。此外，上海市还积极引导企业和居民采用可再生能源，推广太阳能、风能等清洁能源。这些政策和措施为上海市的可再生能源发展提供了良好的政策环境和经济支持。

2023年7月15日，上海市政府办公厅印发《上海市清洁空气行动计划（2023~2025年）》（以下简称《计划》）。《计划》提出，大力发展可再生能源，加大农作物秸秆、园林废弃物等生物质能利用力度。力争到2025年，非化石能源占能源消费总量的比重达到20%，光伏装机、风电装机、生物质能装机分别达到407万、262万、84万千瓦。加大市外非化石能源清洁电力引入力度。

（三）上海发展可再生能源难以克服的挑战和限制因素

在全球"双碳"目标的背景下，上海市在可再生能源发展中仍面临一些难以克服的挑战和限制因素。

首先，上海市的土地资源有限，无法大规模建设太阳能和风能发电厂。上海市作为一个高度城市化的地区，土地资源有限，这对大规模建设太阳能和风能发电厂提出了挑战。太阳能和风能发电厂通常需要大片的土地来容纳太阳能板和风力发电机。然而，在城市中很难找到足够的空地来满足这些需求。此外，上海市的土地利用也受到其他因素的限制，如城市规划、建筑用地需求和环境保护等。这些因素可能导致可再生能源发展项目的土地需求与其他用途的需求之间的冲突。然而，尽管土地资源有限，上海市仍在努力推动可再生能源的发展。其中，风电发电量从2015年的4.8亿千瓦时增加到

2021年的18.34亿千瓦时。太阳能发电量从2015年的0.4亿千瓦时增加到2021年的15.35亿千瓦时（见图1）。在具体的开发形式上，上海市也做出了创新示范。例如，上海市已经在高层建筑和大型商业建筑物上推广太阳能光伏系统，以利用屋顶空间来发电。此外，上海市也在海上建设风电场，利用海洋资源来发展风能发电。

图1 2015~2021年上海市发电总量和结构

数据来源：上海市统计局：《上海统计年鉴2022》。

其次，可再生能源技术的成本仍较高，需要大量的投资和资金支持。太阳能发电：太阳能发电是一种常见的可再生能源技术，但是其设备成本仍然较高。根据国际能源署的数据，太阳能发电的装机成本为每瓦特1.2~2.2美元，而燃煤发电的成本仅为每瓦特1~2美元。这意味着太阳能发电的成本相对较高，需要更多的投资。风能发电：风能发电是另一种常见的可再生能源技术，但其设备和维护成本也较高。根据美国能源信息管理局的数据，风能发电的装机成本大约为每瓦特1.5~2.5美元，而燃煤发电的成本仅为每瓦特1~2美元。这表明风能发电的成本也相对较高，需要大量的资金支持。生物质能源：生物质能源是利用植物和有机废弃物来发电或产生热能的一种可再生能源技术。然而，生物质能源的生产和转化成本较高。根据国际能源署的数据，生物质能源的生产成本为每千瓦时0.1~0.3美元，而天然气发电的成本仅为每千瓦时 0.05~0.1 美元。这说明生物质能源的成本较高，需要更多的投资来支持其发展。

此外，可再生能源的不稳定性也是一个问题，特别是风能和太阳能的波动性较大，难以满足上海市持续稳定的能源需求。光伏发电站：上海市目前拥有一些光伏发电站，但由于太阳能的波动性，其发电量会受到天气条件的影响。例如，阴天或夜晚时，光伏发电站的发电量会大幅下降甚至停止发电。根据中国电力企业联合会的数据，上海市的光伏发电装机容量从2015年的约21万千瓦发展到2021年的168万千瓦，但实际发电量与装机容量相比仍然较低。上海市并不属于我国的光伏重点地区。风能发电站：上海市也建有一些风能发电站，但同样受到风速的影响，其发电量也会有波动。根据中国电力企业联合会的数据，上海市的风能发电装机容量从2015年的约61万千瓦，发展到2021年的107万千瓦（见图2）。但实际发电量与装机容量相比仍然有较大差距。上海市风电设备平均利用小时数在2015~2021年时间段内在1999~2489小时区间波动。这表明风能发电站在满足上海市持续稳定能源需求方面仍存在挑战。

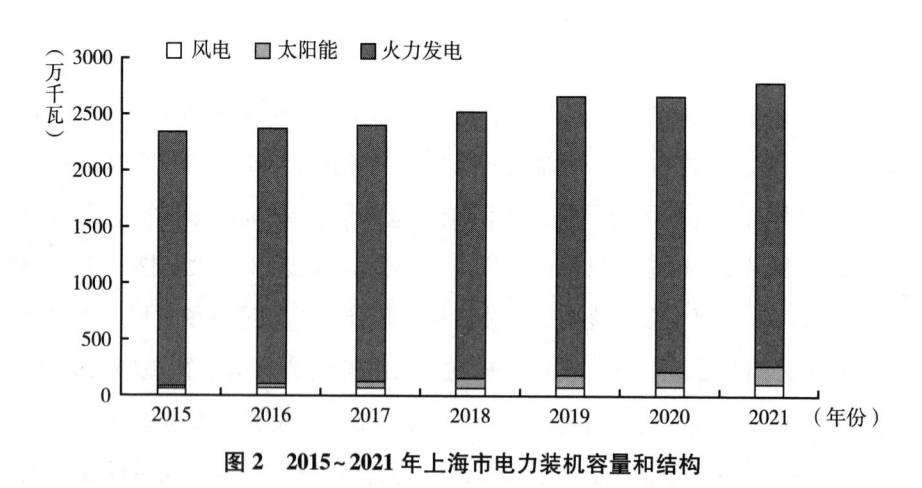

图 2　2015~2021 年上海市电力装机容量和结构

此外，上海市的能源消费结构仍以传统能源为主，工业部门仍是能源消费的重要部门。其中，2021年上海市煤炭占一次能源消费的比重为37.79%，石油占一次能源消费的比重为43.09%，天然气占一次能源消费的比重为17.28%。当前电力和其他能源占一次能源消费的比重仅为1.84%，上海市能源消费结构转型为可再生能源消费结构需要时间和资源。上海市的能源消费总量从1990年的3191.06万吨标准煤增长到2021年的11683.02万吨标准煤，年均增长率为8.6%，上海市的工业部门是能源消费的重要部门，工业部门的能源消费总量从1990年的2462.21万吨标准煤逐年增加，在2013年达到5965万吨标准煤之后就呈现高位波动态势，2021年工业能源消费总量为5476.23万吨标准煤。2021年上海市工业部门能源消费量占能源消费总量的比重为46.87%。尽管上海市的电力消费量从1990年的264.74亿千瓦时增长到2021年的1749.62亿千瓦时，年均增长10.34%，然而上海市的可再生能源发展仍显缓慢。工业部门占总电力消费的比重在2021年仍然高达48.67%（见图3）。

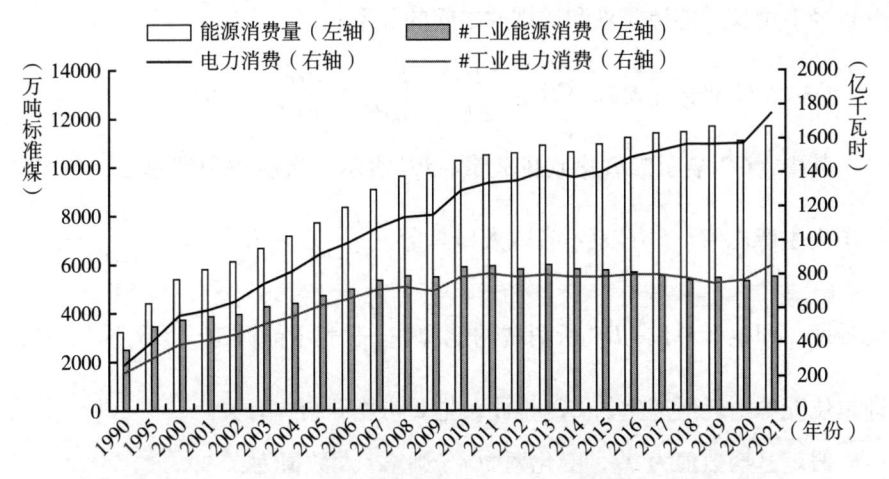

图3　1990~2021年上海市能源消费量、电力消费量、工业部门的能源消费量及电力消费量

综上所述，上海市的可再生能源发展取得了一定的成绩，但仍面临一些挑战和问题。为了进一步推动可再生能源的发展，上海市政府应该加大政策支持力度，完善相关法规和政策，提高可再生能源技术的研发和创新能力，加强市场竞争力和吸引力，同时加强与其他地区和国家的合作和交流，共同推动可再生能源的发展和应用。

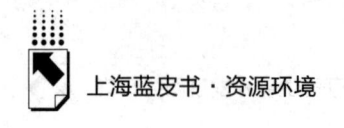

三 基于LEAP模型的可再生能源发展路径研究

LEAP-SH模型构建包括理论基础、模型框架、宏观假设和情景设置四部分。

（一）LEAP-SH模型构建的理论基础

LEAP-SH模型构建的理论基础包括KAYA恒等式与脱钩理论、碳达峰条件和碳中和条件三个部分。

1. KAYA恒等式与脱钩理论

本项目以碳排放的IPAT模型为基础，结合KAYA模型和脱钩的概念，分析经济增长、能源需求和碳排放之间的关系。

KAYA模型表达式为：$CO_2 = \frac{CO_2}{PE} \times \frac{PE}{GDP} \times \frac{GDP}{POP} \times POP$

其中，CO_2表示二氧化碳排放量，PE表示一次能源消费总量，GDP表示国内生产总值，POP表示省内人口总量，$\frac{GDP}{POP}$表示人均GDP，$\frac{EP}{GDP}$表示能耗强度，即生产单位GDP所消费的能源，$\frac{CO_2}{PE}$表示能源综合CO_2排放系数，即单位能源消耗所产生的CO_2排放，主要与能源结构有关。

假定基期数值为N_0，变化率为r，则第t期数值为：

$$N_t = N_0 \times (1+r)^t$$

本项目在以下估算2020~2060年GDP、能耗强度、能耗总量、碳排放强度、碳排放总量等相关指标时，采用如下公式。将t期与基期（0）城市的碳排放负荷情况相比，假设人口年增长率是α，人均GDP年均增长率为β，能耗强度下降率为γ，单位能耗的CO_2排放的下降率为δ。则t期CO_2排放C_t可以表示为：

$$C_t = C_0 \times [(1+\alpha) \times (1+\beta) \times (1+\gamma) \times (1+\delta)]^t$$

要使碳排放总量下降，即 $C_t<C_0$，则必须有：

$$(1+\alpha) \times (1+\beta) \times (1+\gamma) \times (1+\delta) < 1$$

这时表明经济增长和碳排放总量之间绝对脱钩。

2. 碳达峰条件

如果 t 年碳排放达峰，则有：

$$C_t \geqslant C_{t-1} \text{ 且 } C_t \geqslant C_{t+1}$$

即 $(1+\alpha) \times (1+\beta) \times (1+\gamma) \times (1+\delta) = 1$

3. 碳中和条件

如果在 t 年实现了碳中和，那么至少要满足条件：

$$C_t + C_{cdrt} = 0$$
$$C_{cdr} = EE_{cs} + C_{CCS} + C_{BECCS}$$

其中，C_{cdr} 为二氧化碳去除量，EE_{cs} 为植被碳库的二氧化碳碳汇，C_{cdrt} 为 t 年的二氧化碳去除量，C_{CCS} 为 CCS 技术的二氧化碳捕捉与封存量，C_{BECCS} 为 BECCS 技术的二氧化碳捕捉与封存量。

（二）LEAP-SH 模型的框架

LEAP 软件为能源系统长期排放的情景模拟提供了框架，主要分为资源模块、能源转化模块和能源需求模块三部分。

1. 资源模块

资源模块包括能源部门和非能源部门。能源部门的供应分为本土能源和外来进口能源两类。能源类型包括煤炭、天然气、石油水力发电、核能、风能、太阳能、生物质能等一次能源和焦炭、汽油、柴油、剩余燃料油等二次能源。非能源部门包括森林、湿地和草地三种类型。数据输入需要本地资源储备、低位热值、燃料价格和排放因子（吸收因子）等。

其中来自非能源部门的碳汇（EE_{cs}）是实现碳中和的重要条件，EE_{cs} 计

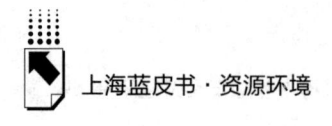

算公式如下:

$$EE_{cs} = \sum_{i=1}^{3} S_i \times SF_i$$

其中,$i=1$为森林,$i=2$为湿地,$i=3$为草地。SF_i是非能源部门i的碳汇因子。S_i是土地i的面积。

2. 能源转化模块

LEAP-SH的能源转化模块包括发电、供热、炼焦、制气、洗煤、制煤、炼油7个部门。对于区域发电系统,按能源类型分为:①煤粉电厂,包括超超临界燃煤电厂、超临界燃煤电厂、亚临界燃煤电厂、其他小型燃煤电厂、综合气化联合循环电厂(IGCC);②石油电厂;③天然气发电厂,包括天然气联合循环电厂(NGCC)和分布式天然气发电厂;④核电厂;⑤可再生发电厂(水力、风能、太阳能、生物质能);⑥综合利用发电厂,包括残余热压气体发电厂(HPG)和可燃固体城市废物发电厂。电厂模块涉及的外生变量包括发电效率、外生容量、最大可用性、成本(资本成本、可变运维成本、固定运维成本和燃料成本)、电厂预期寿命、最小储备容量、调度规则等。内生变量则包括温室气体排放量、新增装机容量、系统成本、减排效益和空气污染物排放量等。上海基准年电网负荷曲线根据国家发改委提供的省级电网典型电力负荷曲线整合而成。

发电及供热部门总体能源供应E_{sp}可以表示为:

$$E_{sp} = \sum_{p} \frac{IC_p \times T_p \times H}{\eta_p}$$

P是电厂类型,IC_p是电厂的安装容量,T_p是年平均发电小时数,H是理论热值,η_p是电厂的转换效率。

总能源供应E_s可以表示为:

$$E_s = \sum_{j=1}^{6} ES_j \times EFF_j$$

ES_i 是 j 个行业的主要能源供应，EFF_j 是发电、供热、焦化、煤气生产、洗煤和炼油等 j 个部门的转化效率。

3. 能源需求模块

在 LEAP-SH 模型终端需求部门，包含农业，建筑业，工业，交通运输、仓储和邮政业，批发零售和住宿餐饮业，其他服务业和居民部门。本项目把能源需求的经济增长、能源强度、能源贸易、产业结构、城镇化率、人口、发电效率和燃料组合等驱动因素作为外生参数。

能源需求公式表示为：

$$E_D = \sum_i \sum_j \sum_k \sum_l AL_{i,j,k,l} \times EI_{i,j,k,l}$$

其中 i 是部门，j 是子部门，k 是终端部门使用技术的类型，l 是燃料的类型。AL 是活动水平，EI 是能源强度。

（三）LEAP-SH 模型的宏观假设

任何情景都符合需求侧和供应侧环境中资源分配的结构性变化，以及社会经济、生态等宏观因素，如国内生产总值、人均收入增长、人口增长和城镇化率等。对于每个情景，假设以 2021 年为基准年，并对 2021~2060 年进行模拟。LEAP-SH 模型中宏观参数的假设见表 1。

表 1 LEAP-SH 模型中上海宏观参数的假设

指标	2021 年	2025 年	2035 年	2060 年
人口总量（万人）	2489	2500	2500	2270
人均 GDP（万元）	17.36	19.76	20.30	31.00
GDP（万亿元）	4.32	4.94	5.08	7.04
城镇化率（%）	89.31	90	93	95

1. 社会发展假定

未来上海人口增长的假定参考联合国经济和社会事务部发布的《2019 世界人口展望》等人口情景的预测结果：中国人口预计将于 2030 年达峰，

为14.6亿,而后逐渐下降到2060年的13.3亿。该预测也与《国家人口发展规划（2016~2030年）》中的人口发展预期目标基本一致。本项目预测上海的人口在2030年达峰,为0.26亿左右,而后逐渐下降,2035年为0.25亿,到2060年为0.227亿。

结合《世界城镇化展望2018》（World Urbanization Prospects：The 2018 Revision）的研究结果,中国2050年城镇化率将达到80%,西欧国家的2050年平均城镇化率将达到85%。而上海市2022年常住人口为2475.89万人,城镇化率为89.3%。本项目结合以上研究,假设2025年上海常住人口城镇化率达到90%,到2035年常住人口城镇化率达到93%,到2060年常住人口城镇化率达到95%。

2. 经济发展假定

结合张希良等学者对中国经济的预测,中国人均GDP在2035年达到14万元（约2.0万美元）,在2060年达到约31万元（约4.6万美元）。在2020年上海人均GDP比全国人均GDP高47.46%,考虑到共同富裕计划的实施,假设上海在2035年的人均GDP与我国人均GDP差值缩小至45%,到2060年上海和我国的人均GDP相同,那么2035年上海的人均GDP将为20.3万元（约2.9万美元）,在2060年达到约31万元（约4.6万美元）。则上海GDP在2035年达到5.08万亿元（2020年人民币不变价）,2060年达到7.04万亿元。

（四）LEAP-SH模型的情景设置

为了探索上海区域碳中和路径,本项目拟考虑演化的因素来进行情景分析,以估计区域层面的能源消耗和二氧化碳排放的趋势。本项目拟通过基于特定假设,构建包含五个情景的LEAP-SH模型,模拟产业升级、能效提升（包括技术进步、结构调整、管理完善等）、能源结构优化（非化石能源替代及化石能源内部结构优化）、强化科技投入（人工CCUS和碳移除等技术的研发）及生态修复等政策对碳中和路径的影响（见表2和表3）。

表2 LEAP-SH模型主要情景变量说明

主要变量	说明
第三产业固定资产投资占比	第三产业固定资产投资相当于总固定资产投资比例(%)
技术创新	发明专利申请受理量(件)
能源强度	万元GDP消耗的能源量(吨)
能源结构	煤炭消费量占能源消费总量的比例(%)
环境规制	工业污染治理投资额相当于地区生产总值比例(%)
科技投入强度	研究与试验发展经费内部支出相当于地区生产总值比例(%)
生态修复强度	森林覆盖率的年增长率(%)

第一种情景是基准（Business As Usual，BAU）情景，它依赖于政府现有的政策和计划。BAU方案展示了一条反映上海区域地方政府当前能源模式和政策的能源路径。这一设想旨在基于当前的政策，考察区域能源消费之间的关系。在供应方面，其设计目的是按照现有的能源计划运行常规电厂和供热厂。在终端能源需求领域，按照现有系统行为的发展规律运行。

第二种情景是产业结构优化（Industrial Structure Optimization，ISO）情景，ISO情景考虑了一组策略来引入最佳的产业转型政策。第三产业固定资产投资占比增长率选择高值，其余各调控变量以及变化率均选择中值。该情景旨在探究上海在现有经济发展模式下，进一步优化产业结构对未来碳排放和生态环境的影响。与基准情景相比，ISO情景下，各地区第三产业占比均有所提高（见表3）。

表3 ISO情景下上海的产业结构情况

单位：%

	2021年	2025年	2035年	2060年
第一产业	0.24	0.20	0.20	0.20
第二产业	26.70	21.85	16.85	11.85
工业	24.85	20.00	15.00	10.00
建筑业	1.85	1.85	1.85	1.85

续表

	2021 年	2025 年	2035 年	2060 年
第三产业	73.06	77.95	82.95	87.95
交通邮电	4.27	4.50	5.00	8.00
批发零售、住宿餐饮业	13.78	15.00	17.00	20.00
其他服务业	55.01	58.45	60.95	59.95

第三种情景是节能减排（Energy Conservation and Emission Reduction，ECER）情景。ECER情景中，能源结构与能源强度选择低值，即能源结构与能源强度下降速率增大，其余各调控变量以及变化率均选择中值（见表4）。这些措施在需求侧管理方面，涉及根据单位节能成本标准实施的各种政策变化和技术改进。能源强度下降5%，继承第二种情景。

表4　ECER情景下的各部门的能源结构变化

	能源强度	能源结构
Agr.	每年下降4%	油品使用量到2060年完全由电力替代
Man.	每年下降4%	煤炭、油品使用量完全由天然气替代
Con.	每年下降4%	油品使用量到2060年完全由电力替代
W.R.A.C	每年下降4%	油品使用量到2060年完全由电力替代
T.M.	每年下降4%	油品使用量到2060年完全由电力替代
T.I.	每年下降4%	油品使用量到2060年完全由电力替代
U.H.	每年下降4%	油品使用量到2060年完全由电力替代
R.H.	每年下降4%	油品使用量到2060年完全由电力替代

第四种情景是提升生态系统碳汇能力（Enhancing Ecosystem Carbon Sink Capacity，EECC）情景，它通过模拟提高森林和湿地碳汇能力的生态修复政策来分析碳中和路径的变化。通过森林、湿地生态系统碳汇现状及增汇潜力的评估，模拟考虑碳汇情景下，不同碳汇政策对应的碳中和路径。根据2021年11月18日发布的《上海市第三次全国国土调查主要数据公报》，上海市水域及水利设施用地191335.76公顷（2870036.40亩）。其中，河流水面（包含长江河口零米等深线以上的水域）144733.52公顷（2171002.80亩），占75.64%；

坑塘水面22995.27公顷（344929.05亩），占12.02%。湿地72715.58公顷（1090733.70亩）。其中，沿海滩涂30815.68公顷（462235.20亩），占42.38%；内陆滩涂41574.53公顷（623617.95亩），占57.17%。97.26%的湿地分布在崇明区、岛屿岛滩、浦东新区。《上海市国土空间生态修复专项规划（2021~2035年）》提出，到2035年，保障山水林田湖草沙生命共同体竞生、自生、共生的正向演进。2022年11月18日，上海市发布的《关于进一步加强生物多样性保护的实施意见》明确，2035年市域生态用地占市域陆地面积比例大于60%。本模型假设到2060年，上海市森林覆盖率达到23.73%，湿地面积占比达到14.02%（见表5）。

表5 EECC情景下上海市生态用地类型情景设计

生态用地类型	2021年	2035年	2045年	2060年
森林/$10^3 hm^2$	123.1	132	138.8	149.5
湿地/$10^3 hm^2$	72.7	78	81.9	88.3
水面/$10^3 hm^2$	191.3	191.3	191.3	191.3

第五种情景是协同推进降碳、减污、扩绿、增长（Reduce Carbon, Reduce Pollution, Promote Green Development and Promote Growth, RRPG）情景，（简称协同推进情景）。在供给侧管理方面，需求侧的节能措施倒逼电厂安装容量的下降，同时对发电技术进行可再生能源转换。第三产业固定资产投资占比、科技投入强度均选择高值，能源结构和能源强度选择低值，生态修复强度选高值。该情景旨在探究上海产业结构、能源消费以及科技投入等综合优化调控政策下的未来碳排放趋势，分析上海协同推进降碳、减污、扩绿、增长对碳排放和生态环境的影响。具体来说，供热的能源全部来自太阳能和生物质能发热，发电的成本年均下降4%；绿化方面，到2060年，森林覆盖率达到28%，湿地面积占比达到15%。能源强度年均下降5%。制造业在2060年占产业结构的比重下降为8%，交通运输业在2060年占产业结构的比重下降为5%。工业部门的化石能源全部由电力替代，城市居民和农村居民使用的化石燃料完全由可再生能源替代（见表6）。

表6 上海降碳、减污、扩绿、增长协同情景设置

情景	第三产业固定资产投资占比	能源强度	能源结构	科技投入强度	生态修复强度
基准情景（BAU）	中	中	中	中	中
产业结构优化情景（ISO）	高	中	中	中	中
节能减排情景（ECER）	中	低	低	中	中
提升生态系统碳汇能力情景（EECC）	中	中	中	中	高
协同推进情景（RRPG）	高	低	低	高	高

四 上海区域碳中和路径优化模拟

当前上海能源供给不均衡态势明显。上海市拥有全国最高排放标准的火力发电厂，然而上海的电力有50%以上又依赖外部电网。本项目通过LEAP-SH2021模型将能源供给按中国能源平衡表的分类，分为发电、供热、炼焦、制气、洗煤、制煤、炼油7个部门，然后研究分析2020年至2060年每种情景的总生产成本。情景方案的比较将根据未来价格进行量化，总成本包括资本成本、固定运维成本和每种技术的可变运维成本，还可以包括环境外部性成本。本项目将结合LEAP模型中的NEMO模块，对五种情景下的政策进行模拟优化，通过变换情景政策强度，探索具有成本收益的政策组合，以分析未来协同推进降碳、减污、扩绿、增长的路径。

（一）不同情景的碳排放路径差异

上海市的碳排放路径随政策情景而呈现明显差异（见图4）。其中，在BAU情景下，上海市的碳排放呈现先增长然后逐渐趋于稳定的状态，到2060年的年碳排放总量为3.06亿吨。在ISO情景下，上海市的碳排放呈现波动性上升态势，到2060年比BAU情景少排放375万吨。在ECER情景下，上海市的碳排放呈现波动性上升态势，但比ISO情景要少，到2060年比ISO情景少排放2.2630亿吨。在EECC情景下，上海市碳排放比ECER

情景并未有太大变化，2060年的对应碳排放为7582万吨。在RRPG情景下，上海市的碳排放呈现出明显的下降趋势，到2058年实现了碳中和。

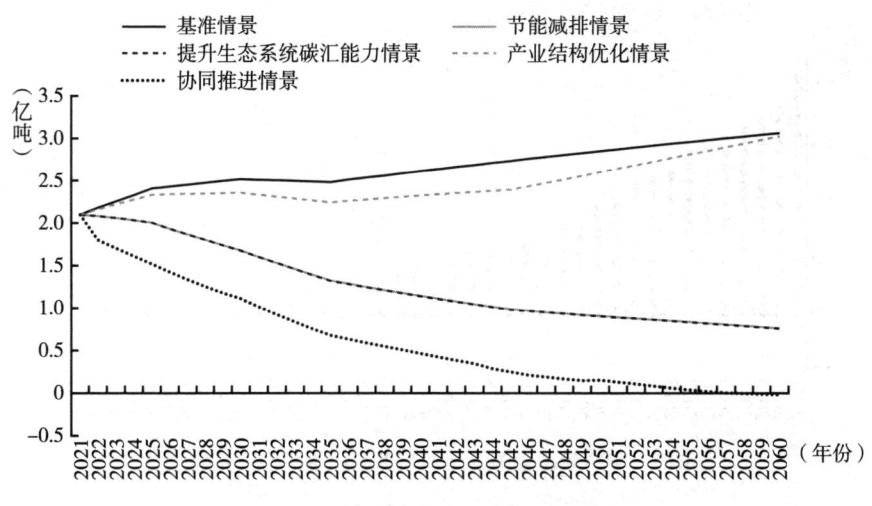

图4　不同情景下的上海市碳排放路径

（二）碳中和路径下的各部门碳源碳汇结构

在RRPG情景下，上海市能够在2060年前实现碳中和。此时交通运输、仓储和邮政业，工业和发电行业是上海建成人与自然和谐共生的碳中和城市的最大减排部门。在2060年，上海市交通运输、仓储和邮政业，工业和发电行业分别比2021年减排4613.16万吨、6836.79万吨、6427.92万吨。碳汇方面，上海市的森林是最大的碳汇部门，到2060年的碳汇是7464万吨。湿地和水域的碳汇总量并不高，到2060年对应的碳汇分别为813万吨和1908万吨（见图5）。

（三）碳中和路径下的可再生能源发展结构

在碳中和路径下，上海市的能源转型发挥了重要作用。在发电部门，到2060年，可再生能源占发电总装机容量的比重为46.05%，海上风电是最重

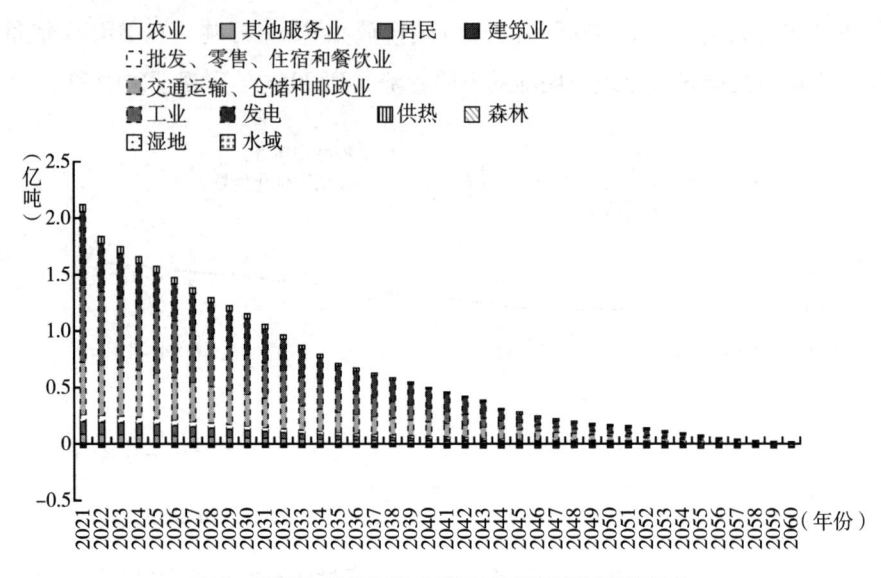

图例：农业　其他服务业　居民　建筑业　批发、零售、住宿和餐饮业　交通运输、仓储和邮政业　工业　发电　供热　森林　湿地　水域

图5　碳中和路径下的上海市各部门碳源碳汇结构

要的可再生能源，陆上风电和光伏电站所占的比重不高，分别为上海装机总量的3.6%和5.0%（见图6）。

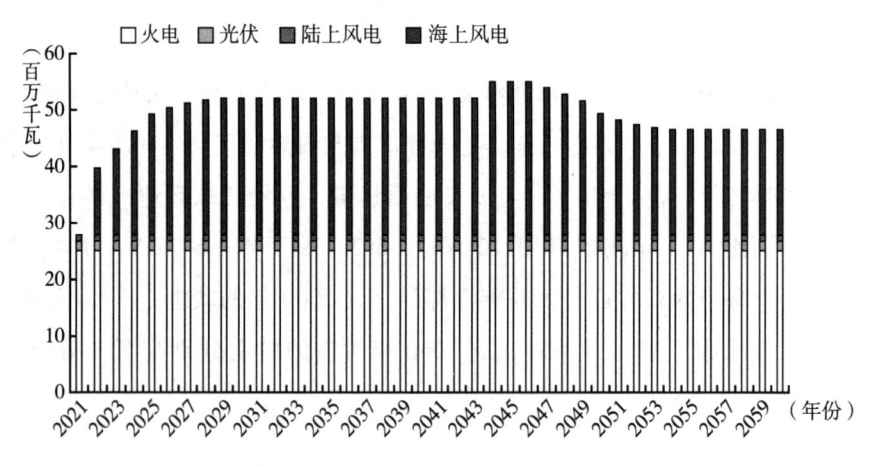

图例：火电　光伏　陆上风电　海上风电

图6　碳中和路径下上海市发电部门的分技术装机容量

碳中和路径下，上海市的可再生能源发电量在总发电量中的占比呈现快速增加态势。自2021年以来，上海市煤炭发电量占总发电量的比重从96.43%

降低到2060年的1.99%。海上风电在情景期内呈现快速扩张阶段，在2060年海上风电发电量占上海市发电的比重达到了97.94%。而2060年光伏发电和陆上风电发电量占上海市总发电量的比重较小，分别仅为0.04%和0.03%。

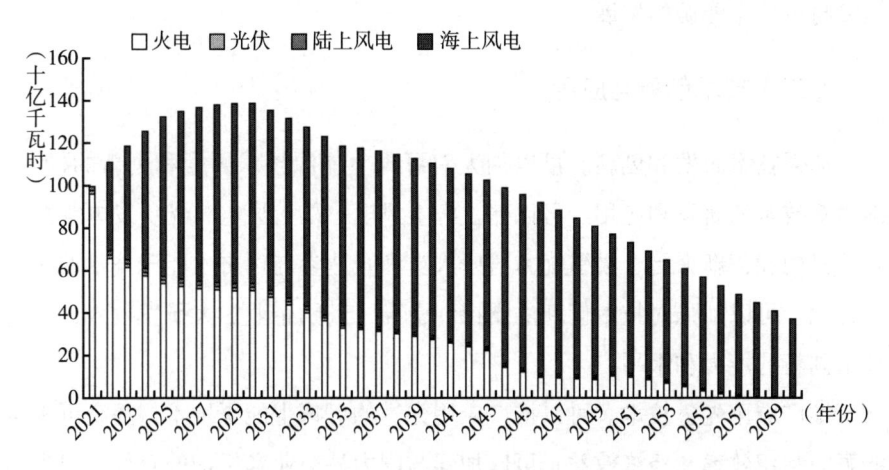

图7 碳中和路径下上海市发电部门的分技术发电量

五 上海市可再生能源发展路径的建议与对策

（一）争取政策支持与法律机制完善

建立健全海上风电发展的政策支持体系。可以制定并完善可再生能源的政策法规，包括鼓励使用可再生能源的奖励政策、限制使用传统能源的惩罚政策、优化电力市场的政策等。同时，建立健全海上风电发展的政策支持机制，提供财政支持、税收优惠和融资支持等，吸引更多的投资者和企业参与可再生能源的开发和利用。

推进可再生能源立法。可以加快制定可再生能源相关法律法规，包括可再生能源发展法、可再生能源利用和管理条例等。通过立法，明确可再生能源的发展目标、政策措施和管理要求，为可再生能源的发展提供法律保障和规范。

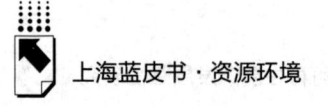

加强政策宣传和培训。可以加强对风电、光伏发电等可再生能源政策的宣传和培训，提高政策的知晓率和理解度。可以通过举办培训班、研讨会等形式，向企业和公众普及可再生能源政策的内容和要求，引导企业和公众积极参与可再生能源的发展。

（二）技术创新与应用

加强技术研发和创新。可以加大对可再生能源技术研发和创新的投入，推动新技术的研发和应用。可以建立海上风电、陆上风电、光伏发电等技术研发机构和创新平台，吸引优秀科研人员和企业参与可再生能源技术的研发和转化。可以加强对技术创新的支持和引导，鼓励企业加大研发投入，提高技术创新的能力和水平。

推广应用先进技术。可以推广应用先进的可再生能源技术，提高可再生能源的利用效率和经济效益。可以加强与国内外企业和机构的合作，引进和消化吸收先进的可再生能源技术，推动技术的转化和应用。可以加强对企业和公众的培训和指导，提高技术的使用和管理水平。

建立技术标准和规范。可以制定并推广海上风电、陆上风电、光伏发电等可再生能源的技术标准和规范，提高可再生能源设备和系统的质量和可靠性。可以加强对技术标准的研究和制定，建立健全的技术评价和认证机制，推动可再生能源技术的标准化和规范化。

（三）产业发展与经济驱动

培育可再生能源产业集群。可以加强对可再生能源产业的支持和培育，打造可再生能源产业集群。可以通过提供土地、资金、税收等方面的优惠政策，扶持可再生能源企业的发展。可以鼓励企业间的合作和联盟，形成产业链和价值链，提高产业的整体竞争力和创新能力。

推动可再生能源与其他产业的融合发展。可以推动可再生能源与其他产业的融合发展，形成新的产业增长点。可以加强与建筑、交通、制造等产业的合作，推动可再生能源在建筑节能、交通电动化、制造绿色化等领域的应用。可以鼓励企业开展技术创新和项目合作，促进产业的协同发展和互利共赢。

加强产业链的延伸和完善。可以加强可再生能源产业链的延伸和完善，提高产业的附加值和竞争力。可以加强对关键设备和材料的研发和生产，提高国内供应能力和市场占有率。可以加强对产业链上下游企业的培育和支持，形成完整的产业链条，提高产业的整体效益和竞争力。

（四）公众参与和社会共治

加强公众教育和宣传。可以加强可再生能源的公众教育和宣传，增进公众对可再生能源的认知和理解。可以开展宣传活动，如举办可再生能源知识竞赛、可再生能源展览等，向公众普及可再生能源的知识和应用。可以通过媒体、网络等渠道，加大宣传力度，提高公众对可再生能源的关注度和支持度。

加强社会组织的参与。可以鼓励社会组织参与可再生能源项目的决策和管理，增加公众的参与度和满意度。可以建立多方参与的决策机制，成立项目评审委员会，由政府、企业、专家和公众代表组成，共同参与项目的决策和评估。可以开展公众听证会、座谈会等形式的活动，听取公众意见，增加公众对项目的知情权和参与权。

加强监管和执法。可以加大对可再生能源项目的监管和执法力度，确保项目的合规性和环境保护。可以建立健全的监测和评估体系，对可再生能源项目的环境影响进行全面监测和评估，及时发现和解决遇到的难题。

参考文献

CEADs, 2021. China CO_2 Inventory 1997–2019（IPCC Sectoral Emissions）, https：//www.ceads.net/user/index.php? id=284〈=en（Accessed on 22 Jan. 2022）.

China State Council, 2017. National Population Development Plans（2016–2030）, http：//www.gov.cn/zhengce/content/2017–01/25/content_5163309.htm（accessed on 22

March 2022).

China State Council, 2019, Outline of the Regional Integrated Development Plan of the YRD, http://www.gov.cn/zhengce/2019-12/01/content_5457442.htm (accessed on 22 March 2022).

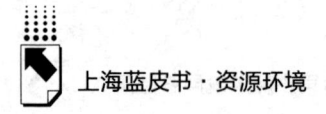

Cieplinski, A., D'Alessandro, S. and Marghella, F., 2021, "Assessing the Renewable Energy Policy Paradox: A Scenario Analysis for the Italian Electricity Market", *Renewable and Sustainable Energy Reviews*, 142.

DeCarolis, J. et al., "Formalizing Best Practice for Energy System Optimization Modelling, *Applied Energy*, 2017, 194.

Li, J., Ho, M. S., Xie, C. and Stern, N., "China's Flexibility Challenge in Achieving Carbon Neutrality by 2060", *Renewable and Sustainable Energy Reviews*, 2022, 158.

Lin, B. and Raza, M. Y., "Analysis of energy security indicators and CO_2 Emissions. A Case from A Developing Economy", *Energy*, 2020, 200.

Mo J., Duan H., Fan Y., Wang S., "China's Energy and Climate Targets in the Paris Agreement: Integrated Assessment and Policy Options", *Economic Research Journal*, 2018, 53 (09).

Xiao, J., Li, G., Xie, L., Wang, S. and Yu, L., "Decarbonizing China's Power Sector by 2030 with Consideration of Technological Progress and Cross-regional Power Transmission, *Energy Policy*, 2021, 150.

Y. Yang, Y. Shi, W. Sun, et al, "Terrestrial carbon sinks in China and around the world and their contribution to carbon neutrality", *Science China. Life sciences*, 2022, 65 (5).

B.8
创新驱动上海现代化能源电力体系发展

孙可哿[*]

摘　要： 现代化能源电力体系以"清洁低碳、安全高效"为特征，呈现功能目标多样化、市场参与主体多样化、高比例可再生能源接入等特征。上海供电安全性和效率较高、消纳大量外来清洁电力、电力系统灵活性提升、技术发展具有相对优势、信息化技术应用初见成效，但本地可大规模开发的可再生能源禀赋不足、用电负荷峰谷差异大、需求侧波动性高，亟须通过技术与体制机制创新驱动现代化能源电力体系发展。一方面，需要立足本地市场需求，通过发展储能、分布式电源、需求侧响应等技术提升能源电力系统的灵活性，以应对现代化能源电力体系下的供给与需求双重波动性提升；另一方面，需要通过电力市场机制、财政金融支持机制创新，保障电力系统适应高比例可再生能源接入和多市场主体参与。

关键词： 新型电力系统　能源　清洁电力　"双碳"

　　能源节约和低碳化使用是建设人与自然和谐共生的中国式现代化的关键之一，而新型电力系统的构建是实现能源节约和低碳化使用的重要组成部分。2023年6月国家能源局组织发布《新型电力系统发展蓝皮书》，指出电力供应保障支撑、新能源开发利用、储能布局应用体系的建设，以及电力系统标准与规范、核心技术与重大装备、配套政策与体制机制创新是中国新型

---

[*] 孙可哿，博士，上海社会科学院生态与可持续发展研究所助理研究员，研究方向为能源环境经济学。

电力系统发展的重点任务。上海面临以化石能源消费为主、本地可再生能源资源禀赋不足的现状，在新型电力系统发展的目标下，需要通过能源电力系统关键核心技术创新、体制机制创新驱动现代化能源电力体系发展。本文通过总结欧美发达经济体能源电力体系发展遇到的困境，从电力系统灵活性技术创新、基础设施建设机制创新、电力市场机制设计创新的角度总结能源电力体系发展的经验，为上海建立人与自然和谐共生的现代化电力生产、消费体系提供参考。

一　现代化能源电力体系的内涵与特征

2022年3月国家发改委、国家能源局发布《"十四五"现代能源体系规划》，指出现代能源体系的核心内涵是"清洁低碳，安全高效"，其中大力发展非化石能源、构建与之相适应的新型电力系统是能源绿色低碳转型的重要内容。《新型电力系统发展蓝皮书》则指出安全高效、清洁低碳、柔性灵活、智慧融合是新型电力系统的基本特征，其中安全高效要求建立电源、电网、市场机制适应高比例可再生能源的电力系统；清洁低碳则强调形成以非化石能源为主的多种清洁能源协同互补、低碳零碳负碳技术支持的电力系统；柔性灵活则突出形成源网荷储灵活互动、需求侧响应能力提升的电力系统；智慧融合则强调"云大物移智链边"数字信息技术的应用。《上海市能源发展"十四五"规划》中则指出"以科技创新和体制改革为双动力，加快打造与超大城市相适应的安全、清洁、高效、可持续的现代能源体系"。由此可见，构建与高比例可再生能源相适应的新型电力系统是上海发展现代化能源体系的重要内容，上海现代化能源电力体系的核心内涵也在于安全、清洁低碳、高效、可持续，科技创新、体制创新是上海现代化能源电力体系建设的推动力量。

现代化能源电力体系需要实现功能定位、能源供给结构，以及相应的电网架构、运行机制的转变。在功能定位方面，现代化能源电力体系需要由传统的服务经济社会转变为引领和支撑各行各业实现清洁低碳的用能方式。在能源供给结构方面，现代化能源电力体系需要实现以化石能源为主的供给结构向以新能源为主的多能互补供给结构转变。在功能目标多样化、高比例可再生能源接入的情况下，现代化能源体系面临着新能源电力高波动性、多主体参与电力市场的高不确定性等问题，相应的电网构架、运营机制需要进行转变以保障新能源消纳和电力供给安全。在电网架构方面，要逐步实现从以"集中式生产、远距离传输"的骨干电网为主的模式向骨干电网搭配"源网荷储一体化配电网"模式的转变。当前新能源消纳主要依靠特高压主干电网将"三北"（东北、华北、西北）地区过剩的资源输送到东部负荷较大的地区，但随着新能源进一步开发、供给进一步加大，大比例可再生能源接入电网造成的波动性问题突出，骨干特高压、长距离输送电网面临着建造成本高、建造空间不足、电磁环网故障等问题。因此现代化能源电力体系的发展，要求建立源网荷储一体化的配电网体系，实现可再生能源的就近消纳。在运营机制方面，由电网调度为主转变为多主体参与市场。当前电力系统主要由电网调度电源满足即时的负荷需求，但在高比例可再生能源接入的情况下，虚拟电厂、分布式电源、微电网等多主体参与市场，这些主体既是发电者，又是用电者，融合发、输、配、售、用等功能，亟须建立起与之相适应的多主体参与运营机制。

二 上海能源电力体系的发展与创新现状

目前，上海电力供给可靠性高、线损率低，能源供给和消费结构持续优化，能源强度和碳排放强度持续下降，碳排放总量趋于达峰，通过需求侧管理、储能技术等的推广应用，电力系统灵活性实现提升，探索数字信息技术与能源电力体系的结合初显成效。在技术创新方面，近年来上海形成燃料电池、可再生能源发电技术的创新高地，电力领域专利申请强度高于全国平均水平。在制度创新方面，上海探索电力现货市场试点工作，通过金融创新支持分布式可再生能源发展，推进省际清洁电力交易机制建设。

（一）上海能源电力体系的发展现状

在安全高效方面，上海电力供给可靠性显著领先于全国平均水平，供电线损率低于全国平均水平。在供电安全性方面，2021年上海电力可靠性指标在全国31个省会（首府）城市和直辖市中位列第5，仅次于杭州、广州、南京、北京，其中城市供电可靠率排名第1、农村供电可靠率排名第6。具体而言，2021年上海市电力公司城市、农村供电可靠率分别达到99.99%、99.98%，城市、农村每户年度平均停电时间分别为0.23小时、1.48小时，而同期全国城市和农村的每户年度平均停电时间分别为4.89小时、14.06小时。在供电效率方面，2021年上海供电线损率为4.09%，在全国31个省区市中排名第10，比全国平均线损率低1.17个百分点[①]。

此外，近年来上海采取措施在多方面保障能源电力体系的安全高效。一是在电源方面着力开发本地可再生能源，分布式太阳能规模显著扩大。2021年上海分布式太阳能发电装机容量达到144万千瓦，相对于2017年的59万千瓦增加了1.44倍，占上海总发电装机容量的5.17%，占比在各省区市中排第9位。二是在电网布局方面重点支持高压输电网络建设，以支持系统安全与高效运行。2021年，上海35千伏以上输电线回路长度达到10507千米，相较于2015年增加578千米，市区单位面积输电线（35千伏以上）回路为1.66千米/公里^2，在全国31个省区市中排名第5，仅次于山西、河北、河南、安徽。2023年7月上海发布《上海市电网建设若干规定》，将220千伏输电网建设、110千伏和35千伏配电网升级改造项目优先列入市、区重大工程计划，以支持上海电力基础设施建设。

在清洁低碳方面，上海在供给侧推进能源结构优化，在需求侧推进能源终端消费电气化，促进能源强度和碳排放强度下降，助力现代化能源电力体系低碳转型。从能源供给结构来看，2021年上海风电、太阳能发电装机容量分别达到107万千瓦、168万千瓦，可再生能源发电装机容量占比从2015

---

① 数据来源：《电力工业统计资料汇编》。

年的3.50%上升到2021年的9.87%，但由于风力、光伏机组利用小时数仍较少，可再生能源发电占比仍然较低。火力发电则在一定程度上趋于清洁低碳化，2021年上海火力发电燃气消耗量达26.48亿立方米，相较于2015年上升了68.56%，而同期煤炭消耗量仅上升21.15%、总火力发电量上升20.08%。2021年上海调入市外来电833.51亿千瓦时[1]，相较于2015年上升28.77%，其中主要为来自湖北、四川等地的清洁电力。从能源终端消费来看，2021年上海电力消费达1749.62亿千瓦时，相较于2015年增长24.49%，电力消费占终端能源消费比重相较于2015年上升19.01个百分点，电气化程度显著提升。从能源消费和碳排放效率来看，2021年上海单位生产总值能耗为0.278吨标准煤/万元、单位生产总值电耗为415.54千瓦时/万元，相较于2015年分别下降39.96%、16.37%。2019年上海碳排放总量192.91百万吨，相较于2015年下降1.23%，碳排放强度约为0.51万吨/亿元，相较于2015年下降21.33%[2]。

在柔性灵活方面，上海大力推进储能、需求侧响应技术研发和应用，开展电力现货市场、辅助服务市场建设，以支撑能源电力体系由传统刚性、消费型系统向柔性、生产和消费兼具型系统的转变。一是发展储能技术，以支撑电力系统实时平衡、保障电力供给安全。据统计，截至2022年12月，上海共有36家储能产业相关企业，占全国该行业企业数量的9.73%，在电池管理系统、正负极材料、储能系统集成领域具有相对优势[3]。其中，上海电气储能科技有限公司自2020年以来聚焦突破长时储能技术缺口，已实现千瓦级、兆瓦级液流储能设备的自主研发、生产和出口[4]。2023年4月，特斯

---

[1] 数据来源：《中国能源统计年鉴》。
[2] 上海市能源生产与消费数据来自《上海统计年鉴》《中国能源统计年鉴》，碳排放数据来自CEADs数据库。
[3] 连俊翔：《长三角成为储能产业高地》，《解放日报》2023年6月14日，第10版。
[4] 吴丹璐：《上海电气储能科技完成A轮融资，百兆瓦长时储能项目签约落地》，《上观新闻》2023年9月12日。

拉在上海建设储能超级工厂，预期将会给上海本地储能产业带来技术溢出效应[1]。二是建立电力需求侧响应机制，提升电力系统灵活性。2019年4月，上海市经信委发布《关于同意开展上海市综合需求响应试点工作的批复》，上海探索通过竞价交易的经济补偿方式激励终端用户参与需求侧响应。自2019年起，上海已先后在黄浦区商业建筑、世博B片区、电力公司楼宇等地开展虚拟电厂示范项目，逐步扩大市场参与主体类型和覆盖范围。截至2023年7月，上海已经将储能、分布式能源、虚拟电厂全部纳入需求响应机制，以提升能源电力系统的灵活性和韧性。三是建立并逐步完善电力现货市场、辅助服务市场机制，支持灵活性资源的市场价值实现。2020年4月国家能源局华东监管局、上海市发改委和经信委发布《上海电力调峰辅助服务市场运营规则（试行）》，并于5月初步启动电力调峰辅助服务市场，包括深度调峰、调停调峰、电储能调峰、虚拟电厂调峰等交易品种，为促进新能源消纳、保障上海电力系统高效稳定运行提供支持。2022年7月22日，上海电力现货市场启动第一阶段的模拟试运行，推动上海电力市场交易类型的进一步完善。

在智慧融合方面，上海能源电力领域相关企业积极推广数字信息技术在电网运营、虚拟电厂等方面的应用，以进一步挖掘数据在提升能源电力系统效率中的价值。在电网运营方面，2019年国网上海电力公司开展"智财务"体系建设，依托云计算、大数据、物联网、人工智能、区块链等技术，高效服务上海光伏上网用户，提升工作效率、降低数据风险，并探索建立将电力公司、电力用户、金融机构、设备供应商等多方市场参与者价值需求相关联的"电益链"业务，以解决供应商融资难等问题[2]。截至2023年8月，国网上海电力公司已经将AI技术应用到设备巡检、配电网熔断器安装、台风气象监测预警等工作中，提升电网运营工作的效率和精度。在虚拟电厂技术方面，2023年7月国电投上海分公司开展基于大数据技术的综合智慧零碳

---

[1] 余蕊均：《特斯拉储能超级工厂落"沪"关键在于营商环境》，《每日经济新闻》2023年4月14日，第8版。

[2] 李海群：《国网上海电力电益链能源云服务体系构建与应用》，《国企管理》2019年第12期。

电厂建设,该虚拟电厂集源网荷储充于一体,将用户的分散资源聚合起来,与需求侧响应平台、调度平台对接,同时发挥调频、调峰功能[①]。

(二)上海能源电力体系的技术与制度创新现状

1. 上海能源电力体系的技术创新

上海能源体系绿色技术创新的发展历史与国家、地方的清洁能源政策演进紧密相关。近四十年来,中国清洁能源政策的发展由早期以能源节约为主,推动农村生物质能、小水电发展,发展到大力推动太阳能、风能等新能源发展,再过渡到节能、新能源多元可持续发展的阶段。1980年国家经济委员会发布的《关于加强节约能源工作的报告》将能源节约作为专项工作纳入国家宏观管理,标志着清洁能源政策的开端。1983年国务院批转《关于积极发展小水电建设中国式农村电气化试点县的报告》、1986年国家经济委员会发布《关于加强农村能源建设的意见》则旨在通过支持农村小水电、生物质能等新能源的开发利用促进农村电气化发展,弥补农村生产生活能源的不足。1995年国家科委等三部门印发《中国新能源和可再生能源发展纲要(1996~2010)》,提出加大太阳能、风能、地热能、生物质能、氢能等清洁能源技术发展的资金投入,将清洁能源发展纳入国家能源建设计划。进入21世纪以来,中国清洁能源政策则进入多元化发展阶段,各地相继推出支持能源节约、新能源和可再生能源的政策规划。2006年上海市人民政府发布《上海市能源发展"十一五"规划》,在节能技术创新方面,提出推进工业设备、建筑、交通、余热利用、绿色照明等十项重点节能工程的发展;在替代能源技术创新方面,提出加大氢能、太阳能和风能、火电和核电能源装备产业的技术研发投入。

本文根据关键政策以1996年、2006年为时间节点,基于世界知识产权组织(World Intellectual Property Organization,WIPO)的绿色专利分类清单,统计1985~1995年、1996~2005年、2006~2020年三个阶段上海能源

---

① 沈梅:《上海:用综合智慧零碳电厂为夏季能源保供"释压"》,新华网,2023年7月20日。

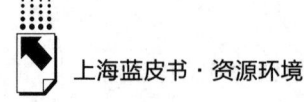

领域绿色专利的类型分布。如图1所示，1985～1995年的早期发展阶段上海能源领域绿色创新侧重于能源节约，耗电量测量与电源电路节能等节能技术专利占能源绿色专利申请总量的60.85%，而可再生能源等替代能源技术专利申请仅占35.41%，且以生物燃料、垃圾再生能源为主。1996～2005年的新能源发展阶段，可再生能源等替代能源技术创新专利申请数量占比上升到66.85%，耗电量测量与电源电路节能等能源节约技术创新专利申请数量占比则下降到32.20%，"九五""十五"期间上海初步形成以燃料电池、光伏发电为主的能源技术领先优势。2006～2020年的多元可持续发展阶段，上海能源绿色专利中替代能源技术创新与节能技术创新几乎平分秋色，分别占比53.64%、43.60%，其中太阳能技术专利申请数量超过燃料电池，成为替代能源技术创新的主要类型。由此可见，上海能源绿色技术创新的发展历史与相关能源政策的演进历史高度重合，总体呈现早期侧重于节能技术研发、中期侧重于新能源与可再生能源技术研发、近期替代能源与节能技术研发并重的特点。而在替代能源研发方面，则呈现早期以生物质能、垃圾再生能源利用为主，中期形成燃料电池技术研发高地，近期侧重于太阳能技术研发的特点。

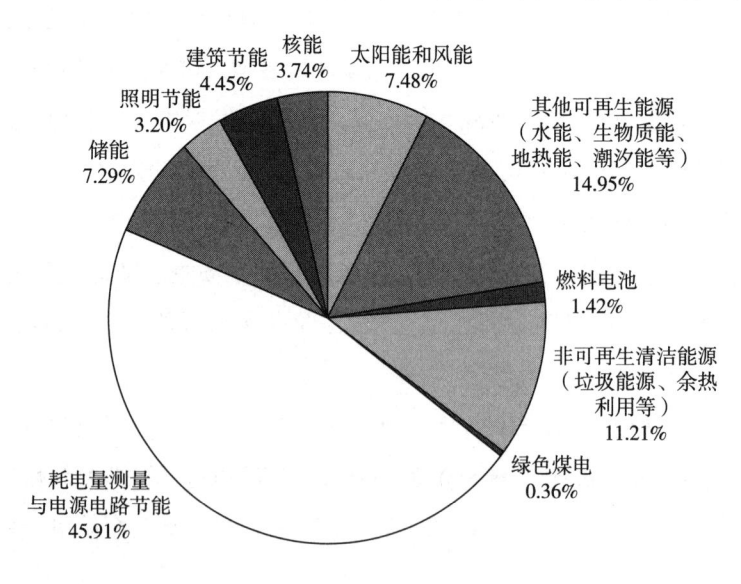

建筑节能 4.45%
核能 3.74%
太阳能和风能 7.48%
照明节能 3.20%
其他可再生能源（水能、生物质能、地热能、潮汐能等）14.95%
储能 7.29%
燃料电池 1.42%
非可再生清洁能源（垃圾能源、余热利用等）11.21%
绿色煤电 0.36%
耗电量测量与电源电路节能 45.91%

（1）1985~1995年

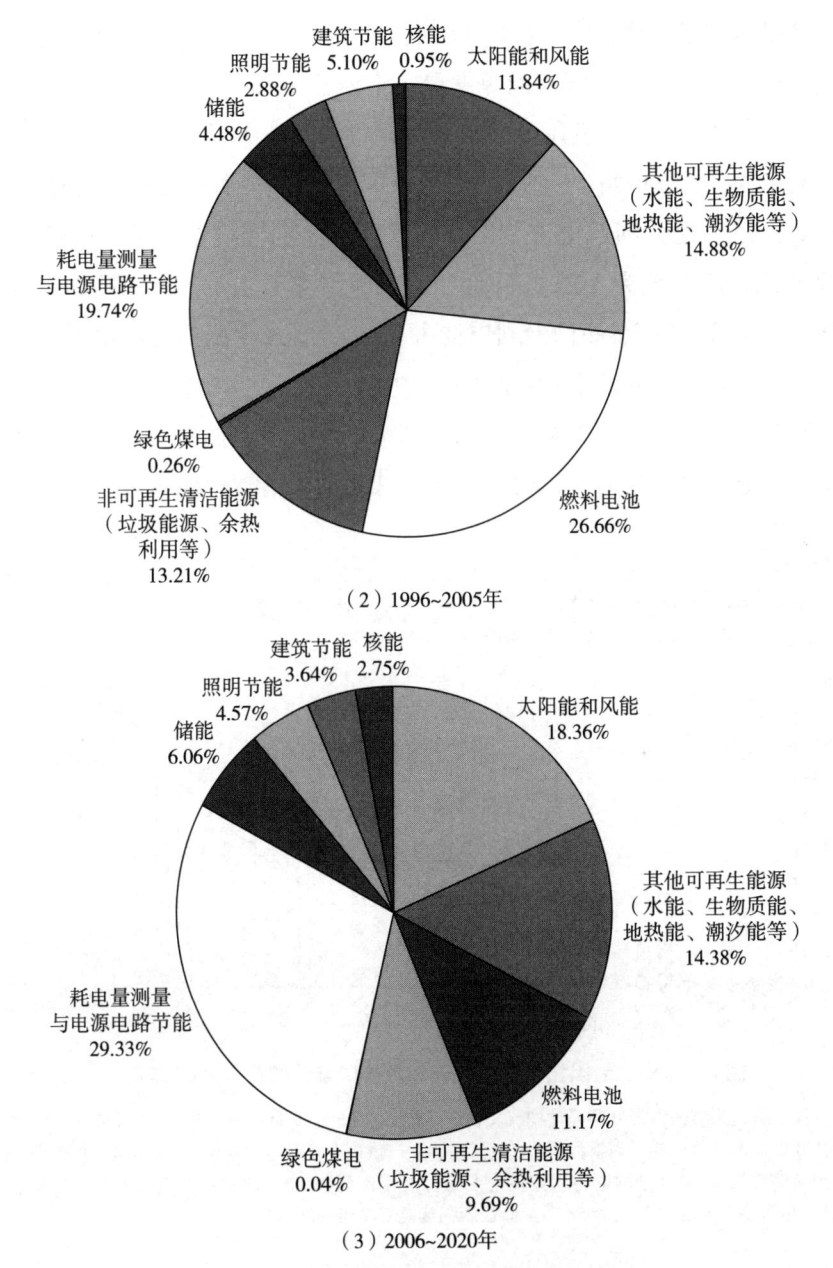

图1 上海能源绿色专利类型阶段性分布

(2) 1996~2005年

- 建筑节能 5.10%
- 核能 0.95%
- 照明节能 2.88%
- 储能 4.48%
- 太阳能和风能 11.84%
- 其他可再生能源（水能、生物质能、地热能、潮汐能等）14.88%
- 耗电量测量与电源电路节能 19.74%
- 绿色煤电 0.26%
- 非可再生清洁能源（垃圾能源、余热利用等）13.21%
- 燃料电池 26.66%

(3) 2006~2020年

- 建筑节能 3.64%
- 核能 2.75%
- 照明节能 4.57%
- 储能 6.06%
- 太阳能和风能 18.36%
- 其他可再生能源（水能、生物质能、地热能、潮汐能等）14.38%
- 耗电量测量与电源电路节能 29.33%
- 燃料电池 11.17%
- 绿色煤电 0.04%
- 非可再生清洁能源（垃圾能源、余热利用等）9.69%

数据来源：数据来源于国家专利局。根据WIPO绿色专利分类，太阳能和风能、其他可再生能源、燃料电池、非可再生清洁能源、绿色煤电类别专利属于替代能源技术专利；耗电量测量与电源电路节能、储能、照明节能、建筑节能属于节能技术专利。

从电力领域来看，近年来上海在新能源技术、火力发电能效提升方面加快创新速度。根据《上海市能源发展"十四五"规划》总结，"十三五"期间上海在能源装备研发制造技术方面取得创新与突破，包括H级燃气轮机、高温气冷堆核电站、6兆瓦直驱海上风机、250千瓦集装箱式储能系统、国内最大吊重能力的风电安装船。根据欧洲专利局检索结果，1985年至2022年底，注册地为上海的企业在发电领域累计公布专利申请820项，2016年至2022年底公布的专利申请占55.73%，其中以广泛应用于太阳能电池板、风力发电机等可再生能源系统中的逆变器技术创新为主。如图2所示，2002年后上海发电领域的技术创新强度均高于全国平均水平，呈现波动上升趋势，2011年后单位销售收入累计专利申请数达到全国平均水平的两倍以上。

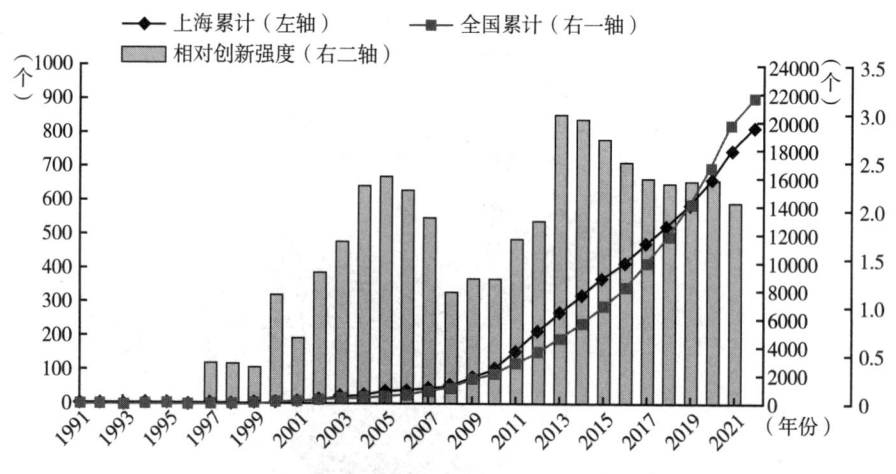

图2 上海、全国发电领域公开专利申请累计数量（1985年起）

注：数据来源于欧洲专利局数据库，检索日期为2023年9月1日。统计1985年至当年累计公开申请专利数。相对创新强度=（上海电力生产供应业累计专利申请数/上海电力生产供应业产品销售收入）/（全国电力生产供应业累计专利申请数/全国电力生产供应业产品销售收入），相对创新强度大于1，即表明上海创新强度高于全国平均水平。

2. "十三五"期间上海能源电力体系的制度创新

"十三五"以来，上海在能源电力体制创新方面取得显著进展，积极推进电力体制改革、可再生能源金融支持政策创新、清洁电力交易机制创新等。在电力体制改革方面，上海积极促进电力市场化交易机制形成。上海是电力现货市场第二批6个试点省区市之一，是全国首个直辖市电力现货市场试点，2017年市政府发布《上海市电力体制改革工作方案》以来，上海市积极展开电力体制改革方案课题研究，近年来制定电力现货和中长期交易方案，发布电力现货市场实施细则，推进上海电力交易中心的股份制改革，推动增量配网试点，促进燃煤、燃气电力定价机制创新，推进分电压等级的输配电价核定。在可再生能源金融支持政策创新方面，上海积极开展"阳光贷"金融创新，支持分布式光伏发电。2015年底上海市开展分布式光伏"阳光贷"，目前"阳光贷"项目为上海市开展光伏发电项目的企业提供累计余额不超过2000万元的贷款担保，着力于解决新能源企业贷款难的问题。在清洁电力交易机制方面，上海率先创新推出省际清洁购电交易机制，实施发电、控煤结合的市场化机制。2021年上海市发改委、市经信委、华东能监局发布《上海市省间清洁购电交易机制实施办法》，在消纳外来风、光可再生能源电力比例提升，限制市内煤炭发电总量的背景下，该办法明确市场成员、交易品种、交易组织方式、交易补偿机制，在协调市内发电和市外来电的利益矛盾，统筹能源供给安全、清洁、经济的三角目标方面具有重要意义。

三 国外现代化能源电力体系建设面临的问题与经验对策

近年来，地缘政治危机引发能源危机、能源低碳转型与可再生能源比例大幅提升、多重目标下的能源政策冲突等问题对世界各国现代化能源体系建设形成了新的挑战。欧美等国通过增强电力系统灵活性、提升技术发展水平、加强远距离输电网络等能源基础设施建设、推动电力市场设计机制创新等措施，从技术和制度两方面提升电力系统灵活性，保障能源供给的安全性、可支付性、可持续性，为上海现代化能源电力体系建设提供参考。

（一）国外现代化能源电力体系建设面临的主要问题

1. 地缘政治危机与能源安全问题

近年来，地缘政治危机引发能源价格危机、加剧能源供给安全问题，各国重视能源供给稳定性和价格可支付性，难以兼顾能源供给的清洁性。建立现代化能源电力体系的核心在于能源低碳转型，兼顾供给安全的能源目标使得低碳转型目标实现难度上升。以欧洲国家为例，2022年俄乌冲突给国际油气市场带来冲击，导致油气价格呈现高位震荡趋势，欧洲国家在遭遇气候危机导致的可再生能源发电量骤减的情况下增强了对进口油气的依赖，最终导致国内电力价格大幅上升，引发能源价格危机。能源价格和供给危机对欧洲现代化能源电力体系和能源低碳转型造成影响。一方面，一些欧洲国家在能源安全、清洁、廉价的"能源不可能三角"中偏重于安全和廉价两个目标，从而相对忽视了能源清洁目标，通过推动煤炭等化石能源替代更为清洁的石油、天然气、光伏和风力等能源，从而降低对国外进口能源的依赖，也降低了对受气候波动影响显著的可再生能源的依赖，在现代化能源电力体系建设的道路上退步。另一方面，危机也给欧盟能源转型带来新的契机，能源安全部门更加重视通过能源转型、提高可再生能源电力供给比例实现欧盟能源独立性，降低对进口化石能源的依赖。在俄乌冲突的地缘政治危机及气候变化危机背景下，欧盟推行REPowerEU计划，旨在降低对俄罗斯化石能源的进口依赖，并加速欧洲能源绿色转型，具体采取能源节约、能源供给多样化、推进可再生能源替代化石能源等措施。

2. 高比例可再生能源接入与现行电力市场机制冲突的问题

据IEA预测，全球风力、光伏发电占总发电量比重将会从2020年的9%上升到2050年的70%。光伏、风力等可再生能源供给受气候因素影响较大，呈现显著的季节性、时间性波动。在现代化能源电力体系下，高比例可再生能源接入电网加剧了电力系统供需平衡困难和价格波动。系统运营商（Independent System Operator，ISO）根据发电机组的报价排序调度机组发电，当可再生能源供给大于需求时，由于其边际成本为零，将会大规模渗透入电网，造成实时电价大幅下降；而当可再生能源短缺时，则会造成电力供给不足、电价大幅上升。此外，光伏、风力等可变可再生能源的发展对储能设备与技术的投资和运营产生大量需求，造成供电成本上升，进而对电力市场规则和市场设计提出新的要求。

以美国电力市场为例，传统化石能源即时发电量由系统运营商基于发电商投标报价或边际成本形成的供给曲线和即时需求决定，电力系统主要致力于处理由天气变化导致的需求侧波动。但风力、太阳能发电量由风力、太阳能资源供给决定，具有不可预测性，对电力系统供需平衡造成极大冲击，高比例可再生能源接入后，电力系统需要同时应对天气变化引发的需求侧和供给侧波动。在这种情况下，储能的应用对于平衡可再生能源电力供给和需求具有重要意义，但美国当前电力市场的运营规则和监管机制主要是基于可靠的可调度发电机组设计的，并未充分考虑储能技术。随着技术的发展和成本的下降，未来储能将在美国电力系统中占据越来越重要的地位，大规模的储能技术投资和应用将会给美国电力市场运营、融资需求、市场机制设计带来新的挑战。美国高比例可再生能源接入的电力系统机制设计必须考虑两个目标：一是碳排放约束、储能技术应用情景下发电成本升高，应当限制电力价格上限；二是电力零售价格应当反映能源使用的边际成本或边际价值，即当电力供大于求时，电价应当降低以鼓励消费，当电力短缺时，电价应当升高以抑制消费。

3. 多重目标下能源政策效应冲突问题

"能源不可能三角"概念认为任何一个能源系统都不可能同时达到能源供给安全、能源可支付性、能源可持续目标。面临错综复杂的国际能源供给形势、国内资源禀赋约束和日益增长的能源需求，各国针对能源低碳转型、能源系统安全稳定、能源价格保障采取了多维政策措施，这些政策措施目标难以一致，甚至产生冲突，影响政策效果。2023年《BP世界能源展望》指出能源低碳转型必须协同处理能源安全、能源可支付性、能源可持续目标[1]。一些

---

[1] Spencer, Dale. BP Energy Outlook. 2003. P. 5.

政策模拟研究表明以减碳为目标的政策（支持风电、光伏等可再生能源发展），通常会提高能源价格，而能同时实现减碳、降低能源价格的政策（支持可再生能源、核电发展）又会导致能源安全受到负面影响，只有不同维度的政策与异质性市场参与者的策略协同才能实现能源安全、可支付、可持续三重目标，这些政策措施包括高频调整的碳价、可再生能源补贴、扩大容量市场等[1]。

（二）现代化能源电力体系建设的国际政策措施经验

1.支持关键能源技术发展和应用，提升电力系统灵活性

高比例可再生能源接入提升了电力系统供给波动性，与之相对应，电力需求侧管理、储能等技术则能够提升电力需求灵活性。欧美国家越来越重视电力需求侧管理、储能等技术在现代化能源电力体系中的应用，相关设备和技术的创新和应用能够降低终端能源需求、支持分布式可再生资源整合、管理供需平衡，从而从整体上提升电力系统的灵活性。其中，电力需求侧管理相关的硬件设施主要包括基于传感器的控制设备、通信系统、智能设备、自动计量设备，以及最优化的处理硬件。信息和通信技术（Information and Communication Technology，ICT）设备、智能电表的整合在需求侧管理中具有关键作用，它使得可再生能源接入电网的动态实时定价成为可能，能够实现降低终端能源消费成本、最优化可再生能源利用、通过允许消费者参与电力市场实现其效用最大化。在高比例可再生能源接入的电力系统中，储能则发挥着可再生能源间歇性的缓冲器作用。储能包括电化学储能、空气压缩储能、热能存储、抽水蓄能等，尽管与需求侧管理在技术细节、经济激励机制

---

[1] Barazza, Elsa, Strachan, Neil. "The Co-evolution of Climate Policy and Investments in Electricity Markets: Simulating Agent Dynamics in UK, German and Italian electricity sectors", *Energy Research & Social Science*, 2020. Vol. 65; Genser, Busra, Larsen, Erik Reimer, van Ackere, Ann. "Understanding the Coevolution of Electricity Markets and Regulation", *Energy Policy*, 2020; Weiss, Olga, et al. "The Swiss Energy Transition: Policies to Address the Energy Trilemma". *Energy Policy*, 2021. Vol. 148.

方面存在不同，也能够实现特定时间、特定空间的净电能需求调整目标[①]。储能与需求侧管理还能够在电力市场中相互衔接，为进一步提升电力系统灵活性服务。在允许储能参与的电力市场中，电力需求侧管理能够支持储能的供电和存储服务实现动态实时定价[②]。

2. 加强能源基础设施建设，综合考虑安全、经济、低碳多重目标

为了满足现代化能源电力体系的深度脱碳目标，欧美国家致力于加强国内、国际输电网络建设，以解决光伏、风力等可再生资源存在的空间分布不均衡问题。对于欧美国家深度市场化的电力市场来说，扩大输电网络以创造更大范围的一体化电力批发市场，能够在更大范围内系统高效地调度光伏、风力等可再生能源发电，降低弃风弃光率、减少对备用火电机组和储能设备的需求，从而降低电力系统成本。但欧美国家输电网络的建设受到多重因素制约：一方面输电网络运营商（Transmission System Operator，TSO）管理范围较小，无法决策跨区域的网络投资；另一方面输电网络投资决策通常仅限于考虑传统的网络可靠性、市场效率问题，忽视了低碳发展目标[③]。为了解决这一问题，欧盟建立了一个名为 ENTSO-E 的输电网络计划组织，该组织覆盖了欧洲所有同步互联电网下的输电网络运营商，致力于决策和管理欧盟输电网络投资活动，并综合考虑系统稳定性、市场整合、个体运营商利益、低碳发展等多重目标。2020 年 ENTSO-E 发布了一个十年发展计划，评估了 180 个潜在的输电网络和储能设施建造项目计划，包括欧盟与北非、英国、爱尔兰、北欧等地的输电网络连接工程，以及意大利、英国、爱尔兰、挪威、德国等的国内输电网络工程[④]。

---

① Saffari, Mohammadali, et al. "Assessing the potential of demand-side flexibility to improve the performance of electricity systems under high variable renewable energy penetration". *Energy*. 2023. Vol. 272.
② Panda, Subhasis, et al. "A comprehensive review on demand side management and market design for renewable energy support and integration". *Energy Reports*. 2023. Vol. 10.
③ Joskow, Paul L.. "Facilitating Transmission Expansion to Support Efficient Decarbonization of the Electricity Sector". *Economics of Energy & Environmental Policy*. 2021. Vol. 10.
④ https://tyndp2020-project-platform.azurewebsites.net/projectsheets.

3. 推进电力市场设计调整，适应低碳能源体系特征

此外，欧美国家还将电力市场的重新设计和调整作为适应现代化电力能源体系高比例可再生能源特征的重要工作内容。一是通过电力市场的期权、期货合约等金融衍生工具对冲可再生能源接入引起的价格波动风险；二是调整电力市场的运营机制，以适应同时包含储能、分布式电源、负荷聚合商等多主体参与的电力市场；三是调整电力市场定价机制，通过设置批发市场价格上限、价格下限等方式，避免可再生能源接入后出现的极高、极低电价对投资者收益和消费者福利产生的潜在负面影响。但由于高比例可再生能源接入的电力系统尚未完全形成，欧美国家电力市场设计的调整仍在讨论和商议阶段。例如，英国推行了一项电力系统设计评审活动（The Review of Electricity Market Arrangements，REMA），征询公众对于推行零碳电力市场设计具体做法的看法，相关提议包括建立分割电力市场、引入区域定价、建立分布式能源市场等；西班牙则通过短期内政府干预的方式，设置电力批发市场价格上限。欧盟委员会指出当前的电力市场设计是不足的，但27个成员国在改革方面达成一致较难。多数南方国家支持政府干预，设置价格区域限制，停止采用电力批发市场的出清价格，而多数北方国家则支持竞争型市场，以提供更加高频的价格信号增强需求侧灵活性。

四　上海现代化能源电力体系建设的对策建议

上海现代化能源电力体系以安全、清洁、高效、可持续为目标，与欧美国家一样，面临着高比例可再生能源接入引起的电力供给平衡和价格波动问题，以及多元化政策目标引起的政策效应冲突问题。此外，作为中国东南沿海地区用电负荷中心之一，上海还面临着本地可再生能源资源禀赋约束、高比例外来可再生能源电力引起的技术和电力市场机制设计问题等。本文结合上海能源电力体系的技术和制度创新现状、欧美国家能源低碳转型过程中遇到的问题和提出的对策，从技术和制度创新角度提出上海现代化能源电力体系建设的对策建议。

（一）立足本地市场需求，推进电力系统灵活性支持技术创新

现代化能源电力体系以清洁低碳、大力发展光伏和风电等可再生能源为主要特征。基于欧美国家的经验，应对高比例可再生能源接入引起的电力消纳、供需平衡、价格波动问题，主要从大规模建设远距离输电网络、提升用电需求侧灵活性入手。上海是典型的用电负荷中心，同时本地可大规模开发的光伏、风力资源有限，在可再生能源比例大幅提升的现代化能源电力体系中，上海能够通过远距离特高压输电网络接受外来清洁能源，但更为重要的是立足本地市场需求，推进分布式能源、储能、需求侧管理等有助于提升本地电力系统灵活性的技术创新及其推广应用。

首先，针对本地可再生能源不足的问题，上海需要加强推进分布式风、光可再生能源技术创新和应用，发挥已有的在光伏、风力发电领域技术创新的优势。例如，建设屋顶分布式光伏、产业园区光伏发电试点等项目，推进光伏发电与城市的高质量融合；发挥东部沿海城市地理资源优势，开展离岸风力发电项目建设。

其次，在接入高比例可再生能源的现代化电力系统中，储能对于缓解可再生能源间歇性问题具有重要作用，也是电力需求侧管理的重要组成部分之一。上海需要进一步发挥在储能技术研发方面的经验，为储能设备的推广应用做铺垫。

最后，在电力需求侧管理方面，上海需要推进智慧型电表、建筑能源管理系统、能源数字技术等方面的技术创新和应用，促进能源电力系统与数字信息技术的高度融合，不仅能够节约能源需求总量、提升能源使用效率，还能够提升电力终端需求的灵活性，以应对可再生能源供给的不确定性。例如，开展适应现代化能源电力体系的源网荷储协同规划研究，进行新能源出力特性、能源负荷相关性方面的研究，了解本地及外来新能源电力供给的季节和日度分布特征及其影响因素、新能源供给与本地负荷需求的相关性，兼顾资源调度的经济性、可靠性、清洁低碳性。

（二）适应能源系统变革，推进电力系统稳定性保障制度创新

储能、需求侧管理等技术能够提升电力系统的物理灵活性，电力市场设计、财政金融支持等措施则从制度角度保障电力系统的稳定性。为了适应现代化能源电力系统的变革，上海可以借鉴国际经验，从以下几个方面推进制度创新。

一是推进电力市场机制的阶段性发展，以适应能源电力体系不同阶段的发展需求。在现代化能源电力体系建设的初步阶段，逐步完善电力现货市场和中长期交易市场建设，基于省际清洁购电交易机制协调高比例外来电力接入与本市电力供给的关系。在现代化能源电力体系的中远期阶段，随着可再生能源接入比例的不断提升，逐步引入并完善期权、期货合约等金融工具以对冲电价波动风险；设定现货市场价格上限和下限，以防止可再生能源大幅供给盈余或不足引起的现货市场价格极低或极高；逐步将分布式能源、储能等主体纳入电力交易市场，允许其同时作为能源的供给方与需求方参与市场竞争。

二是完善财政金融支持机制，保障现代化能源电力体系基础设施建设、技术研发和产业化应用的资金需求。一方面，现代化能源电力体系发展对跨区域和区域内输电网络、储能设备、电动汽车充电桩、后备煤炭发电装机等能源基础设施建设提出要求，需要大量的资金投入。应当建立各类能源基础设施建设项目的优先级别评估体系，分级给予补贴、税收优惠、金融支持，推进能源基础设施有序发展。另一方面，现代化能源电力体系建设对可再生能源、储能、电力需求侧管理、能源领域信息化技术的研发创新和推广应用提出要求，研发创新需要资金和人才的大量投入。应当增加政府、企业、高校、科研机构在能源电力领域的研发资金，建立企业、政府、高校、科研机构的合作平台，培养相关领域技术人才投入产学研结合的研究。

参考文献

UNEP：《从污染到解决方案：对海洋垃圾和塑料污染的全球评估》，2021。

UNEP：《海洋塑料碎片和微塑料——激励行动和指导政策变化的全球教训和研究》，2016。

艾琳：《按比例使用 PCR 再生塑料，您准备好了么》，《资源再生》2021 年第 11 期。

陈舒：《悄然来袭的"海洋 PM2.5"》，《国土资源》2018 年第 11 期。

马红等、张庆伟：《习近平海洋生态文明观的理论与实践研究》，《学理论》2021 年第 8 期。

王菊英、林新珍：《应对塑料及微塑料污染的海洋治理体系浅析》，《太平洋学报》2018 年第 4 期。

B.9
上海转型金融发展路径与政策建议研究

李海棠*

摘　要： 转型金融主要致力于为碳密集产业低碳转型提供资金支持。转型金融是绿色金融的有效补充，二者在部分碳密集产业的节能技改、能效提升、循环发展等方面存在一定交集。碳密集产业仍是上海及中国碳排放的重要来源，其低碳转型缺乏明确指引和资金支持，同时碳密集产业绿色低碳转型风险也极易传递至社会和金融系统，因此，上海亟须建立完善的转型金融保障机制。但是上海转型金融面临诸多挑战，亟须政府部门、金融机构、高碳企业、社会公众以及国家智库等多方主体协同建立转型金融发展路径，同时在规制型政策工具、促进型政策工具，以及其他保障型政策工具方面对转型金融加大支持力度，以引导社会资金向转型金融倾斜，推进经济社会健康发展。

关键词： 转型金融　绿色金融　上海

我国目前已形成了以绿色信贷、绿色保险、绿色基金、绿色信托、碳金融等为主要内容的、内涵丰富的绿色金融体系，但是传统的绿色金融大多支持新能源和节能减排相关的纯绿或接近纯绿的经济活动。对于积极部署低碳转型的煤电、钢铁、水泥等传统的高碳行业而言，绿色金融所支持的产业和项目目录对其低碳转型类经济活动的接受度和容纳范围亟待拓展。当前，上海正加快打造国际绿色金融枢纽，迫切需要大力发展转型金融，为上海和全

---

* 李海棠，法学博士，上海社会科学院生态与可持续发展研究所助理研究员，主要研究方向为环境保护法律与政策。

国城市绿色转型发展提供有力支撑。本文旨在厘清转型金融的内涵，阐明上海转型金融发展的必要性、发展现状及面临的挑战，进而提出"政府部门顶层设计+金融机构产品创新+高碳企业降碳减排+社会公众积极参与+国家智库沟通反馈"的上海转型金融发展路径，以及对转型金融规制型政策工具、促进型政策工具和其他保障型政策工具的完善建议。

一 转型金融的内涵及与相关概念的关系

转型金融虽与绿色金融在一定范围内有所重叠，但仍与绿色金融显著不同。绿色金融主要支持以新能源为代表的纯绿项目的开展，转型金融主要为高碳行业向低碳转型提供金融服务。高碳行业向低碳转型是实现"双碳"目标的必要环节。这些传统行业体量大，是我国目前 GDP 的重要贡献因素，转型活动往往需要大规模的资金支持。但由于当前对转型金融缺乏明确制度指引，因此高碳企业的转型活动很难得到有效支持，中长期对"双碳"目标的达成形成一定制约。

（一）转型金融的概念与特征

转型金融，是指通过金融手段支持高碳行业向低碳、零碳转型，以促进产业结构升级和绿色转型的一种新兴金融模式。对于转型金融的定义，虽然诸多国际组织和各国政府以及各大金融机构都对其进行了明确规定，但是目前尚未取得共识。转型金融最早由经济合作与发展组织（OECD）于 2019 年 3 月提出，指服务于可持续发展目标经济转型的融资活动。2020 年 3 月，欧盟在《欧盟可持续金融分类方案》中将绿色金融和转型金融的概念进行区分。2020 年 9 月，气候债券倡议组织（CBI）和国际资本市场协会（ICMA）分别发布关于转型金融的报告和指南，均强调为"应对气候变化"，将转型金融概念限定为金融支持气候相关的绿色低碳转型。2022 年《G20 转型金融框架》将转型金融定义为为符合以下三个特征的经济活动提供金融服务：一是符合联合国可持续发展目标指引，二是与《巴黎协定》

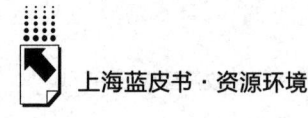

目标一致,三是支持实现净零排放及适应气候变化。此外,诸多国际社会组织、政府机构以及国内外金融机构专门针对转型金融发布相关文件,并对其概念和范围进行界定(见表1)。

表 1 国内外对转型金融的定义

	制定主体	文件名称	发布时间	对转型金融的定义
国际组织	经济合作与发展组织(OECD)	《转型金融:引入一个新概念》	2019年3月	经济主体向可持续发展目标转型的进程中,为其提供融资以助其实现转型的金融活动
		《转型金融指南:确保企业气候转型计划的可信度》	2022年10月	为实现净零排放但没有可行的绿色替代方案的碳密集型经济活动提供的融资,并给出确保企业气候转型计划可信度的十大要素
	气候债券倡议组织(CBI)	《为可信的绿色转型融资(FCT)》	2020年9月	指服务实体、活动和资产项目从现有高温室气体排放量减至实现《巴黎协定》目标的金融活动
	国际资本市场协会(ICMA)	《气候转型融资手册》	2020年12月	未明确界定转型金融,但提出发行人信息披露的相关要求,包括:阐述业务活动中环境要素的重要性,转型战略的目标、路径及执行情况的信息透明度等
	G20可持续金融工作组	《G20转型金融框架》	2022年11月	在可持续发展目标的背景下,支持实现更低和净零排放等经济活动的金融服务,且与《巴黎协定》目标一致
	欧盟	《欧盟可持续金融分类方案》	2020年7月	某具体经济活动虽然会造成温室气体排放,但该排放水平符合当前行业内的最佳实践且不妨碍低碳替代品的开发和部署,以及考虑到碳密集型资产的经济寿命,不会导致锁定这类资产;而扶持类项目要求可以直接帮助其他主体为实现环境目标做出实质性贡献。转型部将每三年评估一次,并逐步趋于严格
		《欧盟可持续金融分类气候授权法案》	2021年7月	将建筑、能源、交通等部门的28项转型活动纳入其中,并制定了转型活动的技术筛选标准

续表

制定主体		文件名称	发布时间	对转型金融的定义
国际组织	东盟	《可持续金融分类方案(第一版)》&(第二版)	2021年11月&2023年3月	将经济活动分为绿色、琥珀色和红色,琥珀色相当于转型金融,指目前虽没有净零排放,但一直在《巴黎协定》规定的脱碳道路上;或正在进行短期减排,但低排放替代品在经济或技术层面尚不可行
政府机构	日本	《气候转型金融基本指南》	2021年5月	为难以减排的部门提供融资,以助其实现脱碳或低碳转型开展长期、战略性的温室气体减排活动
	新加坡	《采用交通灯分类系统对经济活动进行分类》	2023年2月	交通灯系统(绿色、琥珀色和红色)。琥珀色活动指目前不在净零路径上的现有活动,但要在规定的时间内走向绿色转型路径;或在规定的日期下,进行大幅减排。琥珀色类活动都必须展示其随着时间的推移而改进的过程
国外金融机构	新加坡星展银行	《可持续发展和转型融资框架与分类法》	2020年6月	规定借款人只有在前12个月内证明有以下三种情况之一才能获得融资:从碳密集型活动中撤出;通过收购绿色企业或对社会有益的业务,或通过研发使碳密集活动多样化;通过证明碳排放强度的降低超过国家或区域行业平均水平
	法国安盛资管	《转型债券指引》	2021年7月	转型债券适用于碳密集行业或目前没有且在可预见的未来也可能没有足够的绿色资产来融资,但确实有融资需求以减少其产品和服务的温室气体足迹的行业
	法国外贸银行	《转型金融工具箱》	2021年4月	列举了转型企业可能所属的八个行业,通过气候变化表现指数、碳评估工具、转型路径倡议、科学碳目标倡议、评估低碳转型倡议等,作为绩效评价指标参考

续表

制定主体		文件名称	发布时间	对转型金融的定义
中国地方政府	上海	《上海市浦东新区绿色金融发展若干规定》	2022年6月	为碳密集型、高环境风险的项目或者市场主体向低碳、零碳排放转型提供的金融服务
		《上海市转型金融目录》	2023年4月12日	研究制定上海市转型金融目录,支持高碳行业低碳转型
	浙江省湖州市	《湖州市转型金融支持活动目录(2023年版试行)》	2023年7月	为碳密集行业低碳转型提供金融服务的创新工具,构建低碳转型金融体系。根据行业类目、低碳转型技术路径、基准和目标值为高碳行业制定转型路径
国内金融机构	中国建设银行	《转型活动分类与评估指南(建议稿)》	2021年4月	为应对气候变化影响和实现可持续发展,为碳密集型市场实体向低碳和零碳排放转型提供金融服务,提出实质性贡献、无重大损害、公正转型、避免碳锁定等原则
	中国银行	《中国银行转型债券管理声明》	2021年1月	遵循ICMA《气候转型融资手册》的披露要素建议,参考《欧盟可持续金融分类方案》选择转型项目。包括一个覆盖5个行业的转型项目目录,包括每个行业子领域的具体项目及定量指标和阈值(按项目所在地为中国、欧盟、其他地区设置了差异化的要求)
	中国工商银行湖州分行	《转型金融实施方案》	2022年1月	资产分为绿色、棕色、转型三类,在此基础上采用"正面优+负面排除"双向遴选原则

资料来源:根据OCED、ICMA、EU、CBI、G20、日本金融厅等公开资料整理。

虽然相关方面对转型金融的概念尚未达成一致,但根据国际社会组织、各国政府机构以及国内外金融机构对转型金融的定义,可分析得出转型金融具有以下特征。

一是几乎所有关于"转型"的定义都认为转型活动应朝着一个明确

的共同目标进行。即，所有转型活动的目标应与《巴黎协定》到 2050 年净零排放目标保持一致。转型金融重点关注经济实体、资产组合或特定经济活动如何从当前较高的温室气体排放水平转变到与《巴黎协定》目标相称的排放水平。此外，有雄心的共同目标同样至关重要，所谓转型金融支持的经济活动，一定是对环境或者适应和减缓气候变化具有显著效益的活动。可信的转型必须支持一个与《巴黎协定》目标相一致的且具有雄心的减碳目标。

二是"转型"意味着特定经济活动或主体行为随时间的推移而改变，它强调过程而非结果。转型并不意味着当前的活动是绿色或低碳的，它是一个高碳经济活动随着时间推移向绿色转变的过程。然而，完成转型的快慢对能否实现保持全球升温 1.5°C 以内的目标至关重要。实现《巴黎协定》目标需要快速脱碳，转型之路不可能不设期限、漫漫无期。因此，任何相关部门或实体层面的转型路径必须明确基于科学的且有足够雄心的时间规划。

三是"转型"应涵盖主要的温室气体排放行业。尽管多数活动和实体都需要开展某种程度的低碳转型以实现《巴黎协定》的目标，但"转型"的概念主要适用于碳密集行业和活动，以及如何帮助其进行可持续转型，因为这些主体需要克服巨大的经济和技术障碍，且面临着更困难的转型路径。这一区别十分重要，因为虽然这些高碳排放企业在全球温室气体减排和主流投资组合方面扮演着重要角色，但迄今为止这些主体在绿色金融市场上还没有发挥出关键作用。

四是"转型"既包括长期活动，也包括临时活动。由于融资困难、风险高等特点，大部分的转型活动都具有难度大、覆盖范围广、周期长的特点。但是转型活动中也不乏一些具有较大减排贡献的临时转型活动。例如，气候债券倡议组织在《为可信的绿色转型融资》白皮书中提出，转型标签也应适用于临时活动，即为 2030 年全球碳排放量减半和 2050 年碳中和做出重大贡献但周期较短的投资活动。

五是"转型"不能与"浅绿"（即，虽然某些行业正在减少排放，但在其生命周期的某些阶段仍然存在碳排放密集部分）混为一谈①。转型的概念和标签不适用于"一切照常"（business-as-usual）情景。为实现《巴黎协定》目标，全球经济需要重新定位，对于某些实体而言这意味着需要进行一场深刻彻底的转型。转型，是一场全面且有雄心的变革之旅，要求每个经济实体绝不能简单停留在"浅绿"层面，必须为世界避免灾难性气候变化付出努力②。

（二）转型金融的内涵与外延

转型金融相关理论与实践在全球范围内仍处于起步阶段，尚未形成被广泛认可和推广的定义或标准。但是转型金融在一定程度上与可持续金融、绿色金融存在一定的联系，讨论转型金融的概念和内容，有必要阐述其与相似概念的关系。

1. 可持续金融与转型金融

可持续金融的含义随时间推移而演变。最早大致可以追溯到ESG概念的兴起，可持续金融很大程度上意味着金融体系应考虑将可持续发展纳入投资决策，以更好地反映环境等与可持续发展相关的因素③。2021年，欧盟委员会将可持续金融定义为在金融和投资决策中考虑环境、社会和治理因素的不断发展的过程④。但是该定义仅限于ESG因素，可持续金融还需要一个更广泛、更具包容性的定义来说明整个可持续性。因此，诸多学者建议，可持续金融应涵盖使金融可持续并有助于可持续发展的所有活动和因素。这一定义补充了不同利益相关者的众多目标，例如欧盟委员会的ESG和联合国的

---

① BNP PARIBAS：*Transition Bonds-New Funding for a Greener World*，https：//cib.bnpparibas/app/uploads/sites/2/2021/03/markets-360-brief-on-transition-bonds.pdf.
② 气候债券倡议组织：《中国转型金融研究报告》，2020。
③ Migliorelli, M., "What Do We Mean by Sustainable Finance? Assessing Existing Frameworks and Policy Risks", *Sustainability*, 2021, 13, 975.
④ European Commission. Overview of Sustainable Finance. European Commission，https：//ec.europa.eu/info/business-economy-euro/banking-and-finance/sustainable-finance/overview-sustainable-finance_en.

可持续发展目标。许多国家都可以通过多种方式实现可持续政策目标，例如气候融资、碳信息和 ESG 信息披露、绿色债券和社会责任投资等所有这些都可以包含在可持续金融的总体定义中。[1] 可持续金融建立在全社会金融资源合理并有效配置的基础之上，其时间跨度更长、覆盖范围更广。因此，转型金融从属于可持续金融，可持续金融的一些原则和方法同样适用于转型金融[2]。

2.绿色金融和转型金融

国内外关于绿色金融的体系构建已相当完善。从支持对象来看，绿色金融支持的范畴为各种绿色目录，大多数高碳行业的转型活动并未被纳入其中。例如，2019 年发布的《绿色产业指导目录（2019 年版）》，虽然在一定程度上使我国各类绿色金融产品标准初步统一，但是该目录对碳密集行业绿色转型活动的支持程度仍显不足（见表 2）；又如，2021 年由中国人民银行等机构联合发布的《绿色债券支持项目目录（2021 年版）》，虽然实现了各类绿色债券的统一，但是删除了属于转型经济活动的化石能源清洁利用的相关类别；再如，2022 年 7 月，绿色债券标准委员会发布《中国绿色债券原则》，虽然统一了中国绿色债券管理规范，但为了和国际规则保持一致，又明确要求募集资金 100% 用于绿色领域，使得尚属于转型过程的碳密集行业较难获得绿色债券支持。另外，虽然 2023 年 6 月修订版《绿色产业指导目录（2023 年版）》（征求意见稿）对绿色金融通用标准进行更新修订，但是仍然没有充分考虑碳密集行业的绿色低碳转型。

---

[1] Widyawati, L., A Systematic Literature Review of Socially Responsible Investment and Environmental Social Governance Metrics, *Business Strategy and the Environment*, 2020, 29（2），619-637; Rizzello, A., & Kabli, A., "Sustainable Financial Partnerships for the SDGs: The Case of Social Impact Bonds", *Sustainability*, 2020, 12（13），5362.

[2] 陆岷峰、曹梦石：《关于新时代我国商业银行运行轨迹与发展趋势的研究——基于未来银行发展目标、模式与路径视角》，《金融理论与实践》2020 年第 12 期；赵越、陆岷峰：《城市资产管理公司：去行政化与市场化转型升级研究》，《农村金融研究》2022 年第 1 期。

表2 《绿色产业指导目录（2019年版）》主要支持的产业、领域和活动

产业	领域	活动
节能环保产业	高效节能装备制造、先进环保装备制造、资源循环利用装备制造、新能源汽车和绿色船舶制造、节能改造、污染治理、资源循环利用	锅(窑)炉节能改造和能效提升、工业固体废物综合利用装备制造、绿色船舶制造、交通车辆污染治理、农业废弃物资源化利用等
清洁生产产业	产业园区绿色升级，无毒无害原料替代使用与危险废物治理，生产过程废气、废水、废渣处理处置及资源化综合利用	园区资源利用高效化改造、危险废物处理处置、工业脱硫脱硝除尘改造、钢铁企业超低排放改造、畜禽养殖废弃物污染治理等
清洁能源产业	新能源与清洁能源装备制造、清洁能源设施建设和运营、传统能源清洁高效利用、能源系统高效运行	风力、水力发电装备制造，地热能利用设施建设和运营，清洁燃油生产，天然气输送储运调峰设施建设和运营等
生态环境产业	生态农业、生态保护、生态修复	绿色有机农业、碳汇林、天然林资源保护、退耕还林还草和退牧还草建设，农村土地综合整治等
基础设施绿色升级	建筑节能与绿色建筑、绿色交通、环境基础设施、城镇能源基础设施、海绵城市、园林绿化	绿色建筑、共享交通设施建设和运营、城镇集中供热系统清洁化建设运营和改造、海绵型建筑与小区建设和运营等
绿色服务	咨询服务、项目运营管理、项目评估审计核查、监测检测、技术产品认证和推广	绿色产业项目勘察服务、碳排放权交易服务、低碳产品认证推广、企业环境监测等

总体而言，绿色金融和转型金融主要有以下三点区别。一是支持对象不同，绿色金融具有非常严格的标准和分类，所投资的对象主要是符合《绿色产业指导目录（2019年版）》标准的"纯绿"项目。而转型金融支持的主要是能源、建筑、交通、工业等碳密集型行业在加大清洁能源使用比例、提升电气化渗透率等方面的低碳转型，且有阶段性减排贡献的经济活动（见表3）。

表3 碳密集行业绿色低碳转型举措

行业	低碳转型方向	低碳转型重点举措
电力	加快能源替代	发展新能源和可再生能源,减少化石能源使用
		电网和基础设施升级,建立源网荷储一体化、灵活的能源电力系统新模式
	提高化石能源使用效能	燃煤电厂超低排放改造,燃煤发电机组调峰灵活性改造
	物理捕集手段	燃煤电厂碳捕集和封存(CCS)
工业	低碳能源技术	设计最优能源组合,提高光伏、风电、水电、核电等零碳电力使用比例
		强化清洁能源替代,实现低碳氢(包括绿氢、蓝氢)规模化
	高效循环利用	挖掘循环发展潜力,创新回收与再用技术,如实施废钢铁再生利用,减少生铁冶炼过程的温室气体排放
	节能降耗技术	落后产能置换、传统工艺节能改造、绿色工艺投用(如使用环境友好原料,提高再生原料比例,包装减量化等)
	物理捕集手段	利用碳捕集与封存技术,直接空气捕获技术规模化应用(如水泥厂CCS等)
建筑	可再生能源运营	可再生能源供暖或供冷(包括生物质能、光伏、氢能等)
	改造和翻新	节能材料和设备的使用(如外墙保温材料、节能玻璃、装配饰建筑品部件等)
		装配式建筑(在工地主要采用干式工法装配,采用全装修、装配率不低于50%等)
交通	公路绿色低碳转型	新能源乘用车、公路商用车、燃料电池重卡
		充电换电、加氢和加气设施,智能/共享交通、公路甩挂运输系统
	提升电气化水平	铁路节能环保改造(如既有铁路电气化改造、铁路场站与铁路设备节能环保改造等)
		提高内河电动船舶渗透率
	燃料替代	替换航运燃油为LNG或生物质燃料

资料来源：普华永道：《转型金融白皮书》，2022。

二是服务对象不同，绿色金融的支持对象主要是符合《绿色产业指导目录（2019年版）》的具体项目，许多高碳企业即使拥有可行的低碳转型方案，也不属于绿色金融支持的范畴。而转型金融主要服务于企业主体或经济活动的整体转型。例如山西晋控电力低碳转型，其转型金融服务于整个企业在实现碳中和目标全过程中的融资需求，具体包括在2022~2030年通过可持续挂钩债券、商业银行转型贷款等多种融资工具对煤电改造、扩大光伏发电、扩大风能发电以及发展储能等多种转型路径的持续性金融支持。

三是评估标准不同，绿色金融为关注项目当前是否为"绿色"属性的静态标准，而转型金融为关注主体或项目能否从"棕色"逐步向绿色低碳转变的动态标准。同时，绿色金融支持的项目其认定标准一般较为固定，而转型金融支持的企业转型周期较长，其转型阶段会根据转型路径有所改变，转型金融标准也随之动态调整，而非一成不变。另外，就评估方法而言，绿色金融会根据相关目录进行定性评估，而转型金融由于其标准的动态性，导致其评估方法也需通过设定低碳转型基准值及目标区间等指标进行定量评估。因此，相对于绿色金融，转型金融主要涉及煤炭、钢铁、水泥等碳密集行业，并为其绿色低碳转型提供资金支持。

总之，转型金融是绿色金融的有效补充，二者在部分碳密集产业的节能技改、能效提升、循环发展等方面存在一定交集。绿色金融和转型金融从属于可持续金融范畴。绿色金融和转型金融主要关注环境（E）绩效和表现，可持续金融除关注环境（E）影响之外，更关注社会（S）和治理（G）维度，如消除贫困、社会公正、增加就业等目标（见图1）。

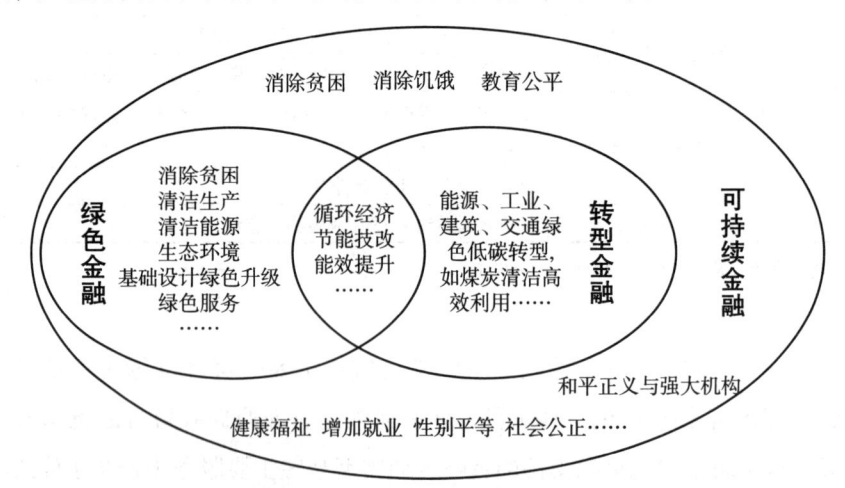

图1 转型金融与绿色金融、可持续金融关系

资料来源：徐洪峰、伊磊：《构建中国转型金融体系：必要性、定位及建议》，《西南金融》2023年第3期，第27~40页。

就上海而言,转型金融对绿色金融形成有效补充,旨在推动实现银行、保险机构、交易所等金融机构为高碳行业低碳转型提供支持,进而扩大绿色金融市场规模、激发绿色金融市场活力、提升绿色金融服务水平、扩大绿色金融国际影响力,以形成国际绿色金融枢纽在国内大循环的中心节点和国内国际双循环的战略连接功能。由于绿色金融资金主要投向绿色产业项目,导致高碳行业向低碳转型难以获得明确指引和资金支持,而高碳行业绿色转型也是实现"双碳"目标的题中应有之义。因此,转型金融弥补了绿色金融对高碳产业转型支持的不足,为碳密集行业的绿色转型提供了投融资支持。此外,国际绿色金融枢纽拥有绿色金融市场体系完备、绿色科技和产业基础雄厚、绿色金融保障体系完善、绿色金融国际合作影响力不断提升等优势,为转型金融发展提供了重要支撑和保障。因此,转型金融和绿色金融相互协同,可更好地推动上海"生态之城"建设及"双碳"目标实现。

二 上海转型金融发展的必要性及面临的挑战

推动全领域绿色低碳转型,是加快打造人与自然和谐共生现代化国际大都市的重要举措。转型金融为推进钢铁、石化化工等传统产业绿色化改造以及金山、宝山等重点区域整体转型提供重要资金支持,以更好地赋能现代化产业体系建设。

(一)上海发展转型金融的必要性

转型金融发展有助于推进上海"南北转型"战略及"双碳"目标实现。转型金融可通过多措并举的市场机制实现碳排放总量控制目标,将资金、技术等引至低碳发展领域,助力高碳企业绿色转型,推进上海经济高质量发展。

1. 碳密集产业仍是上海及中国碳排放的重要来源

就我国经济发展绿色转型的现实需求而言,通过转型金融重点推动石油、化工、水泥、煤炭、钢铁等高碳行业转型尤为重要。因为以上行业都具有较高的排放量。以钢铁行业为例,作为我国工业的支柱性行业(产值约占我国GDP的5%），钢铁行业体量十分庞大，2020年中国粗钢产量超过10亿吨，占全球的一半。同时钢铁行业也是碳排放大户，据统计，我国钢铁工业二氧化碳排放量约占全国各行业的14%，仅次于电力行业（见图2）。

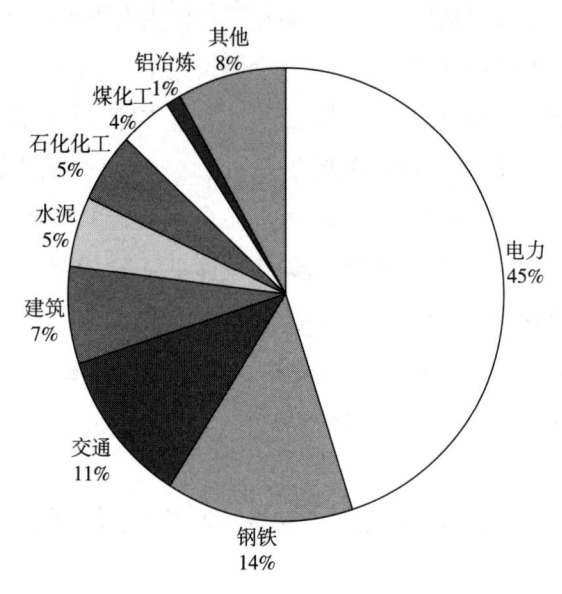

图2　2020年中国各行业碳排放比例

数据来源：平安证券研究所：《中国能源统计年鉴（2020）》。

此外，从能源角度看，我国"富煤、贫油、少气"的能源结构以及可再生能源的波动性和间歇性特征，决定了未来一段时间内化石能源仍将是我国的基础能源。因此，逐步有序推动高碳行业降碳转型关系到碳达峰目标的实现，也关系经济发展和能源供给的安全和稳定。根据测算，为达到"双碳"目标，到2060年，占全国碳排放总量85%以上的七大高碳产业的投资资金累计需求约为139万亿元，其中电力、交通运输、建筑等行业资金需求量最大（见图3）。虽然我国绿色金融已取得长足发展，但不论是从相关政策导向来看还是从市场实践来看，绿色金融都无法满足高碳行业低碳转型的融资需求，亟须构建新的投融资框架来缓解转型过程中的融资难问题[①]。

---

① 中国银行研究院：《转型金融发展实践、存在问题与政策建议》，《中银研究》2023年8月21日。

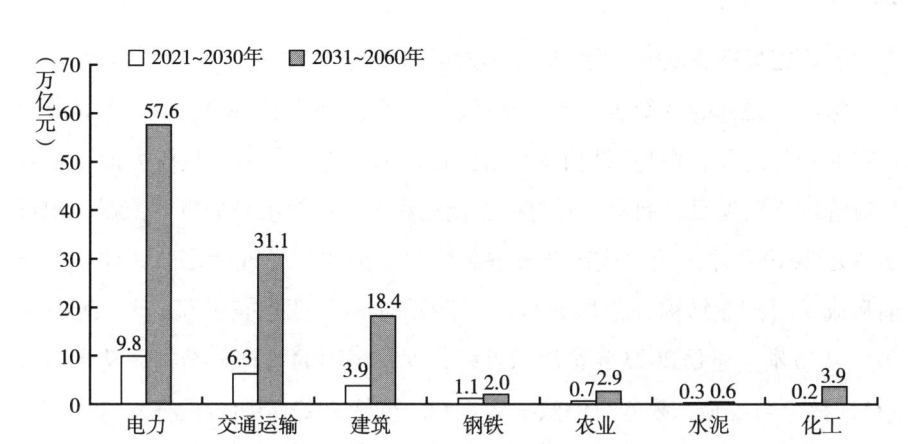

图3 2021~2060年中国主要行业碳达峰碳中和资金需求

数据来源：Wind、中金公司研究部、中国银行研究院。

近年来，虽然上海城市电气化水平有所提升，但城市能源结构仍以煤炭和石油为主，交通、工业、建筑是上海重点耗能领域（见图4）。加快推动上海石油、化工、钢铁等高碳行业低碳转型是实现上海"双碳"目标的关键。

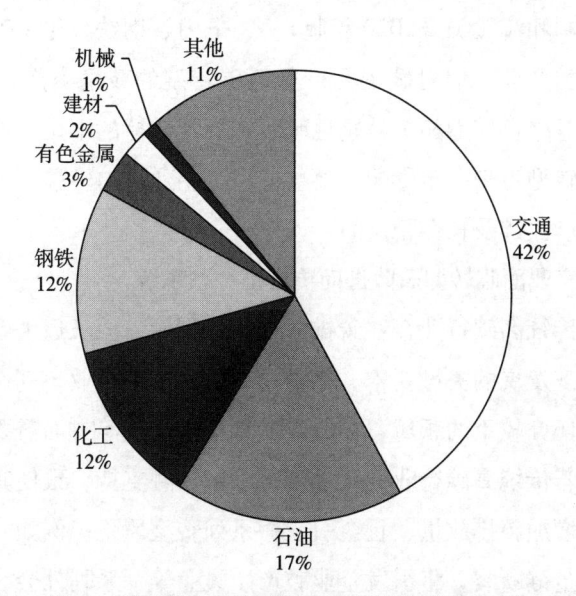

图4 2021年上海主要行业终端能源碳排放比例

数据来源：根据《中国能源统计年鉴（2021）》中上海能源平衡表与IPCC能源碳排放系数初步测算所得。

2. 碳密集产业低碳转型缺乏明确指引和资金支持

除前文提到的《绿色产业指导目录》《绿色债券支持项目目录》《绿色债券原则》之外，《产业结构调整指导目录》也是引导社会投资方向、指导政府管理投资项目，制定实施财税、土地和进出口等政策的重要依据，现行版本是2019年本。为适应产业发展新形势，加快建设现代化产业体系，目前形成了《产业结构调整指导目录（2023年本，征求意见稿）》。无论是2019年版本，还是2023年征求意见稿，国家层面的《产业结构调整指导目录》，都分为鼓励、限制、淘汰三大类别。虽然2023年版本的征求意见稿中鼓励类条目有所减少，但只是对统一类型条目进行了归类整合，以使鼓励方向更加聚焦、鼓励事项总体保持稳定。对于鼓励类投资项目，该指导目录规定为鼓励类投资项目提供信贷支持和其他优惠政策。鼓励类目录对电力、钢铁、建筑等高碳行业的技术设备升级、综合利用等做出明确规定。

上海为大力破除无效供给，推进制造业高质量发展，根据国家《产业结构调整指导目录（2019年本）》的规定，制定了《上海市产业结构调整指导目录 限制和淘汰类（2020年版）》，电力、钢铁、化工等高碳行业均为限制和淘汰类产业，但对碳密集行业低碳转型的鼓励类产业目录付之阙如。对高碳企业绿色转型相关鼓励性政策和资金支持的不足，不仅给本市碳密集企业绿色转型带来一定影响，还会使以上企业被迫转移或破产，一定程度上危及整个产业链及社会稳定。

3. 碳密集产业面临转型风险进而传递至金融系统

尽管目前传统高碳行业存在碳排放密集的问题，但长远来看，这些产业仍然是未来经济发展的关键要素，比如电力、钢铁等行业，其作为减排潜力较大、碳减排任务较重的领域，在低碳转型技术升级等方面需要大量资金支持。但是，如若传统高碳行业低碳转型得不到金融支持，致使其长期维持高碳运行不仅会增加碳排放量，且会引起一系列转型风险。例如，高碳企业在低碳转型中资金链断裂，将引发企业破产、失业等一系列社会问题，并致使企业无法偿还与转型相关的贷款，从而导致银行不良贷款增加，引发金融风险。即，碳密集产业在低碳转型过程中，转型紧迫性可能催生搁浅资产，由于金融机构持有转型企业的贷款、债券、股权等，转型风险又传递至金融系统。因此，上海可通过调节资金配置助力高碳企业转型，此举不仅有助于减少碳排放，也有助于规避相关转型风险。

（二）上海转型金融发展面临的挑战

虽然上海绿色金融发展具有要素种类齐全、市场不断开放、金融机构集聚、金融创新持续推进等方面的优势，但是上海转型金融发展在规制措施、促进机制以及保障措施等方面仍有待加强。

1. 转型金融发展规制措施有待完善

第一，转型金融标准目录亟待确立。与绿色分类标准类似，转型金融分类标准通过建立转型经济活动的清单，为高碳排放实体和项目低碳转型提供全面指引，将有限的政策和资金引导至最重要的经济活动。如气候债券倡议组织、法国安盛资管、浙江省湖州市、中国建设银行等国际组织、金融机构和地方政府等均出台相关文件为碳密集行业制定绿色低碳转型路径，并对其转型目标进行评估考核。作为上海第一部绿色金融地方性法规，《上海市浦东新区绿色金融发展若干规定》明确指出，市政府应当制定补充性转型金融标准、分类和管理规则[①]。虽然2023年4月27日，上海市地方金融监管局已启动《上海市转型金融目录》编制工作，为本市碳密集行业绿色低碳转型提供顶层指导和金融支持，但目前为止，仍缺乏具有操作性的规范指引。

第二，转型金融信息披露仍需加强。转型金融信息披露是环境信息披露的重要内容，不仅能约束高碳企业碳排放行为，还能助力金融机构甄别转型项目，降低融资风险[②]。由于转型金融的界定及考核标准都更加注重动态过

[①] 参见《上海市浦东新区绿色金融发展若干规定》第8条规定："本市支持金融机构、金融基础设施机构、相关交易场所等为碳密集型、高环境风险的项目或者市场主体向低碳、零碳排放转型提供金融服务。市人民政府应当支持国家金融管理部门在沪机构结合浦东新区产业实际和区域特征，制定补充性转型金融标准、分类和管理规则。"

[②] 转型金融信息披露研究课题组、殷红：《转型金融信息披露研究——基于金融机构的视角》，《金融论坛》2023年第1期。

程、也涉及更多量化指标、基准值以及不同阶段的相关报告，其数据获取、分析以及核查的难度较大，专业性较强，进而对转型金融信息披露的内容及范围也提出更高要求。《欧盟可持续金融分类气候授权法案》《G20转型金融框架》《气候转型融资手册》等均对转型金融信息披露做出明确规定。上海虽在企业社会责任信息披露方面取得一定成绩，但是对于转型金融信息披露的具体内容、披露标准、披露频次和披露形式等尚未做出明确规定。

2. 转型金融发展促进机制有待加强

第一，转型金融产品创新亟须丰富。转型金融产品，包括转型债券、转型贷款、转型基金以及可持续发展挂钩债券、可持续发展挂钩贷款等。2019年6月，法国安盛集团宣布将推出其第一个转型金融工具，以支持碳密集型产业的绿色转型。法国银行将产业转型进程分为四段：深棕色、浅棕色、浅绿色、深绿色。转型债券即是温室气体排放量大的行业——"棕色产业"的一种新资产类别。转型债券主要适用于有融资需求且以减少其产品和服务的碳足迹为目标的高碳企业[①]。可持续发展挂钩债券，不限定募集资金用途，其条款和关键绩效指标和可持续发展绩效目标挂钩，并视绩效达成情况实施利率调整、赎回等奖惩机制，以激励经济主体以更大的雄心进行实质性减排。虽然上海已有包括转型债券、可持续发展挂钩债券、可持续发展挂钩信贷等在内的一些转型金融产品，但多数仅停留在"首单效应"，有待规模化推广，且转型基金、信托、保险等产品创新有限；同时，缺乏根据上海产业结构、融资主体特征等对普适性转型金融工具进行调整的"上海方案"。

第二，转型金融激励机制有待完善。为充分调动市场积极性，完善转型金融奖惩机制，可以激励更多市场主体进行实质性的绿色低碳转型活动，也可以促使政府、市场、企业之间形成合力，共同推动转型金融发展。转型金融激励机制主要包括利率、财政及价格机制。例如，可根据企业或经济主体转型目标的实现情况，采取提高或降低利率的利率控制型机制、加大或减少补贴的财政型机制以及浮动票面利率的价格型机制。尽管《上海市浦东新区

---

① 吴江羽：《转型金融发展及其法律框架构建》，《金融论坛》2023年第7期。

绿色金融发展若干规定》《上海银行业保险业"十四五"期间推动绿色金融发展服务碳达峰碳中和战略的行动方案》均已明确规定，有关部门应强化绿色金融业绩考核管理、建立绿色企业评价机制。但目前，仍缺乏微观层面的实施细则，监管机构、政府部门及金融机构内部也缺乏对转型金融的支持和激励。

3. 转型金融其他保障措施亟待健全

第一，转型金融数据分享面临困境。转型金融由于其标准与考核指标的动态性，以及数据报告的复杂性，其对数据信息共享平台的需求也更大。但是目前各部门碳排放统计核算标准与口径的不一致，导致碳排放相关信息分散于不同部门。其中项目环评、企业环境权益资产、碳排放等相关信息分别掌握在发改、生态环境和统计等不同部门，加之碳排信息平台共享机制的不完善，导致金融机构与转型企业之间存在信息差，其转型金融供需难以及时、有效对接。

第二，公正转型保障机制亟待建立。转型金融只有在公正的情况下才能真正发挥作用，只有所有人在转型中都不掉队，转型金融才算实现了其应有的价值。这不仅需要通过融资来减缓气候变化造成的不利影响，还需要通过融资来确保经济和社会有能力适应冲击，并得到恢复。因此，应在转型金融中嵌入公正转型理念，鼓励企业主动预见和应对转型带来的风险，面对无法避免的风险，应采取积极措施将风险降至可接受范围。但是目前而言，上海对于高碳企业绿色转型的保障机制有待完善。

三 上海转型金融发展路径及政策建议

目前上海乃至全国转型金融正处于初步发展阶段，针对上海转型金融面临的诸多挑战，亟须政府、金融机构、高碳企业、社会公众，以及智库等多方主体协同建立转型金融发展路径，同时在规制型政策工具、促进性政策工具和其他保障性政策工具方面对转型金融加大支持保障力度，以引导社会资金向转型金融倾斜。

（一）上海转型金融发展的主要路径

通过转型金融政策与产品体系的建立，提升上海国际绿色金融枢纽能级，是上海转型金融发展的主要目标。就主要发展思路而言，可考虑从项目和行业两端发力，制定转型金融路线图和主要政策框架。同时，上海转型金融发展的主要路径可设计为"政府部门顶层设计+金融机构产品创新+高碳企业降碳减排+社会公众积极参与+国家智库沟通反馈"的多方主体参与的转型金融闭环机制（见图5），具体包括以下方面。一是政府部门宏观制定转型金融顶层架构，包括转型金融实施原则、设计标准、评价体系、信息披露等制度的整体设计。二是金融机构推动转型金融产品创新和数字技术的应用，以适配碳密集企业的转型金融需求。三是高碳企业积极探索适合自身的绿色转型模式，加强转型技术创新，推进绿色低碳产业布局，建立公开透明的披露机制，积极寻求转型金融支持。四是社会公众提升公众参与意识，及时了解转型金融信息披露情况，对转型金融产品予以关注和支持，使更多社会资金流向转型金融项目。五是以上海社会科学院等为主的国家高端智库主动发挥其转型金融政策制定与高碳企业转型需求之间的沟通反馈作用，推动转型金融相关法规政策更好地落地执行。

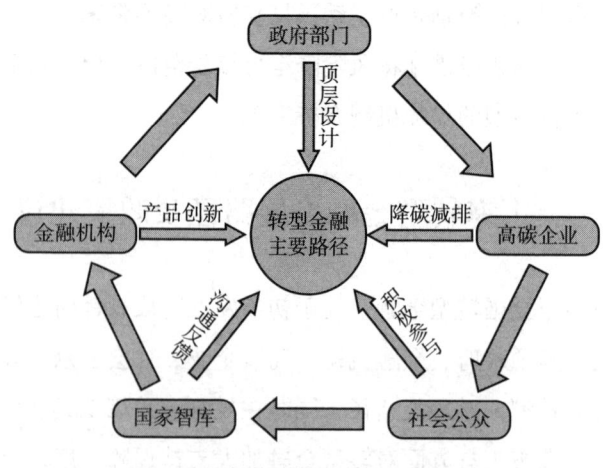

图 5　上海发展转型金融主要路径

（二）上海转型金融发展的政策建议

1. 完善转型金融规制型政策工具

第一，建立转型金融标准目录。一是率先制定交通、石油、化工等重点领域的转型金融支持目录。需要注意的是，相关目录标准应立足于上海城市能源结构仍以煤炭和石油为主的基本现实，避免标准设置过高而将部分高碳企业低碳转型排除在外。同时，目录应当具有一定灵活性，可根据产业发展具体情况及时调整相关内容，避免阻碍可能的转型路径。二是建立转型企业库、转型项目库，与正在建立中的绿色项目库衔接，并根据技术发展情况对目录进行动态调整。

第二，完善转型金融信息披露。一是编制转型金融信息披露标准，同时根据我国碳市场发展情况，逐步有序地在参与碳排放权交易的碳密集型重点企业、上市公司等市场主体中分阶段实施碳信息的强制披露制度。二是对于转型金融产品发行企业而言，除了碳排放、碳强度、碳足迹等碳信息外，还应规范和强化转型战略、实施进展及减排效果、产生的环境效益、转型资金的使用情况，以及可能存在相关风险等因素的信息披露。

第三，制定转型金融税收惩罚机制。对于不采取积极行动进行低碳转型的高碳企业或者金融机构，可以实施较为严格的税收惩罚制度。例如在一定条件下可以提高税率、不允许税收抵免、进行公示惩戒等，以增加高碳企业绿色低碳转型的赋税成本，进而使其明确违法预期，迫使其主动采取技术创新、产业升级、结构优化等积极措施为绿色低碳转型付出实际行动和努力。值得一提的是，税收惩罚机制的实施，要尽力评估和考量转型企业的偿付能力，避免对金融和社会稳定等带来负面影响。

2. 强化转型金融促进型政策工具

第一，创新转型金融产品激励机制。一是转型金融工具挂钩目标的设定。可结合国际经验和上海实际情况，针对转型类债券发行的关键要素制定更详细的指引，指明各行业主要的低碳转型目标以及相应的关键绩效指标（KPI）设定样例，从而提高 KPI 设定的规范性和可靠性。二是转型金融产品创新。推进碳金融产品创新，根据崇明、金山等区丰富的林业和海岸带碳汇生态系统，开发森林和海洋碳汇基金，并将碳汇交易纳入碳交易抵消机制；完善碳配额质押金融产品制度，通过地方性法规对其权利属性予以创新性规制及市场机制的完善抑制其价格波动。

第二，探索转型金融激励机制。一是根据转型企业对转型目标的完成情况制定差异化激励政策，对于转型绩效考核表现较好的企业根据一定标准给予财政或税收方面的支持。二是考虑设置支持转型金融专项再贷款，资金规模与商业银行支持低碳转型的信贷占比挂钩，资金利率与支持低碳转型的信贷规模挂钩。三是实施一定程度的惩罚机制，例如提高利率、增加赋税、减少或不允许税收抵免等，倒逼其主动执行更具雄心的低碳转型方案。四是合理划分财政和金融政策重点领域，使二者协调配合形成政策合力。鼓励财政资金加强与金融、环保等政策联动，通过奖补措施，增强高碳企业转型意愿。

3. 健全转型金融其他保障型工具

第一，建设转型金融信息平台。依托上海"随申行"、"沪碳行"（碳普惠）、"双碳"云等平台构建上海信用信息服务平台，打造转型金融数据信息共享平台，破除各部门数据信息壁垒。实现降碳减排统计与核算的精准化，为金融机构创新转型金融产品提供更全面准确的数据支撑，助力高碳企业和金融机构对资金的供需对接，开展转型金融碳排放相关信息披露，防控转型引起的社会风险和金融系统风险。通过区块链技术强化管理、执行、评估和监督，确保监测数据的准确性和真实性。

第二，推进浦东新区示范先行。转型金融的全力推进和普及，需要组织重点行业、重点区域和重点金融机构开展一定范围内的先行先试，集中力量攻坚克难，形成重难点应对机制，以率先形成转型金融发展模式的试点示范。浦东新区正积极动员各方力量，聚焦重点转型领域，将在绿色转型发展上发挥示范引领作用。转型金融体系建设，也应结合浦东新区产业实际，发挥该区在行政审批改革、绿色金融发展等方面的制度供给优势，制定相应标准、方法和管理规则。

第三，建立公正转型保障机制。只有保障所有成员在社会转型中都能受到公正对待，保证社会成员不会因转型而受到下岗失业、资产搁置等风险影响，转型金融才算真正完成了使命。因此，亟须在转型金融中嵌入公正转型保障机制，以化解经济社会绿色低碳转型相关风险。一是树立全生命周期公正转型理念，要考虑高碳企业及其供应链上其他减排企业的碳排放情况。二是转型是一个整体的概念，要克服各种搁浅风险等，建立应对搁浅风险的法律风险防范机制。三是设立转型金融基金，为满足一定条件的碳密集产业转型提供担保，降低融资风险，保障企业顺利转型，以更好地赋能现代化产业体系建设。

参考文献

陆岷峰、曹梦石：《关于新时代我国商业银行运行轨迹与发展趋势的研究——基于未来银行发展目标、模式与路径视角》，《金融理论与实践》2020年第12期。

马骏：《〈G20转型金融框架〉及对中国的借鉴》，《中国金融》2022年第23期。

马骏：《碳中和与转型金融》，《新金融》2022年第9期。

气候债券倡议组织：《中国转型金融研究报告》，2020。

王遥、任玉洁、金子曦：《推动"双碳"目标实现的转型金融发展建议》，《新金融》2022年第6期。

吴江羽：《转型金融发展及其法律框架构建》，《金融论坛》2023年第7期。

徐洪峰、伊磊：《境内外转型金融产品创新、对比分析及发展建议》，《西南金融》2023年第9期。

赵越、陆岷峰：《城市资产管理公司：去行政化与市场化转型升级研究》，《农村金融研究》2022年第1期。

中国银行研究院：《转型金融发展实践、存在问题与政策建议》，《中银研究》2023年8月21日。

转型金融信息披露研究课题组、殷红：《转型金融信息披露研究——基于金融机构的视角》，《金融论坛》2023年第1期。

叶榅平：《可持续金融实施范式的转型：从CSR到ESG》，《东方法学》2023年第4期。

B.10
碳标签制度的国际经验及其对上海的启示

王琳琳*

摘　要： 碳标签是双碳战略的重要抓手。自2007年以来，欧美及日韩等国家相继开始推行碳标签制度，呈现法律制度刚性约束持续增强、标准体系不断完善、多元主体协同推进、企业主导作用日益强化、覆盖行业以消费品领域为主等特征。上海也积极跟进实施产品碳足迹计划，在碳标签核算标准制定、碳足迹和碳标签试点、碳标签评价服务能力提升等方面取得了成效，但在碳标签建设方面仍存在碳标签制定和推广的配套法规不健全、碳标签的操作机制尚不完善、碳标签数据收集和测算面临挑战、企业积极性不足、消费侧需求牵引力不足等问题。为更好地顺应低碳经济发展的需求，上海完善碳标签制度，还需要进一步健全体制机制，强化制度保障；加快完善标准体系，补齐基础数据库短板；加快培育第三方机构，提升支撑能力；鼓励企业推广应用碳标签，促进低碳生产；引导消费者认可碳标签，促进低碳消费。

关键词： 碳标签　碳足迹　双碳

碳标签是将产品全生命周期的碳足迹在产品包装上以标签形式展示，让产品的碳足迹透明化的重要方式。国际经验表明，碳标签对促进绿色消费、

---

* 王琳琳，博士，上海社会科学院生态与可持续发展研究所助理研究员，研究方向为可持续发展与协同治理。

鼓励企业减碳、推动全社会绿色低碳转型具有重要作用。并且，随着欧盟碳边境调节税（CBAM）和新电池法案的生效，碳标签正在从一个公益性的标识变成一个商品的国际通行证。因此，加快推进碳标签制度建设，对美丽上海建设具有重要意义。

一　碳标签制度建设的国际经验

随着全球气候变化问题越来越重要，人们越来越关注商品和服务在其生命周期中直接或间接产生的温室气体排放。碳标签作为促进产品碳减排的有效工具，受到国际社会越来越多的关注与推广。碳标签是环境标识的一种，其定义是将产品整个生命周期过程中产生的温室气体，以量化形式表示在产品的标签上，以标签的形式直观地告知下游用户或消费者产品的碳排放量[1]。根据碳标签的披露内容，可以将其分为碳足迹标签、碳减排标签和碳中和标签[2]。其中，碳足迹标签是对产品在整个生命周期内的碳排放量进行计算并标识的一种碳标签。碳减排标签则重在表明产品在整个生命周期内的二氧化碳排放量低于某个既定标准或处于某个等级，而不公布明确的碳排放量数值。碳中和标签表明产品的碳足迹已经通过碳中和的方式被完全抵消。除此之外，英国 Carbon Trust 还推出了碳等级标签，对产品整个生命周期内的碳排放量进行计算，与同行业平均水平比较，然后确定其在行业中所处的等级（见图 1）。

碳标签发展历程中，英国是全球最早开始推行碳标签制度的国家。随后，美国、加拿大、日本、韩国、澳大利亚等越来越多的国家和地区认可碳标签的做法，并相继付诸行动（见表 1），以此普及低碳观念，引导公众践行绿色消费行为。目前，全球有超过 2.7 万个产品有碳标签，有 1000 多家

---

[1] 胡莹菲、王润、余运俊：《中国建立碳标签体系的经验借鉴与展望》，《经济与管理研究》2010 年第 3 期，第 16~19 页。

[2] 张露、郭晴：《碳标签推广的国际实践：逻辑依据与核心要素》，《宏观经济研究》2014 年第 8 期，第 133~143 页。

图 1 英国 Carbon Trust 碳标签分类

图片来源：http://www.carbontrust.com。

知名企业将低碳作为其供应链的必需条件①。

总体来看，碳标签在欧洲和北美国家推出的时间早于亚洲国家，且大多数碳标签实施者是公共机构。虽然各个国家和地区在碳标签制度建设实践上各有特色，在执行进程方面存在巨大差异，但从国际趋势来看，呈现以下五大发展特征。

（一）加强法律法规的约束和保障

各国碳标签制度大多采取自愿遵守原则，以市场驱动为主，政府主要负责碳标签指标标准认定和规则实施。企业拥有很大的自主权，通过衡量自身产品的环保性能和技术水平，自愿决定是否对产品碳足迹进行核算。但也有一些国家以立法的形式确保碳标签制度得以顺利推行，带有一定的强制性。据不完全统计，世界上已有12个国家和区域立法，要求企业核算产品碳足迹，履行碳标签制度。其中，法国是首个将产品碳标签写入法律文本的国家。2010年7月通过的法国"新环保法案"是全球第一个涉及强制环保/碳标签内容的法案，从2011年11月起，在法国市场上销售的所有产品（消费

---

① 朱晨晨、周文静、施懿宸：《碳标签促进绿色低碳发展浅析》，《中央财经大学绿色金融国际研究院 IIGF 观点》2022年12月。

表1 各国及地区的碳标签制度

国别	标签	年份	组织	机构性质	计算方法	约束力	碳标签种类	范围
英国	碳减量标签	2007	Carbon Trust	营利性	PAS 2050、GHG Protocol	自愿型	碳分数类和低碳批准类相结合	产品、服务、供应链、组织
	Carbon Free 碳标签	2007	Carbon Fund	非营利	PAS 2050、GHG Protocol、ISO 14044	自愿型	碳中和类	个体、产品、服务、活动、组织
美国	气候意识标签	2009	The Climate Conservancy	非营利	基于LCA法	自愿型	碳分等级类	产品、服务
	加利福尼亚碳标签	2009	State of California	政府组织	环境输入-输出生命周期分析法与LCA法的折中方法	自愿型	低碳批准类、碳分数类、碳等级类	产品
加拿大	Carbon Counted Carbon Label	2007	Carbon Counted, Carbon Footprint Solutions	非营利	PAS 2050、GHG Protocol	自愿型	碳分数类	产品
德国	碳足迹标签	2008	WWF、Oko-Institute、PIKTHEMAI	政府组织	PAS 2050、ISO 14040、ISO 14044	自愿型	低碳批准类	产品
日本	产品碳标签	2008	经济产业省	政府组织	TSQ 0010	自愿型	碳分数类	产品、服务
泰国	碳足迹标签、碳标签	2009	日本政府	政府组织	《碳足迹系统指南》	自愿型	碳分数类	产品、服务
		2008	泰国温室气体管理组织	公共非营利组织	PAS2050、ISO14040、ISO 14064、ISO14025、UNFCCC/CDM	自愿型	碳等级类	产品
韩国	二氧化碳低碳标签	2009	Korea Eco-Products Institute	公共非营利组织	PAS 2050、ISO 14040、ISO 14064、ISO 14025、GHG Protocol、韩国第三类环境声明标准	自愿型	碳分数类和低碳批准类相结合	产品、服务
法国	多指标标签	2011	法国政府	政府组织	BPX30-323	强制型	碳等级类	产品

资料来源：方恺等：《碳标签制度的探索与展望》，浙江大学出版社，2023，第63页。

205

品）必须公布产品整个生命周期及其包装的碳足迹。2021年4月，法国国民议会通过了"在产品上添加'碳排放分数'标签"修正法案。该法案率先在纺织服装行业试行，试行时间定为五年之内，而一旦证明有效，将推广至家居、酒店、电器等行业。

（二）碳标签制度标准化建设

碳标签制度的顺利实施，依赖于建立一套完整的标准体系和基础数据库。其中，标准体系的建设尤为关键，因为它直接决定了碳标签的运行效果和可信度。

当前，碳标签测量方法和标准因国家和地区而异，甚至在一个国家或地区内也有所不同（比如美国、法国）。碳标签所依据的碳足迹核算评价标准具有多元化特点，在使用范围、温室气体种类、系统边界、数据来源等方面存在巨大的差异（见表2）。其中，在国际标准层面，广泛使用的标准有国际标准化组织出台的ISO14067、世界资源研究所（WRI）和世界可持续发展工商理事会（WBCSD）共同编制的GHG Protocol等。由部分国家或地区发行并推广的标准有欧盟的PEF、日本的TSQ 0010、英国标的PAS 2050、法国的BPX30-323等。

表2 产品碳足迹核算规范或标准对比

规范或标准	PAS 2050	TSQ 0010	ISO 14067	GHG Protocol	PEF	BPX30-323
发布单位	英国标准委员会、Carbon Trust	日本工业标准委员会	国际标准化组织	WRI WBCSD	欧盟委员会	法国标准化协会
温室气体种类	IPCC的60多种气体（有GWP值）	主要为《京都议定书》要求的6类气体	IPCC的60多种气体（有GWP值）	主要为《京都议定书》要求的6类气体及NF_3	IPCC的60多种气体（有GWP值）	IPCC的60多种气体
系统边界	从原材料到使用完毕和废弃（资本产品和人力资源等除外）	从采购到废弃和回收的5个阶段	摇篮到坟墓、坟墓到大门	摇篮到坟墓、坟墓到大门	包括产品供应链的所有环节	包括产品供应链的所有环节

续表

规范或标准	PAS 2050	TSQ 0010	ISO 14067	GHG Protocol	PEF	BPX30-323
数据来源	经同行评议的出版物、ILCD	通用数据、政府建立的排放因子数据库	基于控制的独立过程、兼顾定性和定量、ILCD	使用质量标准评估后的数据、EEIO模型、ILCD	达到质量要求的ILCD&ELCD	ILCD
适用目标	B2B&B2C	B2C	B2B&B2C	B2B&B2C	B2B&B2C	B2B&B2C
主要引用的规范或标准	ISO 14040 ISO 14044 IPCC 2007	ISO 14040 ISO 14044 IPCC 2007	ISO 14064-6 PAS 2050 GHG Protocol	ISO 14040 IPCC 2006 PAS 2050	IPCC 2007 PAS 2050	ISO 14040 ISO 14044

注：ILCD指的是欧盟委员会联合研究中心开发的国际参考生命周期数据系统。
资料来源：深圳市计量质量检测研究院：《国内外碳足迹标准现状研究报告》，2022，第15页。

另外，发达国家建立了诸多产品完整产业链的碳排放因子数据库和测算平台，如瑞士的Ecoinvent、欧盟的ELCD、德国的GaBi、美国的U.S. LCI、韩国的KCLD、日本的IDEA等，为碳标签提供基础数据支撑。另外，在技术软件开发方面，德国GaBi、荷兰SimaPro、德国Open LCA是世界上公认的权威测算平台。

（三）多元碳标签推进主体

在大多数国家，碳标签是由资金和技术能力强的企业、第三方机构等非官方组织率先推行的，在市场推行的影响下，政府出台相关政策对碳标签进行管理。例如，英国在能源和气候变化部的资助下成立碳信托公司，主要负责推广和管理碳标签制度。作为英国政府担保成立的独立咨询机构，碳信托公司在第三方评估认证方面，保证了其在消费者心目中的客观性和中立性。碳信托公司联合英国环保部与乡村事务部委托英国标准委员会研究制定碳标签量化和认证标准。世界自然基金会、应用生态研究所、气候影响研究所共同负责德国碳标签的认证和管理。美国的碳标签推广由加利福尼亚碳标签公司（Carbon Label California）、碳基金（Carbon Fund）、气候保护公司（Climate Conservancy）三大专业的非营利机构负责，三者分别负责食品碳标签、无碳标签、气候意识标签。日本碳标签制度由日本经济产业省负责，由经济、贸易和工业部门具体实施，包括核算产品碳足迹、评价产品温室气体排放量、碳标签认证和证书颁发等，查验评价工作则交由第三方机构负责。韩国碳标签制度由韩国环境部主管，其负责宣传、教育、培训，并结合反馈建议对碳标签制度进行完善，下设环境产业与技术机构负责碳标签认证、编制产品分类规则等。韩国环境保护协会也会加入碳标签推广活动。

（四）激发企业的主导作用

企业是落实碳标签的重要责任主体。尤其是龙头企业，不仅可以通过自身在技术、资金、行业规则制定等方面的优势，积极推进碳标签的实施，作为供应链的核心，还能够通过为其供应商合作提供温室气体排放的测量方法、操作指南和实用工具，发挥引领和推动作用，联动整个供应链加入减排行动。

一是大型零售商等龙头企业的加入，促进整个供应链的低碳化甚至无碳化。早在2007年，英国最大连锁百货Tesco宣布将对其经营的7万种商品加注碳标签。截至目前，Tesco已经为七大类500多种产品贴上了碳标签。法国大型零售集团Casino于2008年底开始使用碳标签"Groupe Casino Indice Carbon"，该标签应用于集团的3000多种产品。美国最大零售商沃尔玛公司已经要求近10万家供应商必须带有碳足迹标签。苹果公司作为全球知名的科技公司，为了更全面地了解和改善其碳足迹，依据国际标准ISO 14040/44，对场所设施、产品制造、产品使用、产品运输和报废处理五个环节进行了详细的碳足迹披露[1]。这不仅让公司内部对碳排放有了更清晰的了解，也向公众展示了其对环境保护的承诺。此外，苹果公司还要求其供应商提供相应的碳标识信息，以了解和控制整个供应链的碳排放。这种做法有利

---

[1] 王宇飞：《推行碳标签制度以消费侧选择引导生产侧低碳转型》，《可持续发展经济导刊》2022年第6期，第29~32页。

于推动供应商关注环境保护,提高整个供应链的绿色化水平。值得注意的是,针对碳排放最多的铝金属机身生产,苹果公司设计了专门的减碳项目。这个项目包括采用更环保的生产工艺、提高资源利用效率、优化生产流程等方面,以期在保证产品品质的同时,减少铝金属机身生产的碳排放。这种具有针对性的减碳项目有助于苹果公司在产品生命周期中实现碳排放的减少,为全球应对气候变化做出贡献。

二是龙头企业的积极参与带动了全社会企业对碳标签的认可和接纳。龙头企业往往具有较大市场份额和影响力,得益于其在品牌效应、广大消费群体等方面的优势,能够提高公众的环保意识,让更多的人了解到碳减排的重要性和必要性。德国碳足迹试点吸引了巴斯夫股份公司、朗盛、汉高、REWE集团等企业积极参与。美国沃尔玛和Timberland开发并使用自己的碳标签。另外,在低碳消费宣讲教育方面,龙头企业往往表现出更积极的姿态。它们不仅关注自身的低碳发展,还承担着引导和教育消费者转变消费观念和行为的责任。通过举办各种低碳消费宣传活动,龙头企业能够提高消费者的环保意识,引导消费者选择低碳、环保的产品,从而推动低碳消费成为主流。

(五)碳标签覆盖行业以消费品领域为主

英国碳标签制度主要应用于果汁、薯片、面包、水果等食品类,T恤等服装类,毛绒玩具等非电动玩具类,洗发露、灯泡、洗涤剂等日常用品类。德国碳标签产品包括电话、床单、洗发露、冷冻食品等。瑞典碳标签集中在食品领域,包括水果、蔬菜、乳制品等。日本碳足迹标签主要涉及食品、饮料、电器、日用品等。韩国碳足迹标签试点项目中,包括电子产品、家用电器、饮料、清洁用品等。总体来看,国外的碳标签制度主要覆盖日用品(啤酒、卫生纸、洗发水等)、食品或家用电器等。随着人们环保意识的不断增强,越来越多的人开始关注自己日常生活中的碳排放量。快消品是人们日常生活中不可或缺的部分,如果能够在这些产品上标明碳足迹,就可以帮助消费者更加清楚地了解自己购买的产品对环境的影响,从而更加明智地选择，有效地引导消费者转向低碳消费。同时，快消品企业也可以通过碳标签来展示自己在环保方面的努力和成果，提升品牌形象和竞争力。因此，将碳标签应用于快消品是一种双赢的措施，既能够促进消费者低碳消费，又能够推动企业更加积极地履行社会责任。

二 上海推广应用碳标签的实践与存在的问题

上海是我国较早制定碳足迹核算标准的城市之一，为产品碳足迹的评估和碳足迹的发展奠定了重要基础。

（一）上海推广应用碳标签的实践

为积极应对气候变化，推动绿色低碳发展，上海也围绕碳标签建设展开了积极探索。

1. 制定碳足迹核算标准

碳足迹的核算是碳标签制度全面推行的重要技术支撑。首先，碳足迹的核算是对产品或服务在其生命周期内所产生的碳排放量的量化计算，它可以帮助企业和政府全面了解其在生产和消费过程中的碳排放情况，从而为实施碳减排措施提供数据支持。其次，准确的碳足迹核算能够为企业提供决策依据，帮助其在产业链中找到碳排放的关键环节，进而采取有效措施减少碳排放。此外，碳足迹核算还可以为政府提供监管依据，通过对企业产品进行碳足迹标识，鼓励企业主动减少碳排放，实现产业转型升级。

2017年，上海市质监局发布了DB31/T 1071-2017《产品碳足迹核算通则》和DB31/T 1072-2017《资源综合利用评价方法和程序》，自2018年2月起开始实施。首次纳入上海市2018年碳排放报告与核查及排放监测计划制定工作的企业包括中国石化上海石油化工股份有限公司、宝武炭材料科技有限公司等65家企业，主要涵盖材料、化工、制造、航空和能源行业，尚未涉及纺织、生活用品和食品等行业。

2. 积极推进碳足迹和碳标签试点

2023年，上海碳标签制度建设再提速，陆续发布多项政策文件推进碳标签工作（见表3）。其中，在4月发布的《关于开展2023年上海市工业通信业碳管理试点工作的通知》，确定了《上海市2023年度第一批工业通信业碳管理试点名单》。其中，碳足迹评价与碳标签领域，有科思创、巴斯夫、蔚来汽车、立邦等参与试点。其中，根据全球权威认证机构——必维集团颁发的产品碳足迹核算声明书（ISO 14067），按功能单元计算，立邦轻质真石漆在生产、运输、使用、维护及报废处置等阶段，较立邦传统真石漆减少碳排放65.3%[①]。上海蔚来汽车通过逐步摸索，形成了基于全生命周期方法学的整车产品碳足迹开发流程与管理体系。该体系涵盖了原材料获取、生产制造、使用以及报废回收等各个阶段，旨在实现全生命周期的绿色低碳化。蔚来汽车公司通过与上下游全价值链的合作伙伴共同探索和实践，不断优化和完善相关流程和管理体系，以降低产品碳足迹，为新能源汽车行业的可持续发展做出贡献。

表3 2023年上海碳标签相关政策梳理

时间	名称	重点内容
2023年1月	《上海市减污降碳协同增效实施方案》	探索构建统一规范的产品碳标签标识体系，推动一批碳标签落地应用
2023年2月	《上海市2023年应对气候变化工作要点》	强化产品碳足迹与碳标签、碳关税等方面的研究
2023年4月	《关于开展2023年上海市工业通信业碳管理试点工作的通知》	推动建立碳标签制度，鼓励钢铁、石油化工、汽车等行业进行产品碳足迹评价与碳标签试点
2023年6月	《质量强国建设纲要上海实施方案》	推进碳相关认证和碳标识制度工作

[①] 李晔：《碳中和产品是作秀吗？这或是企业生存基本门槛，上海首批碳管理试点名单出炉》，上观新闻，2023年7月18日。

3.提升碳标签评价服务能力

不断提升计量服务能力，是加速碳标签评价市场化推广的重要保障。提升碳足迹计算和认证能力，有助于帮助我国企业更好地应对国际贸易中的碳壁垒，从而提高它们的市场竞争力。同时，碳标签评价服务水平的提升，也可以有效推动构建并普及国内区域的碳足迹标识认证体系，以协助企业强化产品的碳管理，最终实现"绿色低碳产品"在整个流程中的闭环。

截至2023年9月，中国电子节能技术协会碳标签评价管理办公室与低碳经济专业委员会共陆续发布11批碳标签授权评价服务机构，其中上海有11家机构获得评价资质，服务能力不断增强。

表4　上海碳标签授权评价机构名单

序号	公司名称	批次
1	中春环保科技（上海）有限公司	第三批
2	上海市建筑科学研究院有限公司	第五批
3	上海霖洲环境科技有限公司	第六批
4	上海碳汇咨询管理有限公司	第六批
5	艾逖绥检测认证（上海）有限公司	第七批
6	碳启城科技（上海）有限公司	第八批
7	上海泽履认证服务有限公司	第八批
8	德凯质量认证（上海）有限公司	第八批
9	上海数离信息科技有限责任公司	第九批
10	上海尊理检测技术有限公司	第十一批
11	亿可能源科技（上海）有限公司	第十一批

2023年9月，由中国电子节能技术协会、中国科学院上海高等研究院、绿色技术银行联合发起共建的碳标签产业联合创新中心正式签约成立。该中心将积极组织各类产品低碳评价标准的制定，推动低碳技术的交易和产业化应用合作，为各种类型的企业、项目、理念和技术的孕育和快速成长提供良

好的环境和支持。碳标签产业联合创新中心通过模式创新和产业协同，积极推动碳标签体系的建立，以推动全国更多行业和领域加快温室气体的减排步伐，实现我国经济社会的绿色低碳发展。

（二）上海碳标签建设存在的主要问题及原因分析

总体来看，上海尚未形成完整的碳标签制度，并且当前所实行的碳足迹核算制度很大程度上是为上海市碳交易服务的，在碳标签建设方面还存在诸多不足。

1. 碳标签制定和推广的配套法规不健全

上海尚未出台关于碳标签的专门法规或政策。从国家层面来看，碳标签制度在我国政策、立法层面还未强制执行，以区域、行业层面的试点为主，对产品碳标签的管理权责、实施主体、标签图样、披露内容和表现形式，以及产品碳标签的量化方法、计算原则等均未有明确规定，影响了产品碳标签的有效性与合法性。由此导致市场上的碳标签存在多种形式和种类，没有统一的标识。在碳标签认证制度尚未完善的情况下，一些企业为了展示自身的环保形象，或者是为了迎合消费者的环保需求，可能会自行加注碳标签。不断涌入市场的各类标签，使消费者很难获取准确和全面的信息，导致消费者对碳标签的认知程度和信任度降低。上海也面临同样的挑战，缺乏明确的碳标签政策不仅会增加企业在低碳技术和产品研发、生产、认证等方面投入的不确定性，增加企业的运营成本，还会导致社会对低碳发展的重要性认识不足，缺乏积极参与低碳发展的氛围和动力。

2. 碳标签的操作机制尚不完善

一是现有的碳标签计算方法缺乏统一性和标准化。我国还缺乏权威的碳足迹认证标准，主要采用的国际产品碳足迹评价标准有 PAS 2050、GHG Protocol 和 ISO 14067 三种。三种标准因评估原则、内容、系统边界等不同，可导致同一件产品具有差异较大的碳标签结果，从而无法保障产品碳标签制度的公平实施。以胶版印刷纸为例，依据 GHG Protocol 和 ISO 14067 开展的产品碳足迹评价结果分别比 PAS 2050 高 61% 和 49%。加之我国仍未建成本土统一的碳排放因子以及碳足迹数据库，因而可能出现同类产品使用不同数据库和计算方法的情况，这就给部分企业选择对自身有利的排放因子空间，容易出现"劣币驱逐良币"的局面。

二是中国本土数据库缺失，制约中国产品碳足迹评价结果的准确性。当前国内在进行碳足迹核算时常用的数据有两类，一类是以碳足迹排放因子为主体的碳排放因子数据集合；另一类是以单元过程和 LCI 数据集为主体的 LCI 数据库。前者通过收集整理公开渠道发表的文献或报告中的各类材料、能源、产品的碳足迹核算结果，整理为碳排放因子形成数据集合，供背景数据需求用户使用。这类数据库因为缺乏统一的标准、模型和结构，存在严重的质量缺陷，往往在国际市场上无法获得认同。后者以瑞士的 Ecoinvent 数据库、德国的 GaBi 数据库等国际数据库为主，生产数据大部分源于欧洲企业的实际生产数据或者欧洲的行业统计数据，在技术水平、能源结构、工艺完整性等方面都不能代表中国本土的真实情况，这给碳足迹评价的最终结果引入了极大的不确定性。

3. 碳标签数据收集和测算面临挑战

一是碳足迹数据质量难以保障。一方面，中小型企业普遍缺乏对碳标签的理解和认识，不仅未掌握碳核算方法，还存在管理思路和方式上的数据"混乱"，未能建立系统的碳排放数据管理系统；另一方面，企业碳排放专业人员缺乏，碳数据普遍存在收集难和统计不全面、不及时等情况，填报结果可信度存疑，数据质量无法保障。与广大的市场需求相比，仍需持续加强培育专业的第三方服务机构。例如，从碳标签授权评价机构的数量来看，上海远少于北京市、广东省和浙江省（见图 2）。

二是碳足迹实际核算难度大。以电池产品为例，碳足迹主要来源于上游产业的碳排放，尤其是资源开采、前驱体、正负极、电解液、隔膜等材料环节，电池企业的碳排放仅占 15% 左右。在计算碳足迹的过程中，需要尽力向上追溯供应链的实景数据，但这样的供应链调查通常费时费力，其中又涉及诸多数据保密问题，数据质量难以保障。另外，大多数上游企业因为还没

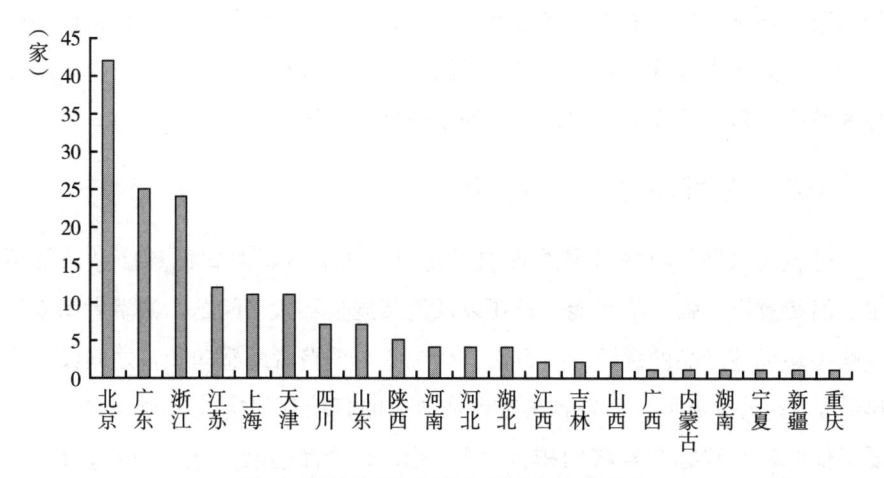

图 2　碳标签授权评价机构所属省份分布

资料来源：笔者根据中国电子节能技术协会低碳经济专业委员会、碳标签产业创新联盟共同公布的碳标签授权评价服务机构评审结果整理。

有走向国际市场，对碳足迹还不太了解，配合碳足迹调查的积极性不大，也会使得材料企业很难获得相应的实景数据，只能用背景数据来替代，进而影响最终核算结果的准确性。

（三）企业积极性不高

一是企业对碳标签的态度具有差异性。一方面，不同企业对气候风险与机遇的认识具有差异性，对碳标签的认知和准备不同。2022年中国企业CDP（全球环境信息研究中心）披露情况分析报告显示，中国企业对长期气候风险关注度不超过20%，带动供应商参与气候治理的占比不足30%。另一方面，对于一些企业来说，尤其是中小企业，可能会权衡碳标签认证带来的效益和成本，从而影响其对碳标签的态度，这也导致了企业对碳标签的差异化态度。

二是成本壁垒较高。企业参与碳标签认证需要投入一定的成本，包括购买碳排放权、改进生产过程、支付认证费用等，会导致其生产成本的增加。

如法国的强制碳标签成本占商品价格的5%左右[①]。另外，无论是碳足迹核算和评价人才资源的培养，还是委托第三方机构进行核算，都会产生相对较高的费用，阻碍了企业采用碳标签的积极性和意愿。

（四）消费侧需求牵引力不足

受收入水平、消费习惯的影响，我国存在消费者对碳标签产品认知不足、消费意愿不强、消费能力较弱以及消费规模不大等问题，消费者尚未形成购买碳标签产品的意识。一方面，碳标签与消费者的感知利益之间没有直接关系[②]；另一方面，消费者很难评估他们的直接和间接碳足迹，这大大降低了他们参与碳标签实践的积极性[③]。此外，产品包装上还贴有许多标签，如食品里程、有机食品、公平贸易、碳足迹等[④]。各种标签不仅增加了包装设计的复杂性，还带来了信息冲击，甚至导致消费者在购买产品时更加混乱。尽管碳标签提供了有关产品或服务碳排放的信息，但消费者理解和使用这些标签仍然存在困难。缺乏对碳排放数据的理解和意识，以及标签的易读性和易用性等问题，可能限制了消费者对碳标签的接受和应用。

三 加快上海推广应用碳标签制度探索的建议

碳标签作为一种有效的引导全社会走向低碳选择和低碳消费的工具，其重要性日益凸显，未来必将在推动我国经济社会绿色转型中发挥更大的作用。当前，上海作为我国的经济中心，亟须加快碳标签的推广应用，扩大碳

[①] 李长河、吴力波：《国际碳标签政策体系及其宏观经济影响研究》，《武汉大学学报（哲学社会科学版）》2014年第2期，第94~101页。

[②] Zhao, R., Geng, Y., and Liu, Y., et al., "Consumers' Perception, Purchase Intention, and Willingness to Pay for Carbon-Labeled Products: A Case Study of Chengdu in China," *Journal of Cleaner Production*, 171 (2018): 1664-1671.

[③] Gheewala, S. H., and Mungkung, R. "Product Carbon Footprinting and Labeling in Thailand: Experiences from an Exporting Nation," *Carbon Management*, 4 (2013): 547-554.

[④] De-Magistris, T., Gracia, A., and Barreiro-Hurle, J. "Do Consumers Care about European Food Labels? an Empirical Evaluation Using Best-Worst Method," *British Food Journal*, 119 (2017): 2698-2711.

标签的实行范围，进一步完善和优化碳标签制度，使之更具科学性、实用性和可操作性，为我国绿色低碳发展做出更大的贡献。

（一）健全体制机制，强化制度保障

一是碳标签管理机制。加快出台碳标签管理办法，提出碳标签的工作原则、发展目标、实施路径、保障措施以及管理机构、监督机构、实施机构、标签标识等具体内容。二是低碳人才保障机制。加快低碳人才的技能培训，鼓励地方政府在现有大学、大专、中专、社区院校等开设与碳排放管理、碳足迹核算相关的专业课程，完善从业资格认定标准，以满足对低碳人才的需求。三是企业激励机制。企业实施碳标签制度，就必须投入碳足迹核算、碳标签认证等相关费用。同时，企业为通过碳标签认证，需要增加绿色技术改造、低碳转型等投入，势必会带来生产成本的上升。因此，政府可通过财政补贴或财税优惠的方式，对有参与意愿但资金技术较为薄弱的试点企业给予一定的支持，以帮助其降低成本或增加收入，提升竞争力。以欧盟为例，申请碳标签的费用为300~1300欧元，使用年费按照在欧盟市场销售额的一定百分比缴纳；若是中小企业或发展中国家的厂商，申请费用可削减25%[①]。四是低碳消费激励机制。应对消费者进行政策引导，可以对不同碳排放水平的同类产品采用差额税收标准，引导消费者购买低碳产品。

（二）加快完善标准体系，补齐基础数据库短板

上海应加快建立本土的碳标签核算标准和碳排放因子数据库，增强核算标准和数据库的实用性和可操作性。第一，借鉴国际相关标准，在充分认清中国国情、产业发展水平和能源结构等因素的基础上，发布实施一批产品碳标签标准和碳减排量核算标准，制定一系列产品碳足迹评价指南，指导同一行业的不同类产品编制"产品种类规则"文件，为同类产品统一方法标准、

---

① 邱峰：《碳标签制度的国际实践及其对我国探索的启示与借鉴》，《西南金融》2021年第12期，第28~42页。

计算边界、功能单位、删减原则等内容提供技术支持，为具有可比性的产品碳标签数据质量提供保障。第二，政府、企业和科研机构应加强合作，共同开展碳标签标准研究和技术创新，确保碳标签标准的科学性和实用性。第三，整合统计、能源、环保等各部门的数据资源，形成全面、完整的碳足迹数据体系，并运用大数据、人工智能等先进技术手段，提高碳足迹核算的数据处理和分析能力。同时，在重点行业和企业建立碳排放监测体系，确保数据的实时性和准确性。

（三）加快培育第三方机构，提升支撑能力

一方面，要支持第三方机构创新推行碳标签评价服务，增强技术支撑。碳标签评价需要专业的技术和知识，培育碳标签评价机构能够提供客观、专业的评价服务，确保评价结果的准确性和权威性。第三方机构具有独立的地位和专业的技术能力，能够更为客观、准确地把产品的碳足迹信息传递给消费者，增强碳标签信息的可信度。上海应加强对碳标签评估和认证工作的指导和规划，培育更多机构积极参与碳标签授权评价服务机构的评选，增强其低碳服务能力，为碳标签制度的推行提供专业支持。

另一方面，要规范第三方服务市场秩序，制定和完善与第三方服务市场相关的法律法规，为市场秩序的规范提供法制保障。例如，针对第三方环保服务市场，制定更加细化的法规，明确第三方服务机构的职责和义务，确保其合法合规运营。同时，制定第三方服务行业的标准规范，包括服务质量、技术要求、信息安全等方面，引导企业按照标准提供服务，提升市场整体水平。政府及相关部门要加强对第三方服务市场的监管，对违法违规行为进行查处，维护市场的公平竞争秩序。同时，要加强对第三方服务机构的信用体系建设，对诚信经营的企业予以奖励，对失信企业进行惩戒。除此之外，政府还应提高消费者对第三方服务市场的认识，引导消费者选择正规、合法的第三方服务机构，并鼓励消费者在遭受损失时依法维权。

（四）鼓励企业推广应用碳标签，促进低碳生产

建立碳标签制度是一个复杂的过程，需要相应的政策支持，先行先试，分领域、分阶段逐步推进。

首先，通过一系列的经济手段，如财政补贴、税收优惠、政府采购等，对企业参与碳标签制度进行经济补偿，降低因实施碳标签制度而造成的企业经营成本上升，提高企业推广碳标签的积极性。例如，在泰国，为了鼓励生产者参与碳标签计划，泰国政府支付咨询费用，以帮助生产者进行生命周期评估研究并获得碳标签。

其次，可在食品、日化品、服装纺织、电子产品等领域先行进行碳标签试点。以食品行业为例，生产过程中涉及种植、养殖、加工、包装、运输等多个环节，这些环节都会发生碳排放，在全球温室气体总排放量中占有较大比例。而且，随着人们生活水平的提高，食品消费需求不断增长，碳排放量也有所增加。因此，选择食品行业作为碳标签试点行业，有助于提高人们对碳排放的关注度，推动行业降低碳排放。

最后，可面向新能源汽车、半导体、电子信息等工业，临港新片区、宝武碳中和产业园等前瞻性项目基础设施，率先推广工业产品碳足迹可信精算与透明化的试点示范，帮助企业更好地管理和控制其碳足迹，推动整个社会向低碳、环保、可持续方向发展。对于基础比较弱的企业，允许其先测算范围1、范围2的碳足迹，等条件成熟时将范围3纳入考量。

（五）引导消费者认可碳标签，促进低碳消费

加快引导公众形成绿色低碳的消费模式，对于实施碳标签制度具有十分重要的意义。

第一，通过举办培训、讲座、低碳公益等相关活动，以及在各类学校教学中加入碳标签相关知识的教育，让更多的人在学习过程中了解和掌握碳标签的知识。非政府组织可以积极开展碳标签的推广活动，如举办讲座、研讨会等，增强公众对碳标签的认识。第二，加大对碳标签的宣传力度，促进消

费行为的转变。利用报纸、电视、微信、微博、直播等媒体平台,向消费者传递低碳消费的正向效用信息,提升其对碳标签产品的购买意愿[1]。第三,除日常普及环保意识之外,还需要加强公众在碳标签机制建设中的参与和互动。例如,建立碳标签信息平台,为公众提供碳标签的相关信息,如碳标签的查询、碳足迹的计算等,方便公众了解和使用碳标签。第四,发挥公共机构(如政府、学校、医院等)在碳标签实践中的带头作用,通过使用碳标签来优化其公共产品和服务,同时在公共采购中加大对碳标签产品的支持力度,以此提高社会的环保意识,推动更多人关注和采纳碳标签。同时,加强与商超、景区等人流密集场所的合作,对产品和服务加贴碳标签,让更多的人了解和接触到碳标签,进一步提升公众的体验感、获得感,使他们更愿意参与到低碳经济和环保行动中来。

碳标签作为一种新型的环境管理工具,有助于推动经济和社会实现低碳转型,减少温室气体排放,在应对全球气候变化等环境问题方面具有重要意义。在全球气候变化与碳贸易兴起的背景下,上海要致力于打造人与自然和谐共生的现代化国际大都市,仍需在碳足迹测算与碳标签制度建设等方面不断努力。

参考文献

胡莹菲、王润、余运俊:《中国建立碳标签体系的经验借鉴与展望》,《经济与管理研究》2010年第3期。

李晔:《碳中和产品是作秀吗?这或是企业生存基本门槛,上海首批碳管理试点名单出炉》,上观新闻,2023年7月18日。

王宇飞:《推行碳标签制度以消费侧选择引导生产侧低碳转型》,《可持续发展经济导刊》2022年第6期。

张露、郭晴:《碳标签推广的国际实践:逻辑依据与核心要素》,《宏观经济研究》

---

[1] 邱峰:《碳标签制度的国际实践及其对我国探索的启示与借鉴》,《西南金融》2021年第12期,第28~42页。

2014年第8期。

朱晨晨、周文静、施懿宸:《碳标签促进绿色低碳发展浅析》,《中央财经大学绿色金融国际研究院IIGF观点》2022年12月。

邱峰:《碳标签制度的国际实践及其对我国探索的启示与借鉴》,《西南金融》2021年第12期。

B.11 "双碳"战略背景下欧盟碳边境调节机制的挑战与应对

胡 静 周晟吕 李宏博 戴 洁*

摘　要： 欧盟碳边境调节机制（CBAM）已于2023年10月1日起进入过渡阶段，并将于2026年进入正式收费阶段。本文全面梳理了CBAM的覆盖范围、征收标准、核算规则、核查要求以及实施流程等核心内容，并从覆盖范围、核算边界、核算口径和基准线管理等角度开展了国内碳排放量化管理规则与CBAM规则的对比分析。基于对CBAM可能产生的影响研判以及其他国际绿色贸易壁垒发展动态的分析，本文从加强技术规则对接，帮助企业"算准"碳排放量；加强管理体系对接，有效引导企业提升碳生产率；加强顶层制度设计对接，全面推动企业绿色低碳转型等角度提出了具体对策建议。

关键词： 欧盟　碳边境调节机制　技术规则　管理体系

　　碳边境调节机制的概念最早由法国前总统希拉克在2007年提出，旨在向没有签署《京都议定书》的国家出口至欧盟的商品征收额外的边境调节税。2019年12月，欧盟委员会发布《欧洲绿色协议》，建议引入碳边境调节机制（以下简称CBAM），通过对出口到欧盟的碳密集产品收取费用，调

---

* 胡静，上海市环境科学研究院高级工程师，研究方向为低碳经济和环境管理；周晟吕，博士，上海市环境科学研究院高级工程师，研究方向为低碳经济和环境管理；李宏博，上海市环境科学研究院工程师，研究方向为低碳技术评估；戴洁，上海市环境科学研究院高级工程师，研究方向为低碳经济和环境管理。

节欧盟境内外有关产业的碳排放成本差异以降低碳泄漏风险。作为欧盟实现2050年气候中和目标的重要措施，2021年7月，欧盟委员会提出包含CBAM在内的一揽子减排政策提案，开启了CBAM正式立法进程，并于2023年3月在欧盟理事会的经济与金融事务委员会会议上通过。2023年5月17日，CBAM法案正式生效，从2023年10月1日起，CBAM进入实施过渡期。为保障过渡期的顺利推进，7月13日，欧委会税务总司的CBAM委员会投票通过了CBAM过渡期的核算与报告细则，8月17日，欧盟委员会公布了CBAM过渡期实施细则，随后进行了多次更新完善。

一 欧盟碳边境调节机制的主要内容

（一）覆盖范围

在覆盖产品上，初始覆盖钢铁、铝、肥料、水泥、氢、电力六大类产品，到2030年产品范围将逐步扩大至欧盟碳市场（EU-ETS）覆盖的所有行业（Directive 2003/87/EC）[1]，且优先考虑碳泄漏风险和碳排放强度最高的行业。

在温室气体种类上，初始覆盖的产品中，肥料涉及CO_2和N_2O排放，铝涉及CO_2和PFCs排放，其他产品仅涉及CO_2排放。

在排放范围界定上，钢铁（除烧结铁矿石及其精矿、非焙烧黄铁矿外）、铝、氢将对直接排放收费，其余产品需要对直接排放和间接排放收费，但是在过渡期申报阶段，所有产品均需报送直接排放和间接排放数据。

（二）征收标准

出口产品需要缴纳的碳费用由CBAM覆盖产品的实际对欧出口情况、基于CBAM核算规则核算的排放水平、相关产品在EU-ETS中获得的免费配

---

[1] Directive 2003/87/EC of the European Parliament and of the Council of 13 October 2003 Establishing a System for Greenhouse Gas Emission Allowance Trading within the Union and Amending Council Directive 96/61/EC (OJ L 275, 25.10.2003).

额、EU-ETS 的交易价格以及国内的碳价等共同决定［见式（1）］。其中，过渡期 CBAM 授权申报商仅需按季度报送相关进口商品信息，无须缴纳碳费用，自 2026 年 1 月开始，进入正式收费阶段，申报商应于每年 5 月 31 日前申报上一年出口到欧盟的货物数量及其碳排放量。

出口产品支付的碳费用 =［(进口产品碳排放强度 - 欧盟免费碳配额强度)×
进口产品数量×欧盟周平均价格］- 出口国已支付碳费用　　式(1)

在征收标准上，CBAM 的目的是找齐欧盟的碳排放成本，因此，仅超出 EU-ETS 免费配额的部分需要缴纳碳费用，即将进口商品的碳排放强度与欧盟 EU-ETS 下可获得免费配额的排放基准线做对比，超出部分需购买与 EU-ETS 碳价格相对应的 CBAM 证书，证书价格为 EU-ETS 上一周的周平均拍卖价（见图 1）。根据 EU-ETS 取消免费配额的时间表，免费配额将从 2026 年开始逐步削减，直至 2034 年完全取消。相应地，2035 年以后，进口商品将完全按照实际核定的碳排放量承担清缴义务。

在碳成本抵扣上，进口商品在其原产国支付了有效碳价，如在国家碳市场或地方碳市场支付了碳价，这部分成本可进行抵扣。同时，CBAM 授权申报商应保留必要的文件证明记录，包括与任何退税或其他形式的补偿有关的证据，尤其是原产国相关立法的参考资料。该文件中包含的信息应由独立于 CBAM 授权申报商和原产国当局的人员证明，该独立人士的姓名和联系信息应体现在文件上。

（三）核算规则

在核算边界上，作为 EU-ETS 的衍生政策，CBAM 在核算技术规则上与 EU-ETS 形成有效衔接，均聚焦生产过程的碳排放（并非全生命周期的碳排放），核算以生产设施为基本单元的碳排放量。不同之处在于 CBAM 进一步将企业层面的碳排放分摊到产品上，企业需按产品生产的工艺路线，将各生产工序的生产设施排放加总后得到排放总量，再除以产品产量得到产品的碳排放强度。

在核算范围上，CBAM 将产品区分为简单产品和复杂产品，对于简单产

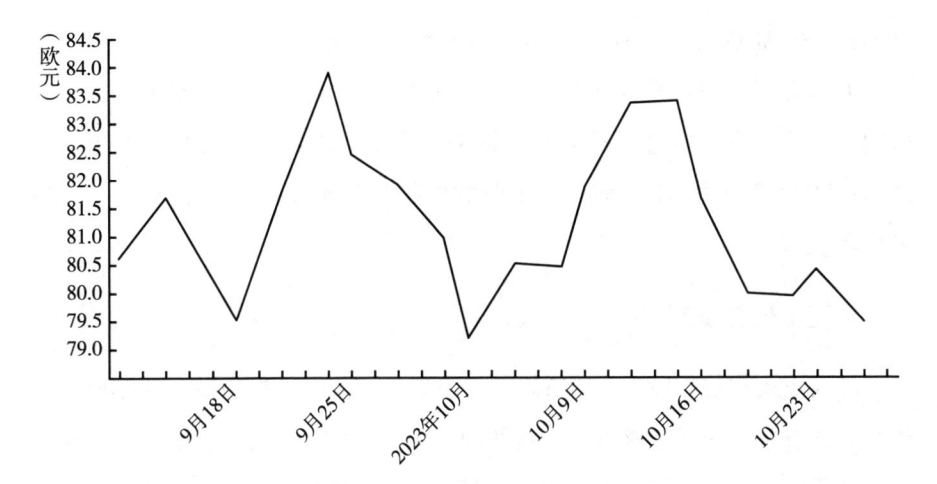

图 1　2023 年 9~10 月 EU-ETS 配额拍卖价格

资料来源：https：//www.eex.com/en/market-data/environmentals/eu-ets-auctions。

品，仅核算自身生产过程的排放；对于复杂产品，需要核算自身及前体物生产过程的碳排放。以钢铁行业为例，烧结矿为简单产品，不涉及前体物，仅核算烧结过程中的碳排放即可；而生铁则属于复杂产品，前体物包括烧结矿、直接还原铁产品（DRI）、铁合金和氢，因此生铁产品的碳排放强度由生铁及其前体物生产过程中的碳排放量加总之后再除以生铁产品产量得出。

在核算数据来源上，对于活动水平数据，除对原铝生产过程中的 PFC 排放和硝酸生产过程中的 N_2O 排放有特定监测要求以外，其他数据均可采用计算法或实测法，并强调根据实际选取成本效益最佳方式。对于排放因子，鼓励采用生产地实际排放因子，在数据缺失或不可信的情况下，将使用原产国平均排放因子或者欧盟同类产品较差水平作为参照。具体表现在，相关产品的直接排放（电力产品除外）优先采用实际排放量，其次为出口国平均排放强度并适当扩大，如无法获取，则采用欧盟排放绩效最差的 X% 设施的平均排放强度；外购电力产生的间接排放可以采用 IEA 的原产国平均排放因子，或原产国公开的排放因子，自产电力或生产装置与发电装置直连时可采用实际排放因子，通过电力直购协议（PPA）购买的电力可采用符合要求的供应商提供的排放因子，其他基于市场交易的绿电、绿证采购等不被CBAM认可。此外，2024年12月31日前，在确保范围和准确性一致的情况下，可以使用出口国碳定价机制下的方法学、强制碳排放报告机制下的方法学，或经过核查机构认证的设施层面碳排放报告机制下的方法学；2024年7月31日前，当企业的申报材料缺少必要的信息时，可以采用默认值。

（四）核查要求

进入正式收费阶段后，CBAM授权申报商应确保申报的隐含碳排放根据相关的核查要求开展了核查，申报的隐含碳排放应由成员国指定的国家认证机构认证的核查员进行核查。在EU-ETS相关活动组别中获得认证的人员均可以成为CBAM核查员[①]，包括具备认可的核查专业范围、具备持续胜任的核查能力，如建立核查及人员管理标准和制度、拥有核查队伍（如主核查员、核查员、独立复查员等）、建立科学的核查程序，同时要保持中立和独立性。此外，国家认证机构也可以根据要求认证有能力按核查要求完成核查任务的自然人成为CBAM核查员。国家认证机构通过现场考察、年度监督、跟踪评估等方式确定、更新或终止核查机构的资质。

（五）相关处罚

如果申报人没有履行提交报告的义务，或CBAM报告不正确、不完整，则未报告的排放部分处罚金额为10~50欧元/吨，且罚款金额应根据欧洲消费价格指数调整。申报人如未能在每年5月31日之前提交与上一日历年进口货物中的排放量相对应的CBAM证书数量，应承担罚款，且不免除其缴纳CBAM证书的义务，处罚力度与EU-ETS的超额排放处罚力度一致，根据Directive 2003/87/EC第16（3）条规定，其超额排放处罚标准为100欧元/吨二氧化碳当量，且根据欧洲消费价格指数调整。

[①] Commission Implementing Regulation (EU) 2018/2067 of 19 December 2018 on the Verification of Data and on the Accreditation of Verifiers Pursuant to Directive 2003/87/EC of the European Parliament and of the Council (OJ L 334, 31.12.2018).

二 碳边境调节机制的对标分析

（一）覆盖范围

未来，CBAM 覆盖范围将从初始的六类产品扩容至 EU-ETS 的全部覆盖范围。目前我国碳交易市场仅纳入发电行业，同时在为碳市场的扩容和对标国际做准备。根据生态环境部的要求，石化、化工、建材、钢铁、有色、造纸、民航等重点行业，年度温室气体排放量达 2.6 万吨二氧化碳当量（综合能源消费量约为 1 万吨标准煤）及以上的重点企业需要开展报告和核查工作。从上海来看，结合上海自身的行业类型特征，虽然上海碳市场纳管行业门槛与 EU-ETS 存在差异，但是行业类型已覆盖了 EU-ETS 涉及的绝大部分行业（见表1）。

表 1 不同政策覆盖行业和温室气体种类的对比分析

政策	覆盖行业	温室气体种类
CBAM	钢铁、铝、肥料、水泥、氢、电； 2030年1月1日覆盖 EU-ETS 所有行业,优先考虑碳泄漏风险和碳排放强度最高的行业	CO_2、N_2O(肥料)、PFCs(铝)
EU-ETS	第一阶段(2005~2007年)为发电站和其他热额定输入大于20MW 的燃烧装置、炼油、黑色金属生产加工、水泥、玻璃、石灰、砖块、陶瓷、造纸等； 第二阶段(2008~2012年)增加航空； 第三阶段(2013~2020年)化工、石化、合成氨、有色金属和炼铝等行业，以及碳捕获和储存装置； 2024年,增加航运业； 2025年,针对道路交通和建筑部门设立平行碳市场	CO_2、N_2O、PFCs
全国碳市场	纳管范围：发电行业、其他行业自备电厂； 报告与核查范围：石化、化工、建材、钢铁、有色、造纸、民航（年排放达到2.6万吨 CO_2 当量）	电力行业为 CO_2，其他行业报告数据为全口径

续表

政策	覆盖行业	温室气体种类
上海碳市场	工业：钢铁、石化、化工、有色、电力、建材、纺织、造纸、橡胶、化纤等； 数据中心； 非工业：航空、水运、货运物流、港口、机场、铁路、商业、宾馆、金融等； 根据实际情况，在本市重点用能和排放企业范围内适当扩大试点范围	CO_2

（二）核算边界

CBAM 和 EU-ETS 以设施为单位进行核算，即核算生产过程中固定技术单元的排放量，不包括设施以外的排放，如厂界内运输工具、生活等使用化石燃料产生的排放，危险废弃物焚烧产生的排放等。国内温室气体排放核算以能耗统计为基础，以法人为单位，报告主体应核算和报告其所有设施和业务产生的温室气体排放量，包括主要生产系统、辅助生产系统，部分行业还需要核算直接为生产服务的附属生产系统。为积极对接国际规则，2023年10月18日，生态环境部发布《关于做好2023~2025年部分重点行业企业温室气体排放报告与核查工作的通知》，已针对钢铁、铝冶炼、水泥熟料生产三个行业，即 CBAM 初始覆盖的主要行业，细化了温室气体排放报告与核查工作要求，纳入温室气体排放报告与核查的重点行业企业需要分别核算报告企业层级排放总量和设施层级排放量。企业层级应以企业法人或视同法人的独立核算单位为边界，核算和报告其主要生产系统和辅助生产系统产生的温室气体排放量，不包括附属生产系统。

（三）核算口径

国内外主流的企业温室气体排放核算方法学的核算范围均包含直接排放和间接排放，但在具体的核算口径上有一定区别。根据 EU-ETS 和 CBAM 的核算方法学，每一类产品生产过程的直接排放包括燃料燃烧和过程排放、净热力排放、净废气排放之和，并扣减发电产生的排放（如有）；间接排放仅包括消耗电力产生的排放。其中，对于热力或废气利用，如在同一生产过程中产生和使用，计算在燃料燃烧和过程排放中；如在不同生产过程之间输入输出的热力或废气利用，则计算在净热力或净废气排放中。根据国内企业温室气体排放核算方法学，其直接排放主要包括燃料燃烧排放、工业生产过程排放；间接排放为企业净购入的电力和热力消费引起的排放。近期全国碳市场核算规则已明确非化石能源扣减要求，在对标国际规则的基础上，优化完善电力排放的核算方法，包括直供重点行业企业使用且未并入市政电网、企业自发自用（包括并网不上网和余电上网的情况）的非化石能源电量对应的排放量按 0 计算，通过市场化交易购入使用非化石能源电力的企业，对应的排放量暂按全国电网平均碳排放因子进行计算。但热力消费的核算仍有待深入研究。

（四）基准线管理

产品碳排放强度是 CBAM 的核心要素，EU-ETS 第三阶段开始以基准线方式作为免费配额的分配依据，定期公布 54 条基准线[1]，包含 52 条产品基准线和 2 条基于热力和燃料的备用基准线。表 2 为 2021~2025 年免费配额分配的基准值，其中，部分产品（序号 39-52）使用的燃料和电力具备可替代性，其基准值根据直接排放量加上可替代电力部分产生的间接排放量的总和确定。目前，国内碳交易体系下纳管行业配额分配方式逐步从基于历史法向基于行业基准线法转变，纳入全国碳交易市场的发电行业以各类别机组碳排放基准值为依据。北京启动碳交易试点初期，连续出台了三批次 56 个行业碳排放强度先进值，并将其作为新增设施的配额分配依据，行业碳排放强度以单位产量或单位产值的排放量计。上海碳交易采取行业基准线法、历史

---

[1] Official Journal of the European Union, Commission Implementing Regulation (eu) 2021/447 of 12 March 2021. Determining Revised Benchmark Values for Free Allocation of Emission Allowances for the Period from 2021 to 2025 Pursuant to Article 10a (2) of Directive 2003/87/EC of the European Parliament and of the Council. 15. 3. 2021.

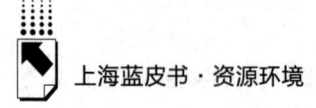

强度法和历史排放法确定纳管企业年度基础配额,其中,对发电、电网和供热等电力热力行业企业及数据中心企业,采用行业基准线法。与欧盟基于产品的基准线管理相比,基于行业的基准线法,受同一行业内产品种类多、差异大等影响,其精细化程度有待提升。

表2 EU-ETS基准线

序号	类型	产品	2016年和2017年效率最高前10%设施的平均排放（吨CO_2e/吨）	2021~2025年基准值（配额/吨）
1		焦炭	0.144	0.217
2		烧结矿	0.163	0.157
3		铁水	1.331	1.288
4		预焙阳极	0.317	0.312
5		铝	1.484	1.464
6		灰水泥熟料	0.722	0.693
7		白水泥熟料	0.973	0.957
8		石灰	0.746	0.725
9		煅烧白云石	0.881	0.815
10		烧结剂	1.441	1.406
11		浮法玻璃	0.421	0.399
12	不考虑燃料和电力的替代性	无色玻璃瓶罐	0.323	0.29
13		有色玻璃瓶罐	0.265	0.237
14		玻璃纤维长丝	0.29	0.309
15		饰面砖	0.094	0.106
16		铺路砖	0.14	0.146
17		屋顶瓷砖	0.13	0.12
18		喷雾干燥粉	0.05	0.058
19		石膏	0.048	0.047
20		干燥次生石膏	0.008	0.013
21		短纤维牛皮纸浆	0.000	0.091
22		长纤维牛皮纸浆	0.001	0.046
23		亚硫酸盐纸浆、热机械和机械纸浆	0.000	0.015

续表

序号	类型	产品	2016年和2017年效率最高前10%设施的平均排放（吨CO_2e/吨）	2021~2025年基准值（配额/吨）
24	不考虑燃料和电力的替代性	回收纸浆	0.000	0.030
25		新闻纸	0.007	0.226
26		无涂层细纸	0.011	0.242
27		涂层细纸	0.043	0.242
28		面巾纸	0.139	0.254
29		挂面纸板和瓦楞纸	0.071	0.188
30		无涂层纸箱板	0.009	0.180
31		涂层纸箱板	0.011	0.207
32		硝酸	0.038	0.230
33		己二酸	0.32	2.12
34		氯化乙烯	0.171	0.155
35		苯酚/丙酮	0.244	0.23
36		悬浮聚氯乙烯	0.073	0.066
37		乳液法聚氯乙烯	0.103	0.181
38		纯碱	0.789	0.753
39	考虑燃料和电力的替代性	石油加工产品	0.0255	0.0228
40		电弧炉碳钢	0.209	0.215
41		电弧炉高合金钢	0.266	0.268
42		铸铁	0.299	0.282
43		矿棉	0.595	0.536
44		石膏板	0.119	0.110
45		炭黑	1.141	1.485
46		氨	1.604	1.570
47		蒸汽裂解	0.693	0.681
48		芳香剂	0.0072	0.0228
49		苯乙烯	0.419	0.401
50		氢	4.09	6.84
51		合成气	0.009	0.187
52		环氧乙烷/乙二醇	0.314	0.389
53	备用基准线	热力基准线	1.6(吨CO_2e/TJ)	47.3(配额/TJ)
54		燃料基准线	34.3(吨CO_2e/TJ)	42.6(配额/TJ)

三 欧盟碳边境调节机制带来的挑战

（一）欧盟碳边境调节机制的影响研判

实施 CBAM 后，受影响最为直接的是 CBAM 覆盖的行业，现阶段要准确量化 CBAM 的影响较为困难，不仅取决于 CBAM 覆盖产品的实际对欧出口情况、基于 CBAM 核算规则核算的排放水平，还取决于相关产品在 EU-ETS 中获得的免费配额，以及对欧盟和国内碳价的预判，部分研究尝试对 CBAM 影响进行定量分析。

全国层面，一是从贸易额来看，以 2022 年为例，在初始覆盖的六类产品中，中国出口到欧盟的贸易额约为 200 亿欧元，占对欧出口总额的约 3.2%，其中钢铁占 2.4%、铝占 0.7%。二是从重点行业来看，以钢铁行业为例，如生铁碳排放强度在 1.4~1.6 吨，在考虑欧盟免费配额情况下，按欧盟碳价为 120 欧元/吨，中国碳价为 80 元/吨测算，中国生铁出口欧盟成本增加 95.52~254.72 元/吨[1]。三是从比较优势来看，实施 CBAM 对俄罗斯、土耳其、南非、中国和印度等经济体的 GDP 都将造成负面冲击，其中，俄罗斯受到的影响最大。俄罗斯、土耳其和中国等经济体的钢铁、非金属、有色金属和化工行业产出均将出现不同程度下降，中国有色金属行业的国际市场份额反而呈上升趋势，体现了竞争优势[2]。此外，CBAM 将会加速我国碳定价政策推进进程，进一步健全完善全国碳排放权交易市场，缩小与欧盟碳价差距[3]。

上海市层面，一是从受影响的贸易额来看，根据 CBAM 覆盖的商品代码，按照注册地在上海的口径，在初始覆盖的六类产品中，从上海出口到欧

---

[1] 李涛、上官方钦、郦秀萍等：《CBAM 对中国钢铁行业的影响和应对策略》，《中国冶金》2023 年第 8 期。
[2] 罗必雄、顾阿伦、陈向东等：《欧盟碳边境调节机制与国际产业格局：基于全球可计算一般均衡模型的影响评估》，《清华大学学报（自然科学版）》2023 年第 9 期。
[3] 龙凤、董战峰、毕粉粉等：《欧盟碳边境调节机制的影响与应对分析》，《中国环境管理》2022 年第 2 期。

盟的产品主要为钢铁和铝，以 2022 年数据为例，受影响的贸易总额约占对欧出口总额的 2.54% 左右，占上海市出口总额的 0.47% 左右，总贸易额受到的影响有限。二是从重点行业成本来看，钢铁占受影响碳费用总额的约 80%，铝约占 20%，以钢铁为例，根据宝钢股份《2021 年气候行动报告》，若按照 80 欧元/吨的标准，其每年将被征收 4000 万~8000 万欧元的碳费用。总体来看，短期 CBAM 带来的宏观影响有限，但重点行业对欧出口成本增加明显，随着 CBAM 的扩容，其影响将会不断扩大。

（二）以 CBAM 为代表的绿色壁垒将深度影响国际经贸规则

全球绿色贸易壁垒正在加速形成，CBAM 仅仅是欧盟绿色贸易工具的一部分，作为支撑欧盟绿色新政的另一项重磅制度，欧盟《循环经济行动计划》正在加速落地，涉及电池和汽车、电子产品和信息通信产品、纺织品、塑料制品、包装、建筑和建设等主要产品价值链。以 2023 年 8 月正式生效的《欧盟电池和废电池法规》（以下简称《新电池法》）为例，明确从原材料开采、加工，到制造、再制造，再到拆解回收再利用，实施电池产品的全生命周期管理，全面加强电池产品的可持续性、安全性、耐用性，以及产品标识等准入要求。与 CBAM 采用碳定价延伸机制实施管控的方式不同，《新电池法》通过设置等级和阈值等方式，将直接把不符合准入要求的产品排除在欧盟市场之外。此外，除了欧盟绿色新政，发达国家和经济体以气候俱乐部、新能源和关键原材料"友岸贸易"、绿色低碳供应链管理等为代表打造"小院高墙"，日渐成为企业保持出口竞争力或谋划出海发展不得不面对的新门槛。对标国际标准和规则，我国在碳排放统计核算体系建设、碳市场培育以及相关公共服务供给等方面都存在一定差距。

四 积极应对 CBAM 等国际绿色贸易壁垒的对策建议

当前，应对气候变化议题已从国际政治谈判桌延伸到了产业绿色低碳转型竞争的主战场。欧盟碳边境调节机制在给中国出口企业带来挑战的同时，也为倒逼制造业加快绿色低碳转型强化了外部约束，并为中国进一步提升新兴产业核心竞争力提供了契机。有必要深入开展技术规则、管理体系以及顶层制度设计等不同维度的对标分析，加快构建与国际高标准规则相衔接的制度体系，并相应完善监管模式，在帮助企业有效应对国际绿色贸易壁垒压力和挑战的同时，积极助力以高水平保护推动高质量发展。

（一）加强技术规则对接，帮助企业"算准"碳排放量

CBAM机制的核心管控抓手为产品的碳排放强度，当前，为快速提升上海市及国内出口企业应对能力，需要全面对标CBAM以及EU-ETS相关行业和产品的碳排放监测、报告、核查（MRV）技术规则，在符合规则的前提下，尽量选择对出口企业有利的测算依据，避免因规则不清导致高估出口产品的碳排放强度。

一是加强行业、企业、产品层面的碳排放核算研究。建议在后续推进国家和地方碳市场MRV体系优化升级、温室气体与污染物排放清单协同编制、重点行业温室气体排放与排污许可管理融合等相关工作中，加强以排放设施为基础单元的碳排放核算细则研究，完善企业分级计量设施及管理体系，系统构建不同设施、不同工艺环节，以及不同企业之间由于能源和物料转供所产生的碳排放责任分摊机制，为企业开展设施、产品层面碳排放核算提供科学、清晰的技术指导。

二是为出口企业使用本地实际排放数据提供坚实支撑。考虑到上海及长三角区域的工业企业节能降碳绩效总体优于全国平均水平，且上海城市电网电力排放因子明显低于全国平均水平，应鼓励出口企业使用本地实际排放数据。为此，建议管理部门加强对城市电网排放因子等数据的规范更新，提升相关公开信息的准确性和透明度；针对采用PPA采购绿电的企业，为使用更为有利的基于市场机制核算的电力排放因子，管理部门应同步公开城市电网中化石燃料发电部分的排放因子；考虑到本市工业企业热力消费来源以热电联产、工业余热等为主，根据CBAM实施指南，此类热力消费的排放可视情况给予扣减，建议管理部门加强相关技术指引，作为当前统一使用外购

热力缺省排放因子的补充。

三是加强对自愿碳减排的科学引导和规范管理。CBAM 法案明确，在原产国支付的有效碳价可以被核减，但要考虑该国可能导致碳价降低的任何退税或其他形式的补偿。除此以外，根据现有管理规定，未能实现物理连接或无法证明实时消纳的绿电、绿证采购，以及 CCER 等抵消机制均不被 CBAM 认可。当前国内的自愿碳减排市场仍在加快完善衔接机制，努力避免重复计算和"漂绿"。建议上海在落实国家相关工作的同时，结合本地 CCER 项目开发管理、碳普惠机制构建等，进一步加强对自愿碳减排的科学引导和规范管理，鼓励各类排放主体科学制定碳排放控制目标、切实提升碳排放绩效，对行业、区域、城市的"双碳"战略推进形成有效支撑，而不是单纯依靠抵消机制实现减排目标。在此基础上，进一步加强对园区、企业、楼宇、产品"碳中和""零排放"等自愿声明的规范管理。

（二）加强管理体系对接，有效引导企业提升碳生产率

在"算准"产品碳排放强度的基础上，应对绿色贸易壁垒的根本在于引导企业努力降低碳排放强度，通过提升自身以及供应链的碳生产率，不断提高企业和产品的核心竞争力。欧美等发达国家和地区在推进温室气体减排方面起步较早，已形成较为完善的立法保障和系统的战略引领，在推进实施过程中，通过建立完善自上而下的目标分解与自下而上的统计核算相衔接的温室气体量化管理体系，将减排压力有效传导到各类排放主体。相比之下，我国的"双碳"战略实施仍处于起步阶段，在传统的节能减排行政管控机制下，各类排放主体的目标以满足相关强制标准为主，绿色低碳发展转型的内驱力不足。

一是加快夯实碳排放量化管理基础。建议针对碳市场纳管行业、企业，加强碳排放配额总量设定及分配机制和本市碳排放"双控"要求的有效衔接，逐步推行配额有偿分配，推动碳市场真正发挥碳排放定价作用，提高企业主体的碳减排责任意识。针对碳市场纳管范围以外的排放主体，建议加快优化完善温室气体排放报告制度，强化碳排放绩效管理、碳排放信息披露等

实践。对于新改扩建项目和园区，建议尽快梳理总结上海市推进环评纳入碳排放评价的工作经验和教训，细化深化相关技术指导和管理规范。

二是推动研究制定重点行业、产品碳排放基准线。北京已连续出台了56个行业碳排放强度先进值，并作为新增设施的配额分配依据。深圳碳市场根据纳管企业历史碳强度与其所在行业历史碳强度的比值划定碳绩效档次，秉着鼓励先进、惩罚落后的原则，差异化确定纳管企业碳强度年均下降率。建议上海加快推动制定国际可比的重点行业/产品碳排放绩效评价方法，研究发布相关碳排放绩效先进水平和基准水平等，有效引导企业开展对标工作，并结合企业碳排放绩效评价等机制建设，积极打造奖优罚劣的竞争环境。

三是加快推动形成政策合力。建议加强跨部门协同联动，在简政放权、推进数字化转型、提高城市治理效能、激发基层动力与活力的大背景下，加快推进深入企业、楼宇等的能耗与碳排放相关基础数据信息平台建设和资源共享，集成亩产、能耗、污染排放、碳排放等综合绩效评估，并将综合评估结果与差别电价、水价等税费机制，以及绿色金融等支持工具挂钩，推动实现"碳效率领先者优先、碳效率落后者腾退空间"，并通过加强信息公开，形成金融政策对碳效优先者的倾斜，加快推动上海市新兴产业积厚成势、传统产业改造升级。

（三）加强顶层制度设计对接，全面推动企业绿色低碳转型

长效应对国际绿色贸易壁垒，需要厘清各类管制举措的底层逻辑。以CBAM和《新电池法》为代表的国际绿色贸易壁垒发展动向显示，以碳定价机制为核心的国际规则，多将生产过程中高能耗、高碳排放的初级加工业纳入，比如钢铁、铝、水泥等；而以碳足迹为主要管控手段的市场准入机制，则将深加工行业纳入，通过溯源管控的方式推动产业链、供应链关键环节降碳。长效应对国际绿色贸易壁垒，除了要加快推动上海市碳排放管理体系建设，有效传导减排压力，促进产业升级和能源转型之外，还需要着力提升制造业的生态设计水平，系统构建资源循环利用体系，并强化绿色低碳的

消费引导。

一是建议系统强化生产源头能源资源紧约束，着力推动制造业绿色低碳发展转型。以积极应对新型绿色贸易壁垒为契机，同时充分总结中国光伏、新能源汽车、电池制造等企业参与国际竞争的经验和教训，针对重点行业、重点产品，系统加强生产过程资源能源消耗、污染排放等管理要求的刚性约束，尤其应加强锂、镍、铜、钴和稀土等关键原生矿物资源的节约利用。加快建立健全生态设计、绿色产品、绿色供应链等标准体系建设，引导企业在生产过程中使用无毒无害、低毒低害和环境友好型原料。在产品设计源头就使用寿命、可重复使用性、可降解性和可修复性等标准规范加强研究和制定，努力推动从源头降低产品碳足迹和环境足迹，并以可持续产品设计带动使用、回收、再利用、再制造等环节的协调发展。

二是建议加强推动消费绿色转型的系统部署，为促进经济社会全面绿色转型提供有力抓手。当前，生态环境治理仍主要聚焦生产端，绿色消费的顶层设计缺乏系统统筹，政策和管理碎片化问题较为突出。建议上海抓住当前消费转型升级的机遇期、窗口期，强化绿色低碳标识认证领域的顶层设计，加强与国际绿色低碳标识认证体系的对接，鼓励企业开展绿色低碳产品认证，健全绿色低碳公共服务，通过集聚绿色消费资源、优化绿色消费供给、创新绿色消费模式和打造绿色消费商圈，大力提升市场认可度和质量效益，加快培育建设国际绿色消费中心。

三是借助国际规制对标，全面提升管理和技术支撑能力，加强公共服务供给。建议加强对 EU-ETS 温室气体监测、报告、核查管理制度，尤其是第三方核查机构和人员管理规范的学习，围绕产业链、供应链低碳化转型要求，加快培育以排放核查为基础的第三方认证机构，促进国内外机构合作、交流，推动核算认证结果互认。推动市场监管部门加强对钢铁、铝等行业化石燃料消耗取样、分析、检测等的标准化管理，并加强对检验机构的资质认定和数据质量管理。整合当前政策、数据、方法、技术等资源，建立碳排放因子数据库，加快构建适用技术推广、供应链企业节能减污降碳等相关基础信息和技术工具提供等的公共服务平台。在此基础上，加大信息公开力度，

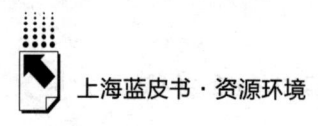

为认证和评级机构、金融机构等提供便捷、高效服务，助力打通创新链、产业链、资金链。

参考文献

李涛、上官方钦、郦秀萍等：《CBAM 对中国钢铁行业的影响和应对策略》，《中国冶金》2023 年第 8 期。

龙凤、董战峰、毕粉粉等：《欧盟碳边境调节机制的影响与应对分析》，《中国环境管理》2022 年第 2 期。

罗必雄、顾阿伦、陈向东等：《欧盟碳边境调节机制与国际产业格局：基于全球可计算一般均衡模型的影响评估》，《清华大学学报（自然科学版）》2023 年第 9 期。

庞军、常原华：《欧盟碳边境调节机制对我国的影响及应对策略》，《可持续发展经济导刊》2023 年第 Z1 期。

B.12
国际贸易低碳规则的新趋势及上海应对策略

张文博*

摘 要: 当前全球碳排放约束制度增多趋严,欧、美、日等地区和国家纷纷出台碳边境调节机制、进出口商品碳标签等政策,各国对碳规则主导权的争夺日趋激烈。国际贸易低碳规则呈现先行优势争夺白热化、低碳贸易壁垒联盟化、贸易限制手段多样化、企业低碳采购扩大化、涉碳贸易规则政治化的新趋势。这些新变化除了将对上海主要产品出口带来潜在碳关税,产生直接经济影响,并进一步带来产业链地位高碳锁定、低碳产业发展受到单边碳壁类约束等风险,还会带来安全和国际贸易规则受制于人的风险。上海要利用欧盟 CBAM 过渡阶段的窗口期结合自身碳市场、自贸区建设良好基础,在国际贸易低碳规则的衔接和建设,碳定价机制、碳核算规则、碳信息披露制度、碳抵消机制的国际互认,以及跨部门协调应对机制建设等方面做出积极探索和主动应对。

关键词: CBAM 国际贸易低碳规则 碳边界调节机制 碳关税 碳贸易壁垒

推动碳中和和全球气候治理目前已经成为世界各国的共识,但在全球产业链深度分工的背景下,国家间碳减排政策差异导致高碳产业或者产业链高碳环节向发展中国家转移,造成"碳泄漏"。因此,欧盟、美国、日本等发

---

* 张文博,经济学博士,上海社会科学院生态与可持续发展研究所助理研究员,主要研究方向为资源环境经济、生态文明政策。

达经济体出台碳边境调节机制（CBAM）、碳关税、碳标签等贸易限制政策，试图解决"碳泄漏"问题，并试图主导国际贸易中碳排放核算、抵扣和征税等一系列规则的话语权。欧盟于2023年8月17日发布CBAM过渡阶段报告规则，标志着CBAM已从提案和贸易谈判筹码转变为实质性的贸易壁垒。在欧盟CBAM的刺激下，美国、日本等发达国家也纷纷跟进，以碳关税、碳标签、碳减排认证等为代表的国际贸易低碳规则呈现先行优势的争夺白热化、低碳贸易壁垒联盟化、贸易限制手段多样化、企业低碳采购扩大化和涉碳贸易规则政治化的新趋势，具有链主地位的企业也在强化供应链低碳规则把控。在国际贸易低碳规则增多趋严的形势下，发达国家多样的碳壁垒不仅会对我国外贸产品的竞争力造成冲击，甚至会令中国陷入"二次入世"的不利境地。上海作为中国绿色低碳发展的"引领者"，也是中国金融枢纽和外贸中心，承担着推动国际贸易低碳制度衔接和互认的重要任务，当前需要利用欧盟CBAM过渡阶段的窗口期，主动、系统地制定应对策略。

一 国际贸易低碳规则的内涵和类型

国际贸易低碳规则通常指以应对气候变化和推动碳中和为目的的一系列贸易限制政策，因此也有部分学者将其视为一种新的贸易壁垒[①]。相比全球气候治理，国际贸易低碳规则在主体、方式、对象和目标等方面有较大区别。首先，目前的国际贸易低碳规则大多为单边举措，而非多国共同签署的协议，这也意味着欧美日等发达地区和国家能够依靠其市场地位、国际产业分工地位，以应对气候变化为名，制定对其有利的贸易规则，并强迫他国接受。因此，目前仍有学者质疑其合法性和正当性，认为碳边境调解税等制度违反了WTO的非歧视原则[②]。其次，国际贸易低碳规则主要目标

---

① 胡剑波、任亚运、丁子格：《气候变化下国际贸易中的碳壁垒及应对策略》，《经济问题探索》2015年第10期。
② 王云鹏：《世界贸易组织法下碳贸易壁垒合法性判定的相对性》，《经贸法律评论》2023年第5期。

是预防国家间因气候政策强度的差异而带来的碳泄漏，而非划分各国的气候治理责任[①]。最后，国际贸易低碳规则主要应用于贸易场景，因此其对"最不发达国家"和"小岛屿发展中国家"的影响并不大，而对中国等制造业大国，以及俄罗斯、委内瑞拉等能源和原材料出口国将会产生较大影响。

目前来看，国际贸易低碳规则主要有碳关税、碳标签、碳减排认证、气候友好型金融补贴等类型。①碳关税（Carbon Tariffs）是指对高耗能产品进口征收特别的 CO_2 排放税，主要针对进口产品中碳排放密集型的产品[②]。②碳标签（Carbon Labelling）是指为了缓解全球气候变化，减少 CO_2、CH_4 等温室气体排放，在全球范围内推广低碳排放技术，将商品生产、流通、运输过程中排放的温室气体通过产品标签的形式量化出来，通过此种方式告知消费者产品的碳信息[③]。部分国家还将碳标签作为限制产品进口和绿色采购的依据，将碳标签从一种信息披露手段转变为贸易限制手段。③碳减排认证（Carbon Reduction Certification）主要用于资源密集型产品领域，实施该制度的国家通常要求在进口产品时必须检验产品的原产地，确认产品来源于采取了与进口国具有同等或相似减排措施的国家，或者出口商只有获得了碳减排配额（Carbon ReductionQuotes）并在产品进口时随附碳减排证明才能够获准进入进口国市场[④]。④气候友好型金融补贴意味着政府通过给予那些高投资成本的低碳能源，可再生能源，低碳业务、产品或技术的生产者以及消费者补贴来鼓励开发和使用新能源。这些补贴仍然属于 WTO 补贴协议第 8 条第 2 款（C）项规定的不可诉补贴[⑤]。

---

① 屠新泉、金兴雪、秦若冰：《欧盟碳边境调节机制及贸易影响分析》，《东南学术》2023 年第 5 期。
② 李平、李淑云、沈得芳：《关税问题研究：背景、征收标准及应对措施》，《国际金融研究》2010 年第 9 期。
③ 胡莹菲：《中国建立碳标签体系的经验借鉴与展望》，《经济与管理研究》2010 年第 3 期。
④ 吕维霞、李茹：《新形势下政府气候变化政策对国际贸易的影响》，《北京林业大学学报》2010 年第 4 期。
⑤ 边永民、蒋硕：《一类新型的贸易壁垒措施——碳壁垒》，《中国对外贸易》2009 年第 10 期。

二 国际贸易低碳规则的变化趋势

随着发达国家对碳中和的态度从摇摆转向支持,欧美国家试图通过加速碳关税落地实施、组建多国低碳贸易联盟等举措,抢占低碳贸易规则的主导权。

(一)先行优势争夺白热化

当前欧美等国争夺低碳贸易规则主导权的主要策略是,加速CBAM等低碳贸易规则实质性落地,利用先发优势和市场地位向外输出规则。以欧盟CBAM为例,与早期的提案相比,欧盟CBAM规则在覆盖产品范围方面,缩减为钢铁、铝等6大类,暂未列入有机化学品、聚合物等产品,以减少初级产品出口国的阻力。在核算对象方面,重点核算产品直接排放,间接排放仅考虑特定前体和下游产品,降低了核算难度和相关企业的阻力。在执行对象方面,排除了欧盟碳市场(EU-ETS)覆盖的国家,减少了欧盟内部的阻力。在碳成本抵扣规则方面,承认隐性碳价,欧洲议会的国际贸易委员会(INTA)公开了对CBAM议案的修正意见稿,该条款不仅将CBAM过渡期提前,还强调欧盟应当与合作伙伴创建一个可持续贸易的开放多边全球体系,这一修正意见为承认隐性碳价留有一定余地。同时,欧盟在碳关税中予以扣除的合规成本中,新增加了"除碳定价机制外,同样有效的减碳措施"[①],降低了美国、中国等碳定价机制不完善国家的阻力。美国也在缺乏统一碳定价机制支持、碳排放数据评估标准不完善的情况下,推出了《清洁竞争法案》(CCA)。通过放宽规则、扩大豁免范围,来减少碳关税实质性落地的阻力,从而获得先行优势,已成为现阶段欧美国家的共同策略。

---

① 吴必轩:《美欧和解钢铝贸易争端,推动"碳俱乐部"成为贸易武器》,《经济观察报》2022年12月23日。

表1　欧盟碳边境调节机制方案的变化

	欧盟委员会	欧盟理事会	欧洲议会	最终协议
公布时间	2021年7月	2022年6月	2022年6月	2023年4月
时间安排 过渡期	2023~2025年	2023~2025年	2023~2026年	2023年10月1日~2025年12月31日
时间安排 开始征税	2026年	2026年	2027年	2026年
产品范围	钢铁、铝、电力、水泥、化肥	钢铁、铝、电力、水泥、化肥	钢铁、铝、电力、水泥+有机化学品、塑料、氢、氨	钢铁、水泥、铝、化肥、电力、氢
排放类型	直接排放	直接排放	直接排放+间接排放	直接排放、特定条件下的间接排放、特定前体和某些下游产品（如螺钉或螺栓等类似钢铁制品）
免费配额	2036年完全取消	2036年完全取消	2032年完全取消	2026年开始削减，2034年完全取消
碳成本抵扣	只承认显性碳成本	只承认显性碳成本	只承认显性碳成本	只承认显性碳成本，隐性碳成本可通过谈判商定
对欧盟出口产品的碳成本补贴	无		欧盟生产的出口产品应当继续获得免费排放配额，欧委会在2025年底前拿出立法草案，对排放最低的10%的欧盟企业进行出口补偿	2025年进行评估
执行机构	各国自行征收	各国自行征收	欧盟统一征收	欧盟统一征收
出口退税	不予考虑	评估并考虑	评估并考虑	为承认他国合规成本留有谈判余地
行业覆盖范围扩大计划	2025年之前收集相关信息再进行研判	2025年之前收集相关信息再进行研判	2025年6月底之前拿出扩展产品范围的时间表，优先考虑碳泄漏风险和碳排放强度最高的行业。2025年底之前，加入当前CBAM管控产品的下游产品。2030年之前将产品范围扩展至欧盟碳市场覆盖的所有行业	过渡期结束之前评估是否将范围扩大到其他有碳泄漏风险的产品，包括有机化学品和聚合物，以及间接排放的计算方法和包括更多下游产品的可能性。到2030年纳入欧盟碳市场涵盖的所有产品及其所涵盖行业50%以上的排放量

资料来源：中央财经大学绿色金融国际研究院：《IIGF观点｜欧盟碳边境调节机制的来龙去脉：立法背景、博弈过程和未来走向》2022年9月28日；张剑、李晓依：《低碳贸易规则全球进展、影响及应对建议》，《中国外贸》2023年第5期。

（二）低碳贸易壁垒联盟化

构建低碳贸易联盟是各国主导低碳贸易规则的重要手段。一是构建多国"碳俱乐部"。2021年10月美欧就钢铁、铝关税问题达成和解方案，并联手建立针对钢铝产品的，以碳含量和市场经济为双重门槛的"碳俱乐部"，对俱乐部外国家的钢、铝产品进口设置障碍。2022年12月12日，在德国倡议下，七国集团发布"气候俱乐部"的目标及职权文件，计划建立以"国际目标碳价"为核心的气候同盟，并对非参与国的进口商品征收统一碳关税。二是在自贸协定中增加碳议题的比重。美国在"清洁能源革命与环境正义"计划中提出，根据欧盟、日本、加拿大等合作伙伴在气候保护方面所做的承诺来签署未来的双边贸易协议，并对部分碳排放水平高的出口产品征收碳税或实施配额管制，逐步将碳议题融合到自贸协定可持续发展条款中，发达国家低碳贸易联盟的格局正加速形成。

（三）贸易限制手段多样化

欧美还提前布局碳标签、低碳产品认证等基于产品全生命周期碳足迹的贸易规则。欧盟自2020年起，先后更新或出台了《循环经济行动计划》、《包装和包装废弃物指令》（PPWD）、《欧盟电池和废电池法规》、《欧盟可持续和循环纺织品战略》等一系列法案，对产品全生命周期碳足迹的核算对象和方法进行规定，为碳标签、低碳产品认证等低碳贸易手段奠定了基础。此外，6月21日欧洲议会通过了《企业可持续发展报告指令》（Corporate Sustainability Reporting Directive，CSRD）。此法案扩大并明确了ESG报告的范围，增加了披露内容的审计和尽职调查等要求。预期CBAM在中国的落地实施会遵循CSRD的框架，或者两者起到相辅相成的作用。未来CSRD将与CBAM配合，形成形式多样的低碳贸易壁垒。

表2 部分欧盟基于产品全生命周期碳排放的贸易政策

发布时间	政策	要点
2020年	《循环经济行动计划》	重点针对电子和ICT产品、电池及车辆、包装、塑料、纺织品等重点领域

续表

发布时间	政策	要点
2022年11月	《包装和包装废弃物指令》（PPWD）	要求到2030年欧盟市场上所有塑料包装要含有至少30%的可回收成分，到2040年这一比例提升为65%。到2030年所有商品制造商的包装都需要被设计成可回收
2023年7月10日	《欧盟电池和废电池法规》	全面改革欧盟关于电池和废电池的规定，对电动汽车电池和可充电的工业电池新增了碳足迹要求
2023年6月9日	《欧盟可持续和循环纺织品战略》	要求生产商对纺织品的整个生命周期负责
2023年6月21日	《企业可持续发展报告指令》	此法案扩大并明确了ESG报告的范围，增加了披露内容的审计和尽职调查等要求

（四）企业低碳采购扩大化

部分具有链主地位的企业对供应链上下游企业也提出净零排放要求，借此塑造企业层面的低碳供应链规则。一是组建"绿色采购俱乐部"。在2022年COP27上，苹果、微软、波音、空客等65家企业成立"先行者联盟"（First Movers Coalition，FMC），并承诺在2030年前进行120亿美元的绿色采购。二是链主企业倒逼供应商低碳转型。苹果、宝马等链主企业提出供应链碳中和承诺，对供应商的碳排放提出更高要求，形成了绿色低碳领域的技术控制和信息控制。

（五）涉碳贸易规则政治化

欧美各国气候治理政治化的趋势也更加明显，低碳贸易规则与人权、意识形态等价值观因素深度绑定，对企业形成政治和舆论压力，迫使其在供应链中打压中国企业，形成实际上的不平等贸易。

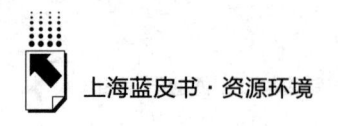

三 国际贸易低碳规则新变化对上海的挑战

欧盟CBAM的实施在短期内对外贸的影响并不显著，但长期来看，欧美若借此掌握国际贸易低碳规则的主导权，不仅会对外贸造成影响，还将对我国产业低碳转型和国家安全带来多重风险。

（一）主要产品出口将面临潜在碳关税冲击

国际贸易低碳规则加速落地和碳关税同盟的形成，使得欧美国家掌握了扩大碳关税覆盖范围的主动权。以欧盟CBAM为例，虽然目前仅覆盖钢铁、铝、水泥、化肥、氢、电力六大行业，据海关总署官网数据，2022年，六大行业的出口额，仅占中国对欧盟出口总额的2.07%~3.2%。对上海而言，这些行业同样也不是出口的主力，对外贸的影响不大。但长期来看，若CBAM的覆盖范围延伸到钢、铝的下游产品，则会影响机械、车辆和电气设备等产品的竞争力。这类产品在中国对欧盟出口总额中占比超过50%，上海2023年1~8月对外出口产品中，机电产品出口额占比达到69%。中国钢铁、有色、化工等产业的碳排放因子都高于欧美，美国整体经济碳密集度比其他贸易伙伴低近50%，我国经济碳密集度更是美国的3倍多，其中钢铁行业碳排放因子约为美国的1.5倍，碳排放强度的劣势仍然较为突出，若欧盟CBAM覆盖范围向下游延伸，上海主要出口产品将受到欧盟碳关税的影响。

（二）产业链地位和格局存在高碳锁定风险

目前欧盟CBAM等国际贸易低碳规则只列出了纳入征税范围的产品，而对产品碳排放的核定边界尚未做出界定。若按照"直接排放"，只对生产者直接控制的生产过程所产生的排放征收碳关税，则企业可以通过购买半成品或将上下游工厂分拆独立等形式降低自身直接排放。若按照"内嵌排放"（Embedded Emissions），将中间品生产所产生的排放也纳入核算，企业"购入半成品组装"或"全程自主生产"支付的碳价相同,则企业会倾向于将全产业链都布局在更具有碳价格优势的国家。这种情况,一方面会导致宝武钢铁、上海石化等上游企业的客户流失,供应链地位下降;另一方面,也会导致跨国企业收缩产业链,汽车、装备制造等行业的外资流失,进而影响供应链的持续稳定和产业的升级。

(三)低碳产业发展面临单边碳壁垒约束

上海的新能源产业、电动汽车产业已经初步形成技术和规模优势,2023年上半年,以电动载人汽车、太阳能电池、锂电池产品为代表的"新三样"已经成为上海外贸的新增长点,出口值达2478亿元,出口值占全国的46.4%。而欧盟《新电池法》、法国碳标签等多样化的国际贸易碳壁垒,将通过碳足迹核查和标识等方式,在产品进口、项目招标中成为贸易壁垒,对本国的低碳零碳负碳技术和产品形成贸易保护。目前上海相应的标准和政策仍在探索中,虽然已于2017年出台了《产品碳足迹核算通则》,但目前仅为地方性标准,在国际贸易碳足迹核算中的认可度仍然不足,在贸易谈判中仍然较为被动。若欧美形成了多种碳贸易壁垒构成的贸易限制规则体系,则可能会以"净零排放"的名义,在电动车、新能源产品和储能等领域复制所谓"全球安排",削弱上海在风电、光伏、动力电池等产业的价格优势和技术优势,精准限制上海低碳技术和产业发展,并刺激其低碳零碳负碳技术和产品输出。

(四)碳定价机制面临被边缘化的风险

顾及WTO和现有自贸协定,欧盟CBAM保留企业根据产品真实碳强度多退少补的权利,并设置了"等额抵扣"和"等量抵扣"两种方式,目前采取何种方式进行抵扣尚未确定。欧盟CBAM设置的企业碳强度抵扣规则,将强化了其碳市场地位,带来碳市场边缘化的风险。一是"等额抵扣"方式将强化欧盟碳市场的价格标杆地位。"等额抵扣"是指企业按照与欧盟碳价的差额抵扣,目前中国碳价格与欧盟碳价差距较大,2020年欧盟平均碳价为28.28美元/吨,同期中国试点碳市场的平均价格仅为27.48元/吨,若中国碳定价机制确定的碳减排成本不能得到欧盟认可,在中国碳价远低于欧盟碳价的情况下,企业主要的碳减排成本中,欧盟碳定价机制确定的碳关税额将占有极高比重,欧盟碳市场形成了事实上的价格标杆地位。二是"等量抵扣"方式将强迫他国锚定欧盟碳市场。"等量抵扣"方式指企业在本国已购碳量不再征收碳关税,但前提是本国政府或第三方机构提供的碳核算结果获得欧盟采信,而欧盟规定只有原产国的碳市场锚定欧盟碳市场价格其才会采信,这也意味着要求原产国放弃自主碳定价,强制接入欧盟碳市场。无论是"等额抵扣"还是"等量抵扣",欧盟都可以凭借其市场力量和先发优势,在无须诉诸国际机构或寻求欧盟外国家合作的情况下,将欧盟标准转换为全球标准,形成"布鲁塞尔效应",进而单方面形成对全球碳市场的主导。目前上海碳定价机制主要依托全国碳市场和上海试点碳市场,覆盖行业、交易活跃度和市场成熟度都与欧盟碳市场存在较大差距,若按照欧盟CBAM提供的碳价格衔接模式,上海的碳定价机制难以发挥应有的作用,存在被边缘化的风险。

(五)绿电绿证消纳机制受控于人的风险

随着苹果、宝马、空客等企业结成绿色采购联盟,推行供应链绿色低碳采购,相关国内企业购买绿电和绿证的需求持续增强。欧盟通过实施CBAM,掌握了决定他国绿电、绿证、碳汇能否抵消碳关税的权利,将对国内相应的市场发展造成长远影响。一是欧美国家碳汇和绿证交易的垄断地位不断强化。目前国内绿证在国际上的认可度较低,RE100倡议联盟对于企业使用中国绿电或绿证满足100%使用绿电承诺的态度仅为"有条件认可"。国内外贸企业如果要满足客户的绿证要求,降低认证和抵扣难度,通常要被动接受欧美机构的认证,在实际调研中,宝武钢铁为满足宝马等客户的低碳采购要求,每年需要花费大量资金购买国际绿证,进一步强化了欧美对国际碳汇和绿证市场的垄断地位。二是分流中国碳汇领域投入。中国大量林业碳汇项目的消纳受到限制,大量资金被用于国外的碳汇项目和绿色低碳转型项目,直接影响了中国碳汇市场的培育,分流了国内碳汇项目投入。三是制约中国低碳服务业发展。目前国际低碳贸易规则中,关于低碳数据的 MRV、绿电、绿证交易等第三方机构都由欧美日等把持,中国低碳服务业起步晚,目前发育成熟度、国际认可度远不如西方国家,导致中国企业在出口贸易中只能选择国际机构,不仅需要承担高昂的费用,还增大了企业情报、产业情报泄露的风险。

(六)产业情报和敏感信息存在泄露风险

低碳贸易制度要求企业提供碳排放报告和佐证信息,增加了产业情报和敏感信息泄露的风险。一是碳监测报告易造成产业情报泄露。在欧盟 CBAM 过渡阶段,贸易商虽然无须缴纳 CBAM 费用,但须提交报告,内容包括:按类统计的当季进口产品总量(注明生产商)、每类产品的直接排放量和间接排放量、产品排放量在原产国已支付的碳排放成本。为支持报告内容的真实性,企业需要提供生产厂商、设备状态、生产能力、在原产国用途,以及精确到小数点后 6 位的经纬度坐标信息[①],同时,报告的提交周期为一个季度。通过这种方式,欧盟能够以碳监测为名,利用进口产品总量、产品的直接排放量和间接排放量等信息,以及企业为自证提供的生产厂商、设备状态、生产能力等信息,追溯产业,掌握他国产业的生产规模、工艺技术水平、产业链完整度等产业情报。二是产品支付碳排放成本情况易造成碳市场信息泄露。欧盟通过产品排放量在原产国已支付的碳排放成本信息,能够掌握第三国碳市场发育程度等经济情报。三是碳排放抵扣证明资料易造成国家安全信息泄露。在调研中发现,宝钢等企业自建的新能源项目、分布式新能源项目若想计入碳减排成本,需要向国际第三方机构上传经纬度、照片、项目规模、实施情况等详细信息,将增大涉及国家安全的科技信息、地理信息的泄露风险。

---

① 李岚春、陈伟:《欧美碳边境调节机制比较及对我国影响与启示研究》,《世界科技研究与发展》2023 年第 3 期。

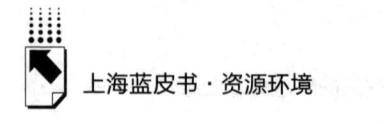

（七）碳减排数据和成本核算规则存在分歧

目前欧盟 CBAM 等国际贸易低碳规则大多是单边规则，在碳减排量的核算，以及合规成本的界定等方面与上海仍存在较大分歧。一是碳减排数据核算规则的衔接面临较多困难。上海碳排放量的核算仍是基于能源统计体系的间接核算，能耗统计以"法人"为主体上报，而目前国际通行的统计口径则是依照"在地原则"，根据本地的生产设备、用能设备设施进行统计，二者存在较大分歧。欧盟 CBAM 针对复杂产品的计算方法存在较多模糊地带，碳监测、报告和核查（MRV）机制的方法，碳排放核算因子等也存在谈判和衔接的空间，在贸易、航运中隐含碳的核算也存在较多分歧。二是各方对碳减排合规成本的界定尚存在较大分歧。欧美等国碳减排合规成本主要是碳市场、碳税等价格政策工具确定的"显性碳价"。而上海碳减排制度中，能耗和碳排放双控、设备强制更新淘汰、高排放经济活动限制等非价格政策工具的使用频次仍然较高，隐性碳价在企业碳减排合规成本中仍然占有较大比重。虽然欧盟 CBAM 提出"除碳定价机制外，同样有效的减碳措施"可以扣除碳关税，但目前中国尚未与欧盟就隐性碳价的核算、抵扣比重等内容达成双边协定。

四 上海应对国际贸易低碳规则变化的策略

面对国际贸易低碳规则变化带来的风险，上海要结合全国碳市场建设，依托自贸区建设良好基础，通过制度创新，先行探索应对策略。

（一）建立"以我为主"的低碳贸易规则

要利用欧盟 CBAM 过渡阶段的窗口期，构建以我为主的低碳贸易规则。一是建立涉碳信息脱敏和核查机制。设置划定碳排放核算数据红线，保护产业数据隐私。对企业提交的生产设备的生产能力、主要用途、经纬度等相关信息进行脱敏处理备案后，再向欧盟提交申报。二是出台低碳贸易规则的标准转化和应对指南。结合上海实际,推出欧盟 CBAM 企业应对指南,明确核算标准换算规则、执行规范衔接细则,以及法律和制度解释。三是依托优势产业参与国际低碳标准制定。依托钢铁、化工等领域的产业地位和影响力,积极参与相关低碳排放标准的制定。四是立足自贸协定谈判,参与国际低碳贸易规则制定。参与和推动自贸区涉碳议题的贸易谈判,推动形成"隐性碳价"核算和互认的多边共识。

(二)健全完善跨部门协调应对机制

健全完善跨部门协调应对机制,以多部门多政策工具的协调,系统推进"双碳"目标。一是建立针对国际贸易低碳规则的专门协调机制。由商务、海关、生态环境、发改等部门组成跨部门应对机构,共同参与制定外贸低碳规则,配合立法机构共同出台涉及外贸低碳规则的地方性规范。二是建立跨部门数据信息共享和互通机制。协调海关、发改、国资、生态环境,以及能源环境交易所推动企业碳排放数据、信息共享和互通。加快与环保大数据、排污许可证对接,以企业碳账户为核心,对企业用能信息、污染排放信息、碳排放信息和税务登记信息进行统一管理和调用。三是推进不同部门不同类型政策工具协同。推进节能减碳税收优惠政策与环境税、资源税相关优惠政策的对接。针对污染物和碳排放同源产业和领域,综合衡量其税负结构和税收优惠力度,可试点整合相关申请审核程序。推动大气污染防治、清洁生产、工业节能等领域专项资金的梳理,鼓励符合条件的企业整体申报、打捆使用资金。试点将配额有偿分配的收入用以碳中和领域的财政支出。

(三)探索多模式广覆盖的碳定价机制

依托碳市场和制度创新优势,探索构建以碳交易市场为核心、以碳税制度为补充、覆盖全局的碳定价体系。一是依托环保税试点建立碳税制度。探索将 CO_2 等温室气体逐步纳入环境税征收范围,达到与新征收碳税相同的目的。完善税收减免和优惠制度。通过起征点、免征额等税收制度设计,避免增加企业和个人的负担。二是健全碳市场价格稳定调节机制。

拓展碳市场的覆盖领域，逐步将建筑、交通、农业等行业纳入碳市场。探索建立碳储备、持仓限制、成本控制储备等市场调节机制。推动交易工具多样化，在完善碳现货市场的同时，适时开展掉期、远期和期货等碳衍生品交易。三是支持非履约金融机构参与碳市场交易。研究制定控排企业外的金融机构甚至是个人投资者参与碳市场交易的相关监管规定和细则。四是建立隐性碳价的评估和认证机制。引导行业组织、专业机构开展合规成本核算，评估高能耗高碳排放设备强制更新淘汰、生产活动限制等非价格政策工具带来的生产经营成本。推动促成主要国家和国际组织之间形成隐性碳价的核算共识。

（四）推动碳抵消机制国际衔接互认

立足信息安全和碳市场现状，重点推进绿电、绿证市场的国际化，推进碳信息披露等碳市场制度与国际衔接。一是完善绿电、绿证管理制度，提升国际认可度。加快出台规范绿证核发和交易的地方性法规，率先探索"证电合一"的管理模式，强化绿电的唯一性和环境权益的完整性。依托智慧电网、物联网等信息化技术，推动绿电的可追溯性。多管齐下提升绿证的国际认可度。二是支持企业和国际组织建立绿电、绿证服务平台。鼓励和引导更多企业参与国际绿电消费倡议（RE100），支持上海祺鲲科技等绿证服务企业与国内外合作共建国际绿证 I-REC 服务平台，推动在上海设立国际绿证注册、数据存储、认证等信息和数据服务平台。

（五）推进碳信息披露制度与国际衔接

以碳信息披露机制建设，强化对企业碳减排的社会监督，对标国际碳信息披露水平，提升企业绿色低碳国际竞争力。一是探索建立统一的碳信息披露框架和统计口径。出台碳信息披露的执行导则和地方指南，规范信息披露的内容、方式、平台，建立违反强制信息披露制度的惩罚机制，形成统一规范的信息披露技术要求。推动能源管理、生态环境部门统一统计口径，探索建立与国内碳市场核算体系相适应、与国际接轨的 TCFD 披露框架，推进碳信息披露评价框架、标准、载体的国际衔接和互认。二是推动碳信息披露平台建设。依托碳排放交易市场搭建统一的碳信息披露平台。充分发挥交易所和碳排放注册登记机构作为有效碳排放管理信息平台的作用。运用大数据、物联网、区块链等数字化手段，降低气候信息披露给企业、社会带来的成本负担。三是鼓励相关企业自愿披露碳排放、碳资产管理相关信息，引导企业率先开展碳足迹披露的相关探索。

（六）支持碳核算咨询服务产业发展

支持和培育具有国际竞争力的碳核算、咨询服务产业。一是完善促进碳核算和咨询第三方发展的制度规范。加快建立碳核算、第三方碳资产管理、低碳认证和法律合规服务等行业的准入规则和标准体系，健全低碳服务业市场规范。二是有序引导外资和内资进入低碳服务领域。鼓励和支持金融机构、风险投资、私募基金等资本进入低碳服务行业。引导国际领先的低碳服务企业到上海设立分支机构，有序推动低碳服务业向外资开放。三是加快培育低碳服务产业。培育涵盖碳数据收集、碳核查、第三方检测机构、碳监测服务的低碳服务产业链。鼓励和引导上海市节能减排中心、申能碳资产、环保桥环境技术等机构和企业加入国际低碳认证体系、参与国际碳核算和交易等标准和规则的制定。

（七）加快碳数据核查标准体系建设

制定国内外碳排放数据核算方法、技术标准、核算对象的对照对比清单，制定国内外标准转换规则。一是研究形成排放因子推荐标准。推动碳排放核算、核查标准与国际接轨互认。欧盟 CBAM 容许各国和地区设置更贴合实际的排放因子，要基于对现有产品类别强度值、类型、产业链关系以及相关原材料数据的分析，形成碳排放因子的推荐标准。二是加快碳监测设备标准的国产化进程。推动环境监测仪器设备国产化，积极参与国际碳排放监测技术标准、监测核算规则的制定。三是提升供应链企业碳核算能力。引导企业发布绿色供应链建设年度报告。打造企业碳排放在线监测系统，构建从原料到产品覆盖整条供应链的碳排放监测体系。四是探索出台隐含碳排放强度核算规则。鼓励和支持相关行业组织制定行业内碳排放核算指南，开展隐含碳排放强度核算。

参考文献

边永民、蒋硕：《一类新型的贸易壁垒措施——碳壁垒》，《中国对外贸易》2009年第10期。

冯俏彬：《碳定价机制：最新国际实践与我国选择》，《国际税收》2023年第4期。

胡剑波、任亚运、丁子格：《气候变化下国际贸易中的碳壁垒及应对策略》，《经济问题探索》2015年第10期。

胡莹菲：《中国建立碳标签体系的经验借鉴与展望》，《经济与管理研究》2010年第3期。

蓝虹、陈雅函：《碳交易市场发展及其制度体系的构建》，《改革》2022年第1期。

李岚春、陈伟：《欧美碳边境调节机制比较及对我国影响与启示研究》，《世界科技研究与发展》2023年第3期。

李平、李淑云、沈得芳：《关税问题研究：背景 1征收标准及应对措施》，《国际金融研究》2010年第9期。

龙凤、董战峰、毕粉粉、周佳、连超等：《欧盟碳边境调节机制的影响与应对分析》，《中国环境管理》2022年第2期。

吕维霞、李茹：《新形势下政府气候变化政策对国际贸易的影响》，《北京林业大学学报》2010年第4期。

屠新泉、金兴雪、秦若冰：《欧盟碳边境调节机制及贸易影响分析》，《东南学术》2023年第5期。

王谋、吉治璇、康文梅、陈迎、张莹等：《欧盟"碳边境调节机制"要点、影响及应对》，《中国人口·资源与环境》2021年第12期。

王云鹏：《世界贸易组织法下碳贸易壁垒合法性判定的相对性》，《经贸法律评论》2023年第5期。

王振、彭峰：《全球碳中和战略研究》，上海社会科学院出版社，2022。

吴必轩：《美欧和解钢铝贸易争端，推动"碳俱乐部"成为贸易武器》，《经济观察报》2022年12月23日。

杨超、王斯一、程宝栋：《欧盟碳边境调节机制的实施要点、影响与中国应对》，《国际贸易》2022年第6期。

生态治理篇

B.13
人水和谐发展是美丽上海建设的必由之路

吴 蒙[*]

摘 要： 党的十八大以来，上海聚焦超大城市用水总量基数较大且面临水质型缺水压力、历史上人水争地造成河流水系结构与生态功能退化、城市排水系统建设历史遗留问题影响水系统安全与水污染治理成效等主要的人水关系问题，采取一系列措施，取得显著治理成效。通过持续推进节水型社会（城市）建设，带动水资源集约节约利用水平不断提升；依托治水模式创新与升级，实现水生态环境综合改善；系统化推进海绵城市建设，助推水系统韧性显著增强；"两江四库"水源地格局构筑起超大城市供水安全屏障。然而，进入新时期，统筹应对气候变化、美丽中国建设、高质量发展、建设现代化国际大都市等国家战略，上海人水和谐发展处于新老问题交织、多领域化的复杂阶段，需要在增加更多优质水生态产品供给，协同促进减污、降

---

[*] 吴蒙，博士，上海社会科学院生态与可持续发展研究所助理研究员，研究方向为环境规划与管理、城市生态空间治理。

碳、扩绿、增长，增强应对外部环境不确定性影响的韧性等方面用更大气力。为此，本研究认为上海应从以下几方面继续取得新突破，助推人水和谐的美丽上海建设：一是贯彻"四水四定"原则，完善水资源刚性约束制度体系；二是坚持人与河湖和谐共生，系统推进河湖健康评价与管理；三是注重减污降碳协同增效，加快污水处理行业碳中和进程；四是聚焦城市美好生活品质，创新水生态产品价值实现机制。

关键词： 人水和谐　美丽上海　水资源　人与自然和谐共生

一　上海聚焦超大城市人水关系问题治理取得显著成效

水是生命之源、生产之要、生态之基。改革开放以来，尤其是党的十八大以来，上海聚焦超大城市经济社会发展过程中的水资源、水环境、水生态、水安全等人水关系问题，取得显著治理成效，为人水和谐的美丽上海建设奠定良好基础。

（一）超大城市人水关系悬而未决的若干问题

1. 非常规水资源利用率偏低并且水质型缺水压力尚存

水是保障上海超大型城市可持续发展的基础性自然资源和战略性经济资源。从城市水资源利用情况来看，早在1980年，上海全市用水总量即达到了80.5亿立方米，2010年用水总量达到历史峰值126.3亿立方米。在此背景下，上海持续推进节水型社会（城市）建设，目前全市年用水总量控制在了77亿立方米左右，万元GDP用水量为17立方米，万元工业增加值用水量为32立方米，虽然全市用水总量与效率双控取得显著成效，但整体水资源集约节约利用水平与国内外先进城市相比还存在一定差距，并且非常规水资源利用率偏低，不利于提高区域水资源配置效率和供水系统稳定性。根据《上海市水资源公报》数据,2022年全市雨水与污水处理厂再生水利用总量约为0.21亿立方米,占比为0.3%,且主要为污水厂再生水利用量。再结合自然资源部《2021年全国海水利用报告》公布数据,上海年海水冷却用水量约为13.8亿吨,折算后约为13.4亿立方米。据此推算,上海雨水、再生水、海水等非常规水资源利用率大约为17.73%,对照日前相关部委联合印发的《关于加强非常规水资源配置利用的指导意见》提出到2025年地级及以上缺水城市再生水利用率要达到25%以上,上海需尽快弥补这一差距。

从水资源禀赋来看,上海北接长江,西引太湖,境内河网水系纵横发达,属于典型的丰水型城市。根据《上海水资源公报》数据,2015~2021年,上海长江干流与太湖流域过境水资源总量多年平均值约为10160亿立方米,约占全市水资源总量的98.6%,多年平均降雨量约为90.60亿立方米,本地水资源量年平均值约为51.20亿立方米,约占全市水资源总量的0.5%,城市经济社会发展巨大需水量主要依赖长江与太湖流域过境水资源。然而,上海过境水资源整体水质不佳,跨界水污染时有发生,"十三五"时期末虽然全市水体已基本消除Ⅴ类和劣Ⅴ类,但城市水系历史遗留问题导致地表水环境质量改善尚不稳定,季节性返黑返劣现象时有发生,再加上气候变化影响下的咸潮入侵加剧不断威胁城市供水安全,未来,上海在短期内仍然无法彻底摆脱水质型缺水的困境。

2.历史上人水争地造成河流水系结构与生态功能退化

上海地处平原河网地区,境内河流水系高度发育,"横塘纵浦"的复杂网状水系结构,具有重要的江南水乡自然遗产价值和生态系统服务价值[①]。千百年来,河网水系对保障上海地区自然水循环过程稳定与生态系统健康,发挥了不可替代的作用。然而,改革开放数十年来,上海城镇化发展翻天覆地,沧海变桑田,土地资源需求骤增一度造成"人水争地",导致众多中小河道变窄或消亡,局部水系连通性剧烈下降,河岸带水生态系统退化,河网

---

① 杨凯:《平原河网地区水系结构特征及城市化响应研究》,华东师范大学博士学位论文,2006。

水系自然调蓄功能逐渐萎缩①。根据吴玫玫等的研究②,自1950年以来,上海中心城区河网密度下降了约68.54%,河网末端1千米以下的村镇级河流消亡数量占总消亡河道数量的77.13%,目前上海中心城区基本不再具有典型网状水系结构特征。中心城区非主干河道大量减少,河网结构趋于单一化以及主干化,对城市洪涝灾害风险自然防御能力与河流生态系统健康都造成了深远影响。

华东师范大学杨凯教授曾研究指出:河流作为区域重要的自然生态廊道,是构建区域生态安全格局的"骨骼",河岸带生态系统则是连接人类社会系统与河流生态系统的重要纽带,健康的城市河流是促进"人水和谐"发展、提升民众亲水幸福感的重要载体。根据发达国家的城市治水经验,在基本完成水环境质量控制目标之后,都聚焦河流自然健康状态的逐步恢复,并将河道作为区域及城市发展的廊道。例如,日本、澳大利亚、美国、英国、南非等都将河流形态因子加入河流健康状况评估程序中。进入美丽上海建设新阶段,在基本完成城市水体消黑除劣的基础上,上海也应及时将城市水环境治理重点转向河湖健康管理,聚焦过去"人水争地"遗留的城市河湖结构、形态、功能等方面的健康顽疾,着力恢复河流多样化的生态系统服务功能与社会服务功能,还城市自然河湖健康之美,形成人与河流和谐共生的美丽城市新格局。

3. 排水系统建设遗留问题影响水系安全与治污成效

排水系统是城市的静脉,健康的城市排水系统对增强城市水安全韧性与巩固水污染治理成效至关重要。作为中国最早建设排水管道的城市之一,上海排水系统建设经过数十年的发展,取得显著成效。"十三五"期末,中心城区已基本实现排水系统全覆盖,2021年全市排水管道长度达到2.9万千米,排水管道密度约为4.58千米/公里^2,城市建成区排水管道密度约为

---

① 袁雯、杨凯、吴建平:《城市化进程中平原河网地区河流结构特征及其分类方法探讨》,《地理科学》2007年第3期,第401~407页。
② 吴玫玫、张森、王忠昊等:《近70年来上海中心城区水系演变及水安全响应——基于景观连通视角》,《城市道桥与防洪》2021年第6期。

23.38千米/公里^2。然而，与日本、美国的城市相比，上海城市排水管网密度仍然偏低。日本城市排水管网在2004年就已达到35万公里，管网密度一般在20~30千米/公里^2，高密度城区可达50千米/公里^2；美国城市排水管道在2002年就已达到150万千米，管网密度平均在15千米/公里^{2}以上。从水文地理条件来看，上海地处平原感潮河网地区，受地势低平和潮汐影响，在遭遇暴雨台风和高水位潮汐时，河道自然排水条件不佳。此外，高度城镇化发展导致城市下垫面硬化，透水性较差。在此背景下，如何增强城市排水系统的安全韧性，始终是上海需要直面的核心人水关系问题之一。

目前，上海市城市排水系统建设主要存在以下几方面问题。第一，管网建设系统性不足，至今影响污水全收集与水环境稳定改善。过去，上海城市排水管网建设主要注重总管和干管建设，末端收集管网建设残缺不齐，并且管网"雨污混接"情况严重，导致污水收集率较低，众多污染源直排入河，雨天水体水质易反复，一度形成管网高覆盖率情况下的城市河道黑臭[①]，如今通过加强收集管网建设、截污纳管改造、海绵城市建设等措施来促进水环境长治久清，依然任重道远。第二，管网"灰色"排水设施、河道"蓝色"排水设施、海绵城市"绿色"基础设施三者的系统融合不够紧密。目前，上海主要通过加强管网系统、排涝泵闸、调蓄池等灰色设施建设，协调促进灰色与蓝色设施充分结合来提升防洪排涝能力，与此同时，配套建设绿色海绵设施来改善地表透水、蓄水、排水能力，综合提升城市排水系统运行效能。整体来看，目前蓝、绿、灰系统的融合与衔接仍然不够充分，而海绵城市绿色基础设施建设投资量巨大。第三，上海城市排水管网现有排水管道中约90%以上主管管龄已超过10年，大部分建于20世纪70~80年代，管道结构损坏、渗漏问题较为严重，也对城市排水系统的运行效能产生负面影响。随着当前全球气候变化影响不断加剧，上海遭受灾害性天气的频率、强度明显增加，目前规划的3~5年一遇暴雨强度

---

① 徐祖信、徐晋、金伟等：《我国城市黑臭水体治理面临的挑战与机遇》，《给水排水》2019年第3期。

的排水系统标准仍然偏低，未来，仍需进一步增强城市排水系统应对极端天气灾害风险的韧性。

（二）超大城市人水和谐发展取得的主要成就

1. 节水型社会建设全面推动水资源集约节约利用

党的十八大以来，上海坚持"节水优先、空间均衡、系统治理、两手发力"十六字治水思路，持续推进节水型社会（城市）建设，通过健全节水制度政策、强化水资源刚性约束，多措并举强化水资源集约节约利用，"节水型申城"建设取得显著成效。截至2022年，全市年用水量为76.76亿立方米；万元GDP用水量为17立方米，较2020年下降10.5%，较2015年下降45.2%；万元工业增加值用水量为32立方米，较2020年下降2.9%，较2015年下降37.7%。

工业节水方面，通过持续推广工业企业水资源循环利用，引导高耗水行业向工业园区集聚发展并开展企业间水资源串联、梯级利用；深入推进工业行业节水型企业创建等，不断促进工业节水增效。截至2022年，全市钢铁、造纸、石油炼制、火力发电、纺织染整、食品六大行业节水型企业创建率达100%，化工行业节水型企业创建率达到96%。农业节水方面，通过加强用水定额管理、节水灌溉工程技术运用与创新、完善节水奖补政策、节水型农业示范区建设等举措，不断提升农业节水灌溉水平，2022年，农田灌溉水有效利用系数达到0.739。在非常规水资源开发利用方面，上海加快落实将非常规水源纳入用水总量统一配置，2022年，全市雨水利用量为74.14万立方米，污水资源化利用量为1982.19万立方米，非常规水源利用量共计0.21亿立方米；此外，通过持续推广"合同节水"管理，实施"智慧节水"，实现年节水量约278.3万立方米。"十四五"期间上海将继续聚焦大用水户管理、合同节水、载体建设、污水资源化利用试点、雨水集蓄利用等12个节水重点方向，进一步推进全面节水型社会建设，为上海经济社会高质量、可持续发展提供坚实支撑。

2.治水模式创新与升级推动水生态环境综合改善

自20世纪90年代末开始，上海水环境治理围绕四轮苏州河环境综合整治工程、七轮常态化"环保三年行动计划"，以及城市黑臭河道综合整治等重点治水工作展开，为城市水环境质量实现根本好转打下坚实基础。"十三五"以来，上海持续高位推进水环境治理工作，注重系统治水模式创新与升级，带动城市水生态环境综合改善。上海2017年启动新一轮大规模水环境治理工作，2018年基本消除中小河道黑臭，2020年底全市基本消除劣Ⅴ类水体。"十三五"期间5000余条河道消除黑臭，打通断头河2000多条，1.88万个水体摆脱劣Ⅴ类，河湖水面率提升至10.24%，接近2035年不低于10.5%的目标，国控、市控断面达到或优于Ⅲ类水体比例跃升至80.6%，河湖水生态环境得到显著改善。

进入"十四五"时期，新一轮大规模水环境治理高度重视系统综合施策。2021年，上海提出全力推进生态清洁小流域建设，治水模式上，由以往的水环境改善向水生态系统修复转变，由单条河道治理向流域集中连片治理转变，由污染源治理向生态综合治理转变，并计划到2035年，全面建成覆盖全市的151个生态清洁小流域，实现"河湖通畅、生态健康、清洁美丽、人水和谐"的城乡生态环境品质①。2023年，治水模式版本再升级，启动了上海五个新城绿环水脉工程，计划在五个新城形成总长度超过200公里、宽度为100米的环形主水脉，注重水田交融、林水相依、水脉相连，不仅为五个新城居民提供各具特色的滨水生态空间，还将进一步增强城市防洪除涝保障能力与生物多样性保护功能，综合提升城市水生态环境的功能与品质。

3.系统化开展海绵城市建设助推水系统韧性提升

为统筹协调推进人水和谐、生态宜居的美丽上海建设，上海自2016年入选第二批全国海绵城市建设试点城市以来，坚持全域谋划、系统施策、因地制宜的原则，系统化推进海绵城市建设。通过将海绵城市建设有关要求有

---

① 周冯琦：《打造生态清洁小流域建设上海模式》，《文汇报》2022年9月19日。

机融入城市国土空间总体规划与详细规划、城镇雨水排水和防洪除涝专项规划、城市绿地系统专项规划、城市道路交通系统专项规划当中，注重"六水共治""蓝绿融合""灰绿结合"，不断提升城市涉水基础设施建设的整体性和系统性，打造与"卓越的全球城市"发展定位相适应的生态、安全、可持续的韧性城市水系统。

目前，上海系统化推进海绵城市建设，已形成包括1个临港国家海绵试点区、6个市重点功能建设区（虹桥商务区、长三角一体化示范区、虹口北外滩地区、黄浦江和苏州河两岸地区、普陀桃浦科技智慧城、宝山南大和吴淞创新城）、五大新城、16个行政区的建设格局，海绵城市建设规划管理体系不断完善，目前全市共有358.9平方公里城市建成区达到海绵城市建设要求。其中，临港新片区作为国家海绵城市试点区被写入联合国南南合作报告。"十三五"期间，海绵城市建设助推上海中心城区城市建成区约16%的面积达到3~5年一遇排水能力，全市建成区基本不低于1年一遇排水能力，促进城市雨水排水系统运行效能显著提升；带动全市完成1728个直排污染源截污纳管与542公里污水管网建设，4200余个小区"雨污混接"改造，助推城市水环境质量持续改善。此外，海绵城市建设带动全市建成或改造形成一大批海绵公园，如南汇星空之镜海绵公园与芦潮港公园、虹口和平公园、桃浦中央绿地、徐汇梅陇公园等，释放更多防洪调蓄空间和优美生态休闲游憩空间。

4. "两江四库"水源地格局构筑起供水安全屏障

上海作为坐拥近2500万人口的超大型城市，保障城市供水安全一直是城市工作的重中之重。经过百余年的水源地建设发展，上海不断优化调整水源地发展战略，城市供水水源逐步从内河分散取水转向长江口和黄浦江上游水库集中取水，目前已建成位于长江口的陈行、青草沙、东风西沙三大水库，位于黄浦江上游的金泽水库，水源之间可实现动态切换、相互支援，形成"两江并举、多源互补"的水源地格局。

上海已建成的四座水库总有效库容近5亿立方米，原水供水规模达到1312.5万立方米/日，其中，青草沙水库供水规模达到731万立方米/日，黄浦江上游金泽水库次之，为351万立方米/日。2021年全市公共供水原水工程取水能力达到1834.5万立方米/日，年取水量达31.41亿立方米，全市年自来水供应量达到30.08亿立方米，有效满足了超大城市经济社会发展对供水安全和供水质量的需求。在供水布局方面，青草沙、陈行和东风西沙三个水库负责上海中心城区和东北区域的原水供应，黄浦江上游金泽水库主要负责上海西南五区的原水供应，整个城市原水供应由原来的80%是黄浦江水、20%是长江水，演变为当前70%是长江水、30%是黄浦江水，原水取水重心向水质更优、水量更足的长江口转移，城市供水安全保障水平得到明显提升。并且，未来上海将建成一系列原水互联互通工程，预计到2027年底基本实现长江口的原水供应全市所有水厂，进一步提升多库联动能力，极端情况下能够保障跨水源地应急调水。

二 迈向美丽上海建设新征程人水和谐发展面临的挑战

进入新时期，积极应对气候变化、美丽中国建设、高质量发展、建设现代化国际大都市等国家战略，都要求上海在推进绿色低碳转型、提升水生态环境治理能力和水平等各方面继续取得新突破。人水和谐发展将处于新老问题交织、多领域化的复杂阶段，需要在增加更多优质水生态产品供给，协同促进减污、降碳、扩绿、增长，增强应对外部环境不确定性影响的韧性等方面用更大气力。

（一）增加高质量水生态产品供给，提升美丽城市社会幸福感

习近平总书记在党的十九大报告中强调指出："我们要建设的现代化是人与自然和谐共生的现代化，既要创造更多物质财富和精神财富以满足人民日益增长的美好生活需要，也要提供更多优质生态产品以满足人民日益增长的优美生态环境需要。"对于上海而言，增加更多高质量水生态产品供给，是坚持人与自然和谐共生理念、满足当前人民日益增长的美好生活向往、实

现人水和谐、推动高质量发展，以及建设美丽上海的根本要求。

水生态产品广义上可以理解为，以水为要素的所有生态系统为人类生产生活所提供的生态产品和服务，也可理解为提供生态产品或服务的水要素，或是可提供生态价值与服务的水产品[1]。上海作为典型的平原河网水质型缺水城市，党的十八大以来，围绕水生态文明建设，统筹考虑水资源、水生态、水环境、水安全、水文化，不断满足人们日益增长的优质水生态产品需求。然而，当前城市水生态产品供给不均衡不充分、水生态产品消费模式升级、人们对水生态产品品质要求提升，制约着城市宜居品质和人们幸福感的提升。例如，虽然当前全市已经基本消除劣Ⅴ类水体，但雨污混接、初期雨水排放、农业面源污染等因素仍制约着部分河道水质的稳定改善，间歇性返黑返劣影响居民感官体验；"一江一河"水利风景区建设与生态修复取得显著成效，但依然有众多骨干河道滨水空间开放不够、滨水景观缺乏美感、水生态系统缺乏健康活力；"两江四库"水源地建设虽然基本保障供水安全，但城市自来水水质依然饱受市民诟病。进入美丽上海建设重要时期，上海提出加快打造人与自然和谐共生的现代化国际大都市，城市水生态产品供给也应随之进入注重安全、公平、健康、美丽、幸福等重要品质的新阶段，以不断满足人们对城市美好生活的向往。

（二）协同促进减污、降碳、扩绿、增长，助力全面化绿色低碳转型

当前，我国生态文明建设进入了以降碳为重点战略方向、推动减污降碳协同增效、促进经济社会发展全面绿色转型、实现生态环境质量改善由量变到质变的关键时期。党的二十大报告、2022年全国生态环境保护大会、2023年上海市生态环境保护大会都强调要协同推进降碳、减污、扩绿、增长，实质上是要求在生态文明发展范式下重构人与自然的关系。对于上海而言，当前生态环境治理保护正处于新老问题交织叠加的复杂阶段，生态环境

---

[1] 张旺、姜斌、王彦东等：《推进水生态产品价值实现机制的思考》，《水利发展研究》2023年第4期，第1~6页；王建华、贾玲、刘欢等：《水生态产品内涵及其价值解析研究》，《环境保护》2020年第14期，第37~41页。

稳中向好基础还不够扎实,生态承载力趋紧尚未根本缓解,碳达峰碳中和又提出了新的要求,对此,协同推进降碳、减污、扩绿、增长,无疑是一剂良药。城市水系统是协同推进降碳、减污、扩绿、增长的重要载体,人水和谐发展在本质上即要求在水系统治理领域协同推进降碳、减污、扩绿、增长,这既是"以水为媒"从根本上解决众多传统生态环境问题的战略路径,又是促进经济社会发展全面绿色低碳转型的有效手段,更是顺应高质量发展、推动人与自然和谐共生的迫切需要。

进入美丽上海建设重要时期,聚焦人水和谐发展,在涉水领域协同推进降碳、减污、扩绿、增长,主要面临以下几点挑战。一是要以降碳为目标牵引,在水系统全生命周期推进落实减污降碳协同增效,加快构建清洁低碳安全高效的城市水系统,助推城市"双碳"目标实现。二是坚持"山水林田湖草"系统治理,持续采用海绵城市建设、流域综合治理、基于自然的解决方案(NbS)等系统综合治理模式,促进降碳、减污、扩绿、增长的目标衔接与协同,提升城市水生态环境治理的整体性与系统性。三是坚持"绿水青山就是金山银山",通过降碳、减污、扩绿、增长,增加更多优质水生态产品供给,推动水生态产品价值显性化,促进水生态文明建设与水利高质量发展。

(三)应对外部环境不确定性影响,筑牢城市水系统安全底线

"居安思危,思则有备,有备无患。"随着当前全球气候变化、自然灾害、咸潮入侵以及海洋越境污染等外部环境变迁带来的诸多不确定性影响不断加剧,人们对饮用水的水质安全、健康以及供水系统品质的要求越来越高,未来,进一步筑牢上海城市水系统安全屏障,依然面临挑战。

一方面,受到全球气候变化影响,近年来,长江中下游地区干旱频发,导致长江过境水量不稳,再加上台风影响、咸潮入侵,上海沿江水源地取水遭受严重威胁。例如,2022年,长江出现全流域干旱,上海入海口近海区域海水倒灌,严重影响了长江口水库原水取水,咸潮影响水库取水单次最长时间达到90多天。而根据华东师范大学河口海岸学国家重点实验室以径流

量特枯的1978~1979年作为水文计算年，模拟计算出青草沙水库连续不宜取水天数为54天，东风西沙水库为26天，陈行水库为13天，三座水库的这一数值均已被突破，给上海城市供水安全敲响警钟。

另一方面，新的海洋越境污染"黑天鹅"效应也对沿海城市水系统安全造成诸多不确定性影响。例如，2023年8月24日，日本正式启动福岛第一核电站核污染水排放入海，该计划未来至少持续排放30年，这一新的海洋越境污染对中国沿海地区的海洋生态系统以及城市水系统安全都将造成潜在威胁。目前，上海已建成四大水库当中的青草沙、陈行、东风西沙3座水库均位于长江入海口，约占整个城市原水供水总量的70%，这一供水格局对近岸海域污染较为敏感。未来如何进一步优化城市饮用水水源地安全格局，通过探索长三角区域优质水资源一体化配置，不断提升城市供水安全保障水平，始终是上海统筹协调超大城市人水关系面临的核心问题。

三 推进美丽上海人水和谐发展的相关政策与措施建议

聚焦迈向美丽上海建设新征程人水和谐发展面临的主要挑战，本文着重从强化水资源集约节约利用、促进人与河湖和谐共生、助推污水处理行业绿色低碳发展、满足人民对城市美好生活品质需求四个方面，提出推进美丽上海人水和谐发展的相关政策与措施建议。

（一）贯彻"四水四定"原则，完善水资源刚性约束制度体系

党的十八大以来，习近平总书记多次强调要坚持以水定城、以水定地、以水定人、以水定产，把水资源作为最大的刚性约束，将水资源开发利用限定在水资源承载力范围内，既要保障社会经济高质量发展，又要让生态环境得到有效保护。"四水四定"是站在人水和谐发展的高度，指导新时期贯彻落实全面节约战略、深入实施国家节水行动、全面建设节水型社会的一项关键举措。进入美丽上海建设新阶段，为加快达到与现代化国际大都市发展定

位相匹配的水资源集约节约利用水平，上海应深入贯彻"四水四定"原则，在已经建立的最严格水资源管理制度的基础上，进一步完善水资源刚性约束制度体系，并加强水行政执法司法能力建设，助推"节水申城"建设提档升级。

在建立健全水资源刚性约束制度体系方面，建议以最严格水资源管理"三条红线"制度为基础，进一步整合规划水资源论证制度、生态流量（水位）管控制度、计划用水管理制度、节水评价制度、水资源费征收制度、水权交易制度等制度措施，建立健全系统全面且覆盖城、地、人、产的水资源刚性约束制度体系，并尽快研究出台配套的水资源保护利用"四水四定"实施技术指南、管控评价标准、指标预警技术规程等一系列技术规范和标准体系，从而有效指导"四水四定"落地见效。例如，贯彻"以水定城""以水定地"原则，在城市国土空间规划体系当中强化水资源承载力评价、规划水资源论证制度等的严格约束作用。通过水资源承载力评价，明确五大新城人口、土地、产业规模的资源底线；注重新城水系统蓝、绿、灰三类基础设施建设布局与各类城市综合规划相协调、相适应；强化规划水资源论证在各类重大建设项目规划审批中的"一票否决"机制，科学指导五大新城发展规划，并积极打造"水城和谐"示范样板城；贯彻"以水定产"原则，在目前全市各区非常规水资源配置利用的基础上，针对工业园区、高耗水行业的重点企业明确再生水等非常规水源最低利用量控制目标，提高水资源循环利用率。严格限制高耗水服务业发展，推进现有高耗水服务业单位制定并落实节水措施，按照规定安装、使用循环用水设施，具体针对市容绿化行业、洗车业、高尔夫球场、高档洗浴业等，进一步强化计划用水管理和定额管理。

在加强水行政执法司法能力建设方面，一是要不断完善水行政综合执法的结构，推进合理下放部分水行政执法权到各镇与街道综合行政执法机构；二是要重点解决基层水政队伍"小马拉大车"问题，通过加强执法业务能力与依法行政能力培训、协调跨地区与部门间联合执法等机制、推进执法手段与设施智能化升级等措施，不断提高水政监察队伍的执法效能；三是要落实水行政执法与检察公益诉讼的协作机制。依托当前上海市各级检察机关环保公益诉讼制度建设，探索由市检察机关会同水行政主管部门共同开展涉水司法鉴定、检测和评估等工作，推进双方业务平台融合、业务骨干互派、案件办理互助，充分发挥检察公益诉讼的监督、支持和法治保障作用，促进水行政执法司法能力不断提升。

（二）坚持人与河湖和谐共生，系统推进河湖健康评价与管理

近年来，上海市围绕构建和谐健康的水生态环境，积极开展河湖健康评价工作，有序推进实施全市重要河湖健康评估试点跟踪，并出台了《上海市河湖健康评价技术指南（试行）》，为开展河湖系统精确治理保护提供了技术依据，为全面建立河湖长制并落实河湖管理保护职责提供了参考，也为下一步全面打造安全、健康、美丽、幸福河湖，促进人与河湖的和谐共生提供了重要保障。随着上海市河湖健康评价工作已经进入实质性实施阶段，本研究提出以下推进上海市河湖健康评价与建设管理工作向纵深发展的对策建议。

第一，在全面推行河湖长制从"有名有实"向"有能有效"转变的新阶段，有必要在中央、水利部文件基础上结合当前上海市各区河湖健康评价最新工作进展及形势，尽快研究出台"上海市河湖健康评价行动计划"，制定系统推进全市河流健康评价工作的具体实施方案，并在《上海市河湖健康评价技术指南（试行）》的基础上，不断完善河湖健康分级分类评价方法，尽快全面推动全市不同等级河湖健康评价工作，摸清河湖健康状况家底。建议尽快建立完善上海市河湖健康档案与数据库，纳入水务综合管理系统形成河湖健康评价专题系统，实现河湖健康评价管理的智能化、可视化、规范化。

第二，将河湖健康评价与"一河一策"编制工作、"生态清洁小流域"建设工作紧密结合，以评促建，推进安全、健康、幸福、美丽河湖建设。目前，对位于上海中心城区的骨干河道，按照"水岸联动、截污治污，沟通水系、调活水体，改善水质、修复生态"的治水思路，重点从断面设计、护坡改造、岸线贯通、滨水广场、景观小品、声光效果以及水文化的融入等

方面着手,"一河一策"实施河道景观规划提升,聚焦提升人水和谐的人居环境品质。对位于郊区的河湖,重点依托推进生态清洁小流域建设,结合美丽乡村、村庄改造等工作,系统推进河道环境整治、河道疏浚、生活污水和生活垃圾处理,着力打造美丽乡村。

第三,将河湖健康评价与河湖长制考核工作紧密结合,以评促管。依托各级总河(湖)长牵头、河(湖)长制办公室具体组织、相关部门共同参与、第三方监测评估的考核体系,将河湖健康评价考核结果直接运用到奖惩机制上,作为各级河(湖)长综合考核评价的重要依据,进一步完善河湖健康管理督查及问责机制。另外,建议采取专业机构评估河湖健康状况、社会公众评议河湖健康社会满意度相结合的方式,确保评价结果的客观、公正和有效。

(三)注重减污降碳协同增效,加速污水处理行业碳中和进展

污水处理行业是全球十大温室气体排放行业之一。上海在新中国成立前仅有3座污水处理厂,处理量为3.55万吨/日,如今已建成六大片区43座污水处理厂,处理规模超1000万吨/日,并且"十四五"期间全市将继续新增污水处理规模不少于190万立方米/日。据相关研究测算①,目前上海城镇污水处理厂温室气体年排放量约190万吨(以CO_2当量计),未来这一规模仍有持续扩大趋势。污水处理行业蓬勃发展为推进超大城市水环境持续改善提供了核心基础保障,但同时也显著增加了城市"双碳"目标实现压力。因此,进入美丽上海建设新阶段,为促进城市水环境稳中向好,助推城市"双碳"目标有序实现,亟须聚焦减污降碳协同增效,加速污水处理行业碳中和进程。本研究针对加速上海市污水处理行业碳中和进程,提出以下几方面对策措施。

第一,科学开展城镇污水处理厂碳排放核算,为推进减污降碳协同增效

---

① 钱晓雍、胡静、李丹等:《上海城镇污水处理厂温室气体排放核算及其特征》,《中国给水排水》2022年第21期,第39~44页。

提供基础数据支撑。目前，上海市缺乏针对全市污水处理厂碳排放基础数据的监测与核算统计系统。建议通过加强不同污水处理工艺温室气体排放的实际监测，推进排放因子法与实测法融合应用，提供更加精确的污水处理厂本地化碳排放系数。通过明确碳排放核算的原则、边界、流程、方法，从全生命周期视角深化本地化核算方法研究，促进构建统一规范的污水处理厂碳排放精准核算体系，在此基础上，建立城市污水处理减污降碳成效评估考核和监管体系，加快出台相关技术规范，将降碳目标纳入污水处理行业碳中和发展规划。

第二，加强研发适用于本地污水水质与污泥特点的低能耗、低药耗的工艺技术，减少污水处理行业综合碳排放。例如，从能效、碳源投加和温室气体减排方面考虑，创新加强曝气与碳源投加智能控制技术、微生物燃料电池技术、超临界水氧化技术、光催化污水处理技术等的推广应用；在污泥处理处置方面需进一步强化绿色低碳理念，除了要考虑技术适用性、经济成本，还应将碳排放作为重要衡量指标之一，加强污泥沼气热电联产及水源热泵等热能利用技术的推广应用，不断提升污水处理厂能源资源的循环自给率。

第三，建议通过政策支持创新技术研发，构建多元化投资及合作开发模式，依托《上海市推进污水资源化利用实施方案》试点项目建设，在白龙港污水处理厂、竹园污水处理厂、石洞口污水处理厂等重点地区开展城市污水处理减污降碳回收利用试点项目开发和示范，率先探索污水处理行业碳减排路径，将碳中和作为实现污水处理厂节能减排绩效考核的一项关键指标。后期引导全市更多污水处理企业参与进来，共同研究制定上海污水处理行业碳减排技术文件，形成行业碳减排路线图及时间表，共同支持上海"双碳"目标的实现。

（四）聚焦城市美好生活品质，创新水生态产品价值实现机制

"良好生态环境是最公平的公共产品，是最普惠的民生福祉"，探索建立水生态产品价值实现机制，推动水生态产品价值显性化，增加更多优质水生态产品供给，对于新阶段培育人民生活品质提升的发力点、让人们在高质量发展中享受更健康更幸福的高品质城市生活、增强美丽上海建设的人民获得感与认同感具有重要意义。水生态产品价值实现需要生态环境、水利、经济与城市建设等不同领域有机融合，使与水资源相关的各类生态价值合理转化，当前面临的问题与挑战较多。虽然上海市长期以来依托江南水乡资源禀赋优势，积极推动水生态产品价值实现，不断满足人民对美好城市生态环境日益增长的需求，例如，采取"一江一河"滨水空间开发、青浦区水源地生态补偿、崇明岛湿地生态旅游观光、黄浦江水文化博物园建设、江南水乡古镇开发与保护、水权交易、排污权交易等诸多措施，但在体制机制和管理层面仍然存在诸多问题与难点，例如权属与监管边界仍然不够明晰、价值核算体系缺失、市场交易机制不完善等。为此，本研究重点从完善上海市水生态产品价值实现机制方面提出以下几点对策建议。

一是建立健全上海地区水生态产品调查评价机制。建议在当前水资源调查评价、自然资源资产确权登记、水资源确权登记、取水许可、河湖健康评价等制度基础上，系统加强水生态产品及水生态资源调查与评价，摸清水生态产品家底，明晰水生态资源资产使用权类型，厘清所有权和使用权边界以及权责归属。在此基础上，尽快建立健全水生态产品及资源的动态监测机制，组织编制全市及各区水生态资产负债表，为促进水生态产品价值实现提供基础条件。

二是建立健全适应于本地的水生态产品价值核算机制。建议组织跨学科领域专家开展专题研究，以充分展现水生态产品数量和质量、反映保护和开发成本为重要原则，针对不同流域、地区、水利工程、实现路径，探索建立适用于上海本地的水生态产品价值评价核算体系。鼓励有条件地区先行先试，例如崇明区、临港地区、长三角生态绿色一体化示范区等，在总结各地区核算方法实践的基础上，探索制定上海市水生态产品价值核算标准规范，包括具体的核算指标体系、核算方法、数据来源和指标监测方法等，为水生态产品价值实现提供技术方法依据。

三是完善水生态保护补偿机制。上海经过多年实践探索，已经在集中式饮用水水源地生态补偿、湿地生态补偿、流域横向生态补偿、生态环境损害赔偿等诸多方面积累了水生态保护补偿的宝贵经验。建议进一步创新补偿方式和拓展范围，例如，未来在上海各区生态清洁小流域建设基础上，探索依据流域间断面水质监测结果开展地方政府间横向生态保护补偿；对全市使用无农药无化肥种植技术、有利于生物多样性保护的传统耕作方式、提供水乡自然文化景观保护的绿色生态农业进行补偿；鼓励社区层面因地制宜打造各类社区海绵花园、雨水花园等，依据海绵城市建设工程评价标准与居民满意度评价，将其纳入海绵城市建设示范补助资金的补助对象范围，充分调动社区参与共建共享的积极性。

四是建立健全水生态产品交易机制。建议上海市在开展水权交易试点、排污权交易试点的基础上，积极搭建水生态产品交易平台，政府应适当放权，促进水生态产品市场化交易更加活跃。例如，通过组建"水生态银行"，推动水生态资源资产的产权流转、市场运营与开发利用。充分利用PPP、BOT、TOT等多种特许经营方式授权平台开展河道综合整治、滨水空间开发、水生态修复、湿地公园建设等；挖掘提升水生态保护与修复的附加值，通过水生态修复"碳汇"成效评估，推进实施"蓝碳交易"；组织权威机构或公益组织对本地特色水产品进行生态标签审查和认证，将水生态保护修复管理实践与消费者对水生态产品的需求联系起来。此外，充分利用好绿色金融支持机制，通过银行贷款、债券、股票等金融工具来支持水生态产品价值实现，引导多元化市场主体共同参与到水生态产品的保护、利用与交易中来。

参考文献

钱晓雍、胡静、李丹等：《上海城镇污水处理厂温室气体排放核算及其特征》，《中国给水排水》2022年第21期。

王建华、贾玲、刘欢等：《水生态产品内涵及其价值解析研究》，《环境保护》2020年第14期。

吴玫玫、张淼、王忠昊等：《近 70 年来上海中心城区水系演变及水安全响应——基于景观连通视角》，《城市道桥与防洪》2021 年第 6 期。

徐祖信、徐晋、金伟等：《我国城市黑臭水体治理面临的挑战与机遇》，《给水排水》2019 年第 3 期。

杨凯：《平原河网地区水系结构特征及城市化响应研究》，华东师范大学博士学位论文，2006。

袁雯、杨凯、吴建平：《城市化进程中平原河网地区河流结构特征及其分类方法探讨》，《地理科学》2007 年第 3 期。

张旺、姜斌、王彦东等：《推进水生态产品价值实现机制的思考》，《水利发展研究》2023 年第 4 期。

周冯琦：《打造生态清洁小流域建设上海模式》，《文汇报》2022 年 9 月 19 日。

B.14 上海提升近岸海域海洋塑料垃圾治理绩效的对策建议

曹莉萍*

摘　要： 拥有80%以上塑料垃圾的海洋垃圾"表现在海里，根子在陆上"。为建设拥有干净美丽近岸海域的上海海湾，根据陆海统筹原则，上海不仅需要推进长江口-杭州湾海域海洋塑料垃圾末端治理，减少海洋塑料垃圾对近岸海域生态系统的影响，还需要从陆上杜绝塑料垃圾向近岸海域泄漏的风险。通过对上海近岸海域海洋塑料垃圾现状的全方位分析以及梳理相应的海洋塑料垃圾治理措施发现，上海在海洋塑料垃圾监测调查技术设备和数据质量、溯源合作治理、新塑料经济转型激励、郊区回收基建、禁限塑违法成本等方面面临挑战，这些问题阻碍上海近岸海域海洋塑料垃圾治理绩效提升。基于总结近岸海域海洋塑料垃圾治理的国际经验与案例，本研究建议，上海提升近岸海域海洋塑料垃圾治理绩效需要从对标国际监测指南，提升塑料污染评估能力；数字赋能塑料溯源，试点入海塑料补偿机制；构建海洋新塑料经济体系，激发全社会参与；加大郊区塑料治理投入，提高禁限塑违法成本这四方面入手，构建从陆上到海湾的区域塑料治理体系，实现塑料利用与海洋生态环境和谐共生的现代化。

关键词： 近岸海域　海洋塑料　塑料泄漏　塑料垃圾治理

---

* 曹莉萍，上海社会科学院生态与可持续发展研究所副研究员，研究方向为循环经济、全球城市可持续性治理。

上海提升近岸海域海洋塑料垃圾治理绩效的对策建议

人与自然和谐相处,是我国生态文明建设的基本原则之一,也是新时代中国式现代化的内在要求。而海洋生态文明要求人类以尊重海洋为前提,追求人与海洋的和谐[①]。早在2013年,习近平总书记在中共中央政治局第八次集体学习时就提出,"要保护海洋生态环境……要从源头上有效控制陆源污染物入海排放,加快建立海洋生态补偿和生态损害赔偿制度……"[②] 党的十八大以来,在"建设海洋强国""坚持陆海统筹,加快建设海洋强国"战略目标引领下,我国参与全球海洋治理的水平持续提升。时隔10年,2023年7月全国生态环境保护大会上,习近平总书记再次提出"构建从山顶到海洋的保护治理大格局"[③]。然而,根据UNEP2021年一份关于海洋垃圾和塑料垃圾全球评估报告,从河流源头到海洋的所有生态系统都面临越来越大的威胁[④]。在潜在长期气候变化影响下,海洋垃圾尤其是塑料垃圾对海洋生物生态系统和人类健康造成了损害。2022年,全国60个近岸区域海洋垃圾监测数据显示,近岸海洋垃圾主要包括海面漂浮垃圾、海滩垃圾和海底垃圾,其中塑料垃圾分别占86.2%、84.5%、86.8%。离海岸200海里以内的近岸海域作为连接陆地和海洋的桥梁,是人类在海洋区域社会经济活动最为频繁地区,因而也是产生塑料垃圾重点区域[⑤]。拥有80%以上塑料垃圾的海洋垃圾"表现在海里,根子在陆上"。为建设拥有干净美丽近岸海域的上海海湾,根据陆海统筹原则,上海不仅需要推进长江口-杭州湾海域海洋塑料垃圾末端治理,减少海洋塑料垃圾对近岸海域生态系统的影响;更需要从陆上杜绝塑料垃圾向近岸海域泄漏。为此,应借鉴国内外积极开展海洋塑料垃圾治理的先进经验和案例,提升上海近岸海域海洋塑料垃圾治理的绩效,从而实现上海人与海和谐共生的现代化。

[①] 马红等、张庆伟:《习近平海洋生态文明观的理论与实践研究》,《学理论》2021年第8期。
[②] 习近平:《要进一步关心海洋、认识海洋、经略海洋》,中央政府门户网站,http://www.gov.cn,2013年7月31日。
[③] 《习近平在全国生态环境保护大会上强调全面推进美丽中国建设加快推进人与自然和谐共生的现代化》,《人民日报》2023年7月18日。
[④] UNEP:《从污染到解决方案:对海洋垃圾和塑料污染的全球评估》,2021,第17页。
[⑤] UNEP:《海洋塑料碎片和微塑料——激励行动和指导政策变化的全球教训和研究》,2016。

一 上海近岸海域海洋塑料垃圾现状

《2022中国海洋生态环境状况公报》监测结果显示,近年来杭州湾海域水质有所改善,2022年杭州湾生态监控区监测评价结果首次由不健康状态转为亚健康状态[1],位于杭州湾北岸的上海入海河流断面水质多年来一直处于优的状态[2]。然而,上海近岸海域海洋生态环境污染不限于水质污染物,还有一类在海洋和海岸环境中具有持久性的、人造的或经过加工的固体废弃物——海洋垃圾[3]。根据2018~2022年《中国海洋生态环境状况公报》,海洋垃圾分为海面漂浮垃圾、海滩垃圾、海底垃圾三种类型。近年来,根据国家海洋监测中心对海洋垃圾监测区的监测结果,不论是在长江口还是在杭州湾监测区,上海近岸海域目测调查漂浮垃圾监测数量基本实现清零,但是来自表层拖网调查的漂浮垃圾、海滩垃圾和海底垃圾的威胁依然存在。2022年上海近岸海域表层拖网调查漂浮垃圾和海底垃圾数量仍居高不下,分别达到5698个/公里^2、12037个/公里^2,其海底垃圾数量居全国60个近岸区域海洋垃圾监测区之首。其中,塑料垃圾成为目前国内外海洋生态环境治理的关注焦点[4],一些国际组织将其称为"塑料泄漏",包括长江口-杭州湾海域在内的我国三大重点海域海洋垃圾均存在塑料泄漏的问题[5]。

(一)近岸海域三类海洋垃圾中海滩垃圾问题依然严峻

上海位于我国大陆海岸线中部的长江口南岸,拥有全国最大的工业基地和外贸港口,其金山区-杭州湾金山段即上海湾区,位于杭州湾北岸,所属

---

[1] 上海市生态环境局:对市十四届政协一次会议第0135号(关于加强杭州湾近岸海域污染防治的建议)委员提案的答复, https://sthj.sh.gov.cn/hbzhywpt5333/20230703/dc93d6c2db534bedb596e54284757be1.html(2023-07-03)。
[2] 生态环境部:《2018~2020年中国海洋生态环境状况公报》,2019~2021。
[3] 国家海洋局生态环境保护司:《海洋垃圾监测与评价技术规程(试行)》,2015。
[4] UN-DOALOS:《第一次全球综合海洋评估》(第25章海洋垃圾),2015。
[5] 生态环境部:《2022年中国海洋生态环境状况公报》,2023。

海域约占杭州湾面积的四分之一。上海江海岸线长约450公里,其中大陆岸线约213公里,海域面积约1万平方公里。得益于临海区位,上海利用海洋资源开发海洋产业,2022年实现海洋生产总值9792.4亿元,同比名义增长1.8%,占当年全市生产总值的21.9%,占当年全国海洋生产总值的10.3%,其中第三产业占主导地位(见图1),2022年增加值为7179.8亿元[①]。上海近岸海域产业发展为城市带来了社会、经济收益,但散落于近岸海域的海洋垃圾尤其是塑料垃圾,给上海建设美丽海湾带来了环境成本。这些塑料垃圾主要是由企业、社会不规范生产、使用塑料制品和不规范回收处置废塑料而产生的废弃物,不仅造成了能源资源浪费和环境污染,也对海洋生态系统构成了威胁。

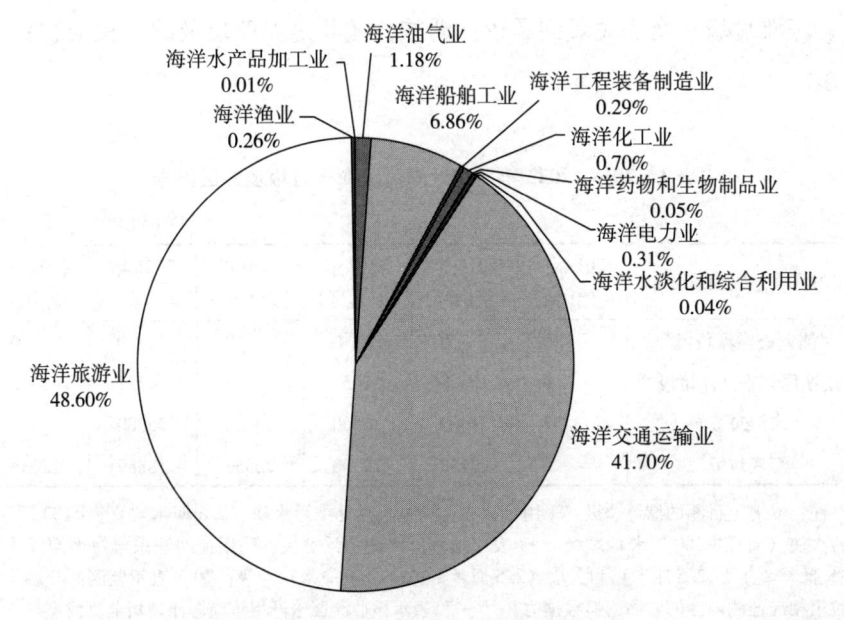

图1　2022年上海市海洋产业增加值构成

2020年世界海洋日,中国乃至全球首次提出海洋塑料的定义,并根据海洋塑料所处的状态将其分为两类:一类是海洋内塑料,包括近海塑料、远

---

① 上海市海洋局:《2022年上海市海洋经济统计公报》,2023。

海塑料、海底塑料、深海塑料；另一类是趋海塑料，包括海滩塑料、河流塑料、失控塑料①。根据数据可得性，本研究重点分析上海近岸海域（距离海岸线200海里以内）的海洋塑料垃圾，包括漂浮塑料（近海、远海塑料）、海底塑料、海滩塑料（海岸塑料）。

自2010年起，上海每年对辖区范围内近岸海域产生的海洋垃圾开展定期定点监测，监测发现近岸海域均有一定数量的塑料垃圾分布；若将聚苯乙烯泡沫塑料纳入塑料垃圾范围，上海海洋塑料垃圾占所有海洋垃圾的70%以上②。同时，从近5年上海近岸海域监测区海洋垃圾数量来看（见表1、表2），上海海滩垃圾仍是海洋垃圾的主要类别，而占80%以上的塑料垃圾成为海滩垃圾的主要组成部分。由此可见，上海近岸海域的漂浮垃圾、海滩垃圾、海底垃圾问题依然严峻，尤其是海滩垃圾的单位面积数量最多。

表1 2018~2022年上海近岸海域海洋垃圾监测区数据

单位：个/公里^2

上海海洋垃圾数量分布	2018年（宝山区）	2019年（金山区）	2019年（奉贤区）	2020年（崇明区）	2021年（浦东新区）	2022年（金山区）
目测调查漂浮垃圾*	0	0	0	0	0	0
表层拖网调查漂浮垃圾**	0	19208	12953	0	4792	5698
海滩垃圾	273333	24000	36800	99400	95000	—
海底垃圾	0	22400	12090	30556	18889	12037

注：*海上目测的漂浮垃圾：采用目视法观测海面可见漂浮大块（2.5厘米≤直径<100厘米）和特大块（直径≥100厘米）垃圾；**表层拖网监测的漂浮垃圾：采用拖网法采集海面漂浮中块（0.5厘米≤直径<2.5厘米）和大块（2.5厘米≤直径<100厘米）垃圾；"0"表示监测区开展了海洋垃圾相应监测内容的监测，但数据为0；"—"表示该监测区未开展该项海洋垃圾监测内容。

资料来源：2018~2022年《中国海洋生态环境状况公报》。

---

① 《废弃塑料回收再生的可追溯性要求 第2部分：海洋塑料》团体标准（计划编号：CSRA2022003）。
② 郁文艳：《上海定期定点开展海洋垃圾监测！海洋环境保护公益项目启动，首场在崇明净滩》，《新闻晨报》2022年9月26日。

表2 2018~2022年杭州湾靠近上海近岸海域海洋垃圾监测区数据

单位：个/公里

杭州湾海洋垃圾 数量分布	2018年 （舟山朱家尖）	2019年 （舟山）	2020年 （舟山）	2021年 （舟山）	2022年 （舟山朱家尖）
目测调查漂浮垃圾	0	0	0	55	440
表层拖网调查漂浮垃圾	351	6881	36034	3152	429
海滩垃圾	41662	69444	33333	160606	38333
海底垃圾	—	—	612	—	—

注：*海上目测的漂浮垃圾：采用目视法观测海面可见漂浮大块（2.5厘米≤直径<100厘米）和特大块（直径≥100厘米）垃圾；** 表层拖网监测的漂浮垃圾：采用拖网法采集海面漂浮中块（0.5厘米≤直径<2.5厘米）和大块（2.5厘米≤直径<100厘米）垃圾；"0"表示监测区开展了海洋垃圾相应监测内容的监测，但数据为0；"—"表示该监测区未开展该项海洋垃圾监测内容。

资料来源：2018~2022年《中国海洋生态环境状况公报》。

（二）渔业塑料垃圾占海底塑料比例最高且监测难度大

现有研究已确定我国东海海底塑料垃圾的污染程度。早在2006年，研究表明：在1996~2005年使用海底拖网渔船调查东海海床上的海洋垃圾种类、数量和分布情况，其中，盆、网、鱼缸、鱼线等渔具在东海海洋垃圾中占42%~72%；而橡胶、乙烯基泡沫、金属、塑料、玻璃、木材和服装的占比在30%以下。东海海域海底大量聚集了来自韩国、中国、日本产的乙烯基泡沫、塑料和渔具[①]。华东师范大学河口与海岸研究国家重点实验室和海洋塑料垃圾研究中心、上海海洋大学商船学院和联合国教科文组织海洋塑料碎片和微塑料区域培训研究中心对东海海域海底塑料垃圾的空间分布和来源进行了调查研究，于2019年5月至9月，采用04126号浙普渔号渔船在东海海域43个点位进行了5次调查，采用海底拖网从海底收集海洋塑料。收集到的海洋塑料按照现行《海洋调查规范（试行）》（GB12736-2007）、《海洋垃圾监测与评价技术规程（试行）》（2015）进行实验室分析和质量控制，并编制了东海塑料

---

① Lee, D., Cho, H., Jeong, S. 2006. Distribution Characteristics of Marine Litter on the Sea Bed of the East China Sea and the South Sea of Korea. *Estuar. Coast. Shelf Sci.* 70, 187-194.

垃圾分布地理信息系统图。其中，位于上海金山近岸海域的舟山群岛10号点位的塑料片丰度是东海43个调查点位塑料片丰度最高点之一，塑料片丰度向南逐渐下降。从东海海域43个调查点位所获得的10种塑料垃圾类别来看（见图2），重量占比最高的塑料垃圾类型是塑料制渔具（包括渔网、捕蟹器、钓鱼线和其他塑料渔具），其占比超过了50%；其次为塑料板材和塑料袋，分别约占20.61%、14.56%。数量占比最高的塑料垃圾类型是胶片，其占比约为31.53%，其次是塑料制渔具和塑料板材，分别约占19.82%、18.02%。

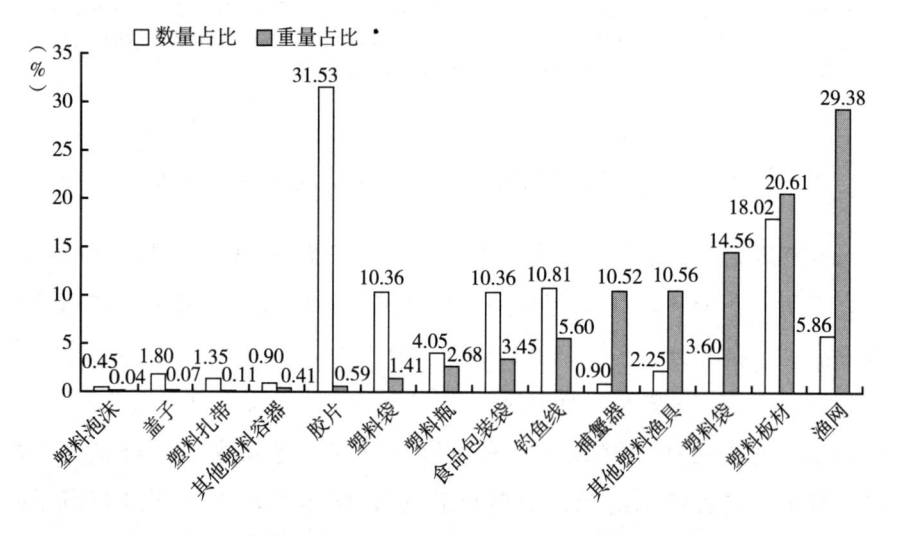

图2 东海海域43个调查点海底塑料垃圾重量与数量占比

资料来源：Feng Zhang et al. 2020. Composition, Spatial Distribution and Sources of Plastic Litter on the East China Sea Floor. *Science of the Total Environment*, 742, 140525。

通过2019年我国首次东海海域海底塑料垃圾调查发现，我国东部沿海地区海洋塑料污染处于中等水平，平均密度为9.64千克/公里^2（或375.44件/公里^2）。这一研究结果比2006年发现的我国东北海域较高的塑料垃圾丰度（30.64千克/公里^2）下降了68%。同时，调查还发现东海海域塑料垃圾污染最严重的海域是舟山群岛和三门湾，均为热门旅游景点。其中，舟山群岛所属的杭州湾东面海域与上海金山区近海海域直接相连。因此，即使上海的海洋渔业产值比重非常小，但仍然可能存在来自杭州湾舟山渔场的渔业塑料污染风险。

与海洋表面和上层水中漂浮的塑料垃圾相比，海底塑料垃圾往往会被困在泥沙堆积量较大的地区。因此，海底塑料垃圾监测难度大、监测费用高。目前，我国对海底塑料垃圾监测点位布局较少，上海对于治理长江口-杭州湾海域的海底塑料垃圾也正积极开展研讨，谋划区域合作治理机制。

（三）漂浮微塑料负面影响逐步显现，成为新关注重点

自2014年国际上首次提出"微塑料"概念以来，国内外对于微塑料的研究越来越重视。近年来，我国广泛开展海洋微塑料研究，国家海洋环境监测中心于2016年在我国四大海域设置了6条断面30个监测点位组织开展管辖海域微塑料监测。依据《海洋微塑料监测技术规程（试行）》（2017），2018~2021年的监测结果显示，我国东海监测断面漂浮微塑料平均浓度为0.263个/米^3，渤海监测断面漂浮微塑料平均浓度最高为0.753个/米^3，南海监测断面漂浮微塑料平均浓度最低为0.207个/米^3（见图3）。根据2023年国家海洋环境监测中心公开发表的87条入海河流研究数据，我国入海河流的微塑料浓度范围为0.046~176个/米^3，其中，入海河口、海湾及有人居住的海岛周边微塑料浓度高于其他近海海域，但与国际同类调查研究结果相比较，我国处于全球中低水平，长江入海断面水体中微塑料浓度仅为0.09个/米^3[1]。同时，根据2021年一项对全球8000多个微塑料丰度观察点的最新研究，上海近岸海域所处的西北太平洋区域上层海水中微塑料丰度也相对较大[2]。随着国内外对海洋微塑料的研究逐渐增多，微塑料对海洋生态

---

[1] 国家海洋环境监测中心主任王菊英：《海洋微塑料研究的进展与思考》，2023年6月22日，http://www.nmemc.org.cn/gzdt/202306/t20230622_1034386.shtml。

[2] Isobe, A., Azuma, T., Reza Cordova, M., Cózar, A., Galgani, F., Hagita, R., Kanhai, L. D., Imai, K., Iwasaki, S., Kako, S., et al., "A Multilevel Dataset of Microplastic Abundance in the World's Upper Ocean and the Laurentian Great Lakes", *Microplastics and Nanoplastics*, 2021, doi: 10.1186/s43591-021-00013-z.

系统和人类健康的负面影响逐步显现，甚至被称为一种类似于空气污染的"海洋PM$_{2.5}$"[1]。华东师范大学河口与海岸研究国家重点实验室李道季团队的研究也证明，在长江口附近的潮间带环境中，微生物群落可以定植在微塑料颗粒的表面[2]。因此，漂浮着的塑料微粒在上海近岸海域的海洋环境中普遍存在，且存在潜在的生态影响。

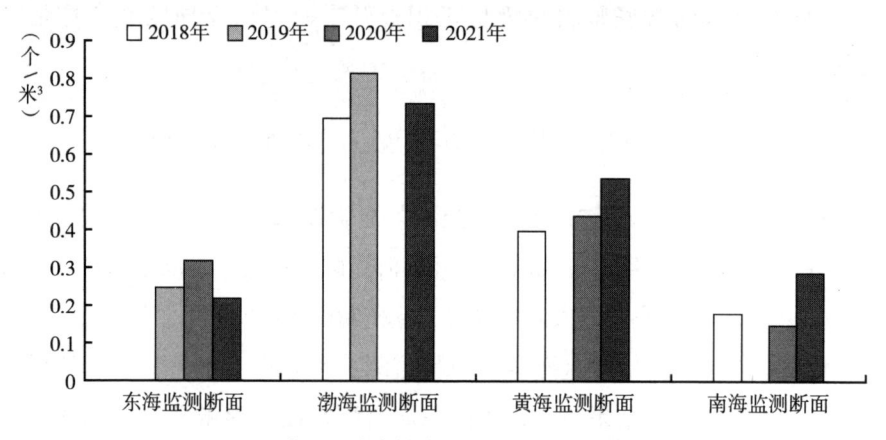

图3　我国四大海域海面漂浮微塑料密度变化

说明：部分数据缺失。
数据来源：2018~2021年《中国海洋生态环境状况公报》。

同时，上海近岸海域海洋塑料碎片和微塑料通常会随风水平输送，之后通过海洋物理作用垂直输送。而上海近岸海域地处长江-杭州湾海域，上海长江干流岸线2公里范围（涉及浦东、宝山、崇明三区）内入河排污口有1400多个；杭州湾上海段已排查发现59个入海排污口，主要为污水处理厂、工矿企业等类型排污口[3]。因此，上海近岸海域存在来自不同地区道路地表径流和废水排放中塑料碎片和微塑料污染的风险。

---

[1] 陈舒：《悄然来袭的"海洋PM2.5"》，《国土资源》2018年第11期。
[2] Jiang, P., Zhao, S., Zhu, L., Li, D., "Microplastic-associated Bacterial Assemblages in the Intertidal Zone of the Yangtze Estuary", *Sci. Total Environ*, 2018 (624), 48-54.
[3] 上海市生态环境局：对市十四届政协一次会议第0135号（关于加强杭州湾近岸海域污染防治的建议）委员提案的答复，https://sthj.sh.gov.cn/hbzhywpt5333/20230703/dc93d6c2db534bedb596e54284757be1.html（2023-07-03）。

二 上海近岸海域海洋塑料垃圾治理措施及面临的挑战

基于上海近岸海域海洋塑料垃圾现状分析，上海近岸海域所涉及的省市实施了自上而下、从陆地到海洋的减少塑料垃圾的治理政策和法规，通过构建垃圾分类回收体系并实施改进的废弃物管理方案，限制陆地塑料污染，有效地减少了上海近岸海域海洋塑料垃圾，净化了上海近岸海域的生态环境。

（一）治理措施

上海在推进海洋塑料垃圾治理方面一直做出积极的努力，也取得了一定的成效，并形成了适合地区海岸特点的海洋塑料垃圾治理模式。

1. 自上而下构建全链条监管和源头治理体系

在参与全球生态环境治理进程中，我国高度重视包括海洋微塑料在内的塑料污染全链条治理，并根据国际倡议与协议，从国家层面出台一系列防治海洋塑料污染的政策文件。上海在全球城市建设的进程中，积极响应国际倡议和国家政策，密集出台地方治理城市塑料垃圾与防治海洋塑料污染的政策，从而形成自上而下、全链条监管和源头治理的体系。在国家层面，我国于1982年出台《中华人民共和国海洋环境保护法》，经过三次修正后，在2023年修订草案中增加了沿海县级以上地方人民政府负责其管理海域的海洋垃圾污染防治职责，建立了海洋垃圾清理制度，该修订草案于同年10月24日正式通过，并将于2024年4月1日施行。同时，我国早在1990年就基于陆海统筹污染治理思路出台《防治陆源污染物污染损害海洋环境管理条例》。而针对海洋塑料垃圾的治理是从2007年开展海洋垃圾治理包括对海洋微塑料泄漏监测、评估开始的，其后不断深入关注海洋内塑料和趋海塑料中海滩塑料垃圾问题。同时，2008年我国开始对塑料制品尤其是一次性塑料购物袋进行限制性生产和消费，并对废旧塑料综合利用行业进行了规范。而2020~2023年，我国在进一步加强治理塑料污染政策文件中均不同程度地涉及海洋塑料垃圾治理措施（见表3），从而逐步构建起海洋塑料垃圾全链条监管制度体系。

表3　国家治理海洋塑料垃圾的政策梳理

国家机构	年份	法律/政策文件
国务院	1990	《中华人民共和国防治陆源污染物污染损害海洋环境管理条例》
国家海洋环境监测中心	2007	《海洋垃圾监测技术指南》
国务院办公厅	2008	《关于限制生产销售使用塑料购物袋的通知》
国家海洋局生态环境保护司	2015	《海洋垃圾监测与评价技术规程（试行）》
国家海洋环境监测中心	2017	《海洋微塑料监测技术规程（试行）》
工业和信息化部	2018	《废塑料综合利用行业规范条件》
生态环境部	2020	《关于进一步加强塑料污染治理的意见》
国家发展改革委环资处等九部门	2020	《关于扎实推进塑料污染治理工作的通知》
生态环境部	2021	《"十四五"塑料污染治理行动方案》
国管局办公室、住房和城乡建设部办公厅、国家发展改革委办公厅三部门	2021	《关于做好公共机构生活垃圾分类近期重点工作的通知》附件《公共机构停止使用不可降解一次性塑料制品名录（第一批）》
生态环境部等七部门	2022	《重点海域综合治理攻坚战行动方案》
国家发展改革委环资处	2022	《关于江河湖海清漂专项行动方案的通知》
商务部	2023	《商务领域经营者使用、报告一次性塑料制品管理办法》

在市级层面，作为我国超大城市，上海一直注重城市生活垃圾全过程分类处置问题。在2019年上海出台的生活垃圾管理条例中就已对塑料垃圾的回收分类做出具体规定，之后三年内，上海在城市塑料垃圾污染治理实施方案、生态环境规划与行动计划、绿色低碳循环经济体系实施方案、碳达峰实施方案、循环经济发展规划中提出了具体的塑料污染防治措施（见表4）。结合国家自上而下的全链条塑料污染治理监管制度，上海构建了海洋塑料垃圾源头治理体系。

表4　上海治理海洋塑料垃圾的政策梳理

政府机构	年份	法律/政策文件
上海市人民政府办公厅	2018	《关于建立完善本市生活垃圾全程分类体系的实施方案》
上海市人民代表大会	2019	《上海市生活垃圾管理条例》
上海市发改委	2020	《上海市关于进一步加强塑料污染治理的实施方案》

续表

政府机构	年份	法律/政策文件
上海市绿化和市容管理局	2020	《上海市可回收物回收体系建设导则（2020版）》
上海市人民政府	2021	《上海市生态环境保护"十四五"规划》
上海市人民政府办公厅	2021	《上海市2021~2023年生态环境保护和建设三年行动计划》
上海市人民政府	2021	《上海市关于加快建立健全绿色低碳循环发展经济体系的实施方案》
上海市人民政府	2022	《上海市碳达峰实施方案》
上海市人民政府办公厅	2022	《上海市资源节约和循环经济发展"十四五"规划》
上海市绿化和市容管理局	2022	《上海市2022年生活垃圾分类工作实施方案》
上海市公共机构节能工作联席会议办公室	2022	《上海市公共机构绿色低碳循环发展行动方案》
上海市发改委等八个委办局	2022	《上海市长江口-杭州湾海域综合治理攻坚战实施方案》
上海市绿化和市容管理局	2023	《上海市2023年生活垃圾分类工作实施方案》
上海市发改委等七个委办局	2023	《上海市废旧物资循环利用体系建设实施方案》

2. 末端与源头防治并举，构建LCA管理模式

从上海出台的塑料污染防治政策措施来看，上海首先始终坚持陆海统筹原则，不断提升陆上与海上水域的塑料垃圾污染末端整治效率和力度。例如，2022年，上海市绿化和市容管理局市容环境卫生水上管理处有效加强黄浦江、苏州河市管水域保洁作业，及时清捞陆域水面漂浮塑料垃圾并通过水流、风向引导塑料垃圾聚集后加强定点打捞。对于滩涂塑料垃圾开展专项清理，并组织志愿者在长江、杭州湾沿岸开展滨江森林公园公共岸线净滩活动。对于船舶塑料废弃物，在积极宣传塑料污染治理重要性的同时推进收集服务，采用船舶分类隔舱等措施加大收集力度；协调交通委、上海海事局、港航中心联合开展全过程监管[1]。其次，2021年，上海建立以21个市级部门和16个区政府为成员单位的"上海市塑料污染治理工作推进机制"，并

---

[1] 绿色上海：《上海市市容环境卫生水上管理处有效整治水域塑料污染》，https://lhsr.sh.gov.cn/ywdt/20221216/cc4ec0e6-2b98-407f-9dba-acd7261508e0.html。

将塑料污染治理纳入上海市应对气候变化及节能减排工作领导小组的协调推进范围①。全市及虹口、静安、杨浦等多个区每年发布加强塑料污染治理的工作重点任务。最后，为从源头防治塑料污染泄漏，上海加强河湖塑料垃圾漂浮物打捞并分类处置；加大堤防海塘垃圾清理力度。按照《关于加强本市长江、杭州湾沿岸聚集垃圾清理整治的工作意见》要求，加强海塘管理范围及近岸滩涂日常巡查和专项检查，持续开展长江、杭州湾沿岸海塘管理范围内垃圾漂浮物清理工作。通过"减源头、控末端、促循环、防泄漏"等措施，上海逐步构建覆盖塑料制品全生命周期（LCA）的塑料垃圾管理模式②，从而使上海在海洋塑料垃圾源头减量、回收利用和清理整治等方面均取得一定成效。

3. 政府主导宣传教育，推进净滩志愿者活动

海洋垃圾是老百姓感受最直观、评判最简单、反映最强烈的海洋环境污染问题之一。对此，2023年8月上海市水务局（上海市海洋局）在"政府开放月"系列活动中加强海洋科普宣传工作，传播海洋知识，弘扬海洋文化，提升公众海洋生态保护意识③。政府宣传激发了公众对海洋环境保护问题的关注和思考。同时，在每年6·8全国海洋宣传日期间，上海地区的海洋相关政府部门、企事业单位联合组织志愿者活动，倡导市民重视海洋垃圾问题，保护海洋生态环境。例如，2021年自然资源部东海局联合多家在沪海洋相关单位志愿者，在上海市浦东新区临港新城南汇嘴公园海滩开展了净滩活动④，向公众传授海洋垃圾的分类方式、各类垃圾的危害，以及相关自

---

① 上海市发改委：《对市十五届人大五次会议第0188号代表建议〈关于加快推进"禁塑"、从源头上实现垃圾减量的建议〉的答复》，https://fgw.sh.gov.cn/fgw_rddbjy/20211030/5399feff115140e18545e96e71bd153a.html。

② 上海市生态环境局：《对市政协十三届五次会议第0893号提案"关于开展上海全域塑料垃圾和微塑料污染及防治对策研究的建议"的答复》，https://sthj.sh.gov.cn/hbzhywpt5333/20221012/8ba69222538e4c7f99780e91ea3de153.html。

③ 上海市海洋管理事务中心：《市水务局2023年"政府开放月"系列活动⑰丨"走进申海·保护海洋生物多样性"科普微视频上线》，上观新闻，2023年8月28日。

④ 吕宁、孙海洋：《自然资源部东海局组织开展6·8海洋日净滩活动》，https://ecs.mnr.gov.cn/zt/sjhyr/hdzp/202107/t20210701_22689.shtml。

我保护知识。通过志愿者净滩治理模式，公众切身感受到塑料垃圾对海洋生态环境的影响，呼吁人们积极转变生活方式，减少使用塑料制品，用实际行动守护碧水蓝天。

（二）面临挑战

虽然近几年通过采取相应的治理措施，上海近岸海域海洋塑料垃圾数量明显减少，但在全球气候变化存在不确定性以及海洋环境复杂性条件下，上海近岸海域海洋塑料的陆源渠道较多且复杂，海洋塑料垃圾治理仍面临来自海湾海域、陆上塑料垃圾治理的诸多挑战。

1. 监测调查技术设备与监测数据质量亟待升级

海洋塑料垃圾来源广泛、种类繁多，上海海洋塑料垃圾类别和数量的资料多来自国家相关部门对海岸线的海洋垃圾监测。然而，我国对海洋塑料垃圾监测的类别和数量数据较为粗略，与一些研究机构的数据存在差异，且在上海的监测点位较少，不能全面、及时反映上海近岸海域海洋塑料垃圾的类别和数量。其中，上海重点关注的长江口近岸海域微塑料垃圾监测数据也过于陈旧，且用于微塑料研究和监测的海水浮游生物微塑料沉积采样仪HY系列也尚未实现国产化[①]，因此，上海在开展海洋塑料垃圾（包括微塑料）研究的监测调查技术设备以及监测数据质量精度方面亟待升级。

2. 海洋塑料溯源难度大，缺乏陆源合作治理机制

海洋塑料垃圾的源头是陆上的塑料生产者，陆源入海河流中的塑料污染是造成近岸海域塑料污染泄漏的重要途径之一。泄漏在海滩的塑料垃圾其生产和消费链条长，泄漏到海水中的塑料垃圾来源更为复杂，单独对海洋塑料垃圾开展收集、清洗、溯源的成本太高，因而海洋塑料垃圾溯源难度大。即使2022年上海开展了塑料污染全链条重点环节治理的江河湖海"清漂"专

---

① 上海市生态环境局：《对市政协十三届五次会议第0893号提案"关于开展上海全域塑料垃圾和微塑料污染及防治对策研究的建议"的答复》，https://sthj.sh.gov.cn/hbzhywpt5333/20221012/8ba69222538e4c7f99780e91ea3de153.html。

项行动，也因塑料垃圾溯源难、缺乏多方陆源主体的合作治理机制，未能建立起长效海洋塑料垃圾清理机制。

3. 向基于LCA循环的新塑料经济转型激励不足

新塑料经济摒弃线性的垃圾末端治理模式，采取循环经济模式从塑料产生源头对塑料全生命周期（LCA）进行管理①，提升塑料的价值和技术含量（包括采用可降解的再生塑料）。目前，我国已有许多行业、企业转向基于全生命周期循环的新塑料经济生产模式，例如，建筑行业已采用大量再生塑料产品；汽车行业如上汽大众旗下品牌ID.车型已承诺将大面积采用由海洋废弃物和塑料瓶回收再生的替代材料，车内顶棚和地板覆盖物会采用再生材料等②。但是，农药塑料包装废弃物和地膜回收再利用是一个老大难问题，试点很多但持续性难以保证是造成陆源塑料泄漏至水域的重要原因之一。而对于流向海洋内和海滩的塑料垃圾由于回收再利用经济性低，对其治理政策、宣传及行动偏向于末端，没有形成较为系统的解决方案。

2021年上海出台《关于进一步支持本市资源循环利用行业稳定发展的实施意见》，要求具有生产性产业园区的相关区将本区产业用地中的1%专门用于发展资源循环利用企业，系统解决废塑料回收利用等类型企业"落地难""不稳定""能级低"问题，但其中未涉及农村地区塑料回收再利用领域。同时，《上海市循环经济发展和资源综合利用专项扶持办法》（2021版）也未涉及扶持废旧塑料利用、塑料再制造的具体办法。因此，上海生产性行业在向基于LCA循环的新塑料经济的转型过程中面临激励不足的问题，亟须修订相应专项扶持办法中经济补贴、申领门槛等激励措施。

4. 郊区塑料回收能力不足，禁限塑违法成本低

目前，上海以生活垃圾分类工作为抓手，按照"政府推动、全民参与、市场运作、城乡统筹、系统推进"的原则，构建"点站场"三级网络全覆

---

① World Economic Forum. 2016, The New Plastics Economy: Rethinking the Future of Plastics.
② 《大众汽车提升ID.家族内饰的可持续性》，http://www.eo-china.com.cn/news/202303/67719.html。

盖的生活源可回收物回收体系①。但在全市大格局中，长江入海口、沿海郊区依然是上海建设美丽海湾的短板，海洋塑料垃圾分布的地点均为上海郊区。一方面，郊区仍有难以回收处置的农用塑料垃圾；另一方面，郊区人口居住相对比较分散且旅游景点多，对"点站场"回收设施日常维护的人力和资金有限，精细化分拣塑料垃圾更不具备条件。例如，2023年7月，拜尔斯道夫中国与北京守望者环保基金会组织了160余名志愿者在上海滨江森林公园江滩开展"净滩行动"，短短一小时便捡拾了1754件、总重量高达82.56公斤的垃圾，其中80%是塑料垃圾，这些塑料垃圾因卡在防浪石缝里，不易被发现②。

同时，对比2023年8月商务部出台的《商务领域经营者使用、报告一次性塑料制品管理办法》，虽然上海2020年已出台的塑料袋禁限要求比国家更为严格，例如在商场、超市、药店、书店、各类展会活动和集贸市场，禁止使用一次性塑料购物袋（可降解和不可降解都包含在内）③，但是对标商务部新政，目前上海商务领域的禁塑范围还未完全覆盖商品零售、电子商务、餐饮、住宿四类经营者，且尚未出台本市禁限一次性塑料制品名录；塑料使用、回收报告制度只针对一次性塑料制品，也未要求各报告主体主动报告替代产品使用、回收情况的信息。因此，全市尤其是在郊区商业活动中经营者和消费者使用和丢弃塑料制品的违法成本较低，塑料废弃物产生数量较多。

三 近岸海域海洋塑料垃圾治理的国际经验与案例

2023年瑞士可持续领导组织"地球环境行动（EA）"项目的《塑料超载日》报告显示，在过去的十年中，全球塑料生产的增长速度是其回收能

---

① 国家发展改革委环资司：《地方塑料污染治理典型经验之一丨上海市深入推进塑料污染治理不断提升废塑料回收利用和处置水平》，https://www.ndrc.gov.cn/xwdt/ztzl/slwrzlzxd/202209/t20220929_1337677.html。
② 《上千万吨塑料垃圾流入海洋，该怎么办？》，https://www.zgxwzk.chinanews.com.cn/observe/2023-07-12/19144.shtml。
③ 上海市发改委：《上海市关于进一步加强塑料污染治理的实施方案》。

力的20倍，到2023年，约有43%的塑料废弃物因管理不善而泄漏，这导致每年有大量的塑料进入自然生态环境，最终进入海洋的塑料数量惊人，每年约有1100万吨塑料废弃物流入海洋，到2024年，这个数字可能会增加两倍①。2023年全球塑料超载145.2天的国家共有12个，这12个国家创造了全球52%的塑料垃圾，中国就是其中之一。该报告显示中国大陆塑料垃圾数量超过该国管理能力的日期为2023年10月29日，但由于塑料废弃物管理不善指数仅为17.41%，仍属于较低水平②。对此，全球国际组织、经济体发起了基于多中心合作的倡议和行动计划，具有海岸线的国家也为治理其海洋塑料垃圾出台了相应的政策措施。

（一）全球应对海洋塑料垃圾的倡议和行动计划

全球海洋塑料垃圾治理行动始于2007年西北太平洋行动计划（NOWPAP），而首次将包含海洋塑料垃圾在内的海洋垃圾提上国际事务日程是在2015年七国集团（G7）峰会。之后二十国集团（G20）、全球海洋委员会（Global Ocean Commission）、亚太经合组织（APEC）、东亚海协作体（COBSEA）、联合国（UN）、东盟（ASEAN）等国际组织在其历次国际会议中都将海洋塑料以及微塑料污染作为全球事务进行探讨并出台相应的政策文件、倡议等，督促各国和主要经济体采取措施以减少和治理海洋塑料垃圾。例如，2017年的"G20海洋垃圾行动计划"提出通过全生命周期方法，到2050年将海洋塑料垃圾的额外污染减少到零；2018年，G7峰会达成的《海洋塑料宪章》、APEC组织海洋垃圾防治创新途径研讨会制定的《亚太经合组织海洋废弃物路线图》、第13届东亚峰会《关于共同治理海洋塑料垃圾的声明》均提出重视海洋塑料废弃物和塑料垃圾对海洋生态环境系统的影响及塑料的可持续利用，并关注微塑料等问题；2021年，东盟10国制

---

① SYSTEMIQ Ltd. Breaking the Plastic Wave，https：//www.pewtrusts.org/-/media/assets/2020/07/breakingtheplasticwave_report.pdf.

② EA. Plastice over Shoot Day（2023），https：//plasticovershoot.earth/wp-content/uploads/2023/06/EA_POD_report_2023_Expanded_V3.pdf.

定《2021~2025年应对海洋塑料垃圾的行动计划》，中国-东盟环境保护合作中心共同实施海洋减塑行动等。同时，与海洋垃圾相关的全球性软法有多部，例如，联合国粮农组织（FAO）制定的《负责任渔业行为守则》（CCRF）、《保护海洋环境免受陆上活动影响全球行动纲领》（GPA）、《檀香山战略——防止和管理海洋废弃物全球框架》（The Honolul Stategy—A Global Framework for Prevention and Management of Marine Debris）等政策文件对减少陆源和海源海洋垃圾提出行动要求。联合国环境规划署也于2012年建立"海洋垃圾全球伙伴关系"（GPML），将减少海洋垃圾纳入2030年可持续发展目标（SDG）[①]。以上这些国际政策文件、倡议、行动以及全球软法文书被普遍认为是没有法律约束力但会产生实际效果的行为准则，对国家层面的海洋塑料泄漏防治立法具有启发和激励作用。[②]

同时，由于海洋塑料污染途径和影响的复杂性和跨界性，国际合作治理机制至关重要，多个联合国实体发挥着关键作用。在2022年3月举行的第五届联合国环境大会上达成了一项历史性决议，即将在2024年之前起草以"结束塑料污染：迈向具有国际法律约束力的文书"为名的联合国塑料公约（UN Plastic Treaty），这将是一项具有法律约束力的禁塑协议[③]。该协议涉及塑料的全生命周期管理，并将作为各国制定、监测、投资和技术转让禁塑方案依据来帮助本国防治塑料污染（包括海洋塑料垃圾）。而欧盟理事会通过的欧盟碳关税（CBAM）预计2023年生效，塑料行业也被纳入其中。全球塑料包装行业未来可能会面临全球公约压力及碳关税带来的"绿色贸易壁垒"[④]。

[①] 王菊英、林新珍：《应对塑料及微塑料污染的海洋治理体系浅析》，《太平洋学报》2018年第4期，第79~87页。
[②] UNEP，Marine Litter Legislation：A Toolkit for Policymakers，2016，p. 28.
[③] UNEP：Historic Day in the Campaign to Beat Plastic Pollution：Nations Commit to Develop a Legally Binding Agreement. 2022 - 03 - 02. https：//www.unep.org/news - and - stories/press - release/historic-day-campaign-beat-plastic-pollution-nations-commit-develop.
[④] 中国发展研究基金会"面向碳中和目标的可持续塑料包装政策"课题组：《锚定"双碳"｜塑料行业减污降碳亟须加大再生塑料应用比例》，https：//www.thepaper.cn/newsDetail_forward_ 20545337。

（二）近岸海域海洋塑料垃圾治理经验与案例

虽然联合国塑料公约的文书草案已于2023年完成但还未正式发布，而已出台的治理海洋塑料垃圾的全球倡议、行动计划和国际软法文书不具有法律约束力，因此，在联合国塑料公约正式实施之前，各国为实现禁塑目标，需要根据当地需求制定符合国情和有效的海洋塑料垃圾治理方案。

1.国外海洋塑料垃圾防治先进做法

2020年，美国出台了"拯救海洋法案"（2.0版），该法案是专门提升海洋垃圾（尤其是塑料垃圾）防治绩效的法案，其中，第123条款同意设置海洋垃圾基金；第131条款关于创新使用塑料废弃物的机会；第132条款关于微纤维污染；第133条款研究美国塑料污染数据；第201条款关于国际合作防治海洋垃圾的国家政策；第303条款关于重新利用基建中塑料垃圾；第307条款关于减少新塑料废弃物的创新。同时，美国国家科学院（NASEM）2020~2021年进行了一项研究，以评估美国对全球海洋塑料废弃物的影响，包括海洋垃圾的类型、来源，美国国内水道中的海洋垃圾数量，以及美国塑料垃圾的进出口等问题。NASEM海洋研究委员会也将推进此项研究作为"拯救海洋法案"（2.0版）立法草案中的一项。2023年，美国环境保护署（EPA）起草了"防止塑料污染国家战略"草案，其目标之一是防止塑料垃圾和微/纳米塑料进入水道，并清除环境中泄漏的塑料垃圾。

澳大利亚于2019年实施了"国家废弃物政策行动计划"。2020年，澳大利亚通过合作研究中心项目（CRC-P）为9个以塑料为重点的行业主导项目提供1900万美元赠款，其中包括300万美元用于开发微型工厂，将废塑料回收为工程产品；通过环境恢复基金向"方舟星球"和"保持澳大利亚美丽"社区运动拨款210万美元，用于清理海岸线和河流；通过国家产品管理投资基金投资700万美元，支持9项（无论是新的还是现有的）塑料产品设计；通过一部国家废弃物法律《回收和减少废弃物法》;逐步淘汰含塑料微珠的产品,其中99.3%的产品为漂洗化妆品、个人护理品和清洁产品。2021年,(澳大利亚)联邦科学与工业研究组织(CSIRO)发布《澳大利亚塑料、轮胎、玻璃和纸张的循环经济路线图》报告,并在联合国大会上支持采取全球行动,解决海洋塑料污染问题。

2023年,瑞士"地球环境行动"组织发布的《塑料超载日》报告则敦促各国政府、企业和个人意识到自己的塑料足迹,并采取果断行动,进行适当的塑料废弃物管理。例如,对企业塑料足迹的治理必须转变企业塑料废弃物信息披露内容,从披露塑料废弃物的输入内容(例如,我们100%的塑料是可回收的)转变为披露废弃物的输出和运输目的地(例如,我们27%的塑料管理不善,最终进入环境)。

此外,自全球推行循环经济以来,英国、泰国、美国、意大利、法国等国家强制要求使用再生塑料的政策,也有利于塑料垃圾回收再利用,实现塑料生产减量化。例如,欧洲塑料公约组织2020年制定《欧洲塑料协定》以加快欧洲向循环塑料经济转型,其目标之一就是使用再生塑料,要求再生塑料的使用比例到2030年较2015年增加4倍;澳大利亚在《国家塑料计划2021》中明确,2025年塑料包装的再生塑料含量达到20%[1]。

2. 我国近岸海域塑料垃圾防治案例

截至2023年5月,国家发改委环资司已总结的地方塑料污染治理典型案例共有18个,其中,浙江、福建等地的沿海城市近岸海域塑料垃圾防治优秀案例为上海近岸海域塑料垃圾防治提供了可借鉴的经验。

(1)上下协同,打造福建厦门"海洋卫士"。厦门在推进近岸海域塑料污染治理方面,既有自上而下的治理机制创新,又有自下而上的公众参与方式创新,从而聚合力量实现海洋塑料垃圾有效治理。

在构建自上而下治理机制方面,厦门创新建立制度化、常态化、系统

---

[1] 艾琳:《按比例使用PCR再生塑料,您准备好了么》,《资源再生》2021年第11期。

化、信息化的海漂垃圾治理机制，取得明显阶段性成效①。2020年，厦门首先出台《厦门市近岸海域海漂垃圾综合治理工作方案》与《厦门市海漂垃圾整治三年行动方案（2020~2022年）》，并构建制度化责任落实机制。其次，组建海漂垃圾保洁队伍，开展定期海上巡逻与垃圾打捞，建立常态化海上环卫机制。再次，加强投入保障，建立系统化综合治理机制，主要表现在加强财政保障、完善码头设施、实现规范处置三方面。最后，强化科技支撑，健全信息化预报监管机制。通过现代化智能信息技术手段识别、精准定位和管理海漂垃圾，从而提升海漂垃圾打捞清理效率。

在打通自下而上的公众参与渠道方面，厦门来自机关事业单位、非政府组织、社区、学校等团体的志愿者或个人每年都会组织开展"净滩活动"，通过志愿活动倡导提升人们海洋环保意识。例如，厦门马拉松赛打造了"红绿蓝"三色公益体系，并将海洋环保纳入赛事蓝色公益体系，常态化倡导减塑降塑、关注海洋健康。2021年，蓝色公益响应首次"降塑不降速"全国"净滩活动"启动，在11处海滩开展净滩活动。2022年，蓝色公益招募100组沿海城市关心海洋的亲子家庭，开展公益亲子"净滩活动"。通过自上而下的治理机制以及以公益性活动为主导的公众参与近岸海域塑料垃圾治理活动，厦门聚合力量打造出当地防治近岸海域塑料垃圾污染的"海洋卫士"。

（2）数字赋能，打造浙江台州"蓝色循环"模式。浙江台州通过将回收的海洋塑料垃圾进行再制造，将海洋塑料垃圾转化为再生资源并将资源价值反哺塑料收集主体，构建了海洋塑料价值的"蓝色循环"，形成了政府引领、企业主导、产业协同、公众联动的海洋塑料污染治理可持续发展模式，对于破解海洋塑料垃圾收集难、高值利用难、多元共治难等痛点堵点问题做了很有价值的实践探索②。其中，数字化技术在这一模式中发挥着积极的作

---

① 国家发改委环资司：《入选国家发改委地方塑料污染治理典型经验：厦门市建立"四化"机制打造碧海银滩》，https://sthjt.fujian.gov.cn/zwgk/ywxx/hyhjgl/202305/t20230523_6174347.htm。
② 国家发改委环资司：《地方塑料污染治理典型经验之二：浙江省坚持系统治理推动数智引领加快打造海洋塑料垃圾治理"蓝色循环"模式》，https://www.ndrc.gov.cn/xwdt/ztzl/slwrzlzxd/202209/t20220928_1337505.html。

用，台州通过建设一个海洋塑料闭环治理的数字化平台，实现海洋塑料垃圾在实体网络中收集、运输、处置、再生、监管全流程治理闭环。同时，台州基于建设一个海洋塑料再生粒子及碳减排指标交易增值平台，构建了一个富民惠民的海洋塑料产业价值再分配体系，丰富了海洋蓝色经济内涵。

四　上海近岸海域海洋塑料垃圾治理绩效提升策略

综观全球、国内外治理近岸海域塑料垃圾的经验和案例，各国从国家、地方政府、企业、公众多维视角着力构建海洋塑料垃圾协同治理体系，具体到实施层面，各地方对陆源塑料的削减和控制提出了一系列可行的对策和方法。这些对策和方法对上海提升近岸海域海洋塑料垃圾治理绩效具有积极的借鉴意义与启示。

（一）对标国际监测指南，提升塑料污染评估能力

借鉴国内外经验与案例做法，强化制度供给是推动构建海洋塑料垃圾长效治理机制的保证。对此，我国已出台一系列与海洋塑料垃圾污染防治相关的法律法规，并正加快修订《海洋环境保护法》和《固体废物污染环境防治法》中关于防治海洋塑料污染的法律条款，以建立健全海洋生态环境保护治理体系。其中，监测与评价近岸海域塑料及微塑料污染状况并采取相应的治理行动是防治近岸海域海洋塑料污染的技术治理手段。目前，全球多个国家和研究机构考虑将海洋塑料垃圾作为一个基本的海洋环境评价变量，并做出协调一致的努力以改进海洋塑料监测与评价数据的统一收集方法，增强区域和全球范围内的数据可用性[①]。同时，欧盟、英国、美国根据 UNEP 制定的《塑料污染热点定位和治理行动国家指南》（2020）绘制了塑料污染的热点地图，并依据热点地图进行政策干预，采取优先行动。然而，我国仍采用《海洋垃圾监测与评价技术规程（试行）》（2015）、《海洋微塑料监测

---

① UNESCO, State of the Ocean Report 2022.

技术规程（试行）》（2017）对近岸海域海洋塑料污染状况进行监测与评估，上述监测和评估方法较为简单，也尚未能依此绘制出我国以及上海塑料污染的热点定位地图。因此，建议上海市水务局在我国海洋塑料垃圾监测与评价技术正式规程出台之前，以试行规程为基础对照《塑料污染热点定位和治理行动国家指南》（2020）率先开展地方塑料污染热点定位地图绘制研究，为上海科学界定海洋塑料污染责任并采取有效的海洋塑料垃圾治理行动提供依据。

（二）数字赋能塑料溯源，试点入海塑料补偿机制

借鉴"海洋卫士""蓝色循环"案例经验，基于源头治理原则，通过加强专门队伍建设和技术、资金投入来提升海洋塑料治理能力，是提升塑料污染防治效率的保障。自2019年上海出台并实施生活垃圾分类与管理制度以来，上海已经形成生活垃圾分类回收处理的"上海模式"。2021年上海全面开展"塑料购物袋集中购销制"试点，加大违规、无偿使用塑料购物袋的执法监督力度①。同时，通过运用"数字环境"管控信息化体系，截至2023年5月，上海已实现了16个行政区生活垃圾分类、清运和处置数据可实时收集，生活垃圾全程可追踪溯源②。因此，对于上海近岸海域海洋塑料垃圾治理，首先要从陆上水域着手，建议上海市水务局基于河湖长制，加强数字化技术运用，完善陆源水域内塑料垃圾的溯源，并建立信息化预警机制，监测、衡量上海近岸海域海洋塑料垃圾泄漏风险。同时，依托长三角生态绿色发展一体化战略，基于苏浙沪县区入海河流监测断面塑料浓度数据，试点入海河流塑料治理补偿机制，并开展长江口-杭州湾区海域海洋塑料垃圾治理合作。

（三）构建海洋新塑料经济体系，激发全社会参与

对比欧盟、澳大利亚等地区和国家促进塑料循环利用的支持政策，以及

---

① 上海市发改委：《上海市2021年加强塑料污染治理工作重点任务安排》，2021。
② 《上海16区生活垃圾全程可追踪溯源》，《上海法治报》2023年6月1日。

对接即将实施的联合国塑料公约和欧盟 CBAM 对于塑料行业碳足迹标准，基于"五大中心"建设的上海有责任也有能力在提升塑料循环利用效率方面发挥引领作用。同时，上海需要积极在实践中利用市场化机制，推广再生塑料利用，推进塑料循环使用，以减轻塑料对生态环境的负面影响。2021~2023 年上海地区初级形态塑料生产和消费量均约为 350 万吨，其产量与消费量相当，约占全国产量的 3%。而仅 2021 年，上海日均塑料回收量就达到 1117 吨①，一年可回收 40 万吨左右废塑料，其中也包括陆上水域漂浮塑料垃圾与海滩塑料垃圾，虽然数量不大但可成为生产再生塑料的原料。与初级塑料生产相比，生产 1 千克再生塑料的碳排放仅为 1.4 千克，即可减少 0.9 千克二氧化碳排放，减碳比例达 39%②。因此，借鉴"蓝色循环"经验，上海需要加快构建"政府扶持、企业实施、社团联动、公众参与"的海洋塑料全产业链循环价值再生反哺体系，提升海洋塑料回收循环利用的效率。为此，首先，建议上海尽快修订 2021 年出台的循环经济发展和资源综合利用专项扶持办法，通过补贴塑料循环利用企业生产等经济激励政策，提升海洋塑料垃圾循环消纳能力，激发相关企业对海洋塑料进行再生制造和利用的动力。其次，上海市的企事业单位、NGO 组织借力城市举办亲水国际赛事（如帆板、帆船、赛艇、皮划艇）等公共事务的有利条件，有序组织社会团体和公众志愿者开展"净滩活动""净岸活动"等塑料垃圾清理活动，使上海的社会团体和公众在宣传防止海洋塑料污染和监测海洋塑料垃圾方面发挥积极作用，树立上海作为全球城市积极应对海洋塑料垃圾的国际形象。

（四）加大郊区塑料治理投入，提高禁限塑违法成本

建设美丽海湾，需要统筹城乡塑料污染治理基础设施建设与运维。海洋

---

① 国家发展改革委环资司：《地方塑料污染治理典型经验之一｜上海市深入推进塑料污染治理不断提升废塑料回收利用和处置水平》，https://www.ndrc.gov.cn/xwdt/ztzl/slwrzlzxd/202209/t20220929_1337677.html。

② 《中国发展研究基金会"面向碳中和目标的可持续塑料包装政策"课题组：锚定"双碳"｜塑料行业减污降碳亟须加大再生塑料应用比例》，https://www.thepaper.cn/newsDetail_forward_20545337。

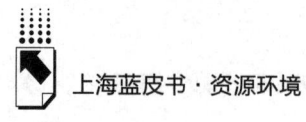

塑料垃圾主要集中于上海郊区，因此上海首先要加大郊区海洋塑料垃圾回收设施投入，并配套相应的财政资金、人才队伍对回收分类设施进行运维，补齐郊区海洋塑料回收治理能力的短板。其次，为规范管理塑料垃圾回收加工利用行业，上海要尽快制定地方禁限不可降解一次性塑料制品名录，并对标商务部新出台的塑料使用、报告制度，要求全市商务领域企业 ESG 披露塑料制品（包括可降解与不可降解塑料制品）使用情况，严格落实全市商务领域塑料制品使用、报告制度。制定覆盖全市商业领域企业未报告塑料使用情况的配套惩罚措施，提升全市禁限塑的违法成本。同时，通过生产－消费之间的传导机制，较高的禁限塑违法成本的效果将会传导到塑料制品生产者，促进其承担对塑料制品全生命周期管理的责任。

参考文献

UNEP：《从污染到解决方案：对海洋垃圾和塑料污染的全球评估》，2021。

UNEP：《海洋塑料碎片和微塑料——激励行动和指导政策变化的全球教训和研究》，2016。

艾琳：《按比例使用 PCR 再生塑料，您准备好了么》，《资源再生》2021 年第 11 期。

陈舒：《悄然来袭的"海洋 PM2.5"》，《国土资源》2018 年第 11 期。

马红等、张庆伟：《习近平海洋生态文明观的理论与实践研究》，《学理论》2021 年第 8 期。

王菊英、林新珍：《应对塑料及微塑料污染的海洋治理体系浅析》，《太平洋学报》，2018 年第 4 期。

B.15
上海MaaS发展现状、挑战与对策

刘新宇*

摘　要： MaaS借助便利的"一站式"交通服务，吸引乘客放弃私人交通，选择公共交通和私人交通，发展MaaS是交通领域实现人与自然和谐共生的重要举措。本文从交通基础设施和交通服务、数字基础设施、交通服务商开放度和数据共享、法规规范和政策激励、市民对MaaS熟悉度和接受度5个维度分析上海MaaS发展现状，并与国际国内先进城市做比较。研究发现，上海已有多个MaaS服务商，且作为其发展基石的公交设施和共享交通服务供给充足，数字基础设施全球领先，"碳普惠"等激励政策也已成形；但是在MaaS行业对民营企业开放度、MaaS体系公共治理对公众参与开放度、MaaS对私人交通乘客分流效果以及MaaS给城市空间管理带来压力等方面存在诸多挑战。本文从提升公交吸引力，优化MaaS套餐设计，提升民营企业参与行业发展、公众参与行业治理的开放度，提高城市空间精细化管理水平等方面提出对策建议。

关键词： 上海　MaaS　可持续交通　公交交通

2023年9月，首届全球可持续交通高峰论坛在京召开，与会各国交通部长共同发布《北京倡议》，彰显可持续交通在人与自然和谐共生的现代化进程中的重要性，而出行即服务（Mobility as a Service, MaaS）是可持续交通革命的一部分。MaaS是指在乘客需要出行时，由一个单一的交

---

* 刘新宇，上海社会科学院生态与可持续发展研究所副研究员，主要研究方向为能源经济和低碳发展。

通服务供应商集成多样化的公共交通和共享交通工具，为其提供"一揽子"或"一站式"交通服务；乘客只需一次性付费购买这种集成式交通服务套餐（生成一张集成多项服务内容的纸质或电子化联票），即可在多种公共交通和共享交通工具间无缝衔接，而无须在换乘时再次或多次购票。MaaS通过提升公共交通、共享交通等低碳出行方式的便利性，使之比拥有一辆私人汽车更有吸引力，从而使交通领域的消费者行为从购买和拥有私人汽车，向购买交通服务转变，不求"所有"但求"所用"，进而减少生产、购买、使用私人交通工具带来的一系列环境影响。MaaS发展需要一个多元主体参与的、庞大而开放的"生态圈"，在先进数字平台支持下分工协作，从而为乘客提供在多种公共或共享交通工具间无缝衔接的服务体验。MaaS体系建设、运行与发展取决于五方面关键因素：交通基础设施和交通服务、数字化（即ICT、信息与通信技术）基础设施、交通服务商开放度和数据共享、法规规范和政策激励、市民对MaaS的熟悉度和接受度。本文参照世界资源研究所2022年提出的评估框架，从这五方面对上海MaaS发展现状加以分析，并通过与国际国内先进城市进行比较，判明当前存在的差距和挑战，据此提出进一步优化上海MaaS体系的对策建议。

一　上海MaaS发展的"生态圈"

MaaS发展依赖一个多元主体参与的、开放的"生态圈"，不同参与者彼此建立互助协作关系，共同为MaaS服务供给创造硬件设施、数据流通、市场秩序等基础条件，让乘客获得良好的交通服务体验。这样一个"生态圈"涉及复杂的公私伙伴关系——包括政企伙伴关系、公营公交企业与民营交通服务企业伙伴关系等，从而形成物理设施协同、多模式服务协同、平台协同、数据/信息协同、政策与制度协同等多方面协同关系。上海已形成基本完整的MaaS生态圈（见表1），但目前MaaS服务供应商主要是公营机构，对市场化投资、保险的需求较少，相应地，面向MaaS的市场化投资和保险业务尚未得到长足发展。此外，公众或社会团体参与 MaaS 的治理也较少。

表1 上海 MaaS 生态圈构成

主体类别	典型机构	主要功能
MaaS（集成交通）服务供应商	随申行、随申办、上海交通卡等 App 平台	集成各种公共交通、共享交通服务，以手机 App（应用程序）等为交互界面，为乘客提供"一站式"出行服务
（单项）交通服务供应商	轨交：申通地铁 地面公交：久事公交、交运巴士、浦东公交等 网约车：滴滴、美团、享道、T3、曹操专车等 共享单车：美团、哈啰、青桔等	在公共交通、共享交通各个环节上形成充足的交通工具或服务供给
（交通）数据供应商	上海市大数据中心、上海数据交易所、高德地图、百度地图等	为 MaaS 服务供应商、单项交通服务供应商、乘客等提供路况、票务等交通信息，帮助其将多种低碳出行方式串联起来
IT（信息技术）供应商	星环信息科技等	为相关数字平台建设提供技术支持
政府部门	上海市交通委员会、市道路运输管理局、市生态环境局等	出台法规、规范市场，构建良好交通服务市场秩序；出台激励政策，引导市民选择低碳出行方式
投资者和保险公司	—	为 MaaS 服务商提供资金以及保险等金融服务
大学和研究机构	上海市城乡建设和交通发展研究院、第一财经·新一线城市研究所等	为 MaaS 服务商开拓业务以及为政府相关部门优化政策，提供行业研究报告或决策咨询服务
用户（乘客）	广大市民和游客	享受 MaaS 服务，放弃使用私人交通工具，选择低碳出行方式
公众或社会团体	上海市出行即服务产业联盟等	参与 MaaS 体系治理

目前，上海MaaS生态圈中，MaaS（集成交通）服务供应商、（单项）交通服务供应商、（交通）数据供应商、IT信息技术供应商、用户（乘客）等主体较完备，政府相关部门已出台若干政策以规范交通服务市场并引导市民选择低碳出行方式，而且已有若干研究机构专门针对MaaS开展研究，服务市场主体或政府部门。然而，目前在上海运营MaaS业务的"随申行""随申办"等平台，均为公营机构，对于市场化的投资或保险业务无较大需求。同时，除了2022年11月成立的上海市出行即服务产业联盟，公众或社会团体较少参与本市MaaS体系治理或缺乏相应渠道。该MaaS产业联盟的成员单位也以国资的龙头企业和大型数据交易平台为主，民营企业、中小型企业参与度不高。

二 上海MaaS发展现状五维度分析

本文参照世界资源研究所2022年的研究报告，建立从5个维度分析上海MaaS发展现状的框架（见图1），并在每个维度与国际国内先进城市做比较，以判明其当前存在的差距和挑战。

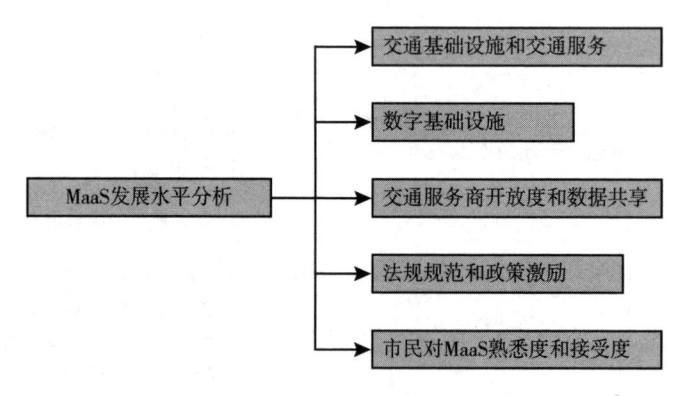

图1 MaaS发展水平五维度分析框架

（一）交通基础设施和交通服务

在交通工具的供给侧，上海公共交通设施（含轨交）及共享汽车（网约车+出租车)、共享单车等共享交通工具均有较充足供给,为上海发展MaaS奠定良好物质基础。

1. 完善的公交体系发挥骨架支撑作用

在MaaS硬件方面,上海完善的公交体系起到良好骨架支撑作用。2023年5月28日,正好是上海城市轨道交通运营30周年;上海轨交从无到有,发展到20条线路(含磁悬浮线路)、831公里运营里程、508座轨交站,(不计市郊铁路)运营里程在全世界城市中居首位;在全市公交客运量中,轨交分担率达到73%[1]。截至2022年底,上海有1596条地面公交线、近6.5万座地面公交站,轨交站+地面公交站有较高密度、较好可达性和换乘便利性。在外环以内中心城区,轨交站+地面公交站500米范围内能覆盖90.1%的城区面积;就全市域而言,轨交站+地面公交站500米范围内能覆盖59.89%的城区面积。地面公交站500米范围内能覆盖全市92.45%的常住人口。在轨交+地面公交换乘者中,46.2%能在6分钟内实现换乘[2]。

2. 网约车市场饱和与高峰时打车难并存

在共享汽车方面,上海网约车+出租车总体供应充足甚至市场有所饱和,但高峰时段仍存在"打车难、打车贵"问题,影响市民对共享汽车出行的体验感。

截至2023年7月,上海约有合规网约车7.6万辆、巡游出租车5万辆,合规网约车+出租车供给充足,一般情况下能满足市民共享交通出行需求[3]。2023年第一季度,纳入上海市交通委统计的网约车平台有16家,该季度业务订单总量为10987.7万单,相较于2022年第四季度增长8.58%。就该季度上海市场占有率而言,排名前五的网约车平台为滴滴出行(63.72%)、美团打车

---

[1] 陈逸欣:《三十而立 | 全球第一的城市轨交网如何"从零生长"》,澎湃新闻,2023年5月28日,https://www.thepaper.cn/newsDetail_forward_23236386。
[2] 上海随申行智慧交通科技有限公司、第一财经·新一线城市研究所:《上海MaaS公共出行年报(2022年)》,2023。
[3] 陈逸欣:《上海暂停受理网络预约出租汽车运输证相关业务,业内怎么看?》,澎湃新闻,2023年7月22日,https://www.thepaper.cn/newsDetail_forward_23940823。

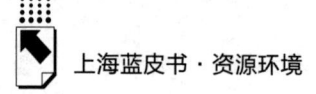

（15.39%）、享道出行（8.01%）、T3出行（3.83%）、曹操专车（2.62%），排名前五的平台合计占93.57%市场份额①。

上海网约车市场处于饱和状态，2022年第三季度，平均每位网约车司机每天派单量尚有15单，到2023年第二季度下降到11单②。市场饱和的主要原因之一是存在大量不合规网约车，前述占上海市场份额六成以上的滴滴出行，下属网约车合规率只有65.2%③。2023年7月21日，上海市道路运输管理局已宣布暂停受理网约车运输证审批④。上海已成立整合多个部门的"交通运输新业态协同监管工作专班"，提出到2023年底网约车合规率要达到80%的目标⑤。

上海网约车市场总体饱和与高峰时段"打车难、打车贵"现象并存，影响市民使用共享汽车的体验⑥。目前，除传统的早高峰、晚高峰，还有夜间10~11点的"夜高峰"。这段时间正值商店夜间集中打烊、大量店员或店主集中下班，而且已临近甚至超过轨交末班车时间，大量通勤人口更依赖网约车或出租车，形成短时供不应求现象。

3. 共享单车较好发挥"最后一公里"接驳作用

上海共享单车供给充足，较好发挥为轨交或公交接驳功能，在时空上填补其盲区，成为城市综合交通体系的有机组成部分。

从数量上看，上海共享单车供给充足甚至有所饱和。上海共享单车供给

---

① 唐梓钦：《上海公布今年第一季度网约车数据，滴滴日均订单量约78万单》，腾讯网，2023年6月15日，https://new.qq.com/rain/a/20230615A02V9M00。
② 邱艳平：《大力整顿网约车行业乱象，还申城居民便利出行》，《民建上海市委决策咨询报告》，2023。
③ 吴遇利、王晨、杨贝宁：《七地约谈网约车平台：要求明码标价规范竞争，清退不合规车辆》，澎湃新闻，2023年8月18日，https://www.thepaper.cn/newsDetail_forward_24281207。
④ 上海市道路运输管理局：《关于暂停受理网络预约出租汽车运输证相关业务的通告》，2023年7月。
⑤ 王辰阳、陈怡雯：《上海多部门联合约谈网约车平台》，新华网，2023年8月19日，http://www.news.cn/local/2023-08/19/c_1129811101.htm。
⑥ 张晓鸣：《上海高峰打车难，空间错峰和App错峰成用户新选择》，《文汇报》2022年12月13日。

量最高峰时有178万辆,其后一度减少到115万辆①。2021年,上海有关部门通过科学测算,将全市共享单车总量控制目标定为89.2万辆;但2023年,本市共享单车供给量约为160万辆,超过总量控制目标将近1倍;其中,美团单车、哈啰出行、青桔单车的市场份额分别约为55.5%、27.8%、16.7%②。2023年9月之前,上海某些区域(如青浦部分街镇)存在共享单车投放的空白点,给当地市民出行造成不便。部分市民在骑行共享单车跨区时,不得不将共享单车停放,然后步行进入青浦区界寻找公交站点,否则可能被平台扣罚管理费。目前,这一问题已得到较好解决,2023年9月,哈啰公司在青浦徐泾镇等处投放1000辆单车③。

上海共享单车较好发挥了"最后一公里"接驳作用,填补轨交或公交在时空上的盲区。就高频用户的骑行距离而言,平均直线距离为935米,且集中在轨交站或公交站附近。轨交末班车之后,是共享单车使用高峰之一,服务于商场、店铺等下班的员工、店主等群体,在某些情况下用于接驳公交夜宵线。在轨道交通的盲区,存在大量长距离骑行共享单车的情况,与轨交之间形成较好互补性。

4. 定制公交丰富接驳交通工具供给

除共享单车可发挥接驳功能外,商务楼、工业园、社区等的"最后一公里"接驳问题,也对定制公交发展产生需求。定制公交比网约车或出租车便宜、比公交车更舒适,更能满足个性化需求,丰富了接驳用交通工具的供给。在工作日通勤中,许多商务楼、工业园等离轨交站或公交站较远,且缺少接驳班车。有些商务区或工业园的接驳班车是由园区开发公司或商业化汽车服务公司开通的;在有些商务区或工业园,因为营利性等问题,靠市场化机制较难开通接驳班车。同时,从社区到地铁站也存在普通公交短驳线

---

① 曹刚:《缩减60多万!上海共享单车总数下降至115万辆》,《新民晚报》2017年10月10日。
② 洪程栋:《关于促进上海共享单车行业总量调控精细化的建议》,上海市人大议案之一,2023。
③ 陈逸欣、李佳蔚:《共享单车进驻上海青浦,哈啰在徐泾镇已投放数百辆单车》,澎湃新闻,2023年9月8日,https://new.qq.com/rain/a/20230908A0782900。

少、结束时间早、间隔时间长、路线绕行等问题。

上海已开通一些"最后一公里"公交或"定制巴士",主要有以下两种模式。一种是公益性模式,由公交公司开通运营,实际上是城市公交系统末梢或毛细血管延伸,票价很低廉。截至2023年8月底,上海已开通公立公交公司运营的"穿梭巴士"线路243条、定制巴士线路28条;11××路、12××路、15××路、16××路、17××路、18××路系列的"穿梭巴士"票价1元[①]。另一种是商业性"定制巴士",比网约车或出租车便宜、比公交车舒适(如一人一座),更能提供个性化服务(如定制线路),是公交系统有益补充,为乘客在网约车和公交车之外提供多样化选择。如嘉定外冈工业园"驿动微铁"票价3元,上海直通花桥地区班车票价16元。商业性"定制巴士"可细分为两种。一是借助公众号、App等数字化手段征集散客,当某条拟议中的线路征集到一定数量散客即可开通,相当于"多人拼车"的"网约巴士",如"小龙巴士""嗒嗒巴士""小猪巴士""飞路快巴""携程超级班车"。也有公交公司运营,票价高于普通公交车的"定制巴士",如上海"e乘巴士"。二是在事先调研、征集民意基础上,以社区、商务区或工业园为单位向商业化汽车服务公司购买服务。如虹桥商务区"新虹易公里"、外冈工业园"驿动微铁"。但是,这些接驳巴士的推广面临信息成本高、盈利和服务质量难保障等问题。

(1)供需对接的信息成本高。有些地方较多民众有共性的接驳需求,但公交公司或汽车服务公司不了解这种需求,导致民众有效需求难以被满足。有些地方高估了客流,"最后一公里"公交或"定制巴士"开通后上座率很低,不得不撤线。有些地方,由于员工跳槽或居民搬家等,某线路客流量发生变化,但公交公司或汽车服务公司未能及时了解该变化。在开通"最后一公里"公交之前,公交公司要做大量前期调研工作,但如果需要开通接驳公交的地方很多,前期调研成本都要公交公司承担,对其来说是很大

---

① 上海市道路运输管理局网站公交线路查询,https://cx.dlysj.sh.gov.cn:2005/daoyunju-interaction-front/bus/queryBusLine;"e乘巴士"微信公众号查询。

负担。

（2）盈利难保障。这对商业化定制巴士尤其是征集散客的巴士影响更大，对于公益性"最后一公里"公交而言则会加重财政负担。此类接驳巴士的营利性与能否精准掌握民众需求信息、精准优化线路、精准配置车辆资源（大巴、中巴或小巴）高度相关。

（3）服务质量难保障。这种情况主要存在于商业化定制巴士尤其是征集散客的巴士，常有乘客在约定时间到了约定地点被爽约。

5. 部分环节供给充足与部分环节缺位并存

与国外先进城市相比，上海公共交通设施与共享交通服务在部分环节上供给充足（如地铁、地面公交）甚至供给过度（如网约车、共享单车），与部分环节缺位并存。相比于瑞士、德国、法国、日本等国的大城市，上海缺少市郊铁路和中运量公交等。

上海正在建设贯穿中心城区、五大新城、浦东和虹桥两大机场及其他郊区关键交通节点的市域铁路（市郊铁路）体系，"十四五"期间在建或开建的有机场联络线、嘉闵线、南北快线、东西联络线、崇明线等横贯或纵贯市域的干线。根据《上海市城市轨道交通第三期建设规划（2018～2023年）》，到2030年和2035年，上海市郊铁路总里程将分别达到587公里和1157公里。但目前，上海仅有一条市郊铁路——金山铁路，如果不驾驶或搭乘小汽车，市民从中心城区前往大部分郊区街镇、景点或机场，需要乘坐较长时间轨交或地面公交甚至需花费较多时间转乘，这也是部分市民选择购买私人汽车的原因。

瑞士、德国、奥地利等国大城市街头，开行采用有轨电车制式的中运量公交；在中国国内，厦门等城市开行采用BRT（快速公交系统）制式的中运量公交，为BRT线路架设专用高架路。上海采用在地面上为中运量公交划定专用行驶线路的制式（包括其他公交线路在内的其他汽车，全天24小时内均禁止驶入该专用线路），且中运量线路较少，目前仅有中心城区的71路和临港中运量1号线、2号线、3号线（临港地区规划开设6条中运量线路，3号线于2023年7月开通试运行）。

（二）数字基础设施

因为中国在 5G 领域的领先优势及上海市政府高度重视、投入大量资源等因素，上海在城市数字底座建设及数字化赋能经济社会发展、赋能超大城市治理方面已居于世界前列，而智慧交通是上海"国际数字之都"建设的关键领域之一[1]。根据数字化领域国际知名智库 Juniper Research 的研究，上海智慧城市发展水平居于全球首位，第二位至第五位分别为纽约、多伦多、首尔和深圳。在智慧交通方面，上海已建成较完善的智能化交通协同管控系统，实现精细化的人车路联网联控，嘉定、奉贤等区已有智能网联汽车、无人驾驶等示范应用场景[2]。上海数字基础设施对 MaaS 发展起到有力支撑作用，上海市出行即服务产业联盟成员中，除本市交通主管部门、大型轨交和公交企业，还有上海市大数据中心、上海数据交易所等本市重要的数据归集、交换、共享、应用、治理平台。

未来，上海赋能低碳交通发展的数字基础设施将有进一步发展。数字经济、人工智能在上海三大先导产业、四大新赛道产业、五大未来产业中都居于重要地位，智能网联汽车是其中重点发展的产业细分领域之一[3]。下一步，上海将致力于大规模增强算力、优化算法、打通网络、畅通数据流，使城市数字底座功能更强大，打造数字交通新生态、新格局是其中重要方面[4]。

（三）交通服务商开放度和数据共享

上海已有多个 MaaS 服务供应商，集成一系列公共交通、共享交通服务供给，并以功能强大的应用程序（App）为交互界面，为乘客提供"一站

---

[1] 中共上海市委、上海市人民政府：《关于全面推进上海城市数字化转型的意见》，2020 年 12 月。
[2] 上海市城市数字化转型应用促进中心：《数都上海 2035》，2022。
[3] 上海市人民政府办公厅：《上海市推动制造业高质量发展三年行动计划（2023~2025 年）》，2023 年 5 月。
[4] 上海市人民政府办公厅：《上海市全面推进城市数字化转型"十四五"规划》，2021 年 10 月。

式"交通服务。然而，尚需破除公营和民营交通服务机构之间的制度性壁垒，使上海 MaaS 体系成为能容纳民营企业加入的开放性行业。

上海已有"随申行"等多个 MaaS 服务供应商或服务平台，第一步应将各种公共（公营）交通机构无缝串联起来，第二步应将若干民营或商业化的共享交通服务整合到同一平台上。2022 年 10 月，"随申行"App1.0 上线，当时整合了 11 条轨交线路、1560 条地面公交线路、17 条公共轮渡线路；2023 年 1 月，"随申行"App 升级到 2.0 版，新版本整合了网约车、共享单车等民营或商业化的共享交通服务，并通过接入多元交通部门数据，为市民查询飞机、火车、轮船、长途巴士班次信息和购票提供便利[1]。目前，上海市民可使用"随申行""随申办""上海交通卡"等 App 生成的二维码（付款码或相当于电子化车票）在轨交、地面公交、轮渡、市郊铁路（目前仅有"金山铁路"一条线路）等公共交通工具上刷码通行，微信、支付宝、云闪付等全国通用的支付软件也已加载了执行同样功能的小程序或模块。目前，上海正探索将公交（含轨交）、定制（接驳）巴士、景点门票串联，将公交服务与文旅产业深度结合，让市民节假日游玩或外地游客来沪游玩有更好体验感[2]。

然而，当前上海的 MaaS 服务商均为公营机构，该领域暂未对民营 MaaS 服务商开放，民营 MaaS 服务商也无法与轨交、地面公交等公营机构的票务系统实现贯通。在公共部门控制、市场驱动和公私伙伴关系三种 MaaS 发展模式中，上海、北京等国内城市主要依赖公共部门控制这一模式，后两种市场导向的发展模式很少。根据 2023 年 9 月中旬笔者操作 App 的体验，目前

---

[1] 浦帆：《上海市绿色出行一体化平台"随申行"上线 推动交通生活"一码畅行"》，中国新闻网，2022 年 10 月 10 日，http://www.chinanews.com.cn/cj/2022/10-10/9870235.shtml；上海市交通委宣传展示中心：《这份攻略快收好，MaaS 让上海春节出行更自由！》，上海市交通委员会网站，2023 年 1 月 19 日，https://jtw.sh.gov.cn/xwfb2/20230207/2a7dab3279c540af97caff132b12379e.html。

[2] 上海市交通委员会：《市交通委"政府开放月"系列活动｜MaaS 一票联程体验日活动》，上海市人民政府网站，2023 年 8 月 30 日，https://www.shanghai.gov.cn/sjbmkf/20230830/dffe052b40054ce997e7f9c34a332fd0.html。

"随申行"App是将三类交通部门的购票服务集成在一个软件（App）上，但这三类交通部门的票务系统本身并未打通。第一类是上海本市的公交系统（含轨交），市民扫描上海城市出行码，即可进站或上车并实现扣款支付；第二类是上海本市商业化的网约车或出租车，市民登录"随申行"可实现叫车或预约，在行程完成时向司机付费；第三类是城际的铁路、航空、轮船公司，市民登录"随申行"，可在其导引下完成此类公司的购票步骤。但这三类交通部门的票务系统未打通，乘客需从三种途径分别购票或付费，尚未实现购买一个套餐、形成一张订单（电子化联票），即可在不同的公营和民营交通工具间无缝换乘。相比之下，欧洲芬兰、瑞典、德国、奥地利、法国等国均有私营MaaS服务商，且与公立的轨交、地面公交票务系统打通。如德国私营MaaS服务商HOOL将特快列车（ICE）、城际铁路（IC）、区域铁路（RE）、短途公交都整合到其票务系统。私营MaaS服务商不可避免地与公共交通机构之间形成竞争关系，并挤占后者业务。德国铁路公司（DB, Deutsche Bahn）曾因此禁止HOOL获取其实时车次信息，但由于德国国民（即MaaS用户）抗议，德铁恢复向HOOL开放信息。

MaaS行业发展的动力或者MaaS生态圈形成和发展的动力主要包括权力驱动、技术驱动和市场激励三种，而上海、北京等国内城市MaaS生态圈发展主要依赖于权力驱动（政府重视和推动）与技术驱动（数字技术尤其是智慧交通技术发展到一定水平），但缺乏市场激励这种动力，即在一个开放的市场下，诸多民营交通服务企业在一定利润驱动下进入这一行业。

（四）法规规范和政策激励

在MaaS服务及相关行业治理中，上海一方面出台碳普惠政策，鼓励市民选择公共交通、共享交通等低碳出行方式；另一方面整顿网约车、共享单车等行业秩序，压减过度供给，减少乱停放等负面环境影响。与国外先进城市相比，上海公众参与MaaS服务体系治理较少，MaaS与其他用途竞争城市空间的矛盾也难以解决。

上海鼓励低碳出行的碳普惠应用场景不断丰富。碳普惠是针对个人、家庭或小微企业等小型主体的减碳行为而授予的一种碳积分。该碳积分相当于一个非常小额度的碳排放配额或碳排放权，与碳排放权交易所的碳定价机制相联系，具有一定的经济价值，因此可用于兑换一定商品或服务。2022年12月，上海鼓励市民选择低碳出行方式的碳普惠平台"沪碳行"上线，而且采用了先进的数字人民币结算机制。就长三角区域层面而言，上海与邻近省份建立长三角碳普惠联动机制，鼓励市民在本区域内跨省出行时选择绿色低碳交通方式。2021年5月，沪苏浙皖三省一市政府之间签署备忘录，选择若干城市或城区率先开展区域碳普惠联动试点，碳积分的兑换或经济价值实现与上海环境能源交易所的碳排放配额挂钩[1]。就市辖区层面而言，上海区级政府也积极推出各自碳普惠平台，为居民绿色出行、虚拟电厂、循环利用等方面减碳行为形成的碳积分提供更加多样化的兑换渠道或经济价值实现渠道。2023年7月，在上海各区中，黄浦区率先推出区级碳普惠机制[2]。

对于MaaS及相关网约车、共享单车等交通服务市场，上海成立多部门组成的"交通运输新业态协同监管工作专班"，整顿市场秩序、压减过度供给、提升合规率（如2023年底网约车合规率要达到80%[3]）；并且出台《上海市非机动车安全管理条例》等法规，减少共享单车乱停放等负面环境效应。

与国外先进城市相比，上海目前未引入公众参与MaaS体系的治理。在英国，Viaqqio公司运营的MaaS项目高度关注交通服务对老年人、残疾人、低收入人群等脆弱群体的可达性，采取"共同设计"机制，倾听和了解真实的用户诉求，优化交互界面与服务体验，为用户创造最大价值。此外，共

---

[1] 上海市生态环境局：《对市政协十三届五次会议第0324号提案的答复》，2022年10月12日。
[2] 张天弛：《上海首个区级碳普惠平台上线，践行低碳领积分，可兑换这些"福利"》，《文汇报》2023年7月12日。
[3] 王辰阳、陈怡雯：《上海多部门联合约谈网约车平台》，新华网，2023年8月19日，http://www.news.cn/local/2023-08/19/c_1129811101.htm。

享交通与其他用途竞争城市空间的矛盾,也是上海MaaS发展面临的重要挑战之一。如轨交站附近共享单车停车空间、行人步行空间、出租车或网约车上下客空间之间存在竞争,下一步需通过优化城市空间管理疏导这些用途之间的矛盾。

(五)市民对MaaS熟悉度和接受度

在不同轨交线和地面公交线上用"随申行""随申办"等App扫码进站或登车的做法在上海市民中已较普遍。截至2023年7月1日,仅"随申行"一个MaaS平台,就在其上线之后的9个月内实现注册用户超百万,2023年6月最后一周的日均活跃用户数约为6.3万人[1]。此外,上海市民对各单项共享交通服务的接受度也很高,2023年第一季度,上海网约车日均订单数为122.1万单[2];2023年上半年,上海平均每日有200万~300万人次骑行共享单车[3]。从上海不同人群对MaaS的接受度来看,技术爱好者(愿意尝试各种新App或新技术的人群)、女性、24岁以下青少年、月收入8000元或以下中低收入人群更愿意享用MaaS服务;如果家中有儿童或儿童数量较多,则不愿使用MaaS,这在一定程度上反映了现有公交和共享交通体系便利度尚有欠缺,对带着老人、儿童或残疾人的"拖家带口式"出行并不友好。

然而,与北京相比,上海共享交通分流私人交通乘客的效果较差;换言之,上海网约车、共享单车等分流的更多是地面公交乘客,而不是小汽车乘客。在北京,45%经常乘坐私人汽车的市民倾向于选择共享交通,而上海这一数值只有28%;反之,在上海,50%经常乘坐地面公交的市民倾向于选择共享交通,而北京这一比例为35%。

---

[1] 吴天一、陈晓锐:《智慧出行改变城市面貌,"软硬结合"加速构建新生态》,澎湃科技《上海"国际数字之都"建设深度研究》系列报告之一,2023。

[2] 唐梓钦:《上海公布今年第一季度网约车数据,滴滴日均订单量约78万单》,腾讯网,2023年6月15日,https://new.qq.com/rain/a/20230615A02V9M00。

[3] 耿康祁:《从缝合到盘活,城市出行的"共享大时代"》,华商韬略研究报告,2023。

（六）上海 MaaS 发展综合评价

根据以上 5 个维度的分析，本文对上海 MaaS 做出综合评价（见表 2）。总体而言，上海已有多个 MaaS 服务商，且作为其发展基石的交通基础设施和交通服务供给充足，数字基础设施全球领先，但是在 MaaS 行业对民营企业开放度、MaaS 体系公共治理对公众参与开放度，以及对私人交通乘客分流效果等方面尚有欠缺。

表 2 上海 MaaS 发展五维度综合评价

维度	优势或成就	短板或挑战
交通基础设施和交通服务	①地铁、轻轨等轨交及地面公交发达 ②网约车、共享单车供给充足	①市郊铁路和中运量公交存在缺位 ②定制公交未得到较好发展
数字基础设施	居于全球领先地位	
交通服务商开放度和数据共享	已有多个 MaaS 服务商或服务平台	民营企业与公共交通机构的票务系统未打通，MaaS 行业尚未向民营企业开放
法规规范和政策激励	①已出台碳普惠激励政策 ②政府大力整治共享交通市场秩序，并减少负面环境影响	①公众参与 MaaS 体系治理较少 ②共享交通与其他用途竞争城市空间的矛盾较大
市民对 MaaS 熟悉度和接受度	MaaS 应用程序及网约车、共享单车利用率较高	共享交通对私人交通乘客的分流效果较差

资料来源：深圳市计量质量检测研究院：《国内外碳足迹标准现状研究报告》，2022，第 15 页。

三 进一步优化上海 MaaS 服务体系的对策建议

针对上海 MaaS 发展面临的短板或挑战，本文从提升公交吸引力，优化 MaaS 套餐设计，提升对民营企业和公众参与开放度，提高城市空间精细化管理水平等方面提出对策建议。

（一）多措并举提升公交吸引力

MaaS 或共享交通应更多分流私人交通乘客而不是公交乘客，而且，在一个更有利于减碳的城市综合交通系统中，网约车等共享交通工具应更多发挥为公共交通接驳的功能，增强而不是弱化公共交通的核心地位。如果一辆网约车一路从出发地驶向浦东机场，其所产生的负面环境影响是与一辆私家车等同的，正确的做法是引导乘客搭乘网约车前往最近的轨交站或市郊铁路站，然后搭乘公共交通。为此，首先需多措并举提升公交系统吸引力。

1. 在市郊铁路和中运量公交环节"补链"

上海缺少市郊铁路和中运量公交，意味着整个公交体系存在断层，容易在公交换乘时形成断点，因此，应加快在这两个环节"补链"。

在市郊铁路方面，除加快实施现有相关规划中的市郊（市域）铁路建设外，建议充分利用上海市域内（高铁大发展后）废弃的普通铁路线及铁路支线、专用线、货运线等，增加郊铁线路。而且，现有规划中，上海市郊铁路线多布置在郊区或中心城区外围，中心城区市民搭乘郊铁仍有诸多不便，建议利用前述线路多建穿过中心城区的郊铁线。

在中运量公交方面，建议在有条件的地方，增加中运量公交线路，并探索有轨电车、BRT等多样化制式。就中运量公交路权而言，建议依靠更智能化的城市交通管理，允许其他车辆（包括其他公交车）在避免与中运量公交抢道情况下驶入其专用线，而不是24小时对其他车辆禁行，加剧路面拥堵。

2. 多样化政策鼓励定制公交发展

民营定制公交是公营公交系统的有益补充，对提升公交便利性大有裨益，建议综合运用补贴政策和非补贴政策，大力促进上海定制公交发展。

一是通过政府补贴，在公益性和商业化模式之外试点半公益性定制公交模式，以增加供给。开通"最后一公里"公交的成本，如果采用公益性公交的低票价+财政高补贴，有限的财政资金只能负担有限数量的微公交开通，商业性汽车服务公司更不愿做亏本生意。而政府与商业性公司共担成本的半公益性模式有望增加微公交供给。

二是在政府财力有限的情况下，要善于运用非补贴政策。如对于符合一定标准的定制公交，可给予公交车同等路权，在高峰时可在公交车专用道行驶，亦可在轨交站旁指定区域以及公交站点停靠和上下客。同时应鼓励社区、商务区或工业园管理主体利用其所属公众号或 App 帮助公交公司或汽车服务公司进行定制公交开通的前期调研，这对于降低后者的调研负担或成本非常重要。如虹桥商务区"新虹易公里"开通前，新虹街道在线上线下的大调研就发挥了重要作用。

3. 在需求侧和供给侧均提升设施便利性

在需求侧和供给侧，均需提升公交设施的便利性。在此过程中，可利用 MaaS 强大的智慧管理或调控功能，为乘客提供定制化的车厢服务。

在交通服务需求侧，建议通过 MaaS 平台采集来自乘客的特殊出行需求信息（如"拖家带口式"家庭出游），指引市郊铁路、城际铁路、高铁等的运营团队灵活调整车厢设置，构建临时性的家庭区等空间或设施。前述交通工具应常备母婴室和少量家庭区等设施，提供儿童安全座椅租借等服务。车厢在设计环节就应考虑可灵活调整，如德国 ICE4 列车上包含服务车和中间车，服务车上设有家庭区；中间车可在头等或二等车厢之间灵活调整。除硬件设施外，MaaS 软件的设计也应考虑对老年人、残疾人等的友好性，缩小数字鸿沟；如上海"申程出行" App 已具备方便老年人的"一键叫车"功能，将来可在街头或车站设置便于老年人、残疾人等呼叫交通出行服务的显示屏。

在交通服务供给侧，建议市郊铁路、城际铁路、高铁站及其他交通热点地区设置出租车、网约车服务区，为其停车、就餐、如厕、休息等提供便利。甚至可利用智慧交通系统，实现"实体就餐、如厕、休息设施＋虚拟停车场"设置，即在没有实体停车场情况下，借助"共享停车"功能设置服务区。

（二）优化 MaaS 套餐设计

建议借鉴欧洲城市经验，引导 MaaS 服务商优化套餐设计，甚至在一定程度上恢复公交月票做法，鼓励 MaaS 用户更多选择公共交通和慢行交通方式；在使用网约车等共享交通工具时，更多用于接驳轨交或公交。

如芬兰赫尔辛基MaaS服务商Whim公司推出Whim Urban套餐，使用该套餐需付月费49欧元，但支付月费后即可在赫尔辛基市内免费无限次乘坐公交车、无限次骑行共享单车，相当于拥有公交和共享单车月票功能；乘坐网约车或出租车的里程在5公里以内，每次仅需支付10欧元，即鼓励使用网约车或出租车接驳轨交或公交，而不是一路驶向十几或几十公里外的目的地①。

上海市相关部门可引导MaaS服务商（首先是"随申行"等公营MaaS服务商）推出公交月票等功能，并针对多样化需求（如游客需求）丰富月票、日票、三日票、周票等的种类，且优化此类车票所包含的公交服务功能。如月票可根据乘客需求分为上海中心城区范围内地面公交、轨交、市郊铁路畅行，或是××新城范围内畅行，或是中心城区+××新城或中心城区+五大新城范围内畅行。2023年9月28日，上海MaaS服务商"随申行"推出票价为19.8元的"联程日票"，持票者24小时内可在上海公交系统内（含轨交、轮渡）无限次乘坐②，为中秋国庆双节长假中出行的游客和市民提供福利，同时激励其选择低碳出行方式。未来，建议进一步探索丰富日票、周票、月票等品种，以满足不同需求；同时，建议仿照维也纳等城市做法（如维也纳城市卡，Vienna City Card）③，探索与指定景点门票和指定餐馆餐费打折等联动，以加大低碳出行的激励力度。

（三）提升对民营企业和公众参与开放度

建议采取措施打通民营企业进入MaaS行业的通道，打通公众参与MaaS体系公共治理的通道。在技术和制度上，都要允许民营交通服务供给商接入

---

① 芬兰赫尔辛基MaaS服务商Whim公司官网查询，https：//whimapp.com/。
② 王辰阳：《上海MaaS系统上线"联程日票" 可24小时不限次乘坐公交、地铁、轮渡》，新华网，2023年9月29日，http：//sh.xinhuanet.com/20230929/c6aa5a27d1764a24a85c193e0c508efe/c.html。
③ "维也纳城市卡"官网查询，https：//www.wien.info/en/travel-info/vienna-city-card/。

公营轨交、地面公交、铁路公司等的票务系统；在制度上，需要立法规范民营 MaaS 服务商的行为，公平合理设置民营 MaaS 服务商和公营交通服务机构各自的权利义务。借助此类措施，让上海等中国城市的 MaaS 体系发展摆脱对"公共部门控制"单一模式的路径依赖，向包含"市场驱动""公私伙伴关系"等的多元化模式转型。在公众参与方面，建议相关部门设立"共同设计"MaaS 体系的机制，遴选并引入公众代表参与，尤其要倾听老年人、残疾人、低收入人群等弱势群体意见。

（四）提高城市空间精细化管理水平

在轨交站、地面公交站、市郊铁路站附近应为网约车、出租车、共享单车等提供设施上的便利，并通过城市精细化管理减少它们与其他用途竞争城市空间的矛盾，以实现低碳出行、城市景观与便民利民等目标的统一。上海市相关部门正在挖掘城市空间资源，建设立体自行车和汽车停车场等设施，实施共享停车等机制。将来在新建地铁线、市郊铁路、城际铁路站点周边进行站城融合或站城一体化建设时，要设置较充足的、便利的网约车、出租车上下客空间及共享单车停放空间。同时通过提高城市智能化管理水平，进一步促进共享单车即停即清，网约车、出租车即停即走。

参考文献

北京市交通委员会、北京市生态环境局：《北京 MaaS 2.0 工作方案》，2023 年 6 月。
贾志远、干宏程：《上海居民出行即服务（MaaS）的使用意愿分析》，《物流科技》2023 年第 7 期。
刘新宇、曹莉萍：《基于智慧平台促进碳减排的"公转铁"政策创新》，《上海节能》2021 年第 8 期。
上海市城市数字化转型应用促进中心：《数都上海2035》，2022。
上海随申行智慧交通科技有限公司、第一财经·新一线城市研究所：《上海 MaaS 公共出行年报（2022 年）》，2023。
宋苏、马佳卉、刘安迪等：《出行即服务（MAAS）实践指南介绍与案例集》，世界

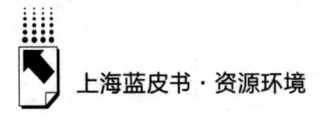

资源研究所研究报告，2022。

王晓霞、郝建彬：《出行即服务（MaaS）系统理论、实践与展望》，阿里研究院，2023。

王园园、王昀、姚丽金：《缝合城市：共享两轮迈向4.0时代》，澎湃研究所，2023。

吴天一、陈晓锐：《智慧出行改变城市面貌，"软硬结合"加速构建新生态》，澎湃科技《上海"国际数字之都"建设深度研究》系列报告之一，2023。

赵旭、陈佳琪、张硕晨等：《城市出行无障碍领域的科技应用及对策建议——以北京MaaS（出行即服务）无障碍出行服务为例》，《人民公交》2023年第1期。

B.16
上海乡村净零碳转型发展路径研究
——以崇明区为例

张希栋*

摘　要： 乡村净零碳发展是上海实现全面零碳目标的重要一步。相对于上海城区的高碳排放，乡村地区碳排放较少且碳汇潜力巨大。乡村地区是上海率先实现净零碳发展的关键区域。本文提出了乡村碳源碳汇的量化评估框架，明确了乡村碳源碳汇的核算方法。本文以上海市崇明区为例，从乡镇尺度上考察了崇明区净零碳发展情况。结果表明：第一，崇明区整体处于碳平衡区；第二，崇明区仅有少部分乡镇处于低碳优化区和碳强度控制区，绝大部分乡镇处于碳平衡区和碳汇功能区；第三，对崇明区乡镇净零碳结果原因的分析表明，崇明区乡镇碳排放主要来源于农业活动，碳排放与碳汇具有高度正相关关系，增强碳汇功能、降低农业碳排放是实现崇明区乡镇净零碳发展的关键。据此，本文认为崇明区乡村净零碳转型应该优化水稻栽培方式，提升蔬菜种植水平，减少化肥农药使用，优化产业结构，提高清洁能源消费占比，提升乡村碳汇能力。

关键词： 乡村　净零碳　碳中和　碳汇

近年来，人类活动导致的温室气体排放已成为全球关注的焦点问题。中国在2020年提出"双碳"目标以应对社会经济发展、环境污染防治

---

* 张希栋，上海社会科学院生态与可持续发展研究所助理研究员，主要研究方向为资源环境经济学。

和气候变化带来的挑战。实现"双碳"目标对中国乡村绿色低碳发展提出了新要求，也为乡村生态振兴和高质量发展提供了新机遇。相比于城市，乡村碳排放较少，且森林、湿地、草地等主要分布在乡村地区，乡村地区是上海最有条件率先实现碳中和的关键区域。当前，上海乡村净零碳发展现状如何，制约乡村实现净零碳转型发展的关键为何？回答以上问题，对上海推动乡村绿色低碳发展，实现乡村净零碳发展具有重要意义。

一 上海乡村净零碳转型进展

上海市以习近平新时代中国特色社会主义思想为指导，着眼于超大城市乡村特点，始终致力于农业农村现代化。其中，乡村绿色低碳发展是农业农村现代化的重要方面。近年来，上海市在促进乡村绿色低碳发展方面开展了许多工作，上海市乡村净零碳发展取得了显著成效。

（一）推动农业低碳发展

农业低碳发展是乡村低碳发展的重点。上海市在农业低碳发展方面持续发力。第一，农用物资投入持续下降。上海持续推进化肥用药减量增效行动，农用物资投入下降明显。相较于2015年，2021年上海市农用化肥、农药、农膜、柴油使用量分别下降2.60万吨、0.15万吨、0.54万吨、10.6万吨，下降比例分别为26.26%、34.63%、29.67%、79.10%。农用物资投入的下降不仅减少了环境污染，也进一步降低了农业碳排放。第二，推广绿色有机农业。持续推动农业绿色发展，加强农业生态环境保护，不断推动农业生产技术绿色化。2020年底，地产农产品绿色认证率达到24%。第三，推广再生农业。再生农业是有利于减污降碳、修复生态的农业发展新模式，是国际产业前沿热点。2023年9月，再生农业中国前沿实践在上海浦东新区举行，见证全球再生农业前沿实践落地上海。

（二）推进乡村节能降碳

乡村不仅是农业发展的主战场，也承载了部分产业，更是村民生活的主要场地。上海市在推进乡村节能降碳方面采取的措施主要包括以下几个方面。第一，农民相对集中居住。在充分尊重农村居民意愿的基础上，采取针对性措施，推进农民相对集中居住，进而促进了农村生活污水、垃圾处理等的集中化，降低了能耗。第二，提高乡村新能源消费比重。在新能源汽车销售方面，给予汽车下乡一定补贴。2023年1月29日，上海市政府发布《上海市提信心扩需求稳增长促发展行动方案》，出台了对于购买纯电动汽车的税费优惠以及财政补贴方案。在正常优惠范围以外，上海新能源汽车下乡政府可以补贴车价的10%。第三，建筑节能改造。2022年5月，上海发布了《上海市公共机构资源节约和循环经济发展"十四五"规划》，提出到2025年，上海市需完成既有建筑节能改造3000万平方米，推动超低能耗建筑示范项目不少于800万平方米，自2022年起，新建党政机关办公场所、学校、工业厂房等建筑屋顶安装光伏的面积比例不低于50%。这对于乡村建筑类的公共基础设施节能降碳具有重要意义。

（三）加强乡村碳汇功能

相对于城市而言，乡村在碳汇方面具有明显优势，森林、草地、湿地等碳汇功能较强的生态用地基本集中在乡村地区。上海围绕乡村生态功能提升，开展了诸多工作。第一，打造生态廊道，凸显生态涵养功能。如"十三五"期间上海在崇明实施了多条生态廊道建设，助力崇明生态岛建设，包括崇明区环岛运河（光明段）生态廊道项目、崇明农场生态廊道等。上海以生态廊道建设为抓手，提高了崇明森林覆盖率，改善了农村人居环境，提升了乡村碳汇功能。第二，以美丽家园建设为抓手，打造乡村生态网络。打造生态宜居的人居环境，以乡村生态河湖、生态廊道以及公益生态林等重点项目为抓手，构建乡村生态网络，增强乡村碳汇功能。推进美丽庭院建设，打造小花园、小菜园、小果园。推进农村"四旁"（宅旁、村旁、路旁、水旁）绿化，建设乡村开放休闲林地、小微公园。"十三五"期间，浦东新区完成了全区21个镇341个行政村18.32万个庭院以"五清"为核心的"达标型"美丽庭院建设。

二 上海乡村净零碳转型评估方法

乡村碳排放及碳汇与社会经济发展阶段、自然资源禀赋、外部影响等多种因素有关。碳平衡分析是以净零碳为目标，通过碳源碳汇计量分析，获得碳平衡分析及评价结果的过程。首先，收集整理乡村碳源碳汇相关活动水平数据，形成乡村尺度的碳源碳汇数据库；其次基于构建的数据库，分析碳排放和碳吸收中各相关部门的碳源碳汇水平；最后，结合碳排放总量、碳汇总量、人均碳排放量、碳中和系数等指标衡量该地区的碳平衡发展情况，提出具有针对性的低碳目标并分解至各部门。

乡村碳源碳汇情况摸底是净零碳乡村建设的基准，是整个净零碳乡村建设体系的关键。本研究基于《IPCC国家温室气体清单指南》，核算的碳源主要为四个部门，包括能源活动，工业过程和产品使用，农业、林业和其他土地利用，废弃物。其中，能源活动包括固定源燃烧，移动源燃烧，逸散性排放和二氧化碳运输、注入和地质储存；工业过程和产品使用包括各类工业生产过程产生的碳排放，如化学工业生产过程中各类化学反应产生的碳排放，金属工业生产过程中产生的碳排放；农业、林业和其他土地利用包括利用耕地、林地、草地、湿地等进行生产活动时所产生的碳排放；废弃物主要包括固体废弃物、污泥、废水等，其在处置过程中会产生一定量的碳排放。此外，上海市的生态用地绝大部分分布于乡村地区，这些生态用地包括耕地、林地、湿地等，这些生态用地会形成一定量的碳汇。考虑到乡镇工业过程和产品使用碳源较少，本文构建了反映乡村特征的碳源碳汇分析框架。具体框架如图1所示。

为评估乡镇的碳中和状态，需要对乡镇碳排放和碳汇分别进行测算。乡镇碳排放需要对乡镇碳排放来源进行识别，在此基础上采用一定方法测

上海乡村净零碳转型发展路径研究

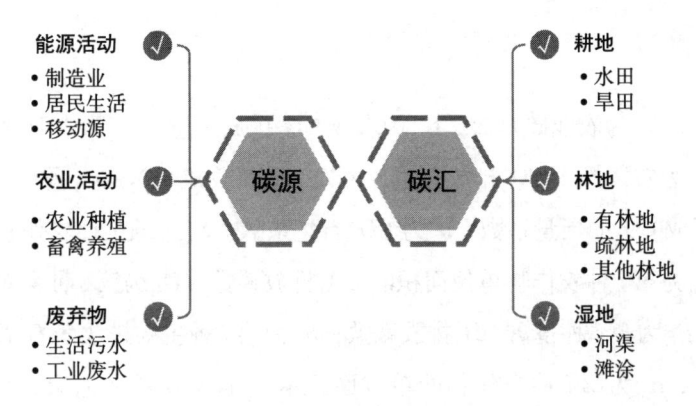

图1 乡镇碳源碳汇分析框架

算乡镇碳排放量。乡镇碳汇量测算主要基于乡镇生态用地类型及面积。在此基础上,构建乡镇零碳发展情况的碳中和系数,用以评估乡镇碳中和发展情况。

(一) 碳排放测算方法

本文采用系数测算方法,构建乡镇碳核算模型。

1. 能源活动碳排放测算

能源活动碳排放测算过程如式(1)所示:

$$C_{ee} = AC_i \times \theta_i \tag{1}$$

其中,C_{ee} 为能源活动碳排放,AC_i 为第 i 种能源的消费量,θ_i 为第 i 种能源的碳排放系数。

2. 农业活动碳排放测算

农业活动碳排放测算过程如式(2)~(5)所示:

$$C_{ea} = C_{eh} \times \mu_h + C_{en} \times \mu_n + C_{ec} \times \mu_c \tag{2}$$

$$C_{eh} = \sum_{i=1}^{n} (S_{hi} \times \alpha_{hi}) + \sum_{i=1}^{m} (D_{hi} \times \beta_{hi}) \tag{3}$$

$$C_{en} = \sum_{i=1}^{n} (S_{ni} \times \alpha_{ni}) + \sum_{i=1}^{m} (D_{ni} \times \gamma_{ni}) \tag{4}$$

$$C_{ec} = \sum_{i=1}^{o} (S_{ci} \times \gamma_{ci}) \tag{5}$$

其中，C_{ea}为农业碳排放，C_{eh}为农业CH_4排放总量，C_{en}为农业N_2O排放总量，C_{ec}为农资投入CO_2排放总量，μ_h为CH_4折算成CO_2的当量系数，μ_n为N_2O折算成CO_2的当量系数，μ_c为CO_2当量系数。S_{hi}为第i种农作物的播种面积，α_{hi}为第i种农作物单位面积的CH_4排放系数，D_{hi}为第i种畜禽年平均饲养量，β_{hi}为第i种畜禽CH_4排放系数；S_{ni}为第i种主要排放N_2O农作物的播种面积，α_{ni}为第i种农作物的单位面积本底年N_2O排放通量，D_{ni}为第i种畜禽年平均饲养量，γ_{ni}为第i种畜禽N_2O排放系数；S_{ci}为第i种农资投入，γ_{ci}为第i种畜禽N_2O排放系数。

本文估算的种植业品种包括水稻、小麦、大豆、玉米、蔬菜、油料以及其他旱田作物。在种植业CH_4估算中，考虑到水稻是最主要的排放源，且旱田生态系统中厌氧呼吸过程较弱，CH_4排放较少，因此，在核算种植业CH_4排放量时仅考虑水稻种植过程中的CH_4排放。此外，考虑到农田生态系统中光合作用消耗的CO_2远大于呼吸作用产生的CO_2，一般不会引起CO_2浓度增加，因而本文未考虑农田CO_2排放。

本文估算的畜禽品种主要包括奶牛、猪、羊、家禽等。畜禽温室气体排放量测算主要包括畜禽胃肠道内发酵的温室气体排放量和畜禽粪便所排放的温室气体。其中，由于畜禽饲养周期存在差异，需要对畜禽年平均饲养量进行调整①。

本文估算的农资投入类别主要包括化肥、农药、翻耕。其中，化肥、农药假定每亩施用量一致；翻耕数据采用当年农作物实际播种面积替代。

排放系数主要包括三个方面。第一，种植业温室气体排放系数，主要包括两个方面：一是水稻CH_4排放系数。考虑到地区自然环境条件存在差异，不同地区水稻生长周期内排放的CH_4并不相同。同时考虑到早稻、晚稻以及中季稻生长周期的不同，其CH_4排放系数也存在差异。二

---

① 胡向东、王济民：《中国禽畜温室气体排放量估算》，《农业工程学报》2010年第10期。

是土壤 N_2O 排放系数。主要考虑各种植业品种 N_2O 排放、本底 N_2O 排放以及肥料 N_2O 排放。考虑到肥料作为农资投入已单独计算，因而本部分主要明确本底 N_2O 排放系数。第二，畜牧业温室气体排放系数，主要包括两个方面：一是动物胃肠发酵和排泄物 CH_4 排放；二是动物排泄物 N_2O 排放。第三，农资投入温室气体排放系数。相关排放系数主要从以往研究中获得[①]。

3.废弃物处理碳排放测算

废弃物主要包括固体废弃物、污泥、废水等，但考虑到数据的可获得性，通常废弃物处理碳排放仅涉及污水处理过程的碳排放。废弃物处理碳排放测算过程如式（6）所示：

$$C_{ew} = TW_i \times \rho_i \tag{6}$$

其中，C_{ew} 为废弃物处理的碳排放，TW_i 为第 i 种废弃物的处理量，ρ_i 为第 i 种废弃物处理的碳排放系数。

（二）碳吸收测算方法

碳吸收又指碳汇，是指植物光合作用形成的净初级生产量，即作物将温室气体从大气中转入作物体内的数量。碳吸收测算主要考虑各类生态用地的碳吸收量，这些生态用地包括耕地、林地、湿地、草地等。

1.耕地碳汇测算

耕地碳汇测算主要考虑主要农作物生长全生命周期中的碳吸收。耕地碳汇可由式（7）表示：

$$C_{sc} = \sum C_i \times Y_i \times (1 - r_i) / HI_i \tag{7}$$

其中，C_{sc} 为耕地的碳汇量，C_i 为碳转化系数，Y_i 为农作物产量，r_i 为相

[①] 闵继胜、胡浩：《中国农业生产温室气体排放量的估算》，《中国人口·资源与环境》2012年第7期；张丽琼、何婷婷：《1997~2018年中国农业碳排放的时空演进与脱钩效应》，《云南农业大学学报（社会科学版）》2022年第1期。

应农作物经济产品部分的含水量，HI_i为作物经济系数。相关参数主要参考以往研究获得，如表1所示①。

表1　主要农作物经济系数与碳吸收率

单位：%

品种	经济系数	含水量	碳吸收率	品种	经济系数	含水量	碳吸收率
水稻	0.45	12	0.414	薯类	0.70	70	0.423
小麦	0.40	12	0.485	甘蔗	0.50	50	0.450
玉米	0.40	13	0.471	甜菜	0.70	75	0.407
豆类	0.34	13	0.450	蔬菜	0.60	90	0.450
油菜籽	0.25	10	0.450	瓜类	0.70	90	0.450
花生	0.43	10	0.450	烟草	0.55	85	0.450
向日葵	0.30	10	0.450	其他作物	0.40	12	0.450
棉花	0.10	8	0.450				

2. 其余用地碳汇测算

其余用地主要包括林地、湿地、草地等，主要是考察不同生态用地的面积，再根据不同生态用地的碳汇系数测算其碳汇量。其余用地碳汇可由式（8）表示：

$$C_{sr} = \sum S_{ri} \times \tau_{ri} \tag{8}$$

其中，C_{sr}为第r类生态用地的碳汇量，S_{ri}为第r类生态用地的面积，τ_{ri}为第r类生态用地的碳汇系数，i表示不同生态用地的二级分类。相关参数主要来源于已有研究，具体如表2所示②。

---

① 韩召迎、孟亚利、徐娇等：《区域农田生态系统碳足迹时空差异分析——以江苏省为案例》，《农业环境科学学报》2012年第5期。
② Fang, J. Y., Yu, G. R., Liu, L. L., et al. "Climate change, human impacts, and carbon sequestration in China". Proceedings of the National Academy of Sciences of the United States of America, 2018, Vol. 115（16）；孔东升、张灏：《张掖黑河湿地自然保护区生态服务功能价值评估》，《生态学报》2015年第4期。

表2 土地类型碳汇系数

单位：tC/ha

土地利用类型		碳汇系数
林地	有林地	0.87
	灌木林	0.23
	疏林地	0.581
	其他林地	0.2327
草地	高覆盖度草地	0.138
	中覆盖度草地	0.046
	低覆盖度草地	0.021
水域	河渠	0.671
	湖泊水库	0.303
	滩涂滩地	0.567

本文土地利用数据来源于 Li 等人对崇明区土地利用情况进行的分析①。经统计，崇明区土地类型可分为林地、草地、湿地、水体等8类。

（三）碳中和系数构建

本文采用的碳中和系数（Carbon Neutral Coefficient，CNC）针对乡镇特点进行了细化，用于表征乡镇的碳平衡状态。碳中和是一个相对指标，侧重于乡镇碳汇与碳排放之间的关系，从而使不同乡镇之间具有更好的可比性。根据前述碳排放测算方法以及碳吸收测算方法，可知乡镇碳排放、碳吸收以及碳中和系数分别可表示如下：

$$C_e = C_{ee} + C_{ea} + C_{ew} \tag{9}$$

$$C_s = C_{sc} + C_{sr} \tag{10}$$

$$CNC = C_s / C_e \tag{11}$$

---

① Li, Z., He, W., Cheng, M., et al., "SinoL-1: The First 1-1meter Resolution Nationalscale Land-cover Map of China Created with the Deep Learning Framework and Open-access Data", *Earth Syst. Sci. Data Discus*, https：//doi.org/10.5194/essd-2023-87, in review, 2023.

其中，C_e为乡镇碳排放总量，C_s为乡镇碳吸收总量，CNC为碳中和系数。

此外，考虑到乡镇之间自然环境以及经济发展水平的差异，本文引入地均碳排放强度的指标。可由式（12）表示：

$$L = C_e/S \tag{12}$$

其中，L代表地均碳排放强度，S代表某一乡镇的面积。

基于碳中和系数、地均碳排放强度两个指标，本文对乡镇碳平衡状况进行评估，并参考以往文献划分了不同乡镇的碳平衡等级状况，进而为评估不同乡镇的低碳发展状况做参考。

表3 乡镇碳平衡分区类型标准

分区指标	碳汇功能区	碳平衡区	低碳优化区	碳强度控制区
CNC	≥1.2	0.8~1.2	≤0.8	≤0.8
碳排放强度（吨/公顷）	—	—	<3	≥3

碳强度控制区是指碳排放量和碳排放空间强度大，人类生活和生产强度大，能源消耗量大，碳汇能力弱的区域。低碳优化区是指碳排放量和碳排放空间强度小，人类生活和生产强度较小的区域。碳平衡区是指碳排放量和碳排放强度小，人类生活和生产强度小，碳源和碳汇大体维持动态平衡的区域。碳汇功能区是指碳汇绝对大于碳排放的区域。

三 乡镇净零碳转型评估案例分析

本文基于乡镇净零碳转型的评估方法对上海市乡镇净零碳转型开展研究，以上海市崇明区为案例，对崇明区乡镇净零碳转型情况进行分析。

（一）研究区域概况

上海市崇明区位于中国第三大岛屿崇明岛，全区面积1413平方公里（14.13万公顷），截至2022年末，全区户籍人口约66.9万人。崇明区承载了上海最为珍贵、不可替代、面向未来的生态战略空间，定位为建成世界级生态岛。近年来，崇明区全面构筑生态环境优势，持续擦亮生态环境底色，取得了十分突出的成绩。在"双碳"发展背景下，崇明区加快碳中和示范区建设，开展碳排放精细化管理，设立上海长兴碳中和创新产业园；深入实施乡村振兴战略，积极开展乡村建设行动，创建市级乡村振兴示范村14个、市级美丽乡村示范村45个。以崇明为案例研究上海市乡镇净零碳转型对于推动崇明建成世界级生态岛具有重要意义。

（二）研究结果分析

考虑到数据的可得性，崇明区乡镇碳排放与碳汇核算主要包括以下几个部分。碳排放方面：行业能源消费量、农业碳排放量、废弃物处理碳排放量。碳汇方面：耕地碳汇量以及其余生态用地碳汇量。

1. 崇明区碳中和情况分析

对2019~2020年崇明区碳中和情况进行分析。结果显示：2019年、2020年崇明区碳中和系数分别为0.99、0.96，表明崇明区整体属于碳平衡区。2019年、2020年崇明区碳排放量分别为42.40万吨、41.68万吨；碳汇量分别为41.85万吨、40.14万吨。崇明区整体碳排放量与碳汇量基本持平。

表4 崇明区碳排放来源

单位：万吨

年份	能源活动		农业活动				废弃物处理
	居民生活	工业用能	农作物	稻田	农用物资投入	畜禽养殖	废水
2019	1.52	3.54	3.82	24.69	4.46	4.21	0.16
	5.06		37.18				0.16
2020	1.95	4.32	4.04	24.05	4.26	2.92	0.14
	6.27		35.27				0.14

对崇明区乡镇碳排放来源进行分析，如表4所示。可以发现，在所有碳排放来源中，由农业活动引起的碳排放最多。2019年、2020年农业活动碳

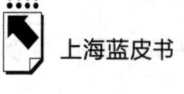

排放占碳排放总量的比例分别为87.69%、84.62%。能源活动导致的碳排放次之，2019年、2020年能源活动碳排放占碳排放总量的比例分别为11.93%、15.04%。废弃物处理导致的碳排放最少，占比不足1%。

根据表4可知，农业活动导致的碳排放是崇明区第一大碳排放来源。农业活动碳排放来源包括农作物生长过程中的氧化亚氮排放、水稻种植过程中的甲烷排放、农用物资投入的碳排放以及畜禽养殖过程中的甲烷和氮氧化物排放。其中，相较于2019年，2020年稻田、农用物资投入以及畜禽养殖碳排放量均有所下降，分别下降0.64万吨、0.20万吨、1.29万吨；农作物生长导致的碳排放量有所增加，增长0.22万吨。根据图2，稻田甲烷排放是崇明区农业活动的第一大碳源，2019年、2020年稻田甲烷碳排放当量占农业活动碳排放总量的比例分别为66.41%、68.19%。农用物资投入碳排放次之，2019年、2020年农用物资碳排放占农业活动碳排放量的比例分别为12.00%、12.08%。农作物生长碳排放与畜禽养殖碳排放占比相对较小。2019年，畜禽养殖碳排放占农业活动碳排放总量的11.32%，在四类主要农业活动碳排放中排在第三位；2020年畜禽养殖碳排放占比下降明显，比例为8.28%，在四类主要农业活动碳排放中排名末尾。2019年、2020年农作物生长碳排放占农业活动碳排放量的比例分别为10.27%、11.45%，在四类主要农业活动碳排放中由2019年的第四位上升至2020年的第三位。

2. 乡镇碳中和情况分析

对崇明区18个乡镇的碳中和情况进行总体分析，结果如图3所示。结果显示：2019年、2020年碳中和系数大于或等于1.2的乡镇有两个，分别为新海镇、东平镇，且这两个乡镇的碳中和系数远超其余乡镇。2019年，碳中和系数小于或等于0.8的乡镇有四个，分别为新河镇、建设镇、城桥镇、长兴镇；2020年，碳中和系数小于或等于0.8的乡镇有三个，分别为建设镇、堡镇、长兴镇。2019年、2020年绝大多数乡镇碳中和系数位于0.8~1.2区间，分别共计有12个、13个。2020年，相较于2019年，碳中和系数低于0.8的乡镇由四个减少为三个，碳中和系数在0.8~1.2区间的乡镇由12个增加至13个。其中，新河镇、城桥镇碳中和系数由2019年的

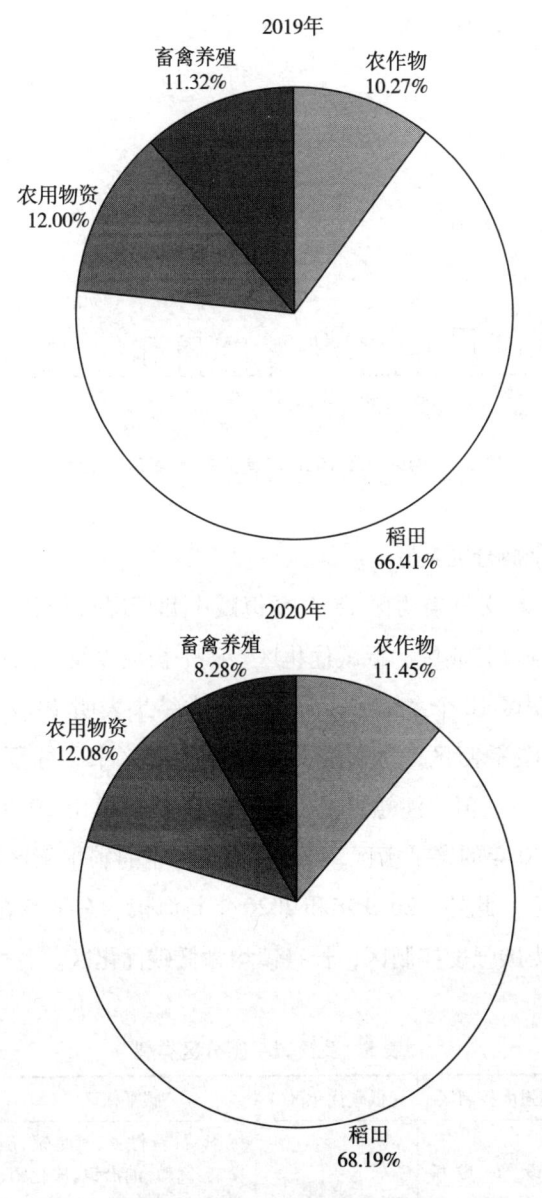

图2 不同农业活动碳排放占比

小于或等于0.8跃升为2020年的处于0.8~1.2区间,堡镇碳中和系数由2019年的处于0.8~1.2区间退化为2020年的小于或等于0.8。

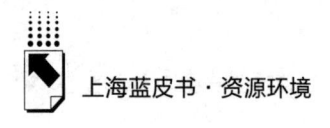

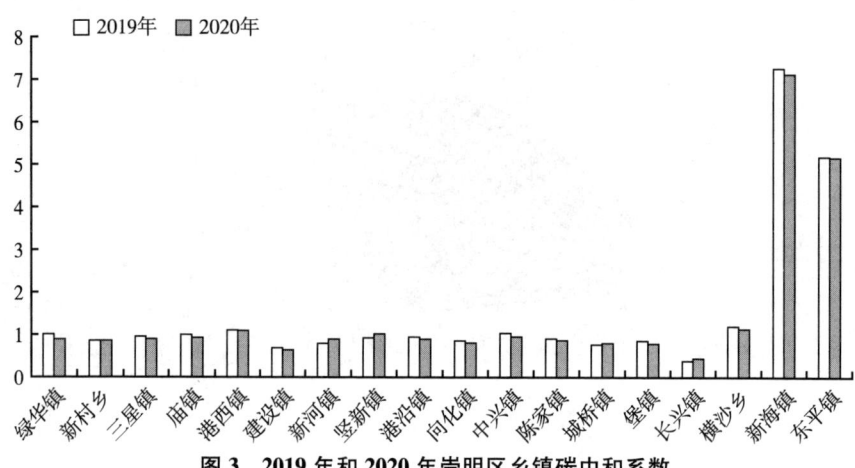

图 3 2019 年和 2020 年崇明区乡镇碳中和系数

3. 乡镇碳平衡分区类型

根据表5，本文将崇明区18个乡镇碳中和情况进行分类，分为四类区域，分别为碳强度控制区、低碳优化区、碳平衡区以及碳汇功能区。根据计算结果，对崇明区18个乡镇进行分类，分类结果表明2019年和2020年绝大多数乡镇为碳平衡区，数量分别为12个、13个，分别占乡镇总数的66.67%、72.22%。值得注意的是，城桥镇、新河镇由2019年的碳强度控制区跃升为2020年的碳平衡区，堡镇由2019年的碳平衡区退化为2020年的碳强度控制区。此外，2019年和2020年新海镇、东平镇在均为碳汇功能区，建设镇均为碳强度控制区，长兴镇均为低碳优化区。

表 5 乡镇碳平衡分区类型

年份	碳强度控制区	低碳优化区	碳平衡区	碳汇功能区
2019 年	建设镇、城桥镇、新河镇	长兴镇	绿华镇、新村乡、三星镇、庙镇、竖新镇、港沿镇、向化镇、中兴镇、陈家镇、堡镇、港西镇、横沙乡	新海镇、东平镇
2020 年	建设镇、堡镇	长兴镇	绿华镇、新村乡、三星镇、庙镇、新河镇、竖新镇、港沿镇、向化镇、中兴镇、陈家镇、城桥镇、港西镇、横沙乡	新海镇、东平镇

为了进一步分析不同乡镇的碳中和状况,本文对崇明区18个乡镇的碳排放来源进行深入剖析。本文将18个乡镇按照农业活动、能源活动以及废弃物处理三大碳源进行第一层次划分。更详细的,农业活动主要来源于农作物、稻田、农用物资投入以及畜禽养殖,能源活动主要来源于居民生活和工业用能,废弃物处理主要是废水处理,这是第二层次划分。

在第一层次划分中,各乡镇主要分为三种类型。类型一为农业活动主导型,即指碳排放主要来源于农业活动,且农业活动碳排放占碳排放总量的比重与第二大碳源占比的差值大于30个百分点。根据表6,2019年、2020年,均共有14个乡镇属于类型一,分别为绿华镇、新村乡、三星镇、庙镇、港西镇、新河镇、竖新镇、港沿镇、向化镇、中兴镇、陈家镇、城桥镇、堡镇、横沙乡。类型二为能源活动主导型,即指碳排放主要来源于能源活动,且能源活动占碳排放总量的比重与第二大碳源占比的差值大于30个百分点。2019年、2020年,均共有2个乡镇属于类型二,分别为长兴镇、新海镇。类型三为均衡型,即指第一大碳源占比与第二大碳源占比的差值小于或等于30个百分点。2019年、2020年,均共有2个乡镇属于类型三,分别为东平镇、建设镇。

表6 碳排放来源占比

单位:%

乡镇	2019年			2020年		
	农业活动	能源活动	废弃物处理	农业活动	能源活动	废弃物处理
绿华镇	96.94	2.94	0.12	97.49	2.42	0.08
新村乡	92.33	7.59	0.08	91.60	8.33	0.08
三星镇	97.97	1.86	0.17	97.43	2.42	0.15
庙镇	96.19	3.57	0.24	94.75	5.04	0.22
港西镇	96.05	3.60	0.35	95.24	4.44	0.32
建设镇	62.55	37.21	0.24	59.98	39.82	0.20
新河镇	93.28	6.46	0.26	90.64	9.09	0.27
竖新镇	93.69	6.03	0.28	91.58	8.09	0.33
港沿镇	95.27	4.44	0.29	94.57	5.17	0.26
向化镇	90.05	9.64	0.31	88.93	10.84	0.23
中兴镇	95.67	4.05	0.28	94.69	5.06	0.25

续表

乡镇	2019年 农业活动	2019年 能源活动	2019年 废弃物处理	2020年 农业活动	2020年 能源活动	2020年 废弃物处理
陈家镇	85.83	13.75	0.42	84.12	15.48	0.40
城桥镇	85.79	13.19	1.02	81.18	17.80	1.03
堡镇	89.57	9.93	0.51	87.34	12.19	0.47
长兴镇	21.22	77.35	1.43	30.39	68.41	1.20
横沙乡	91.35	7.84	0.82	89.81	9.50	0.69
新海镇	16.62	81.05	2.33	18.51	79.60	1.88
东平镇	57.44	40.57	1.99	51.62	46.75	1.63

更进一步，类型一又可分为两种类型。第一类为稻田主导型，即指在四类农业活动碳源中，稻田碳排放占碳排放总量的比重较其余三类农业活动碳源占比的差值大于20个百分点。根据表7和表8，2019年、2020年均共有12个乡镇属于稻田主导型，分别为绿华镇、新村乡、三星镇、庙镇、港西镇、新河镇、竖新镇、港沿镇、陈家镇、城桥镇、堡镇、横沙乡。第二类为农业复合型，即指在四类农业活动碳源中，稻田碳排放占碳排放总量的比重较其余三类农业活动碳源占比的差值小于20个百分点，碳排放来源比重较为均衡。2019年、2020年均共有2个乡镇属于农业复合型，分别为向化镇、中兴镇。

表7　2019年不同类型碳排放源占碳排放总量的比例

单位：%

乡镇	农业活动 农作物	农业活动 稻田	农业活动 农用物资	农业活动 畜禽养殖	能源活动 居民生活	能源活动 工业用能	废弃物 废水
绿华镇	4.39	74.27	8.34	9.94	1.13	1.81	0.12
新村乡	2.46	73.15	6.87	9.84	0.77	6.82	0.08
三星镇	4.56	78.50	8.89	6.01	1.64	0.22	0.17
庙镇	6.25	72.12	9.61	8.21	2.33	1.24	0.24
港西镇	16.87	56.30	15.59	7.29	3.33	0.27	0.35
建设镇	7.96	40.84	8.32	5.42	2.34	34.87	0.24

续表

乡镇	农业活动				能源活动		废弃物
	农作物	稻田	农用物资	畜禽养殖	居民生活	工业用能	废水
新河镇	3.89	56.23	6.87	26.29	2.54	3.92	0.26
竖新镇	9.97	58.31	11.02	14.39	2.72	3.30	0.28
港沿镇	10.32	64.59	11.79	8.57	2.79	1.65	0.29
向化镇	28.95	31.11	22.26	7.73	3.00	6.64	0.31
中兴镇	30.64	32.23	24.76	8.04	2.65	1.40	0.28
陈家镇	10.94	59.92	11.76	3.21	4.03	9.72	0.42
城桥镇	3.36	56.72	6.37	19.33	9.81	3.39	1.02
堡镇	6.32	63.41	9.25	10.59	4.86	5.06	0.51
长兴镇	5.45	8.37	4.53	2.86	13.77	63.58	1.43
横沙乡	5.49	71.49	9.10	5.26	7.84	0.00	0.82
新海镇	0.08	15.39	1.14	0.00	22.42	58.63	2.33
东平镇	0.28	53.21	3.95	0.00	19.09	21.48	1.99

表8 2020年不同类型碳排放源占碳排放总量的比例

单位：%

乡镇	农业活动				能源活动		废弃物
	农作物	稻田	农用物资	畜禽养殖	居民生活	工业用能	废水
绿华镇	4.22	68.61	7.26	17.40	1.15	1.28	0.08
新村乡	3.13	78.27	7.22	2.98	1.04	7.29	0.08
三星镇	5.30	77.20	8.61	6.32	2.10	0.31	0.15
庙镇	7.14	70.21	9.35	8.04	2.96	2.08	0.22
港西镇	17.55	57.90	15.23	4.56	4.44	0.00	0.32
建设镇	9.72	37.73	8.73	3.80	2.75	37.07	0.20
新河镇	4.68	67.43	7.68	10.84	3.73	5.36	0.27
竖新镇	9.42	64.78	10.36	7.03	4.47	3.62	0.33
港沿镇	11.15	63.28	11.48	8.66	3.55	1.62	0.26
向化镇	30.81	27.06	21.94	9.12	3.11	7.73	0.23
中兴镇	31.93	29.63	23.60	9.53	3.40	1.67	0.25
陈家镇	11.82	57.88	11.45	2.98	5.50	9.97	0.40

续表

乡镇	农业活动				能源活动		废弃物
	农作物	稻田	农用物资	畜禽养殖	居民生活	工业用能	废水
城桥镇	4.61	61.65	7.13	7.78	14.08	3.72	1.03
堡镇	7.88	60.11	9.46	9.90	6.44	5.76	0.47
长兴镇	4.31	19.80	4.16	2.11	16.47	51.94	1.20
横沙乡	5.83	70.69	8.53	4.77	9.50	0.00	0.69
新海镇	0.09	17.22	1.20	0.00	25.84	53.76	1.88
东平镇	0.25	48.02	3.35	0.00	22.38	24.36	1.63

根据上述分析结果，本文根据其碳排放结构特征，从两个层次将崇明区18个乡镇划分为四种类型，具体见表8。结果显示：在四种类型中，稻田主导型在2019年、2020年均共有12个乡镇，占全部乡镇总数的2/3；其余三种类型在2019年、2020年均共有2个乡镇，均占全部乡镇总数的1/9。

表9 碳排放类型划分

类型	2019年	2020年
稻田主导型	绿华镇、新村乡、三星镇、庙镇、港西镇、新河镇、竖新镇、港沿镇、陈家镇、城桥镇、堡镇、横沙乡	绿华镇、新村乡、三星镇、庙镇、港西镇、新河镇、竖新镇、港沿镇、陈家镇、城桥镇、堡镇、横沙乡
农业复合型	向化镇、中兴镇	向化镇、中兴镇
能源活动主导型	长兴镇、新海镇	长兴镇、新海镇
均衡型	东平镇、建设镇	东平镇、建设镇

本文发现，2019年为碳强度控制区的城桥镇和建设镇2019年的碳排放类型分别为稻田主导型和均衡型；2019年为碳汇功能区的新海镇和东平镇2019年的碳排放类型分别为能源活动主导型和均衡型。2020年城桥镇已从碳强度控制区跃升至碳平衡区，但碳排放类型仍为稻田主导型。从碳平衡分区类型的角度来看，建设镇、长兴镇是值得重点关注的区域，而这两个乡镇的碳排放类型为均衡型和能源活动主导型。

表10　乡镇碳平衡分区类型与碳排放类型

年份	碳强度控制区	低碳优化区	碳平衡区	碳汇功能区
2019年	稻田主导型(2)、均衡型(1)	能源活动主导型(1)	稻田主导型(10)、农业复合型(2)	均衡型(1)、能源活动主导型(1)
2020年	稻田主导型(1)、均衡型(1)	能源活动主导型(1)	稻田主导型(11)、农业复合型(2)	均衡型(1)、能源活动主导型(1)

注：括号内代表乡镇碳排放类型数量。

本文假定碳强度控制区、低碳优化区、碳平衡区、碳汇功能区分别得分为4分、3分、2分、1分。分数数值越小表明净零碳转型效果越好，分数数值越大表明净零碳转型效果越差。此外，根据碳排放类型，对不同碳排放类型乡镇进行打分。根据表11，稻田主导型碳排放的乡镇多数为碳平衡区或碳强度控制区，2019年、2020年稻田主导型碳排放乡镇的碳中和得分分别为2.33分、2.17分。农业复合型碳排放的乡镇均位于碳平衡区，2019年、2020年碳中和得分均为2.00分。能源活动主导型碳排放的乡镇基本位于低碳优化区和碳汇功能区，2019年、2020年碳中和得分均为2.00分。均衡型碳排放的乡镇基本位于碳汇功能区和碳强度控制区，2019年、2020年碳中和得分均为2.50分。因此，从实现乡镇净零碳转型的角度来看，农业复合型和能源活动主导型碳排放乡镇净零碳转型效果较优，其次为稻田主导型碳排放乡镇，最后为均衡型碳排放乡镇。

表11　不同乡镇碳排放类型碳中和情况得分

年份	均衡型	能源活动主导型	农业复合型	稻田主导型
2019年	2.50	2.00	2.00	2.33
2020年	2.50	2.00	2.00	2.17

4.净零碳结果原因分析

对崇明区乡镇净零碳的实证研究结果表明，绝大多数乡镇为碳平衡区，有少部分乡镇为碳汇功能区、低碳平衡区以及碳强度控制区。造成不同乡镇碳中和情况差异的原因为何？本部分从乡镇人均碳排放量以及人均碳汇量的角度展开原因分析。

对崇明区 18 个乡镇的人均碳排放量情况进行总体分析，结果如图 4 所示。结果显示：新村乡、绿华镇在 2019 年与 2020 年人均碳排放量较高，分别位居崇明区人均碳排放量的第一位和第二位，绿华镇人均碳排放量增长较快，与新村乡的人均碳排放量差距明显缩小。2020 年较 2019 年，人均碳排放量增长的乡镇有 10 个，绿华镇、向化镇、建设镇是增幅较大的 3 个乡镇，增幅分别为 0.46 吨、0.16 吨、0.08 吨；人均碳排放量下降的乡镇有 8 个，竖新镇、新村乡、新河镇是降幅较大的 3 个乡镇，降幅分别为 0.16 吨、0.14 吨、0.10 吨。总体来看，崇明区人均碳排放量呈现"西高东低"的空间分布特征。

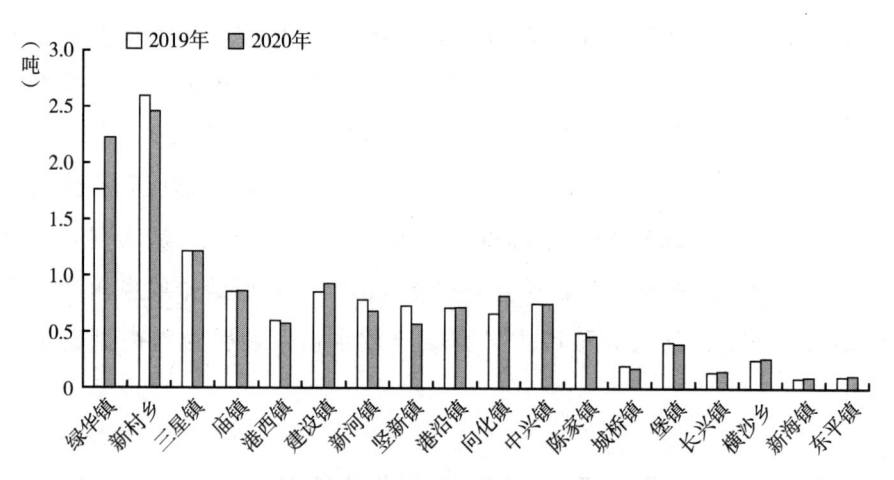

图 4　2019 年和 2020 年崇明区乡镇人均碳排放量

对崇明区 18 个乡镇的人均碳汇情况进行总体分析，结果如图 5 所示。结果显示：新村乡、绿华镇在 2019 年与 2020 年人均碳汇处于高位，分别居崇明区人均碳汇量的第一位和第二位，且 2020 年绿华镇人均碳汇较 2019 年进一步增长，新村乡 2020 年人均碳汇较 2019 年略有下降，绿华镇与新村乡的人均碳汇差距有所减小。2020 年较 2019 年，人均碳汇增长的乡镇有 7

个，绿华镇、向化镇是增幅较大的 2 个乡镇，增幅分别为 0.20 吨、0.09 吨；人均碳汇下降的乡镇有 11 个，新村乡、竖新镇是降幅较大的 2 个乡镇，降幅分别为 0.12 吨、0.10 吨。

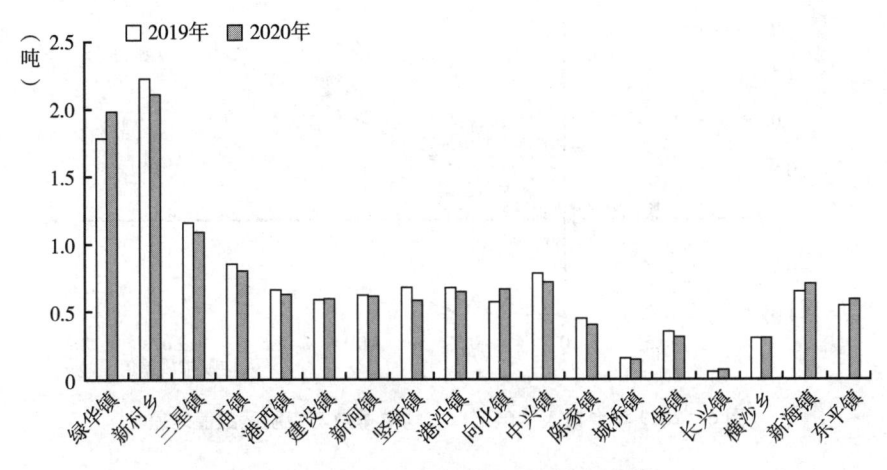

图 5　2019 年和 2020 年崇明区乡镇人均碳汇

本文以各乡镇人均碳汇、人均碳排放与崇明区整体的数值之差作为指标，考察不同乡镇相对于崇明区的差异，结果如图 6、图 7 所示。其中，第一象限表示乡镇的人均碳汇、人均碳排放均高于崇明区；第二象限表示乡镇人均碳汇高于崇明区，乡镇人均碳排放小于崇明区；第三象限表示乡镇的人均碳汇、人均碳排放均低于崇明区；第四象限表示乡镇的人均碳汇低于崇明区，人均碳排放高于崇明区。结果显示：2019 年、2020 年各乡镇分布于第一象限、第二象限和第三象限，没有乡镇位于第四象限。更进一步，以 45°线对第一象限和第三象限进行分割。在第一象限，45°线以上表示乡镇人均碳汇与崇明区人均碳汇的差值为正且大于乡镇人均碳排放与崇明区人均碳排放的差值，45°线以下则相反；在第三象限，45°线以上表示乡镇人均碳汇与崇明区人均碳汇的差值为负且其绝对值小于乡镇人均碳排放与崇明区人均碳排放差值的绝对值，45°线以下则相反。据此可以发现，位于 45°线上方乡镇的碳中和系数要高于崇明区，而位于 45°线下方乡镇的碳中和系数低于崇明区。第二象限的新海镇、东平镇远高于第一象限与第三象限的对角线，表现为人均碳汇量超过全区平均、人均碳排放量小于全区平均，这是其碳中和系数较高且远超全区平均值的主要原因。

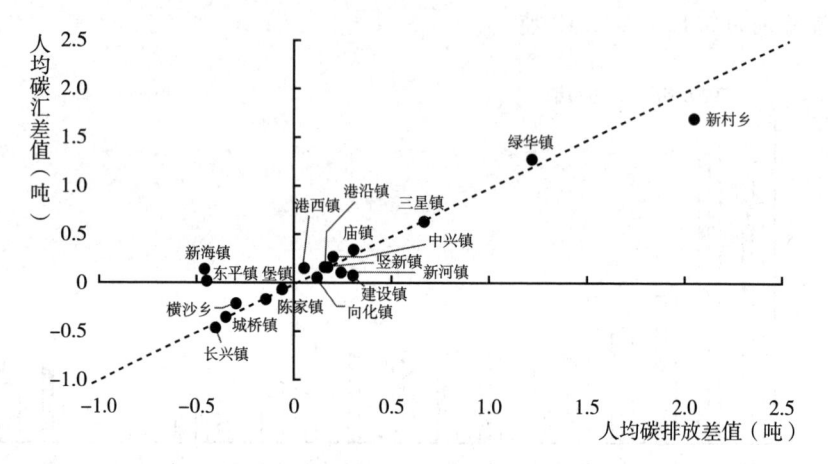

图 6　2019 年乡镇人均碳汇、人均碳排放与崇明区数值之差

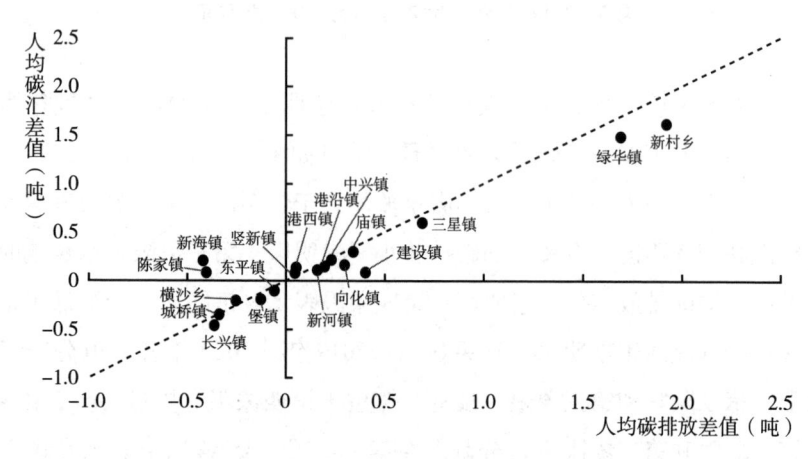

图 7　2020 年乡镇人均碳汇、人均碳排放与崇明区数值之差

从上述分析可知，位于碳汇功能区的新海镇、东平镇，主要是由于碳汇远超碳排放，主要得益于其生态用地数量较多，碳汇功能较强，如东滩湿地位于新海镇、东平国家森林公园位于东平镇。此外，本文发现，崇明区绝大部分乡镇分布于第一象限与第三象限45°分割线的两侧。究其原因，

主要是崇明区乡镇碳排放以农业活动碳排放为主，农业活动导致的碳排放占碳排放总量的八成以上。因此，乡镇碳汇与乡镇碳排放呈高度正相关。

四 崇明区乡村净零碳转型路径

本文通过构建乡村碳源、碳汇的分析评估框架，采用碳排放和碳吸收测算方法，能够较为全面地对乡村的碳源、碳汇进行综合测算，构建碳中和系数，用以衡量乡村碳中和发展情况，并在此基础上以上海市崇明区为例，对崇明区碳中和情况进行了案例研究。基于上述研究，本文提出以下五点崇明区乡村实现净零碳的转型路径。

（一）稻田排放主导型乡镇：优化水稻栽培方式

研究表明，崇明区乡镇碳排放类型多数为稻田主导型。稻田碳排放主要为甲烷排放。水稻根系中存在甲烷菌，在水稻生长过程中，水稻根系会释放出大量的有机物质，这些有机物质被甲烷菌分解后产生甲烷。因此，减少稻田甲烷排放，能够有效促进崇明区进一步实现净零碳发展。一是加强稻田水分管理。稻田淹水种植，易于形成厌氧环境，为稻田甲烷排放提供有利条件。因而需要改变传统的淹水耕作模式，探索更加高效的稻田水分管理模式。采用浅灌、间歇性灌溉等节水灌溉技术，避免稻田长时间淹水甚至是保障不淹水，为稻田根系创建有氧环境。二是加强稻田施肥管理。选择适当的化肥品种或常规化肥搭配施用抑制剂，如用硫酸铵代替尿素作为稻田的追肥，减少稻田甲烷排放。三是推动水稻品种选育工作。种植和选育合适的水稻品种。如节水抗旱水稻，不仅能够减少水资源的投入，还能明显减少甲烷排放。

（二）农业复合型乡镇：提升蔬菜种植水平

研究表明，向化镇和中兴镇碳排放类型为农业复合型，而其余农业活动主导型碳排放乡镇均为稻田主导型。原因在于向化镇和中兴镇是崇明区蔬菜种植的重要基地，两个镇的蔬菜种植面积在2019年和2020年均约为全区蔬菜种植面积的1/3。因此，对农业复合型碳排放乡镇而言，提升蔬菜种植水平，对该类乡镇实现净零碳发展具有重要意义。一是采用生态种植技术，减少化肥以及农药的施用。普及生态种植技术，减少蔬菜种植的农用物资投入，不仅能够减少蔬菜种植过程的碳排放还能提升蔬菜的附加值。二是加强氮肥施用管理。提高农田管理的技术化和信息化水平，精准施用氮肥。三是提高氮素利用效率。加强农田管理，配合施用有机无机肥，添加生物质碳，使用氮肥增效剂、缓控释肥、微生物抑制剂，采用水肥一体化管理等，提高当季氮肥利用率。

（三）能源活动主导型乡镇：优化产业结构，提高清洁能源消费比重

研究表明，长兴镇和新海镇碳排放类型为能源活动主导型。更进一步，这两个乡镇在2019年、2020年工业用能碳排放占碳排放总量的比例均超过50%。其中，2019年长兴镇工业用能碳排放占碳排放总量的比例为63.58%，占碳排放总量的六成以上。因此，对能源活动主导型乡镇而言，减少能源活动引起的碳排放，特别是工业用能碳排放至关重要。一是优化产业结构。降低高能耗产业比重，优先支持高技术、低能耗产业发展，加快发展现代服务业。二是增加清洁能源消费比重。增加太阳能、风能、潮汐能等清洁能源消费比重，降低传统化石能源消费比重。三是增强居民生活节能意识，减少居民生活用能。

（四）均衡型乡镇：多措并举共助乡村净零发展

研究表明，建设镇和东平镇碳排放类型为均衡型。其中，建设镇的特点是稻田碳排放量与工业用能碳排放量基本一致，东平镇的特点是稻田碳排放量与能源活动碳排放量基本一致且居民生活与工业用能碳排放基本一致。因此，对均衡型乡镇而言，需要多措并举共同助力乡村净零发展。一是优化水稻栽培方式，减少稻田碳排放。二是优化产业结构，提升清洁能源消费占比。三是加强居民节能减排意识，减少居民生活碳排放。

（五）崇明区：加强各类生态用地生态系统服务功能提升乡村碳汇能力

乡村碳汇资源是乡村实现净零碳发展的重要资源。在2019年、2020年，崇明区基本实现了净零碳发展。若能在此基础上更进一步，增强崇明区的碳汇能力，将会使得崇明区进入负碳发展阶段，进一步增强崇明区的生态系统服务功能。因此，乡村碳汇的提升对乡村净零碳发展是十分关键的。一是扩大生态用地总量，巩固提升碳汇能力。二是提高森林质量。提高森林覆盖率，分类推进疏密度移植和林下补植。三是加强生态用地保护，确保森林、湿地、草地等生态用地数量和质量均有提升。四是积极探索碳汇交易模式。崇明区有丰富的碳汇资源，而上海正在不断推动碳市场建设，若能将崇明区的碳汇资源纳入上海碳市场，将会极大地推动崇明区碳汇能力建设，有助于崇明区乡村生态振兴。

参考文献

段华平、张悦、赵建波等：《中国农田生态系统的碳足迹分析》，《水土保持学报》2011年第1期。

段晓南、王效科、逯非等：《中国湿地生态系统固碳现状和潜力》，《生态学报》2008年第2期。

方精云、郭兆迪、朴世龙等：《1981～2000年中国陆地植被碳汇的估算》，《中国科学（D辑：地球科学）》2007年第6期。

郭茹、田博文、曹晓静等：《基于碳平衡分析的乡村净零碳转型路径研究》，《环境科学与管理》2023年第2期。

韩召迎、孟亚利、徐娇等：《区域农田生态系统碳足迹时空差异分析——以江苏省为案例》，《农业环境科学学报》2012年第5期。

何艳秋、陈柔、吴昊玥等：《中国农业碳排放空间格局及影响因素动态研究》，《中国生态农业学报》2018年第9期。

胡向东、王济民：《中国畜禽温室气体排放量估算》，《农业工程学报》2010年第10期。

黄国宏、陈冠雄、吴杰等：《东北典型旱作农田N_2O和CH_4排放通量研究》，《应用

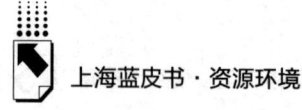

生态学报》1995 年第 4 期。

金书秦、林煜、牛坤玉：《以低碳带动农业绿色转型：中国农业碳排放特征及其减排路径》，《改革》2021 年第 5 期。

孔东升、张灏：《张掖黑河湿地自然保护区生态服务功能价值评估》，《生态学报》2015 年第 4 期。

闵继胜、胡浩：《中国农业生产温室气体排放量的估算》，《中国人口·资源与环境》2012 年第 7 期。

邱炜红、刘金山、胡承孝等：《种植蔬菜地与裸地氧化亚氮排放差异比较研究》，《生态环境学报》2010 年第 12 期。

苏维翰、宋文质、张桦等：《华北典型冬小麦农田氧化亚氮通量》，《环境化学》1992 年第 2 期。

田云、张俊飚：《中国农业生产净碳效应分异研究》，《自然资源学报》2013 年第 8 期。

王少斌、苏明翰：《中国地区氧化亚氮排放量及其变化的估算》，《环境科学》1993 年第 3 期。

王智平：《中国农田 N_2O 排放量的估算》，《农村生态环境》1997 年第 2 期。

于可伟、陈冠雄、杨思河等：《几种旱地农作物在农田 N_2O 释放中的作物及环境因素的影响》，《应用生态学报》1995 年第 4 期。

张丽琼、何婷婷：《1997~2018 年中国农业碳排放的时空演进与脱钩效应》，《云南农业大学学报（社会科学）》2022 年第 1 期。

B.17 上海"无废城市"建设与碳减排协同推进策略研究

齐康 金颖 孙腾 胡静 赵敏 李宏博*

摘　要： "无废城市"建设与碳减排具有极强的协同效应，"无废城市"建设、循环经济发展具有减量化、再利用、零填埋的内涵，可从源头上发挥降低温室气体排放的效应。本文主要基于上海市推进绿色低碳转型的现实需要，针对协同推进"无废城市"与碳减排的瓶颈问题，结合国家和本市"无废城市"建设与碳减排协同推进的总体要求，研究提出本市协同推进"无废城市"与碳减排的关键路径，包括源头推动减量，加强废钢、废弃油脂、废弃塑料等废旧资源的循环利用；末端强化协同处置，推进污泥固废、工业固废、生活垃圾等废弃物与煤电锅炉、冶金高炉等生产设施协同焚烧处置；推行绿色生活，尤其是加强快递包装材料的减量化和循环利用等，以及落实相关保障措施。

关键词： 无废城市　碳减排　双碳

党的二十大报告提出，要统筹产业结构调整、污染治理、生态保护、应对气候变化，协同推进降碳、减污、扩绿、增长，推进生态优先、节约集

---

* 齐康，上海市节能减排中心有限公司高级工程师，主要研究方向为能源和低碳管理；金颖，上海市节能减排中心有限公司高级工程师，主要研究方向为绿色消费；孙腾，上海市节能减排中心有限公司高级工程师，主要研究方向为固废管理；胡静，上海市环境科学研究院高级工程师，主要研究方向为低碳经济和环境管理；赵敏，博士，上海市减污降碳管理运行技术中心高级工程师，主要研究方向为低碳经济和环境管理；李宏博，上海市环境科学研究院工程师，主要研究方向为低碳技术评估。

约、绿色低碳发展。建设"无废城市"、发展循环经济与降低碳排放、实现"双碳"目标具有非常强的协同效益。本文结合国家政策要求、本市碳排放现状与碳达峰行动方案、"无废城市"建设发展实际与规划进行梳理分析，力求提出上海"无废城市"建设与碳减排协同推进的相关策略与举措，以期最大化发挥减污降碳的协同作用，助力美丽上海建设。

一 "无废城市"建设与碳减排协同推进的政策要求

《中共中央 国务院关于完整准确全面贯彻新发展理念做好碳达峰碳中和工作的意见》提出，要"加快发展循环经济，加强资源综合利用，不断提升绿色低碳发展水平"。

《2030年前碳达峰行动方案》将"循环经济助力降碳行动"作为十大碳达峰行动之一，提出要"大力发展循环经济，全面提高资源利用效率，充分发挥减少资源消耗和降碳的协同作用"，并明确"推进产业园区循环化发展（到2030年，省级以上重点产业园区全部实施循环化改造）""加强大宗固废综合利用，以煤矸石、粉煤灰、尾矿、共伴生矿、冶炼渣、工业副产石膏、建筑垃圾、农作物秸秆等大宗固废为重点，支持大掺量、规模化、高值化利用""健全资源循环利用体系，完善废旧物资回收网络，推行'互联网+'回收模式，推动再生资源规范化、规模化、清洁化利用，到2025年废钢铁、废铜、废铝、废铅、废锌、废纸、废塑料、废橡胶、废玻璃等9种主要再生资源循环利用量达到4.5亿吨""大力推进生活垃圾减量化资源化，加强塑料污染全链条治理，整治过度包装。推进生活垃圾焚烧处理，降低填埋比例，探索适合我国厨余垃圾特性的资源化利用技术"等重点任务。

《"十四五"时期"无废城市"建设工作方案》明确提出"加快工业绿色低碳发展，降低工业固体废物处置压力""促进农业农村绿色低碳发展，提升主要农业固体废物综合利用水平""推动形成绿色低碳生活方式，促进生活源固体废物减量化、资源化，压缩填埋规模，减少甲烷等温室气体排放""加强全过程管理，大力发展节能低碳建材，全面推广绿色低碳建材，推动建筑材料循环利用，推进建筑垃圾综合利用"等主要任务，凸显了无废城市建设与碳减排的显著协同效应。

《中共上海市委上海市人民政府关于完整准确全面贯彻新发展理念做好碳达峰碳中和工作的实施意见》明确提出上海市要"建立健全贯穿源头减量、精细分类、高效利用、循环再生等全过程的资源循环利用体系，在全国率先建立全覆盖、高效率的循环型社会"。《上海市碳达峰实施方案》也明确将"循环经济助力降碳行动"列为十大碳达峰行动之一，并提出"以源头减量、循环使用、再生利用为统领，加快建成覆盖城市各类固体废弃物的循环利用体系，到2025年，主要废弃物循环利用率达到92%左右，努力实现全市固体废弃物近零填埋"的目标，以及"打造循环性产业体系""建设循环性社会""推动建设领域循环发展""发展绿色低碳循环型农业""强化行业、区域协同处置利用"等重点任务。

综上所述，"无废城市"建设、循环经济发展具有减量化、再利用、零填埋的内涵，可从源头上发挥降低温室气体排放的效应。与此同时，在"双碳"战略推进过程中，新能源汽车、风电光伏、储能等大量推广应用及逐步停役使用，也对相关新兴废弃物的循环利用提出了日益迫切的要求。因此，国家和上海相关低碳发展与"无废城市"建设的政策一再强调要发挥协同效应。

二 上海协同推进"无废城市"与碳减排的现实需要

从碳排放总量看，近年来，上海全市碳排放总量维持在2亿吨左右，虽然碳排放已初步呈现与经济发展脱钩趋势，但本市绿色低碳发展水平与国际同类城市相比、与美丽上海的建设目标相比还有一定差距。受发展阶段及产业特征等影响，本市当前高碳能源占比仍超过80%，工业排放占据全市碳排放总量的半壁江山，其中石化和钢铁等高碳产业又占工业排放的3/4以上，加之城市能级提升和居民生活品质改善带动的建筑和交通需求刚性增长，上海推进"双碳"战略面临艰巨挑战。

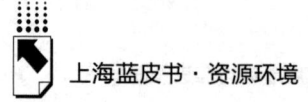

与占比较高的能源加工转换和工业部门相比，废弃物处理领域排放占比已从2010年的3%左右下降到了2020年的1%左右，呈现显著的改善趋势。尤其是自2019年7月1日《上海市生活垃圾管理条例》施行以来，本市生活垃圾全程分类体系加速建成，2020年，上海基本实现原生生活垃圾零填埋，使得本市近年来在生活垃圾产生量随着居民生活水平提高而不断增长的情况下，实现了生活垃圾填埋处理产生的温室气体排放大幅下降。加之自2019年来，上海市垃圾焚烧处理设施已全部实现了能源回收，本市自2020年起垃圾焚烧处理产生的CO_2排放大部分被计入能源领域，不仅有效降低了废弃物领域的碳排放，还为能源领域提供了化石燃料发电的替代选择，为本市稳步推进碳达峰碳中和行动做出了积极贡献。在这些可喜成效的基础上，如何进一步强化系统思维，通过推动建设"无废城市"加快构建源头减量、精细分类、高效利用、循环再生等全过程资源循环利用体系，在持续降低废弃物处理领域碳排放的同时，为有效降低本市能源和资源消耗带来的碳排放做出更大贡献，成为当前亟待深入思考和实践的重点问题。

专栏一　生活垃圾处理的温室气体排放概况

生活垃圾处理是全球温室气体排放的重要来源，其主要包括：垃圾卫生填埋处理过程中可生物降解的有机物发生厌氧反应产生的甲烷、垃圾焚烧厂焚烧来自化石燃料的废弃物或燃烧化石燃料等产生的二氧化碳以及堆肥处理生活垃圾产生的甲烷和氧化亚氮。2016年，全球温室气体排放总量达到494亿吨，其中生活垃圾处理产生的排放占比约为3.2%。据预测，如果无法妥善处理城市固体废弃物，至2025年，垃圾产生的人为温室气体排放量将占全球总量的8%~10%。根据《中华人民共和国气候变化第三次国家信息通报》，2010年我国废弃物处理的温室气体排放量为1.32亿吨二氧化碳当量，其中生活垃圾处理排放量为0.56亿吨二氧化碳当量。《中华人民共和国气候变化第二次两年更新报告》显示，2014年中国

> 废弃物处理温室气体排放量为 1.95 亿吨二氧化碳当量，其中固体废弃物处理排放量为 1.04 亿吨二氧化碳当量。有学者基于《2006 年 IPCC 国家温室气体清单指南》，测算得出我国 2017 年每吨生活垃圾填埋、焚烧和堆肥处理产生的碳排放分别是 1.74 吨、0.53 吨、0.19 吨二氧化碳当量。针对单位生活垃圾处理量，填埋排放最高，其次为焚烧，最低为堆肥。从国际经验来看，废弃物领域是非能源领域减排效果最为明显的领域。我国人多地少、土地资源短缺，随着填埋处置规范化标准不断升高以及受处置和运输成本大幅增加等问题的影响，填埋处置的规模将逐渐缩小。

就"无废城市"建设而言，《上海市"无废城市"建设工作方案》提出"聚焦减污降碳协同增效，到 2030 年全市固废资源化利用充分，实现固废近零填埋"的总体目标及"生活垃圾回收利用率达 45% 以上""一般工业固废综合利用率不低于 95%""建筑垃圾资源化利用率达到 93% 左右""生活垃圾焚烧二次污染物填埋率控制在 2% 以下""污水厂污泥零填埋""农作物秸秆综合利用率达到 98% 左右""畜禽粪污资源化利用实现全覆盖"等具体目标。2021 年全市固体废弃物总量（包括一般工业固废、生活垃圾、建筑垃圾、危险废物、农业固废、水厂污泥等）保持在 17853 万吨的高位，且该总量及一般工业固废量、建筑垃圾量均相对 2020 年明显增长，要实现上述"无废城市"相关目标还面临严峻挑战。

因此，无论是推进碳减排，还是推进"无废城市"建设，均有必要从源头出发，推动各环节，特别是工业和生活领域资源的减量化和再利用，建设循环经济和循环型社会，从而协同实现碳达峰和固废资源充分利用、近零填埋等目标。

三 上海协同推进"无废城市"与碳减排的关键路径

(一)源头推动减量,强化废弃资源循环利用

加强废钢、废弃油脂、废弃塑料等废旧资源的循环利用,对于降低钢铁、化工等工业领域的碳排放,以及"无废城市"的建设,均为重要举措。

以废钢循环利用为例,目前本市粗钢主要由铁矿石长流程方式生产(占比约为92%,国外同类钢铁生产企业该比例仅约为75%),在废钢回收用于本市钢铁生产的情况下,本市粗钢产量(约1600万吨)中增加10%从长流程转向短流程,即增加160万吨废钢循环利用量,可实现本市钢铁生产相关碳减排量约180万吨。如考虑原料生产、运输等环节,还将增加碳减排量约210万吨。

专栏二 废钢利用的碳减排效益

参照《PAS2050:产品与服务生命周期温室气体排放的评价规范》《产品生命周期核算与报告标准》(GHG Protocol)以及《ISO 14067产品碳足迹量化与交流的要求与指导技术规范》等国际通用温室气体核算方法学,对废钢循环利用产生的碳减排量进行测算。覆盖的排放源涉及钢铁产品的全生命周期,包括铁矿石、煤、石灰石等重要原材料的开采,原材料运输,生产制造(包括焦化、烧结、球团、炼铁、炼钢、轧钢等生产环节)。在增加废钢短流程炼钢的减排情景中,在原材料环节,减少了铁矿石、煤炭等原材料开采洗选产生的碳排放,增加了废钢前期回收加工产生的碳排放;在原材料运输环节,短流程炼钢所需废钢的运输半径一般在30~150公里范围内,显著低于长流程炼钢所需铁矿石和煤炭的运输半径,因而原材料运输产生的碳排放将相应减少;在生产制造环节,使用废钢炼钢可大幅减少焦化、烧结、炼铁等铁前工序能源消耗及碳排放;在轧钢等环节,废钢短流程炼钢碳排放与长流程炼钢没有明显差异。

（1）钢铁生产制造环节碳减排量。依据中国钢铁工业协会单耗数据，炼焦+烧结+高炉+转炉的长流程炼钢工艺排放强度为1.70吨二氧化碳/吨，电炉短流程工艺碳排放强度为0.28吨二氧化碳/吨。按本市粗钢产量1600万吨，铁钢比为90%，增加废钢使用160万吨计算，碳减排量约为180万吨。

（2）原材料开采加工端碳减排量。参考生态环境部环境规划院发布的《中国产品全生命周期温室气体排放系数集（2022）》，铁矿石开采和选矿排放因子为70千克二氧化碳/吨，煤炭开采洗选排放因子为28.7千克二氧化碳/吨。参考上海市某典型废钢加工企业能耗水平，废钢加工排放因子为2.1千克二氧化碳/吨。则长流程开采碳排放约为16.6万吨，短流程加工碳排放约为0.3万吨。按铁钢比为90%，增加废钢使用160万吨计算，碳减排量约为16.3万吨二氧化碳。

（3）短流程炼钢所需废钢主要采用道路货运车辆运输，长流程炼钢所需铁矿石和煤炭主要采用水运。按粗钢产量1600万吨，铁钢比为90%测算，铁矿石约2000万吨，煤炭约900万吨，废钢约160万吨。铁矿石运输距离约7000公里（澳大利亚到上海），煤炭运输距离约1300公里（秦皇岛港到上海港），废钢运输半径约80公里（按上海市域范围估计）。参考生态环境部环境规划院发布的《中国产品全生命周期温室气体排放系数集（2022）》，铁矿石运输采用集装箱船排放因子0.010千克二氧化碳/吨公里，煤炭运输采用干散货船排放因子0.007千克二氧化碳/吨公里，废钢运输采用重型货车排放因子0.049千克二氧化碳/吨公里。则长流程运输碳排放约为14.8万吨，短流程运输碳排放约为0.3万吨。按铁钢比为90%，增加废钢使用160万吨计算，碳减排量约14.5万吨二氧化碳。

又以废弃油脂利用为例，通过废弃油脂再加工成生物柴油是当前的发展趋势，既可实现废弃物的资源化利用，又可实现交通运输领域的碳减排。本市年均废弃油脂收运量约为30万吨，如全部用于车辆领域，按等量替代柴油计算，则可实现超过100万吨碳排放减量。随着废弃油脂加工技术水平的逐步提升，将来还可用于航空领域替代航空煤油，从而为减碳难度较大的航空领域提供路径选择。

专栏三　废弃餐饮油脂用于生产可持续航空燃料

2022年10月13日，空客天津采用油脂加氢路线生产的可持续航空燃料（Sustainable Aviation Fuel，简称"SAF燃料"），实现向中国航司交付飞机的首次飞行。此次交付使用的SAF燃料，由中国石化镇海炼化厂采用中国石化具有自主知识产权的生物航空煤油生产技术（SRJET），使用餐饮废弃油作为原材料炼制生产，是中国首套可持续航空燃料工业装置实现规模化生产后的首批国产SAF。镇海炼化厂的年设计加工能力为10万吨，2022年6月产出首批纯生物航空煤油600多吨。

SAF燃料相较于传统的化石燃料，从原材料收集到最终用户使用的整个过程中产生的碳排量最高可减少85%，且能够与煤油完全混合，目前最高比例可达50%，同时不需要对飞机或发动机进行任何改装，对于飞行运行、安全和飞机维护没有任何影响，随时可用。

但SAF燃料存在收集成本高、量产不足等问题，且多种原料、多种转化工艺造成的高昂工艺成本也限制了其大规模商业化发展。

又如农业领域既是本市固废产生的主要来源，又是温室气体排放的主要领域之一，通过在农业生产过程中开展畜禽粪污资源化利用，推进农业废弃物与农业产品之间再生循环，可实现大幅减少农业活动温室气体排放。

（二）末端协同处置，加强减污降碳统筹推进

上海在推进"无废城市"建设进程中，推进污泥固废、工业固废、生活垃圾等有一定热值的城市废弃物与煤电锅炉、冶金高炉等生产设施协同焚烧处置，既可实现城市废弃物的无害化处置、资源化利用，也可促进电力和钢铁行业碳排放的降低。

有协同处置需求的城市废弃物主要包括污水处理厂污泥、一般工业固废（生活垃圾焚烧设施能力目前本市已有一定富余，暂按独立焚烧处置考虑）。以污泥为例，根据市政府批复的《上海市污水处理系统及污泥处理处置规划（2017~2035年）》（以下简称《上海2035污水规划》），2035年污水厂污泥产量为2700吨/天，根据目前实际产泥水平推算，本市2025年污水处理厂产泥量约为1568吨/天，年可协同处置污泥量约57万吨。以一般工业固废为例，目前本市每年产生一般工业固废量稳定在1700万吨左右，除综合利用量外需处置量约为140万吨，按可焚烧物占比70%，则年可协同处置量约为100万吨。如全部进入煤电厂掺烧，可替代燃煤约60万吨，减少二氧化碳排放约150万吨。

将固废与煤电、冶金高炉等设施掺烧处置具有减污降碳协同的显著效应，在当前推进碳减排与"无废城市"建设的形势下具有较强的必要性和合理性。当然，具体实施过程中还需要考虑电网调度安全、电厂与污泥等相关固废生产设施运行安全、协同处置设施周边功能规划控制等问题。

（三）推行绿色生活，强化消费降碳减废协同

协同推动碳减排与"无废城市"建设，绿色生活消费是关键，强化废纺（衣服）、废旧书籍、废旧电子电器、废旧家具等废旧资源的循环利用，既可明显减少终端废弃物产生量、填埋量，也可大幅减少相关物品和材料生产、运输环节的碳排放量。

更值得关注的是，随着电商和外卖的快速发展，相关的包装材料也将产生大量的碳排放和废弃物。针对绿色快递包装，国家相关部门制定出台了一系列政策要求，本市也有必要加快制定相关政策举措，建立长效机制，遏制住相关新兴废弃物增长的势头，推动"无废城市"的可持续建设。2021年

全市快递业务量完成37.4亿件，同比增长11.2%，由于回收处理体系不健全，快速增长的快递业务量带来了废弃快递包装材料等环节巨大的资源浪费以及生活领域碳排放的快速增长。按本市最主要的快递包装材料纸箱考虑，生产环节碳排放预计达到90万吨［其中纸箱预计达到80万吨，排放因子采用《快递业温室气体排放测量方法》（YZ/T 0135-2014）中的缺省值1.137kgCO_2e/kg］。因而，有必要加大纸箱的循环利用量，进一步延长纸箱的使用周期，以降低快递纸箱全生命周期的碳排放量。

具体快递包装的循环利用路径可包括四种。一是扩大绿色快递纸箱的供给。根据《快递封装用品》国家标准（GB/T 16606.2-2018），加大对符合该标准的快递纸箱的研发、设计和生产的投入，增加绿色快递纸箱的有效供给。健全快递纸箱生产者责任延伸制，完善快递纸箱生态设计、再生利用、信息公开等方面的标准规范，推动快递电商及纸箱生产企业主动披露产品能效、水效、环境绩效、碳排放等方面的信息。二是实施快递纸箱的绿色认证。各电商企业、物流企业采购快递包装物时应根据需要要求供应商产品取得绿色产品认证，或者由供应商提供由第三方检测机构出具的相关检测报告。构建统一的绿色快递纸箱认证和标识体系，并按照相关标准开展绿色快递纸箱的产品认证，对通过认证的绿色快递纸箱加贴绿色产品认证标识，从而引导和支持电商企业、物流企业使用绿色快递纸箱。三是建立推动绿色包装应用的机制。在不影响快件寄递安全的前提下，各电商企业、物流企业应逐步选择低克重高强度的快递纸箱、逐步扩大可循环包装材料（即循环快递箱、共享快递盒等）的应用范围。通过为消费者提供包装减量和绿色包装的选择权，并建立相应的激励机制以推动可循环包装材料和绿色快递纸箱的应用。电商平台应积极利用"流量引导""绿色供应链联盟"等措施，引导电商企业推进包装减量。物流企业应在寄递协议客户的标准产品时，加强与上游电商企业或产品生产企业的协同，积极向协议客户建议使用可循环包装材料，减少二次包装。四是进一步优化逆向物流流程。结合物流环节的关键节点（如新零售品牌线下门店、快递驿站和快递超市等集中投放点、智能快递柜等），布局快递纸箱的再利用网点，合理优化快递纸箱的再利用流程。通过鼓励新零售品牌线下门店、集中投放点、智能快递柜的运营主体开展快递纸箱的有偿再利用，探索开发快递纸箱再利用信息系统和回收装备，由物流环节的关键节点集中统一后交由相关电商企业、物流企业用于揽件配送，以使快递纸箱物尽其用。

四 协同推进"无废城市"建设和碳减排的短板和瓶颈

尽管本市"无废城市"建设和碳达峰工作已经全面启动，但较之于规划目标要求，仍存在一定短板和瓶颈。

一是缺乏法律保障。不管是"无废城市"建设、废弃物循环利用还是低碳发展，目前本市还缺乏相应的法律法规文件支撑。如前文所述，两者的协同关键是源头协同，也就是"无废城市"的建设和循环经济的发展。浙江、江苏、广东等发达省份均制定发布绿色低碳发展或"无废城市"相关法律文件，重点强化了法规对"无废城市"建设、循环经济、二手商品流通或再生物料使用等的支撑。

二是相关标准体系尚不完善。欧盟、日本等先行地区都将构建相关资源循环利用标准体系作为实现"无废"和碳中和的关键手段，通过分品类构建法规标准，指导经济社会各领域不断提高再生资源和再生产品使用比例。如针对再生塑料关键品种——食品级再生塑料，欧盟推动实施新的《食品接触再生塑料法规》，提出食品级再生塑料"合适再生技术"（Suitable Technology）标准，该标准将对国内食品级再生塑料生产企业产生影响。我国和上海市尚未形成统一的产品碳足迹核算标准体系及符合发展需要的本土数据库，造成针对废弃物循环利用相关上下游碳排数据的全面归集面临较大困难。针对废弃物循环利用的碳减排方法学也有待开发。相关标准的滞后不利于上海市资源循环利用做大做强和再生产品扩大推广。

三是有关认证服务产业有待培育发展。上海市绿色低碳工作以企业层面节能减排、产品层面低碳认证等点上、静态工作为主，从整个供应链、废弃物循环利用、二手商品流通使用、产品全生命周期推动绿色低碳认证和碳足迹核算的相关服务业发展仍有不足。

四是舆论氛围和激励机制有待营造和建设。上海市已开展多年的区域低碳示范创建，且已有部分区探索开展了"无废细胞"创建工作，但没有强制要求废弃物循环利用、再生料和二手商品使用、碳足迹核算和认证，也缺少资金支持，在需要较大成本投入的情况下，中小企业进一步加大废弃物的循环利用、推动全生命周期的碳减排还需强化宣传推广和政策激励。

五 协同推进"无废城市"建设和双碳战略的保障措施

一是积极推动绿色发展和"无废城市"立法。目前上海市正在推动制定绿色发展、"无废城市"地方性法规，在相关法规制定过程中建议强化"减量化、资源化"的核心要求和生产者（建设者、流通者）责任，明确各环节绿色设计、源头减量、再生料使用、再制造的强制要求。强化规划引领，落实各区级以上地方人民政府对发展循环型社会、固废收集、循环利用基础设施的保障责任。完善制度体系，强调建立健全生产者责任延伸、反食品浪费、快递押金与逆向物流、多源固废协同利用处置、企业环境信息披露、政府绿色采购等制度。促进产业发展，将循环工艺技术研发示范与促进绿色低碳产业发展紧密衔接，支持培育一批示范园区、龙头企业与平台型企业。加强能力建设，加强循环经济相关数据统计监测，建立完善重点行业供应链碳排放数据库，按照产品类别收集、计算、整理配套碳排放因子数据集，为企业推动废弃物循环利用、实施全生命周期碳减排提供数据支持。探索建立全市公共服务平台，开展产品（废弃物）碳足迹数字化自动追踪、核算与评估。

二是完善打造循环利用、碳足迹标准和认证体系。对接国际如欧盟相关标准体系，加快推动上海市建立废弃物循环利用、再生料使用、碳足迹等标准体系框架，包括通用技术标准、不同类型产品（废弃物）碳足迹技术标准、数据质量评价技术标准等。积极吸引并在本市集聚具有行业影响力的绿色低碳认证机构，促进国际合作和互认。选择废钢、废铝、动力电池、纺织等产品，加强碳足迹追踪监测，鼓励引导相关企业推进全生命周期绿色低碳转型。针对二手商品和再生料使用，抓紧研究编制一批引领性的标准规范，包括二手商品、再生料的评估分类、认证标准。

三是全面推进"无废细胞"建设。"无废细胞"是协同推进"无废城市"建设和碳减排的关键载体，是绿色生产生活方式的集中体现。可在原有区域低碳示范创建的基础上，结合上海市实际，针对工厂、校园、实验室、旅游景区等推出一批"无废细胞"建设评估细则，在全市层面动员各领域创建"无废细胞"。

四是支持重点区域和行业先行先试。支持相关外贸转型、加工贸易等产业园区和钢铁、汽车、纺织、交通运输等行业，先行开展全生命周期绿色低碳管理试点，推动建立归集上下游供应商、废弃再生料循环利用数据的碳排放数据库，启动汽车、钢铁、纺织、交通设施养护、运输燃料等产品碳足迹核算，培育建立在世界范围内有一定应影响力的行业循环再生与碳足迹的统计核算体系和认证平台，推动国内行业碳足迹数据全球互认。

五是加强财政资金和绿色金融支持。运用国家和上海市中央预算内资金、节能减排和应对气候变化等转型资金，支持企业开展废弃物循环利用、再制造，发展低碳生产、低碳流通、低碳消费、低碳回收。积极向国家争取，优化完善国家增值税退税流程。给予开展再生料使用、废弃物循环利用、碳足迹标识认证管理的企业相关出口退税优惠和补贴支持。进一步丰富和创新碳金融、绿色金融工具，发展绿色低碳供应链融资，促进中小企业更广泛参与废弃物循环利用和减碳。

六是加强人才政策支持。配套落户和税收优惠政策，吸引聚集循环利用标准、碳足迹核算等领域的专业人才，以及全生命周期绿色低碳管理的综合型人才，支持国际国内行业组织机构入驻，开展人才培育与国际交流学习，推动国际国内标准对接。针对二手商品、再生料使用，探索建立相关人社职业资格制度，扩大鉴定行业人才规模，建立人才培养和管理机制。

参考文献

《2025年垃圾产生的温室气体排放量将占全球的8%至10%》，http://www.tanjiaoyi.com/article-27219-1.html。

李崇、任国玉、高庆先等：《固体废弃物焚烧处置及其CDM（清洁发展机制）研究》，《环境科学研究》2011年第24期。

生态环境部：《中华人民共和国气候变化第二次两年更新报告》，https://www.mee.gov.cn/ywgz/ydqhbh/wsqtkz/201907/P020190701765971866571.pdf。

生态环境部：《中华人民共和国气候变化第三次国家信息通报》，http://www.mee.gov.cn/ywgz/ydqhbh/wsqtkz/201907/P020190701762678052438.pdf.2019-07-01。

张艳艳、景元书、高庆先等：《我国城市固体废弃物处理情况及温室气体减排启示》，《环境科学研究》2011年第8期。

仲璐、胡洋、王璐：《城市生活垃圾的温室气体排放计算及减排思考》，《环境卫生工程》2019年第5期。

附　录
上海市资源环境年度指标

一　环保投入

2022年，上海全年全社会用于环境保护的资金投入约1022.3亿元，相当于地区生产总值的比例约为2.3%，比上年下降8.7个百分点。

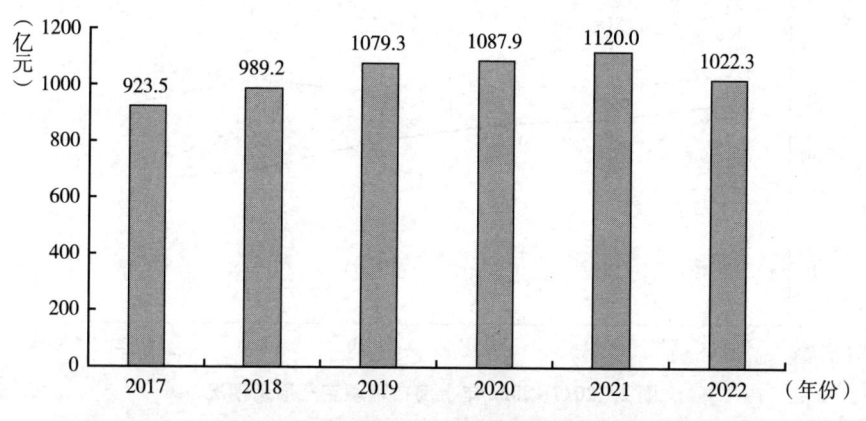

图1　2017~2022年上海市环保总投入状况

资料来源：上海市生态环境局：2017~2021年《上海市生态环境状况公报》；《2022年上海市国民经济和社会发展统计公报》。

二　大气环境

2022年，上海市环境空气质量指数（AQI）优良天数为318天，较

2021年减少17天，AQI优良率为87.1%，较2021年下降4.7个百分点。臭氧为首要污染物的天数最多，占全年污染日的87.2%。全年细颗粒物（$PM_{2.5}$）年均浓度为25微克/米³，可吸入颗粒物（PM_{10}）、二氧化硫、二氧化氮的年均浓度分别为39微克/米³、6微克/米³、27微克/米³，均为有监测记录以来最低值。臭氧（O_3）日最大8小时平均第90百分位数为164微克/米³，超出国家环境空气质量二级标准4微克/米³，较2021年上升13.1%，一氧化碳（CO）浓度为0.9毫克/米³。上述污染物除臭氧外连续两年达到国家环境空气质量二级标准，其中二氧化硫年均浓度、全市一氧化碳24小时平均第95百分位数浓度达到国家环境空气质量一级标准。

图2 2017~2022年上海市环境空气质量情况

资料来源：上海市生态环境局：2017~2022年《上海市生态环境状况公报》。

2022年，上海市氮氧化物排放总量为20.41万吨，比2017年下降了26.1%。

三 水环境与水资源

相对于2021年，2022年上海市地表水环境质量有所改善。2022年全市

附　录　上海市资源环境年度指标

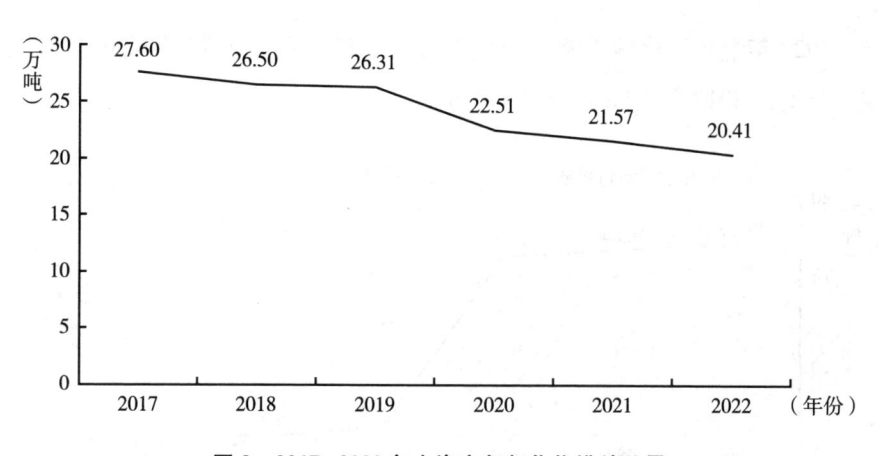

图3　2017~2022年上海市氮氧化物排放总量

资料来源：上海市生态环境局：2017~2021年《上海市生态环境状况公报》；上海市生态环境局：《上海市顺利完成2022年主要污染物总量减排目标任务》。

主要河流断面水质达Ⅲ类水及以上的比例占95.6%，无Ⅴ类和劣Ⅴ类水质断面；高锰酸盐指数平均值为3.8毫克/升，较2021年下降7.3%；氨氮、总磷平均浓度分别为0.42毫克/升、0.138毫克/升，较2021年分别下降16.0%、12.7%。

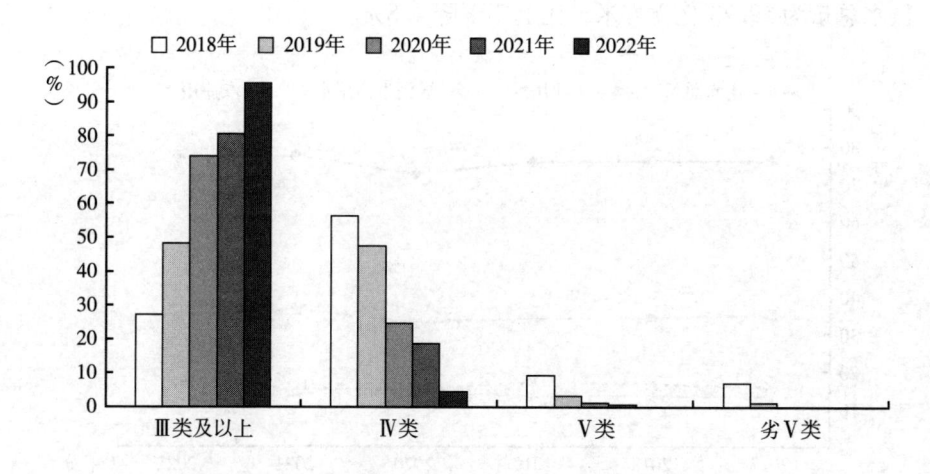

图4　2018~2022年上海市主要河流水质类别比重变化

注：全市主要河流监测断面总数为273个。
资料来源：上海市生态环境局：2018~2022年《上海市生态环境状况公报》。

2022年上海市化学需氧量和氨氮排放总量分别为3.75万吨与1.51万吨，分别比2017年下降了78.2%和61.3%。

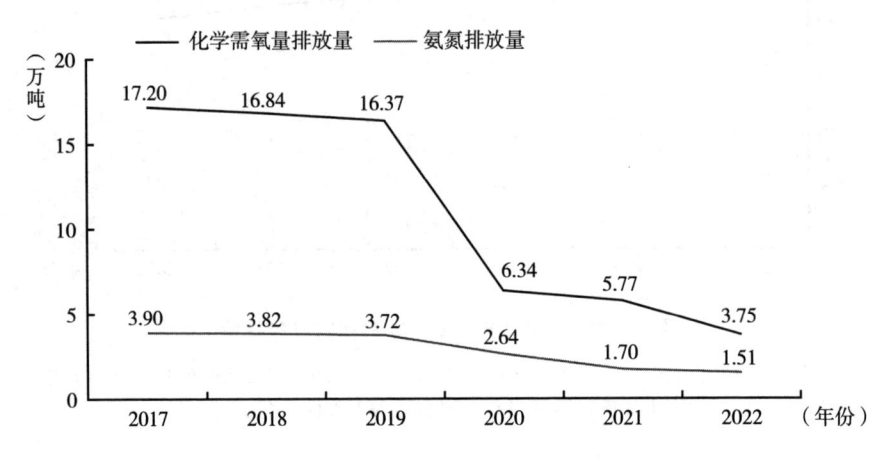

图5 2017~2022年上海市主要水污染物排放总量

资料来源：上海市生态环境局：2017~2021年《上海市生态环境状况公报》；上海市生态环境局：《上海市圆满完成2022年主要污染物总量减排目标任务》。

2022年，全市取水总量为76.76亿立方米，比上年上升5.7%，自来水供水总量为29.23亿立方米，比上年下降2.8%。

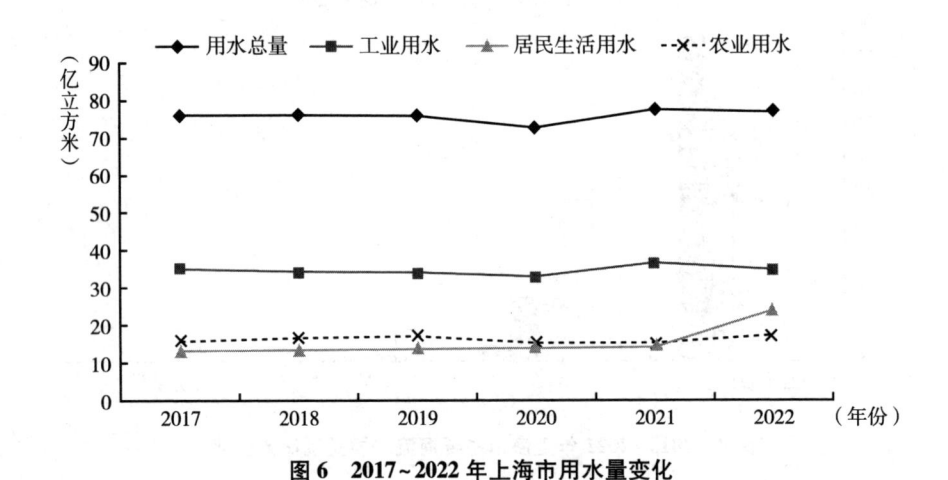

图6 2017~2022年上海市用水量变化

资料来源：上海水务局：2017~2022年《上海市水资源公报》。

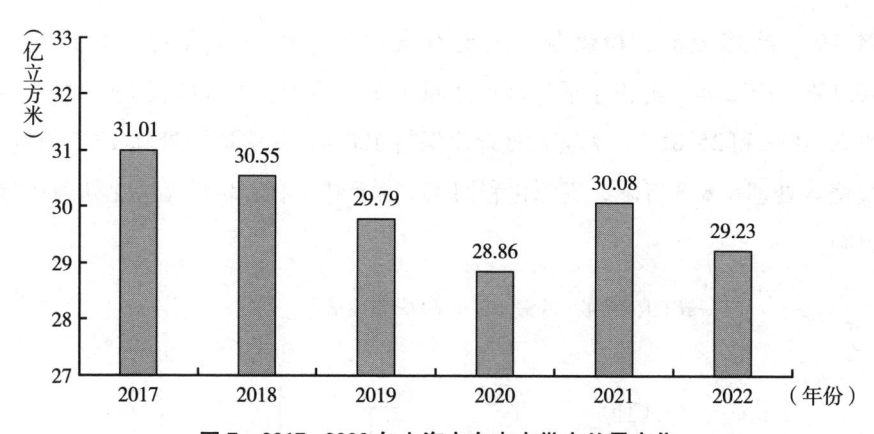

图7　2017~2022年上海市自来水供水总量变化

资料来源：上海水务局：2017~2022年《上海市水资源公报》。

2022年，上海市城镇污水处理率为98.04%。

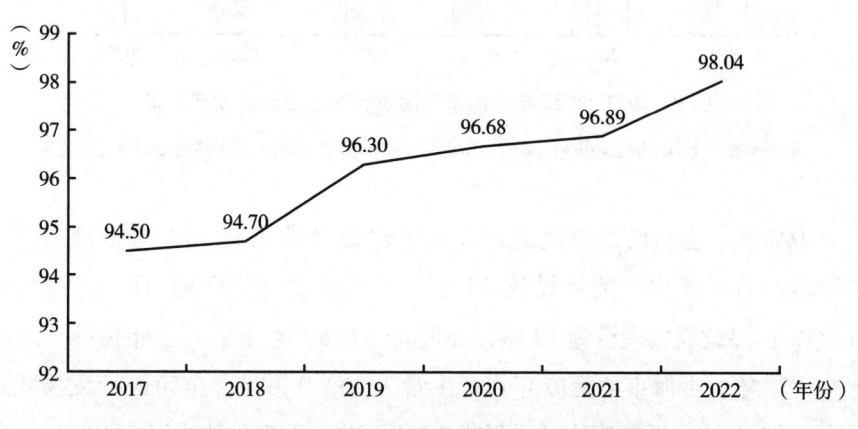

图8　2017~2022年上海市城镇污水处理率变化

资料来源：上海水务局：2017~2019年《上海市水资源公报》；住房和城乡建设部，2020~2022年《中国城市建设状况公报》。

四　固体废弃物

2022年，上海市一般工业废弃物产生量为2076.3万吨，综合利用率为

94.1%。冶炼废渣、粉煤灰、脱硫石膏占工业固体废弃物总量比重为76.1%。2022年上海市生活垃圾产生量1129.3万吨，干垃圾和湿垃圾分别占53.00%和25.81%。无害化处理率保持100%，其中填埋处理16.5万吨，焚烧等处理678.3万吨，资源化利用434.5万吨，有害垃圾无害化处理0.06万吨。

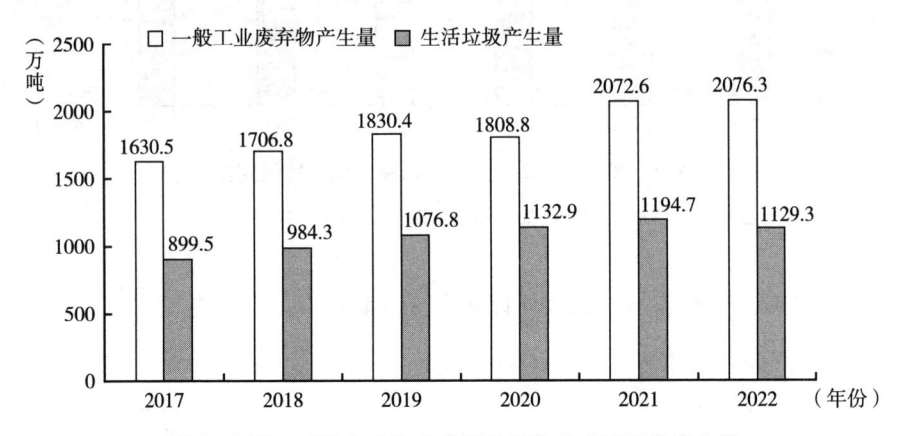

图9　2017~2022年上海市生活垃圾和工业废弃物产生量

资料来源：上海市生态环境局：2017~2022年《上海市固体废物污染环境防治信息公告》。

2022年，全市已建成生活垃圾无害化处置设施25座，总处理能力为34380吨/日。其中，焚烧设施15座，处理能力28000吨/日，同比增长21.74%；湿垃圾处理设施10座，处理能力6380吨/日，与上年保持一致。

2022年，上海市危险废弃物产生量为157.0万吨，全市医疗废物收运量为19.4万吨，医疗废物处置量为19.4万吨，无害化处置率达100%。

五　能源

2021年，上海万元生产总值的能耗比上一年下降了11.5%，万元地区生产总值电耗下降了6.8%。

2021年，上海市能源消费总量为11683.0万吨标准煤，同比增长了5.3%。

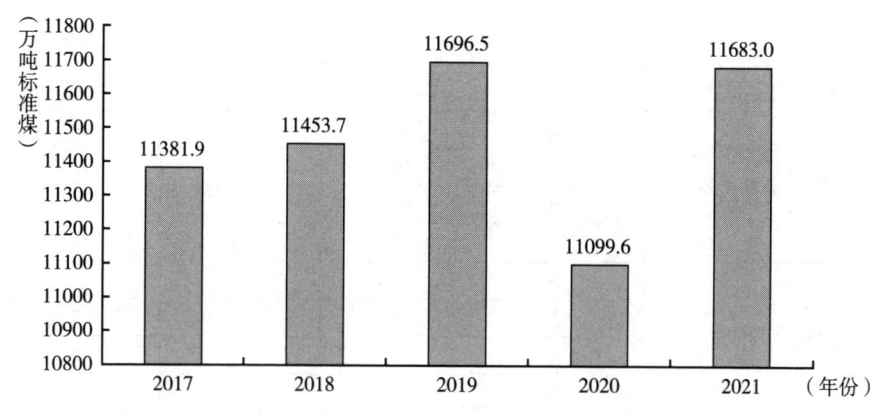

图 10 2017~2021 年上海市能源消费总量变化

年份	消费量（万吨标准煤）
2017	11381.9
2018	11453.7
2019	11696.5
2020	11099.6
2021	11683.0

资料来源：上海市统计局：《上海统计年鉴 2022》。

六 长三角区域环境质量比较

从 2020 年到 2022 年，长三角地区的环境质量总体呈现稳中有升趋势。在环境空气质量方面，2022 年长三角环境空气质量各项评价指标总体有所改善，三省一市的细微颗粒物（$PM_{2.5}$）、可吸入颗粒物（PM_{10}）整体均有一定程度下降或维持稳定；三省一市的二氧化氮年均浓度较 2021 年下降幅度较小；上海市、江苏省与浙江省的二氧化硫浓度与 2021 年持平，安徽省的二氧化硫浓度略有下降；从数值上看，上海市和浙江省的细微颗粒物（$PM_{2.5}$）与可吸入颗粒物（PM_{10}）年均浓度指标表现较为良好，安徽省的二氧化氮年均浓度指标表现较为良好。

表 1 2020~2022 年长三角城市环境空气质量状况

单位：微克/米³

城市环境空气质量指标	省份	2020 年	2021 年	2022 年
$PM_{2.5}$年均浓度	上海	32	27	25
	江苏	38	33	32
	浙江	25	24	24
	安徽	39	35	34.9

续表

城市环境空气质量指标	省份	2020年	2021年	2022年
PM$_{10}$年均浓度	上海	41	43	39
	江苏	59	57	53
	浙江	45	47	43
	安徽	62	61	58
SO$_2$年均浓度	上海	6	6	6
	江苏	8	7	7
	浙江	6	6	6
	安徽	8	8	7
NO$_2$年均浓度	上海	37	35	27
	江苏	30	29	25
	浙江	29	29	25
	安徽	29	26	23

资料来源：上海市生态环境局：2020~2022年《上海市生态环境状况公报》；浙江省生态环境厅：2020~2022年《浙江省生态环境状况公报》；江苏省生态环境厅：2020~2022年《江苏省生态环境状况公报》；安徽省生态环境厅：2020~2022年《安徽省生态环境状况公报》。

在水环境质量方面，2022年长三角水环境质量持续改善，其中浙江省水质状况表现最好，其Ⅲ类水及以上比重高达97.6%；长三角劣Ⅴ类水断面监测比例保持为零（见表2）。

表2　2020~2022年长三角地表水水质状况

单位：%

地表水水质	省份	2020年	2021年	2022年
Ⅲ类水及以上比重	上海	74.1	80.6	95.6
	江苏	83.3	87.1	91.0
	浙江	94.6	95.2	97.6
	安徽	76.3	77.3	86.5
Ⅳ~Ⅴ类水比重	上海	25.9	19.4	4.4
	江苏	12.5	22.7	9.0
	浙江	5.4	4.8	2.4
	安徽	23.6	12.9	13.5

续表

地表水水质	省份	2020年	2021年	2022年
劣V类水比重	上海	0	0	0
	江苏	0	0	0
	浙江	0	0	0
	安徽	0	0	0

资料来源：上海市生态环境局，2020~2022年《上海市生态环境状况公报》；浙江省生态环境厅，2020~2022年《浙江省生态环境状况公报》；江苏省生态环境厅，2020~2022年《江苏省生态环境状况公报》；安徽省生态环境厅，2020~2022年《安徽省生态环境状况公报》。

Abstract

Shanghai bears an important mission in the new journey of building up Beautiful China, and the construction of Beautiful Shanghai holds a prominent position in the overall context of reform, opening up, and modernization. To build up Beautiful Shanghai, it is necessary to deeply grasp the laws and characteristics of ecological and environmental governance in a super mega-city, creating a cityscape with "blue sky, green land, and clear water," continuously enhancing the residents' sense of ecological and environmental satisfaction, happiness, and security, and synergistically promoting carbon reduction, pollution reduction, green expansion, and economic growth, in order to promote comprehensive green transition of economic and social development and to build a beautiful home where humans and nature harmoniously coexist. This report constructs the Index of Beautiful City Construction consisting of four dimensions: Beautiful Ecology, Beautiful Environment, Beautiful Economy, and Good-Quality Life. Through comparative analysis among the municipalities directly under the central government and the provincial capitals, it is found that Shanghai's Beautiful City development has made positive progress, with relatively high rankings in the four dimensions of Beautiful Ecology, Beautiful Environment, Beautiful Economy, and Good-Quality Life. However, there are also problems of imbalanced development.

To build up Beautiful Shanghai, efforts should be made to achieve greener economic growth. The "Green Content" of Shanghai's economic development continues to increase, while the "natural capital depletion" keeps decreasing. From 2021 to 2022, both the carbon dioxide emissions and energy consumption per unit of GDP in Shanghai have decreased by more than 50% cumulatively. Looking ahead, Shanghai can further promote circular economy development, transitioning from a linear process of "resources-products-waste" to a feedback loop process of "resources-products-waste-reuse of waste resources". It is essential to grasp the key development directions of strategic emerging industries and to enhance the integrated cluster development of the hydrogen energy industry. Moreover, it is important to improve the financial instruments that support green growth, making better use of financial tools to promote value realization of the ecological products.

To build up Beautiful Shanghai, it is necessary to accelerate green and low-carbon transition. Shanghai is vigorously promoting energy structure optimization and transition. As of August 2023, the proportion of green electricity in Shanghai's total electricity consumption has increased to 36%. To expedite the process of carbon peaking and carbon neutrality, Shanghai needs to develop and promote renewable energy technological standards and specifications, and to strengthen integrated development between the renewable energy industry and the sectors such as buildings, transportation, and manufacturing, in order to foster new industrial growth points. Additionally, Shanghai should accelerate innovation of technologies such as distributed energy, energy storage, and demand-side management to enhance flexibility of the local power system. Arduous efforts should be made to innovate mechanisms in the electricity market and related fiscal and financial supporting policies to enhance resilience of the power system under a high proportion of renewable energy integration. It is crucial to vigorously develop transition finance, to establish an institutional system that aligns with international high standards, to promote international recognition of carbon pricing mechanisms, carbon accounting rules, carbon information disclosure scheme, and carbon offset mechanisms, to further improve the carbon labeling scheme, and to support green and low-carbon transition of the carbon-intensive industries, effectively addressing the pressure of international green trade barriers.

To build up Beautiful Shanghai, continuous efforts need to be made to strengthen comprehensive ecological and environmental governance. Shanghai has made good progress in creating an enviable ecological city. In the first half of 2023, the monthly average concentration of PM2.5 in Shanghai was 26μg/m^3. The decrease of PM2.5 concentration and the proportion of days with excellent air quality rank at the forefront in the Yangtze River Delta Region. The surface water quality of all the urban rivers and lakes is above Class V. Given Shanghai's proximity to the seas and the Yangtze River, in order to enhance the citizens' satisfaction and sense of gain, it is needed to implement the principles of "Water determines the city scale, Water determines the land use, Water determines the population scale, and Water determines the industrial development", to systematically promote the river and lake health assessment and management, and to accelerate progress of carbon neutrality in the wastewater treatment industry. It is also important to establish a coordinated governance system for plastic waste in the nearshore waters, to coordinate construction and operation of the infrastructure for plastic pollution control in the urban and rural areas, and to promote circular use of plastics. Coordinated urban-rural ecological and environmental governance is necessary, along with simultaneous promotion of the "Zero-waste City" construction and carbon reduction strategies, in order to advance net-zero carbon development in the rural areas.

Keywords: Beautiful Shanghai; Harmonious Coexistence of Human and Nature; Green Development

Contents

I   General Report

B.1   The Connotation and Implementation Path of Building
Beautiful Shanghai with Harmonious Coexistence
between Humans and Nature
Zhou Fengqi, Cheng Jin and Wang Shuaizhong / 001

Abstract: The external manifestation of Beautiful Shanghai is to create an urban ecological environment with "blue sky, green ground, and clear water". The internal pursuit is to build a modern international metropolis with harmonious coexistence between human and nature, and the realization path is to promote comprehensive green transformation of economic and social development. This report constructs a beautiful city construction index from four dimensions: beautiful ecology, beautiful environment, beautiful economy, and good life. In a comparative analysis of municipalities directly under the central government and provincial capital cities, it is found that Shanghai's comprehensive performance in beautiful city construction is good, and the rankings of the four dimensions are relatively high. However, there are also issues of uneven development. The ecological and environmental challenges of mega cities still need to be further addressed. In order to overcome the challenges faced in the fields of systematic understanding, continuous improvement of ecological environment quality, promotion of green and low-carbon transformation of industries, and deepening of urban refined management, Shanghai needs to strengthen the top-level design of a beautiful city with harmonious coexistence between humans and nature, strengthen legal protection and planning guidance for the construction of a beautiful city, promote urban refined management, and fully play the supporting role of performance evaluation.

Keywords: Beautiful Shanghai; Green and low-carbon Transformation; Harmonious Coexistence Between Humans and Nature

Ⅱ Chapter of Green Growth

B.2 Using Circular Economic System to Support Modernization Featuring Harmony Between Human and Nature

Chen Ning / 026

Abstract: To achieve modernization featuring harmony between human and nature, the linear economic model of the extraction and processing of materials, fuels and other products must be fundamentally changed. The circular economy is a fundamental change in the traditional production methods, lifestyles and consumption patterns of "mass production, mass consumption and mass waste". It extends product life through improved design and services, and narrows, slows down and closes resource cycles. Developing a circular economy is an inevitable choice to transform the growth mode and achieve green and low-carbon development. It is also the support of the economic system for modernization featuring harmony between humanity and nature. Comparing the requirements of modernization featuring harmony between humanity and nature on the circular economy and the development levels of leading countries in the development of circular economy, Shanghai's circular economy business system still has shortcomings. A circular product system has not yet been formed, the development of circular design business is lagging behind, and the "product as a service" model has not yet been fully launched. The policy environment for promoting circular economy is not yet complete. The definition of relevant industries is relatively confusing, the competent authorities are scattered, and the promotion policies focus on resource recycling. To further promote the development of circular economy, Shanghai should improve the top-level design, clarify the boundaries and regulatory framework of circular economy, increase policy supply, and make up for the shortcomings of key business links and key chains of circular economy.

Keywords: Circular Economic System; Harmony Between Human and Nature; Shanghai

B.3 Study on the Path of Promoting the Integrated and Clustered Development of Hydrogen Energy Industry in Shanghai *Shang Yongmin* / 054

Abstract: Hydrogen energy industry is the high point of the global green economy and green technology competition, and it is also the key for Shanghai to promote the green and low-carbon transformation. The complex innovation chain and industrial chain of hydrogen energy, as well as the high dependence on multi-chain integration and cluster layout, make it a reality for Shanghai to accelerate the integrated and clustered development in hydrogen energy industry. In recent years, Shanghai has actively carried out the layout of the whole industrial chain to promote the integrated development, promoted the continuous improvement of hydrogen innovation in multiple fields, created the effect of industrial integrated and clustered developmentin multiple scales, and provided comprehensive financial support for industrial development policies. As a result, the development of hydrogen energy industry integration clusters has realized remarkable achievement. However, there is still a gap between Shanghai's key technologies and the international advanced level, and there is a lack of competitive leading enterprises. At the same time, there is insufficient cross-regional industrial and innovation synergy between Shanghai and its neighbouringcities, and the local application of hydrogen is still relatively weak. Focusing on the development needs of integrated and clustered development of hydrogen energy industry, Shanghai should strengthen the integration development and take the lead in promoting the multi-dimensional integration of hydrogen energy industry development. In addition, Shanghai should cultivate leading enterprises to enhance the innovation and competitiveness of hydrogen energy industry. Finally, Shanghai should strengthen regional synergy and jointly promote the scientific and technological innovation and industrial application of hydrogen energy industry.

Keywords: Hydrogen Energy Industry; Integrated Development; Clustered Development; Shanghai

B.4 The Implementation Path of Promoting the Development of Remanufacturing Industry in Shanghai   *Du Hang* / 075

Abstract: Remanufacturing is the core pillar of circular economy. Remanufactured products, which are made from old machinery and equipment by special technology, are as good as new products in quality and performance, and have the least impact on the environment. They have the advantages of economy, practicality, environment and greenness. Meanwhile, remanufacturing industry is strategic emerging industries supporting the development of circular economy. Promoting the development of remanufacturing industry in Shanghai has a positive impact on breaking through the bottleneck of key technologies, implementing the policy of carbon peaking and carbon neutrality, building a dual-cycle system at domestic and international, and achieving high-quality industrial development. However, due to its own characteristics, the remanufacturing industry faces a series of institutional and regulatory problems. As the "leading geese" of institutional reform and innovation, Shanghai has taken the lead in exploring the new system of remanufacturing industry and implementing it in the free trade zone on a pilot basis, which is expected to form replicable and popularized experience and help the construction of shanghai story.

Keywords: Remanufacturing Industry; Carbon Peaking & Carbon Neutrality; Domestic and International Double-Cycle; Green Development

B.5 Sustainable Management of Urban Mining in Shanghai Under Carbon Peaking and Carbon Neutrality Goals

Zhuang Mufan / 093

Abstract: Sustainable management of urban mining is of great significance to alleviate resource pressure and ensure the realization of Carbon Peaking and Carbon Neutrality Goals. Shanghai has accumulated a large number of urban minerals in the process of rapid urbanization. How to exploitation urban minerals rationally and promote circular and low-carbon economy has become an urgent problem for Shanghai. At present, Shanghai has made remarkable achievements in top-level design, innovation and utilization capacity in terms of urban mining, but still faces challenges such as the systematic legal system to be strengthened, the historical accumulation to be clarified, the information transparency to be improved, and the low-carbon overall planning to be optimized. In view of such issues, this study points out that it is necessary to improve the legislative system and pay attention to key departments, types and regions. Besides, it is suggested to use big data to promote public supervision, cooperation, information sharing and the construction of trading platforms. Furthermore, low-carbon green recycling technologies need to be developed. Through these ways, sustainable management of urban minerals can be achieved in Shanghai, which is an important support to Carbon Peaking and Carbon Neutrality Goals and the construction of Beautiful Shanghai.

Keywords: Urban Mining; Carbon Peaking and Carbon Neutrality; Mineral Management; Shanghai

B.6 A Study on Financial Innovation in Promoting the Value Realization of Climate Resources in Shanghai *Luo Liheng / 119*

Abstract: This study systematically reviews the development status of climate eco-agriculture and wind power photovoltaic industry in Shanghai in the past ten years, and summarizes the practical effects of financial support for the realization of the value of climate resources in Shanghai from two dimensions: the supply of relevant institutions of climate resource value and the development and application of climate financial products. It has found that the value realization of climate resources in the agricultural sector in Shanghai is weak, and there is still significant room for improvement in the utilization efficiency of climate resources such as wind and solar energy, making it difficult for climate finance to play a role. This is due to the scarcity and insufficient utilization efficiency of climate resources in Shanghai, the lack of both climate resources value accounting and climate finance local standard systems, and the lack of climate finance innovation and supporting incentives to realize the value of climate resources. Combined with domestic and foreign practical experience, this study puts forward the following suggestions. First, we should establish and improve the local standard system for calculating the value of climate resources and climate finance in Shanghai. Second, we should build Shanghai's climate investment and financing service platform. Third, we should strengthen the innovative application of financial products to realize the value of climate resources in various industries in Shanghai. Fourth, we should improve the incentive mechanism of Shanghai's financial support for the realization of the value of climate resources.

Keywords: Shanghai; Value of Climate Resources; Climate Finance; Harmony Between Human and Nature

III Chapter of Low-Carbon Transformation

B.7 Research on the Development Path of Renewable Energy in Shanghai Under the "Carbon Peaking & Carbon Neutrality" Goal　　　　　　　　　　*Zhou Weiduo* / 139

Abstract: Currently, "promoting emission reduction, pollution reduction, greening, and economic growth simultaneously" has become a new requirement for achieving modernization of harmonious coexistence between man and nature. Regarding research on the path to carbon neutrality, due to differences in basic assumptions and model methods, the path presents diversity and complexity. Under the "carbon peaking & carbon neutrality" goal, how to identify and optimize the development path of renewable energy in Shanghai is an urgent issue. The research found that the bottleneck problems in the development of renewable energy in Shanghai include limited land resources, high costs of renewable energy technologies, and instability issues of renewable energy. In addition, the energy consumption structure in Shanghai is still dominated by traditional energy sources, and the industrial sector remains an important consumer of energy. This project simulates the impact of policies such as industrial upgrading, energy efficiency improvement, energy structure optimization, increased technology investment, and ecological restoration on the development path of renewable energy through the establishment of five different scenarios. This project proposes a coordinated path and safeguard measures for Shanghai to achieve the "Carbon Peaking & Carbon Neutrality" goal by analyzing the development path of renewable energy under different scenarios. The research provides guidance and reference for achieving Shanghai's high-quality development.

Keywords: "Carbon Peaking & Carbon Neutrality" Goal; Energy Transformation; Renewable En-ergy; Shanghai

B.8 Development of Shanghai Modern Energy and Power System Driven by Innovation *Sun Kege* / 161

Abstract: The modern energy and power system is characterized by clean and low-carbon, as well as safe and efficient. It will present a transformation towards diversified functional objectives, diversified market participants, and high penetration of renewable energy. Shanghai performs well in power supply safety and efficiency, consumes large amount of clean electricity from outside, has advantage in development of flexibility improvement technologies, and has already achieved success in application of information technology in the power sector. However, it is lack in local endowment of renewable energy and suffers from significant differences in load peaks and valleys. It is urgent for Shanghai to drive the development of modern energy and power system through technological and institutional innovation. On one hand, it is necessary to improve flexibility of the power system by development of technologies such as energy storage, distributed power generation and demand side response, in order to deal with the volatility improvement of both supply side and demand side in modern energy and power system. On the other hand, it is necessary to promote electricity market mechanism and financial support mechanism to ensure that the power system adapts to the high penetration rate of renewable energy and participation of multiple agents.

Keywords: New Power System; Energy; Technology Innovation; Carbon Peaking & Carbon Neutrality

B.9 Research on Transition Finance Development Path and Policy Recommendations for Shanghai　　*Li Haitang* / 180

Abstract: Transition finance is mainly committed to providing financial support for the low-carbon transformation of carbon-intensive industries. Transition finance is an effective complement to green finance, and there is some overlap between the two in terms of energy-saving technological transition, energy efficiency improvement, and circular development in some carbon-intensive industries. Since carbon-intensive industries are still an important source of carbon emissions in Shanghai and China, their low-carbon transition lacks clear guidance and financial support, and the risks of green and low-carbon transition of carbon-intensive industries can easily be passed on to the social and financial systems. Therefore, Shanghai urgently needs to establish a complete financial guarantee mechanism for transition. However, Shanghai's transition finance faces many challenges, and it is urgent for multiple entities such as government departments, financial institutions, high-carbon enterprises, the public, and national think tanks to collaborate to establish a transition finance development path. At the same time, it is also necessary to increase support for transition finance in terms of regulatory policy tools, promotion policy tools, and other guarantee policy tools to guide social funds to tilt towards transition finance and promote the healthy development of economic and social transition.

Keywords: Transition Finance; Green Finance; Shanghai

B.10 The International Practice of Carbon Labeling System and Its Implications to Shanghai's Exploration *Wang Linlin* / 202

Abstract: Carbon labeling is an important aspect of the carbon peaking & carbon neutrality strategy. Since 2007, countries in Europe, the United States, Japan, and South Korea have implemented the carbon labeling system one after another. This shows a trend of increasing legal constraints, improving standards, promoting synergy among multiple stakeholders, strengthening the leading role of enterprises, and mainly covering the consumer goods industry. Shanghai has been actively implementing the Product Carbon Footprint Scheme and has made progress in developing accounting standards for carbon labeling, conducting carbon footprinting and labeling pilots, and improving the evaluation service capacity for carbon labeling. However, there are still many problems to be solved in the construction of carbon labels, such as incomplete supporting regulations for developing and promoting carbon labels, incomplete operation mechanisms for carbon labels, and challenges in collecting and calculating carbon label data. To better support the development of a low-carbon economy and improve the carbon labeling system in Shanghai, it is necessary to enhance the institutional mechanism and guarantee, improve the standard system, and fill gaps in the basic database. Additionally, Shanghai should speed up the cultivation of institutions and enhance their support capacity. Enterprises should be encouraged to promote the use of carbon labels and low-carbon production. Finally, consumers should be guided to recognize carbon labels and promote low-carbon consumption.

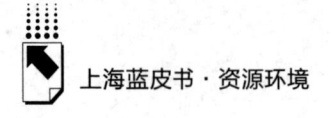

Keywords: Carbon Labeling; Institutional Innovation; International Experience

B.11 Challenges and Responses to the EU's Carbon Border Adjustment Mechanism Under the Background of the Carbon Peaking & Carbon Neutrality Strategy

Hu Jing, Zhou Shenglv, Li Hongbo and Dai Jie / 222

Abstract: The EU Carbon Border Adjustment Mechanism (CBAM) has entered into force in its transition period on October 1, 2023 andit will enter into the official charging period in 2026. This paper comprehensively summarizes CBAM's key elements including sector coverage, system boundaries, accounting methods, andverification requirementsetc, and carries out a comparisonwith domestic carbon emissions management rules focusing on accounting rules and benchmark management etc. Based on the analysis of possible impacts of CBAM and thedevelopment trend of other international green trade barriers, it brings forward specific counterpart measures from the perspectives of strengthening the interface between competent authorities and companies to help them calculate carbon emissions accurately; strengthening the interface of management system to guide companies to improve carbon productivity; and strengthening the interface of top-level design to promote green and low carbon transition to better cope with international green trade barriers in the long run.

Keywords: EU; Carbon Border Adjustment Mechanism (CBAM); Technical Specification; Management System

B.12 New Trends of Low-Carbon Rules in International

Trade and Shanghai's Response Strategies　*Zhang Wenbo* / 239

Abstract: Developed countries have introduced policies such as carbon border adjustment mechanisms and carbon labelling. The rules related to carbon emission reduction in international trade show new trends, such as the fierce competition for first-mover advantages, the formation of low-carbon trade alliances, the adoption of diversified trade restrictions, and the expansion of low-carbon procurement by enterprises. These new changes will bring multiple risks to Shanghai. Firstly, products such as machinery and electronic products face potential carbon tariffs; secondly, the development of low-carbon industries is constrained by unilateral carbon barriers, and the Industrial chain-Division is trapped in high-carbon sectors; and finally, information security is under threat. Shanghai should promote the convergence and construction of low-carbon rules for international trade, strengthen the carbon pricing mechanism, carbon accounting rules, and carbon information disclosure system, promote the international mutual recognition of carbon offset mechanisms, and improve the cross-sectoral coordination and response mechanism.

Keywords: CBAM; Low-Carbon Rules in International Trade; Carbon Tariff; Carbon Trade Barrier

IV Chapter of Ecological Governance

B.13 Harmony Between Human and Water Is the Important

Way to Build Beautiful City of Shanghai　*Wu Meng* / 255

Abstract: Shanghai has a deep connection with water. Water is the foundation of the survival of an innovative city, the source of civilization for a cultural city, and the natural foundation for an ecological city. Harmony between human and water is the only way to build Beautiful Shanghai. Since the 18th National Congress of the Communist Party of China, Shanghai has focused on major human-water relationship issues such as water shortage pressure due to water quality, degradation of river system structure and ecological functions caused by historical land disputes, and legacy of drainage system construction. By continuously promoting the construction of a water-saving society, the level of intensive and economical utilization of water resources is continuously improved; By relying on innovation and upgrading of water management, we have significantly achieved comprehensive improvement of the water ecology, systematically promoting the construction of the sponge city and significantly improving the resilience of water systems; the water source pattern has built a water supply safety barrier. However, in the new era, with the coordinated response to climate change, the construction of Beautiful China, high-quality development, and the construction of a modern international metropolis, harmony between human and water is in a complex stage where new and old problems are intertwined and multi-disciplinary. It is necessary to make greater efforts in increasing the supply of high-quality aquatic products, promoting pollution reduction, carbon reduction, green expansion, growth, and enhancing resilience to cope with the impact of external environmental uncertainty. Therefore, this study believes that Shanghai should continue to make new breakthroughs in the following aspects to promote the construction of Beautiful Shanghai with harmonious human-water relations: firstly, improve the rigid constraint of water resources; Secondly, adhere to the harmonious coexistence between human and rivers, and systematically promote the evaluation and management of river and lake health; The third is to focus on the synergistic effect of pollution reduction and carbon reduction, and accelerate the progress of carbon neutrality in the sewage treatment industry; The fourth is to focus on the beautiful quality of life in cities and innovate the mechanism for realizing the value of aquatic ecological products.

Keywords: Harmony Between Human and Water; Beautiful Shanghai; Water Resources; Harmony Between Human and Nature

B.14 Countermeasures and Suggestions for Improving the Performance of Marine Plastic Waste Management in Coastal Waters in Shanghai *Cao Liping / 274*

Abstract: Marine debris, which contains more than 80% of plastic waste, "manifests in the sea, and its roots are on land." In order to build a clean and beautiful coastal area of Shanghai, according to the principle of overall land-sea coordination, Shanghai not only needs to promote the treatment of marine plastic waste at the end of the Yangtze River Estuary-Hangzhou Bay, but also reduce the impact of marine plastic waste on the coastal marine ecosystem. There is also a need to prevent the risk of leakage of plastic waste from land to offshore waters. Through a comprehensive analysis of the status quo of marine plastic waste in Shanghai's coastal waters and combing out the corresponding marine plastic waste management measures, it is found that Shanghai faces challenges in marine plastic waste monitoring and investigation technology equipment and data quality, traceability and cooperative management, new plastic economic transformation incentive, suburban recycling infrastructure, and illegal plastic ban costs. Hindering the improvement of marine plastic waste management performance in Shanghai's coastal waters. To this end, based on the summary of international experience and cases of marine plastic waste treatment in coastal waters, this study suggests that Shanghai should improve the performance of marine plastic waste treatment in coastal waters by benchtracking international monitoring guidelines and improving plastic pollution assessment capabilities. Digital enabling plastic traceability, pilot plastic compensation mechanism into the sea; Build a new marine plastics economic system to stimulate the participation of the whole society; Increase the investment in suburban plastic governance, increase the illegal cost of plastic prohibition, build a regional plastic governance system from the land to the bay, and realize the modernization of plastic use and marine ecological environment.

Keywords: Coastal Waters; Marine Plastics; Plastic Leakage; Plastic Waste Treatment

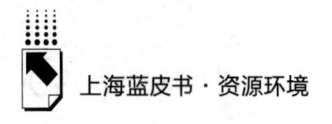

B.15 On the Status Quo, Challenges and Countermeasures
of Shanghai MaaS   *Liu Xinyu / 299*

Abstract: With convenient one-stop transportation services, MaaS attracts people to shift from private vehicles to public and shared mobility; thus developing MaaS is a key way to achieve harmonious human-nature co-existence in the transportation field. This paper analyzes the status quo of Shanghai Mass in the 5 dimensions of "transportation infrastructure and services", "digital infrastructure", "openness and data sharing of transportation service providers", "regulations and incentives" and "familiarity and acceptance of citizens with MaaS", and conducts comparison both internationally and at home. It is found that, Shanghai has multiple MaaS service providers; as its development foundation, public transportation infrastructure and shared transportation services are sufficient, digital infrastructure is among the best in the world, and incentives such as "carbon credits" are in place. But Shanghai MaaS also face challenges in the respects of openness to private transportation service providers, openness to public participation in governance, the effects of diverting private transportation users and the competition in urban space usage. This paper put forward a series of suggestions concerning public transportation attractiveness, MaaS menu design, openness to private enterprises, public participation in governance and precise urban space management.

Keywords: Shanghai; MaaS; Sustainable Transportation; Public Transport

B.16 Research on the Development Path of Rural Net Zero
Carbon Transformation in Shanghai
—*A Case Study of Chongming District*   *Zhang Xidong / 319*

Abstract: Rural net zero carbon development is an important step towards achieving the comprehensive zero carbon goal in Shanghai. Compared to the high carbon emissions in the urban area of Shanghai, rural areas have fewer carbon emissions and huge carbon sink potential. Rural areas are the key areas in Shanghai that have taken the lead in achieving net zero carbon development. This article proposes a quantitative evaluation framework for rural carbon sources and sinks, and clarifies the accounting methods for rural carbon sources and sinks. Taking Chongming District as an example, the net zero carbon development situation of Chongming District was examined at the township level. The results show that: firstly, Chongming District is in a carbon balance zone as a whole; Secondly, only a small number of townships in Chongming District are located in low-carbon optimization zones and carbon intensity control zones, while the vast majority of townships are located in carbon balance zones and carbon sink functional zones; Thirdly, the carbon emissions of townships in Chongming District mainly come from agricultural activities, and there is a highly correlated positive correlation between carbon emissions and carbon sinks. Strengthening carbon sink functions and reducing agricultural carbon emissions are the key to achieving net zero carbon development in Chongming District's townships. Based on this, this article believes that the net zero carbon transformation in rural areas of Chongming District should optimize rice cultivation methods, improve vegetable planting levels, reduce the use of fertilizers and pesticides, optimize industrial structure, increase the proportion of clean energy consumption, and enhance rural carbon sequestration capacity.

Keywords: Rural Areas; Net Zero Carbon; Carbon Neutrality

B.17 Research on the Collaborative Promotion Strategy of Shanghai's "Zero Waste City" Construction and Carbon Reduction

Qi Kang, Jin Ying, Sun Teng, Hu Jing,
Zhao Min and Li Hongbo / 345

Abstract: Construction of "Zero Waste City" has strong co-benefit effects on the city's carbon emission reduction, since the concept is based on circular economy which is characterized as reduce, reuse and zero landfill, all of which would help in reducing carbon emission from the source. This paper analyzed the critical need to enhance green and low carbon transformation of Shanghai city, as well as the bottleneck problems on collaborative promotion of 'Zero Waste City' construction and carbon emission reduction, and brought forward some key approaches including to strengthen promotion of carbon emission reduction from the source, i. e. to reinforce reuse of steel scrap, waste oil, waste plastics; to strengthen end-of-pipe synergistic treatment, i. e. to enhance synergistic incineration of sludge, industrial waste and domestic waste with existing coal-fire power plant, steel furnace etc; to highlight green consumption, i. e. to better promote reuse and recycle of packaging materials etc.

Keywords: Zero Waste City; Carbon Emission Reduction; Carbon Peaking and Carbon Neutrality

Appendix

Annual Indicators of Shanghai's Resources and Environment / 359

社会科学文献出版社

皮书
智库成果出版与传播平台

✤ 皮书定义 ✤

皮书是对中国与世界发展状况和热点问题进行年度监测，以专业的角度、专家的视野和实证研究方法，针对某一领域或区域现状与发展态势展开分析和预测，具备前沿性、原创性、实证性、连续性、时效性等特点的公开出版物，由一系列权威研究报告组成。

✤ 皮书作者 ✤

皮书系列报告作者以国内外一流研究机构、知名高校等重点智库的研究人员为主，多为相关领域一流专家学者，他们的观点代表了当下学界对中国与世界的现实和未来最高水平的解读与分析。

✤ 皮书荣誉 ✤

皮书作为中国社会科学院基础理论研究与应用对策研究融合发展的代表性成果，不仅是哲学社会科学工作者服务中国特色社会主义现代化建设的重要成果，更是助力中国特色新型智库建设、构建中国特色哲学社会科学"三大体系"的重要平台。皮书系列先后被列入"十二五""十三五""十四五"时期国家重点出版物出版专项规划项目；自2013年起，重点皮书被列入中国社会科学院国家哲学社会科学创新工程项目。

皮书网

（网址：www.pishu.cn）

发布皮书研创资讯，传播皮书精彩内容
引领皮书出版潮流，打造皮书服务平台

栏目设置

◆关于皮书
何谓皮书、皮书分类、皮书大事记、
皮书荣誉、皮书出版第一人、皮书编辑部

◆最新资讯
通知公告、新闻动态、媒体聚焦、
网站专题、视频直播、下载专区

◆皮书研创
皮书规范、皮书出版、
皮书研究、研创团队

◆皮书评奖评价
指标体系、皮书评价、皮书评奖

所获荣誉

◆ 2008年、2011年、2014年，皮书网均在全国新闻出版业网站荣誉评选中获得"最具商业价值网站"称号；

◆ 2012年，获得"出版业网站百强"称号。

网库合一

2014年，皮书网与皮书数据库端口合一，实现资源共享，搭建智库成果融合创新平台。

皮书网　　　"皮书说"微信公众号

权威报告·连续出版·独家资源

皮书数据库
ANNUAL REPORT(YEARBOOK) DATABASE

分析解读当下中国发展变迁的高端智库平台

所获荣誉

- 2022年，入选技术赋能"新闻+"推荐案例
- 2020年，入选全国新闻出版深度融合发展创新案例
- 2019年，入选国家新闻出版署数字出版精品遴选推荐计划
- 2016年，入选"十三五"国家重点电子出版物出版规划骨干工程
- 2013年，荣获"中国出版政府奖·网络出版物奖"提名奖

皮书数据库　"社科数托邦"微信公众号

成为用户

登录网址www.pishu.com.cn访问皮书数据库网站或下载皮书数据库APP，通过手机号码验证或邮箱验证即可成为皮书数据库用户。

用户福利

- 已注册用户购书后可免费获赠100元皮书数据库充值卡。刮开充值卡涂层获取充值密码，登录并进入"会员中心"—"在线充值"—"充值卡充值"，充值成功即可购买和查看数据库内容。
- 用户福利最终解释权归社会科学文献出版社所有。

数据库服务热线：010-59367265
数据库服务QQ：2475522410
数据库服务邮箱：database@ssap.cn
图书销售热线：010-59367070/7028
图书服务QQ：1265056568
图书服务邮箱：duzhe@ssap.cn

社会科学文献出版社　皮书系列
卡号：752735482525
密码：

S 基本子库
UB DATABASE

中国社会发展数据库（下设12个专题子库）

紧扣人口、政治、外交、法律、教育、医疗卫生、资源环境等12个社会发展领域的前沿和热点，全面整合专业著作、智库报告、学术资讯、调研数据等类型资源，帮助用户追踪中国社会发展动态、研究社会发展战略与政策、了解社会热点问题、分析社会发展趋势。

中国经济发展数据库（下设12专题子库）

内容涵盖宏观经济、产业经济、工业经济、农业经济、财政金融、房地产经济、城市经济、商业贸易等12个重点经济领域，为把握经济运行态势、洞察经济发展规律、研判经济发展趋势、进行经济调控决策提供参考和依据。

中国行业发展数据库（下设17个专题子库）

以中国国民经济行业分类为依据，覆盖金融业、旅游业、交通运输业、能源矿产业、制造业等100多个行业，跟踪分析国民经济相关行业市场运行状况和政策导向，汇集行业发展前沿资讯，为投资、从业及各种经济决策提供理论支撑和实践指导。

中国区域发展数据库（下设4个专题子库）

对中国特定区域内的经济、社会、文化等领域现状与发展情况进行深度分析和预测，涉及省级行政区、城市群、城市、农村等不同维度，研究层级至县及县以下行政区，为学者研究地方经济社会宏观态势、经验模式、发展案例提供支撑，为地方政府决策提供参考。

中国文化传媒数据库（下设18个专题子库）

内容覆盖文化产业、新闻传播、电影娱乐、文学艺术、群众文化、图书情报等18个重点研究领域，聚焦文化传媒领域发展前沿、热点话题、行业实践，服务用户的教学科研、文化投资、企业规划等需要。

世界经济与国际关系数据库（下设6个专题子库）

整合世界经济、国际政治、世界文化与科技、全球性问题、国际组织与国际法、区域研究6大领域研究成果，对世界经济形势、国际形势进行连续性深度分析，对年度热点问题进行专题解读，为研判全球发展趋势提供事实和数据支持。

法律声明

"皮书系列"(含蓝皮书、绿皮书、黄皮书)之品牌由社会科学文献出版社最早使用并持续至今,现已被中国图书行业所熟知。"皮书系列"的相关商标已在国家商标管理部门商标局注册,包括但不限于LOGO( )、皮书、Pishu、经济蓝皮书、社会蓝皮书等。"皮书系列"图书的注册商标专用权及封面设计、版式设计的著作权均为社会科学文献出版社所有。未经社会科学文献出版社书面授权许可,任何使用与"皮书系列"图书注册商标、封面设计、版式设计相同或者近似的文字、图形或其组合的行为均系侵权行为。

经作者授权,本书的专有出版权及信息网络传播权等为社会科学文献出版社享有。未经社会科学文献出版社书面授权许可,任何就本书内容的复制、发行或以数字形式进行网络传播的行为均系侵权行为。

社会科学文献出版社将通过法律途径追究上述侵权行为的法律责任,维护自身合法权益。

欢迎社会各界人士对侵犯社会科学文献出版社上述权利的侵权行为进行举报。电话:010-59367121,电子邮箱:fawubu@ssap.cn。

社会科学文献出版社